JN056818

大道を行く数学 解析編

安藤 洋美・山野 熙 共著

現代数学社

まえがき

1970 年代は情報社会を指向する年代といわれている．電子計算機を中心としで情報の処理と伝達の技術が開発され，かつての産業革命における主役であった工場制工業による製品の生産に代わり，情報＝知識の生産という新しい生産様式が出現する時代となった．そのような時の流れにのって，工場制工業を支える科学技術の基礎であった古典的数学（代数学・幾何学・三角法・解析幾何学・微分積分）だけを学校で教えるのは時代おくれであるという声がおこり，現在世界各国で数学教育の現代化の運動が起こっている．情報処理・伝達の主役である電子計算機の基礎には新しい数学と俗に呼ばれている集合の理論や論理学あり，情報処理の手法としてベクトル・行列・確率・統計も必要であるという．確かにこのことは一面では正しい．そして 1973 年からわが国の高校学校でも，この新しい数学の内容が古い教材と共存して教授されるように指導要領が改められた．もともと，新しい数学は古典的な数学にはっきりとした見通しを与えるために生み出されたものではあるが，ともすれば古い教材と新しい教材がうまく融合されないで，木に竹をつないだように共存しがちである．本書は高校の解析学の分野を解説したもので，比較的古典的な色彩の強い部分である．しかし本書の姉妹編である「大道を行く高校数学」（代数・幾何），「大道を行く高校数学」（統計数学）と合わせて 3 部作一体となって高校数学の内容を構成するようになっているから，姉妹編も合わせて読まれることを期待する．

本書を草するにあたって，筆者は 25 年程前高校時代に読んだインフェルト博士の「神々の愛でし人」の一節を想起した．すなわち「ナポレオンは帝国を創った．ラプラスは，宇宙全体に関する整合な力学像を創り上げた．ラプラスの宇宙は決定論的である．すなわち，現在の瞬間における宇宙の状態を知れば，言い換えるとあらゆる粒子，あらゆる遊星，あらゆる星の現在の位置と速度を知り，またその上に自然法則をわきまえていれば，宇宙の将来と過去とを決定しうるすべての知識を掌中に握ったことになるのだった．過去に何が生起し，将来何が起こるかということは，現在の状態とそれを支配する法則とによって決定されるというのだ．これさえ知っておれば，未来も過去も一巻の明白な書物となり，人間の頭脳から永久に隠されるべきものは何一つとして存在しない．科学の目的はかくて明瞭に描き出される．それは初期条件についてより多くのことを学ぶことであり，自然法則をよりよく知ることでもあり，また数学的形式主義の中へより深く突入することなのである．」という文章こそ，解析学の真髄にふれたものといえよう．本書はこの精神にのっとって書かれている．本書によって数学は単なる問題の配列ではなく，思想なのだということを理解してもらえば，筆者は喜びにたえない．

1972 年 12 月　　　　　　著者記

再刊によせて

本書はおよそ 30 年前に出版された受験参考書であり，その後久しく絶版になっていた．ところがありがたいことに，毎年十数件の在庫の問い合わせもあるという．それで今一度読み返してみると，基礎的な量や関数に関する部分は受験参考書には珍しく，しっかりした意味付けがなされていて，このような説明は現在でも十分に役立つものと考えられる．本来は最初から稿を改めるべきだが，共著者山野氏も鬼籍に入り，二人の編協力者も音信不通になっている．それで，これらの人々の執筆されたころの教育に対する情熱をそのまま伝えるために，最小限誤植のみの修正にとどめた．本書の再刊を心待ちされた方々に感謝する次第である．

2001 年 4 月　　　　　　安藤洋美

復刊によせて

このたびの復刊にあたり，安藤洋美先生のお心遣いに深甚の感謝を申し上げます．半世紀前の大学受験参考書を今一度読み返してみると，本書は合格テクニックを会得してもらうものではなく，数学の本質に深く踏み込み，味わい楽しみながら自分のものにすることを目的として書かれていることに気付きます．中身が古いと思うなかれ，ハッと思わせることが必ずあります．すべての数学を志す方々に向けて，この味わい深い書をお楽しみいただければ幸いです．

2023 年 7 月　　　　　　現代数学社編集部

目　次

第 I 部

初等関数

数学においては，量の概念はその支えと意味とを「数」に求める．すると今度は数がその支えと意味とを我々の指，算盤の球，或は線や眼の前に置かれたものにおいて求めるのである．

（カント「純粋理性批判」）

第1章　量　と　数

数学は，実在の側面を規定する量の法則性を追求する，**量の科学**である．とくに，**解析学**は**量の変化の法則性を定式化する**目的のために作られた数学の1分科である．だから，解析学の基礎もやはり**量**（quantity）である．ところで量は

$$\begin{cases}\text{分離量}\\\text{連続量}\end{cases}\qquad\begin{cases}\text{外延量}\\\text{内包量}\end{cases}\qquad\begin{cases}\text{絶対量}\\\text{相対量}\end{cases}$$

のように分類される．

§1.　分離量と連続量

集合に属する要素の個数を表わす量を**分離量**(discrete quantity)という．人数や日数などは分離量の例で，**いくつ**（How many）と問いかけたときに要求される量である．

分離量は単位となる個体が自然に定まっており，ただそれを**数える**だけでえられる．その上，1対1対応によって，たとえ数を知らなくても2つの集合の大きさの比較ができる．〝数える〞とは，数詞の集合と，ある集合との1対1対応づけに外ならない．この意味で1対1対応が最も本質的で重要な操作なのである．いうまでもなく，分離量は整数の概念に抽象されてゆく．

一方，長さ・重さ・時間など，**いくら**（How much）と問いかけたときに要求される量は，**連続量**（continuous quantity）である．

連続量では，単位は人間が定めなければならない．単位を定めるには

直接比較　（2つのものを直接比較して大小をきめる）

間接比較　（A, B を比較するに，第3のもの C と比較する．たとえば

$A<C$, $C<B$ ならば $A<B$)

個別単位　(間接比較で用いた C のようなものを単位にとり, $nC<A<(n+1)C$, $(n+k)C<B<(n+k+1)C$ ならば $A<B$)

普遍単位　(1 cm, 1 g などを単位にとる)

の4つの段階が必要で, これを**単位導入の4段階**という. 連続量を単位で測ることから, 一般に有理数や実数の概念が抽象される. このとき, 連続量を単位量で区切っていって, いくつとれるかを数えるわけだから, このことを**連続量の分離量化**という.

問 1.1　運動場に多数の男女の生徒がいる. 男女2人で組を作って, フォーク・ダンスをする場合, パートナーに過不足なければ, 男子生徒の集合と女子生徒の集合との間にどんな関係があるか.

問 1.2　30校が高校野球選手権に出場する. トーナメント方式の場合, 決勝戦までに何試合行なわれるか. 1対1対応の考え方によって説明せよ.

§2. 外延量と内包量

長さ・重さ・時間など, 広がりの大きさを表わす量を**外延量** (extensive quantity) という. また, 速度・濃度など, 性質や状態の強さを表わす量を**内包量** (intensive quantity) という.

いま, 粘土 A, B があるとしよう. A, B の粘土に対して

粘土	体　積	重　さ	密　度
A	v_1 cm³	m_1 g	d_1 g/cm³
B	v_2 cm³	m_2 g	d_2 g/cm³

とする. これらの粘土をこね合わせて, ひとかたまりの粘土にしたとき

体積は　　(v_1+v_2) cm³

重さは　　(m_1+m_2) g

であるから, 密度は $\dfrac{m_1+m_2}{v_1+v_2}$ g/cm³ $\neq (d_1+d_2)$ g/cm³ である. このことから, 外延量はものの合併によって加えることができるが, 内包量は一般的に加

えることができないことが分る．

> 一般に，2つのもの $\boldsymbol{A}, \boldsymbol{B}$ の側面量を数値化して，それぞれ $m(\boldsymbol{A})$，$m(\boldsymbol{B})$ とするとき，$\boldsymbol{A}$ と $\boldsymbol{B}$ を合併した $\boldsymbol{A}+\boldsymbol{B}$ の量 $m(\boldsymbol{A}+\boldsymbol{B})$ が
> $$m(\boldsymbol{A}+\boldsymbol{B})=m(\boldsymbol{A})+m(\boldsymbol{B})$$
> によって与えられる場合，$m(\boldsymbol{A}), m(\boldsymbol{B})$ は**外延量**という．

上の粘土の例において，密度は体積 1 cm^3 あたりの重さである．通常，内包量は**1あたり量**で表わされる．つまり，それは

> $$\frac{\text{外延量}}{\text{外延量}}=\text{内包量}$$

で定義される．この定義から

$$\text{内包量}\times\text{外延量}=\text{外延量}$$
$$\frac{\text{外延量}}{\text{内包量}}=\text{外延量}$$

という関係が成り立つ．これらの関係を**内包量の3用法**といい，乗除算の基礎となっている．

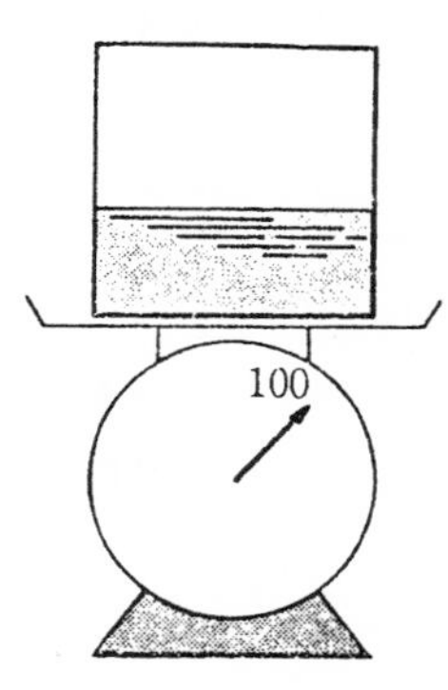

問 1.3　水の入った水槽を秤にかけたら，針は 100 g の目盛りを指した．次のようなとき，針は秤の目盛りのどこを指すか．

① 50 g の水をさらに加えたとき．
② 50 g の石を沈めたとき．
③ 50 g の木片を浮かしたとき．
④ 50 g の金魚を泳がせたとき．
⑤ 50 g の食塩を溶かしたとき．

問 1.4　内包量の3用法にしたがって，次の量に関する問題を解け．

（Ⅰ）① いも 100 g 中に 132 cal. いわしの丸ぼし 100 g 中に 300 cal. 熱量が含まれている．いもを 400 g といわしを 150 g 食べると，全部で何 cal. あるか．

② 牛肉 100 g 中には脂肪が 5 g，バター 100 g 中には脂肪が 75 g 含まれている．バター 360 g 中に含まれている脂肪の量と同量の脂肪を牛肉からとるには，牛肉が何 g 必要か．

③ ある金属は1 cm^3 の重さが8 gである．面積が4000 cm^2 のこの金属の板の重さが8 kgであるとき，この板の厚さは何mmか．

（Ⅱ） ある液体薬品Mの a %水溶液Nを作って，Nの比重を測定したところ s であった．

① 液体薬品Mの比重を ρ とするとき，ρ を a と s で表わせ．

② 液体薬品Mの b %水溶液1000 cm^3 の中に含まれているMの体積 x cm^3 を b と ρ で表わせ．（小樽商大）

［注］ 物理学の構成のもとになる外延量は

長さ，　質量(重さ)，　時間

の3つで，これらを**基礎外延量**とよぶ．基礎外延量に加減乗除，微分や積分などの演算を施すことによって物理学は構成されてゆく．

§1, §2であげた量の分類

量 { 分離量
　　 連続量 { 外延量
　　　　　　 内包量

は，Hegel (1770—1831) の論理学に出てくるものである．

§3. 絶対量と相対量

ダムの水位のように，ある基準量を定めて，これからどれだけ大きいかを示す量を**相対量** (relative quantity) という．これに対して，いままで述べてきた量を **絶対量** (absolute quantity) という．相対量は正負の数の概念に抽象されてゆくが，そこでは0は〝無 (nothing)″ を意味しない．

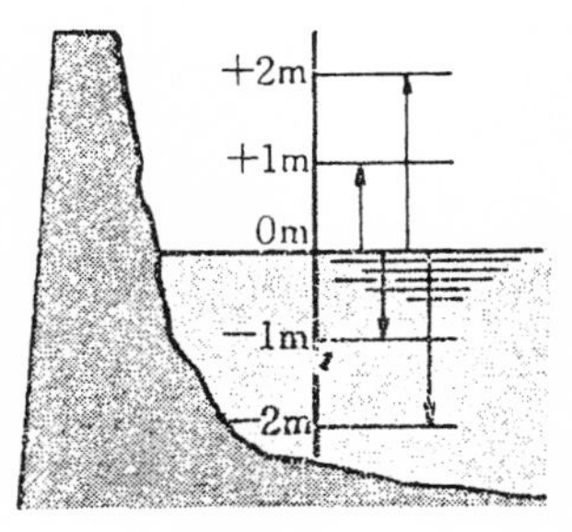

図 1.1

相対量における0は，基準量を意味する．

ダムの水位のように，ある量が a ($a \geqq 0$) だけ増加することを，$+a$ の**変位** (displacement)，a だけ減少することを $-a$ の変位という．変化しないとき

の変位は0である．すると

(はじめの量)＋(変位の量)＝(あとの量)

(変位の量)＝(あとの量)－(はじめの量)

は，2つの量の大小に関係なく成り立つ．変位の量は増減の量と読みかえてもよい．この法則は，1次元の量だけでなく，多次元の量を考えたときにも成り立つ．多次元の量の場合，それらは**ベクトル**の間の演算に抽象され，はじめの量は**位置ベクトル**，変位の量は**変位ベクトル**に抽象され

(位置ベクトル)＋(変位ベクトル)＝(位置ベクトル)

(変位ベクトル)＝(位置ベクトル)－(位置ベクトル)

という法則におきかえられる．

相対量は，また内包量の場合にも考えられる．たとえば，水槽に $a\,l$/分の流量で水を入れるとき，$-a\,l$/分は逆に毎分 $a\,l$ の水を排出する量と考えられる．b 分後（$+b$ 分），b 分前（$-b$ 分）の水槽の水の量は，

流量が　　$(a\,l/$分$)\times(+b$ 分$)=ab\,l$

　　　　　$(a\,l/$分$)\times(-b$ 分$)=-ab\,l$

排出量が　$(-a\,l/$分$)\times(+b$ 分$)=-ab\,l$

　　　　　$(-a\,l/$分$)\times(-b$ 分$)=ab\,l$

であることから，現在の水の量 $V_0\,l$ を知れば直ちに求めることができる．上の4つの式は，乗法・除法における符号法則を示している．

§4. 量のシェーマ

量の大きさを直観的に，視覚的にとらえるために，量を図形で表わすと便利なことがある．この図形のことを**シェーマ**（shema）という．

分離量について議論する場合，シェーマとしてタイルを用いる．**タイル**とは単位の長さを1辺とする正方形で，10ずつまとめることで10進構造を表わす

ことができる．たとえば，324 は右の図のようになる．タイルを用いると，乗法の構造である

(1 あたり量)×(いくつ分)
=(全体の量)

を，図 1.3 のように表わすことができる．このようにすると量の具体的な意味は捨象されてしまうから，交換法則 $a\times b=b\times a$ の成立は一目で明らかとなる．

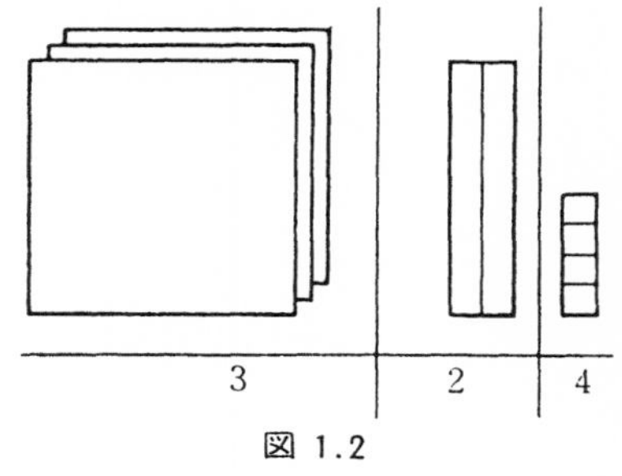

図 1.2

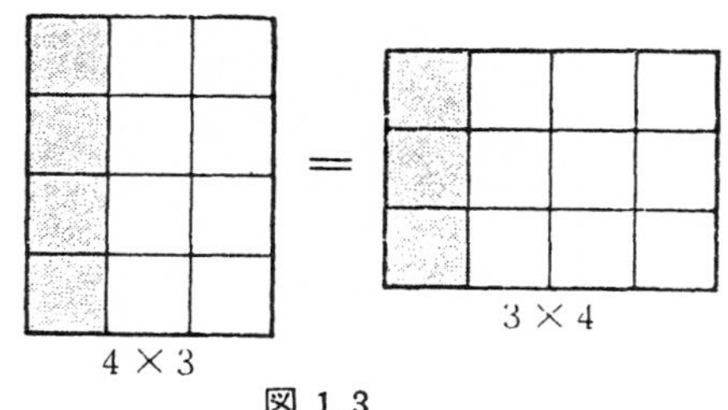

図 1.3

このように，タイルは，モノ自体のもつ性質を捨象して，量の側面を空間的表象にかえて，量の間に成り立つ法則性を表わすので，量から数を抽象してゆく過程での半ば具体的な存在といえる．図式でかくと

量（実在）——— シェーマ ——— 数（抽象）

である．

連続量では，タイルを横に並べた**テープ**をシェーマとし，さらにその長さだけに注目して線分図を作る．これは相対量（さしあたっては正負の数）の導入とともに，数直線に発展し，量が直線上の点の位置によって表わされ，量の空間化が完成する．**数直線**は連続量のシェーマである．

このように外延量の大きさは，線分の長さで表わす方法（**量の線分化**）と，長方形の面積で表わす方法（**量の面積化**）の 2 つの方法がある．

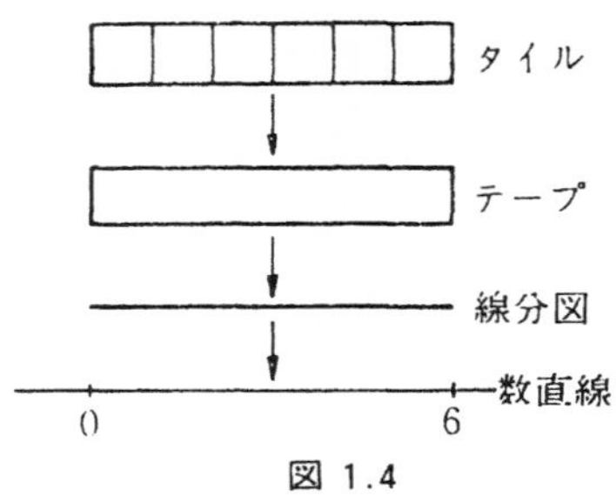

図 1.4

例 1.1 2.1 cm × 3.2 cm, $1\frac{1}{2}$ cm × $2\frac{1}{3}$ cm の計算の仕方をタイルで説明せよ.

（解）

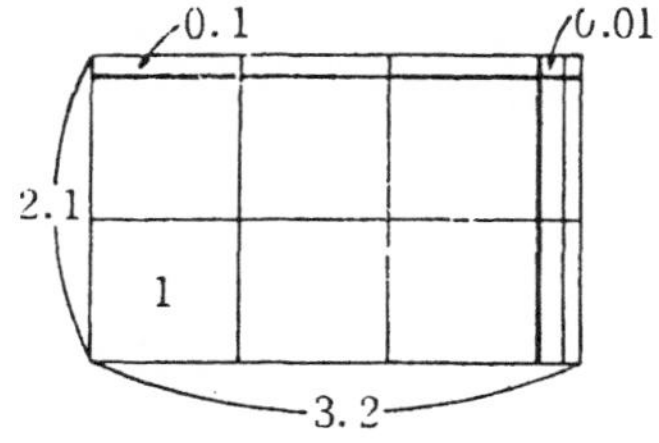

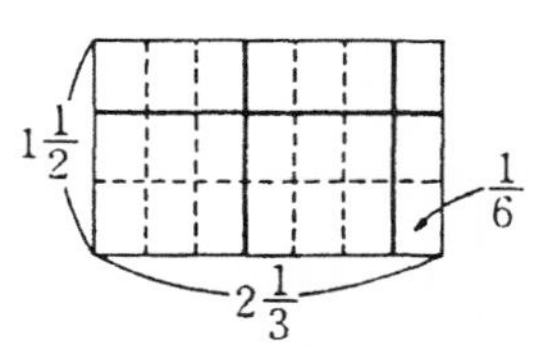

$$2.1\,\mathrm{cm} \times 3.2\,\mathrm{cm} = 6.72\,\mathrm{cm}^2$$

$$1\frac{1}{2} \times 2\frac{1}{3} = \frac{3}{2} \times \frac{7}{3} = \frac{21}{6} = 3\frac{1}{2}$$

問 1.5 テープ，もしくは線分図を用いて，

$$a+b=b+a$$

$$a+(b+c)=(a+b)+c$$

なる法則を説明せよ.

問 1.6 数直線上で，a, b を表わす変位を $\overrightarrow{\mathrm{OA}}$, $\overrightarrow{\mathrm{OB}}$ とすると，

$$\overrightarrow{\mathrm{OA}}+\overrightarrow{\mathrm{AB}}=\overrightarrow{\mathrm{OB}}$$

で加法が定義される. 正負の数の加減の計算法則を，数直線上の点の変位を用いて説明せよ.

内包量の場合，シェーマはどう表わしたらよいか考えてみよう. たとえば

$$\text{密度}=1\,\mathrm{cm}^3\text{あたりの質量}=\frac{\text{質量}}{\text{体積}}$$

だから，土台になっている物体の体積（外延量）が，質量を荷っていると考え

て，土台になる外延量である体積を線分化し，その荷っている外延量である質量を面積化して，図1.5の如く表わす．質量を長方形の面積で表わすのは，どの部分をとっても，1あたり一定（この場合に限り，素朴な意味での内包量がある）だからである．すると内包量（密度）は長方形の高さで表わしても，2つの内包量の大小の差異は比較できる（底が1だから）．したがって，**内包量も線分化が可能なのであり**，内包量の3用法は図の上から容易に理解できる．

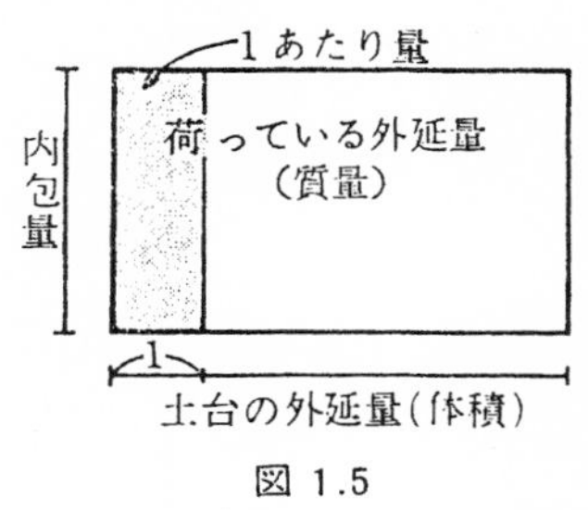

図 1.5

図1.5を**内包量のシェーマ**という．内包量のシェーマもタイルのごく自然な発展である．

内包量には正負の内包量が考えられるから，負の内包量に対して，シェーマはどう表わされるか．例を水槽の中へ水を流入するときの問題で考えよう．

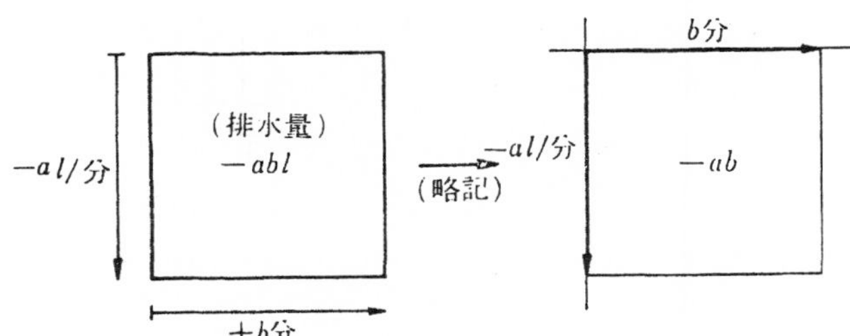

図 1.6

2つの線分化された量に向き（正負を表わす）をつけて表わすと，荷っている外延量も正負の符号をもって表われる．

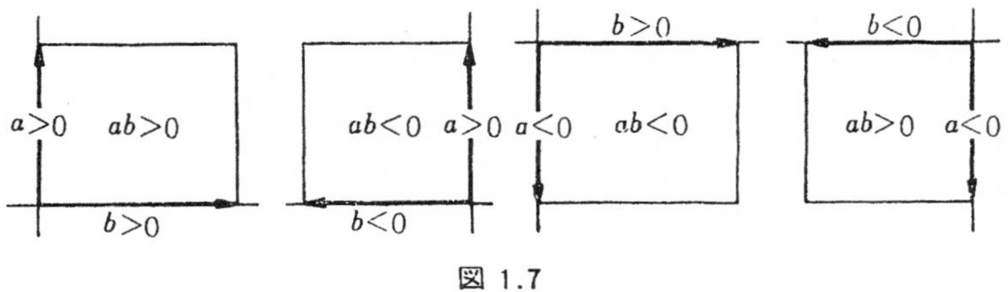

図 1.7

内包量のシェーマでは，**土台になる外延量の向きの方向をたどって1周するとき，シェーマをたえず左側にみる場合正，右側にみる場合負**ときめる．それは図1.7に示されている．線分の長さと同じように，面積もまた正負の考え方が必要になってくる．

§5. 量から数へ

分離量では，タイルとの1対1対応によって整数がえられるが，連続量では単位に分割して（**分離量化**して）測ることが必要になってくる．その場合半端ができると，自然数のみでは数値化できない．そこで単位をさらに分割して小数,分数を作り，半端の部分の大きさをも数値化して，大きさを正確に表わすのである．

小数の発生

1mのものさしを使って棒の長さを測ったとき，1mが3回はとれたが4回はとれなかったとすると，この棒の長さは3mと少しである．この少しにあたる半端の大きさを測るには，さらに小さい単位を使えばよい．1mを10等分した1つ分を0.1mとし，これを新しい単位として測る．もし半端が0.1mの5つ分であれば0.5mとかく．3mと0.5mとを合わせて3.5mとかく．

もし，半端が0.5mより長くて，0.6mより短いという場合には，0.1mをさらに10等分した1つ分を0.01mとし，これを新しい単位に使って3.5mをこえる半端の部分を測る．それが0.01mの7つ分あれば，0.07mで，3.5mと合わせて，3.57mとかく．

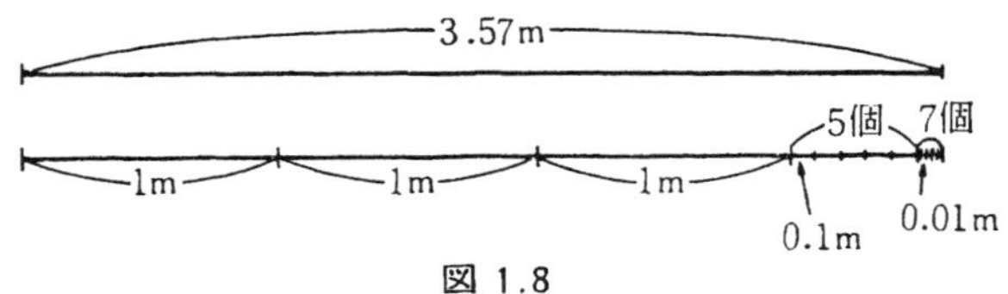

図1.8

このように半端がある場合，単位を10等分して新しい単位を作り，それで測ってゆくと棒の長さをくわしく測定することができる．ここにできた3.5, 3.57のような数を**小数** (decimal) という．

分数の発生

半端の測り方にはもう1つの方法がある．棒を1m単位で測ったとき，2mと半端があったとする．この半端をa mとすると，a m＜1mであるので，a mを単位にして1mを測ってみる．

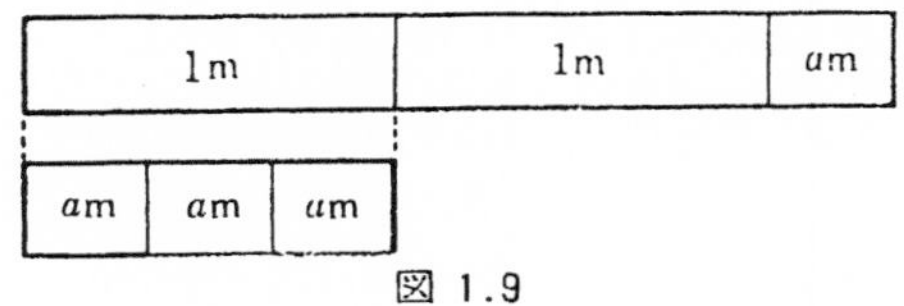

図 1.9

図1.9のように，1mが半端a mの3つ分あれば，$a\,\mathrm{m}=\left(\frac{1}{3}\right)\mathrm{m}$とかく．そして棒の長さを$\left(2+\frac{1}{3}\right)\mathrm{m}=\left(2\frac{1}{3}\right)\mathrm{m}$とかき表わす．

もし，図1.10のように1mがa mで測りきれずに，3つ分より多く4つ分より少ない場合には，a mの3つ分をこえる半端b mでa mを測る．もし，

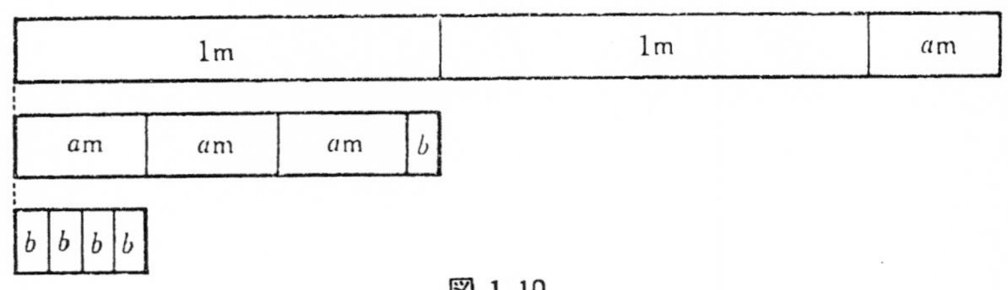

図 1.10

a mがb mの4つ分であったとすると

$$a\,\mathrm{m}=4b\,\mathrm{m}$$

だから，

$$1\,\mathrm{m}=(3a+b)\,\mathrm{m}=(12b+b)\,\mathrm{m}=13b\,\mathrm{m}$$

となる．このとき

$$b\,\mathrm{m}=\left(\frac{1}{13}\right)\mathrm{m}$$

とかくと，

$$a\,\mathrm{m}=\left(\frac{4}{13}\right)\mathrm{m}$$

となって，棒全体の長さは $\left(2\frac{4}{13}\right)\mathrm{m}$ である．ここにできた $\frac{1}{3}$，$\frac{4}{13}$，$2\frac{1}{3}$，$2\frac{4}{13}$ のような数を**分数**（fraction）という．

定理 1.1 長さ a，単位を e とすると，上記の操作を m 回くり返して，m 回目にちょうど測りきれたとすると

$$a=e\cdot n_1+a_1 \qquad (0<a_1<e)$$
$$e=a_1\cdot n_2+a_2 \qquad (0<a_2<a_1)$$
$$a_1=a_2\cdot n_3+a_3 \qquad (0<a_3<a_2)$$
$$\cdots\cdots\cdots$$
$$a_{m-2}=a_{m-1}\cdot n_m$$

となる．これから次の分数がえられる．

$$\frac{a}{e}=n_1+\cfrac{1}{n_2+\cfrac{1}{n_3+\cfrac{1}{n_4+\cdots\cdots+\cfrac{1}{n_m}}}}$$

（証明）
$$\frac{a}{e}=n_1+\frac{a_1}{e}$$
$$\frac{e}{a_1}=n_2+\frac{a_2}{a_1}$$
$$\frac{a_1}{a_2}=n_3+\frac{a_3}{a_2}$$
$$\cdots\cdots$$

を順次代入してゆけばよい． (Q. E. D)

定理 1.1 の分数を**有限連分数**（finite continued fraction）といい，

$$a=e\left(n_1+\frac{1}{n_2}+\frac{1}{n_3}+\cdots\cdots+\frac{1}{n_m}\right)$$

とかく．

例 1.2　$\dfrac{71}{29}$ を連分数で表現せよ．

（解）　$71\div29=2$　　あまり　13

$29\div13=2$　　あまり　3

$13\div\ 3=4$　　あまり　1

$3\div\ 1=3$

$$\frac{71}{29}=2+\cfrac{1}{2+\cfrac{1}{4+\cfrac{1}{3}}}=\left(2+\frac{1}{2}+\frac{1}{4}+\frac{1}{3}\right)$$

問 1.7　次の分数を連分数で表わせ．

①　$\dfrac{47}{9}$　　②　$\dfrac{62}{29}$　　③　$\dfrac{44}{37}$　　④　$\dfrac{43}{5}$

問 1.8　次の連分数を普通の分数で表わせ．

①　$3+\dfrac{1}{2}+\dfrac{1}{7}+\dfrac{1}{5}$　　②　$1+\dfrac{1}{4}+\dfrac{1}{5}+\dfrac{1}{6}$

問 1.9　正の数 x から x を超えない最大の整数を減じてえられる値を x の小数部分ということにする．$x=\sqrt{3}$ の小数部分を y_0 とし，$x_1=\dfrac{1}{y_0}$ の小数部分を y_1 とする．さらに $n=2,3,4,\cdots$ に対して，$x_n=\dfrac{1}{y_{n-1}}$ の小数部分を y_n とする．このとき，y_4 を x で表わせ．（熊本大）

例 1.3　1辺が1の正方形 ABCD の対角線 AC 上に，AB に等しく AE をとり，E で AC に垂線をひいて BC と交わる点を F とする．△ABF≡△AEF より，BF＝EF，∠EFC＝45°，CE,EF を相隣る 2 辺とする正方形 CEFG をとり，CF 上に CE＝FH となる点 H をとる．H で CF に垂線を立て，CE と交わる点を K とする．CH,HK を相隣る 2 辺とする正方形をつくる．……以下同様の操作をつづける．この操作は限りなくつづく，つまり

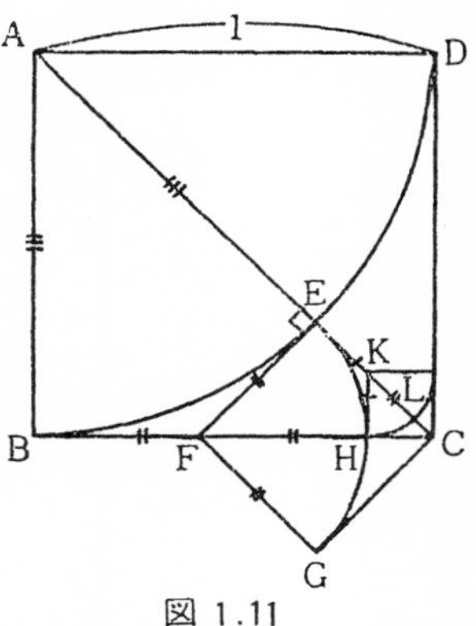

図 1.11

AC から AB が 1 つとれ，

AB から CE が 2 つとれ，

CE から CH が 2 つとれ，

CH から CL が 2 つとれ，……

よって

$$\sqrt{2}=1+\cfrac{1}{2+\cfrac{1}{2+\cfrac{1}{2+\cfrac{1}{2+\cdots\cdots}}}}\equiv\left(1+\frac{1}{2}+\frac{1}{2}+\frac{1}{2}+\cdots\right)$$

となる．結局，$\sqrt{2}$ は 1 を単位として測ったとき測り切れない（通約不可能）のである．一般に

単位と通約可能な量を**有理量**，通約不可能な量を**無理量** という．

有理量に対応する数を**有理数**（これは有限連分数で表現される），無理量と対応する数を**無理数**（これは無限連分数で表現される）という．

問 1.10　正 5 角形の対角線の長さと，その 1 辺の長さとは通約不可能であることを証明し，対角線の長さは

$$1+\cfrac{1}{1+\cfrac{1}{1+\cfrac{1}{1+\cfrac{1}{1+\cfrac{1}{1+\cdots\cdots}}}}}\equiv\left(1+\frac{1}{1}+\frac{1}{1}+\frac{1}{1}+\cdots\right)$$

で与えられることを示せ．

問 1.11　$\sqrt{3}$ を無限連分数で表わせ．

問 1.12　$\pi=3.1415926535\cdots$ を連分数で表わせ．

いままでの説明で，

有理数　は　有限連分数

無理数　は　無限連分数

で表わされることを知った．今度は少し違った立場で 有理数，無理数 の違いをみよう．

定理 1.2　分数を表わす小数は，数字の列がある所から先は循環する．

（証明）　n, m を互いに素なる自然数とし，$\dfrac{m}{n}$ $(m<n)$ なる分数を考える．

m を n で割ったとき，余りは

$$0, 1, 2, \cdots, n-1$$

のどれかである．余りが 0 になるときは割り切れるので

$$\frac{m}{n}=0.p00\cdots\cdots$$

とすればよい．0 以外のとき，割算を n 回行なえば，必ず $1, 2, \cdots, n-1$ のどれかが 2 回あらわれて，それ以後の割算は，それ以前と同じことがくり返される．たとえば

$$\frac{3}{4}=0.75$$

$$\frac{3}{7}=0.\overparen{428571}\overparen{428571}\cdots\cdots \qquad \text{(Q. E. D)}$$

この定理で，$\frac{3}{7}$ の小数表示を $0.\dot{4}2857\dot{1}$ とかき，これで**循環小数** (recurring decimal)，ひとまわりする数字の列を**循環節**という．次に小数を分数に直すことは出来る．

例 1.4　$0.0\dot{3}$ を分数に直せ．

（解）　$0.0\dot{3}$ が分数に直せたとして，それを a とする．

$$0.0\dot{3}=a$$

両辺 10 倍すると

$$0.\dot{3}=10a$$

$$\therefore \quad 0.3=9a$$

$$a=\frac{0.3}{9}=\frac{1}{30}$$

問 1.13　次の分数を小数に直せ．

$$\frac{1}{7}, \quad \frac{8}{11}, \quad \frac{13}{27}, \quad \frac{20}{41}, \quad \frac{6}{13}$$

問 1.14　次の循環小数を分数で表わせ．

$$0.\dot{9}, \quad 0.\dot{2}6\dot{7}, \quad 3.\dot{5}\dot{4}, \quad 0.32\dot{4}3\dot{7}$$

定理 1.2 と例 1.4 より

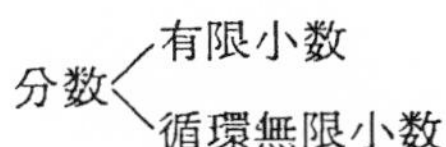

であることを知った．それでは無限小数は必ず循環するかというとそうではない．たとえば

$$\pi = 3.141592653\cdots\cdots$$

$$\sqrt{2} = 1.414\cdots\cdots\cdots\cdots$$

などは循環しない無限小数である．循環しない無限小数で表わされる数を**無理数** (irrational number) という．

無理数にはいろいろのものがある．

(1)　**有理数の累乗根**

(イ)　$x^2=2$, $x^2=10$ などより生れた $x=\sqrt{2}$, $x=\sqrt{10}$ のように平方根号を用いて表わしたもの．

(ロ)　$x^3=2$, $x^3=10$ などより生れた $x=\sqrt[3]{2}$, $x=\sqrt[3]{10}$ のように立方根号 $\sqrt[3]{\ }$ を使って表わしたもの．

(ハ)　累乗根 $x^n=2$, $x^n=10$ などより生れた $x=\sqrt[n]{2}$, $x=\sqrt[n]{10}$ のように累乗根号 $\sqrt[n]{\ }$ を使って表わしたもの．((イ)(ロ)は(ハ)に含まれる)

(2)　**有理数±無理数，有理数×無理数**の形のもの

$2\pm\sqrt{2}$,　$2\sqrt{2}$
$3\pm\pi$,　$2\pi r$　など

(3)　**無理数±無理数，無理数×無理数**の形のもの

$\sqrt{2}\pm\sqrt{3}$,　$\sqrt{2}\times\sqrt{3}$　(ただし　$\sqrt{2}\times\sqrt{8}=4$ のようなものもある．)

$\sqrt{10}\pm\pi$,　$\sqrt{10}\pi$　など

(4)　**無理数の累乗根**

$\sqrt[3]{\sqrt{2}}$,　$\sqrt{2\pm\sqrt{2}}$　など

(5)　**特殊な定数** ($\sqrt[n]{\ }$ で表わせない)

π　など

問 1.15　(1) $a, b, a-b$ がすべて無理数のとき，$a+b$ が有理数となることがあるか．あれば実例を示し，なければ理由を述べよ．

(2) a, b, $\dfrac{a}{b}$ がすべて無理数のとき，ab が有理数となることがあるか．あれば実例を示し，なければ理由を述べよ．（愛媛大）

例 1.5 $\sqrt{2}$ は1と通約不可能であり，無理数であった．今度は $\sqrt{2}$ は普通の分数で表現されないことを証明しよう．

$\sqrt{2}$ が既約分数，つまり

$$\sqrt{2}=\frac{q}{p} \qquad (p, q \text{ は互いに素})$$

で表わされたとする．両辺を2乗して分母を払うと

$$2p^2=q^2$$

これは q が偶数であることを意味する．（もし q が奇数ならば，q^2 も奇数）．

したがって

$$q=2r$$

とおくと

$$2p^2=(2r)^2$$

$$p^2=2r^2$$

となって，p は偶数でなければならぬ．したがって，p と q は2という公約数をもつ．それは p, q が互いに素であることに反する．

問 1.16 $\sqrt{3}$，$2+\sqrt{2}$ が無理数であることを示せ．

問 1.17 n を1より大きい自然数とするとき，$2^{\frac{1}{n}}$ は無理数であることを証明せよ．

（愛媛大）

問 1.18 ある数学雑誌に

「$\sqrt{2}$ は無理数である」

という命題の見馴れない証明がのっていた．それは次のようである．

「背理法により，

$$\sqrt{2}=\frac{a}{b}$$

と既約分数で表示できたとすれば

$$2b^2=a^2$$

が成り立つ．しかし，<u>この両辺を3で割って，余りを考察すれば，この等式がありえないことがわかる</u>．したがって，$\sqrt{2}$ は有理数ではなく無理数である．」

上に記した証明の中で，説明の不足があって，下線の部分はわかりにくいという人も

ある．そこでこの部分の証明を補って，中学生にも納得できるようにしたい．どのように補足すればよいか．（大阪教育大）

§6. 実数の性質

正負の連続量は，外延量も内包量も，結局は線分化され，それから実数がひきだされることを知った．実数は量の抽象化されたものであるから，当然，実数の性質も量の法則を反映する．たとえば，外延量には加法性があり，内包量もある条件のもとでは加法が成り立つ（第II部第3章参照）から，実数でも加法ができる．また，

内包量×外延量，　外延量×外延量（たとえば面積）

外延量×倍，　内包量×内包量（第II部第3章参照）

なども可能だから，実数でも乗法，したがって除法ができる．そしてこれらは

（1）　**実数の代数的構造**

をつくりあげる．すなわち

	加　法　群	乗　法　群
一　意　性	$a+b$ は唯1つにきまる	ab は唯1つにきまる
結合法則	$(a+b)+c=a+(b+c)$	$(ab)c=a(bc)$
交換法則	$a+b=b+a$	$ab=ba$
単位元の存在	$a+0=a$ となる0が存在	$a1=a$ となる1が存在
逆元の存在	$a+x=0$ となる x が存在（この x を $-a$ とかく）	$ax=1$ $(a\neq 0)$ となる x が存在（この x を a^{-1} とかく）
逆算可能性	$a+x=b$ となる x が存在	$ax=b$ となる x が存在
分配法則	$a(b+c)=ab+ac$	

これらを**体の公理**（axioms of field）という．

例 1.6　加法，乗法を集合 $\{0,1\}$ の要素に対して，次のように定義する．

（加法）

$a \backslash b$	0	1
0	0	1
1	1	0

（乗法）

$a \backslash b$	0	1
0	0	0
1	0	1

集合 {0,1} は体である．単位元は加法では 0；乗法では 1，一方逆元は加法では 0の逆元は0，1の逆元は1；乗法では 1の逆元は1である．

これはもっとも小さい体である．

問 1.19 $a+b$，ab の値はこれらを 5で割った余りときめる．そのとき，集合 {0,1,2,3,4} は加法および乗法について体をつくることを証明せよ．

(2) **順序構造**

実数はつねに大小が比較できる．**順序の公理**（axioms of order）は

i） $a \geqq a$ （反射律）

ii） $a \geqq b$, $b \leqq a$ ならば $a=b$ （反対称律）

iii） $a \geqq b$, $b \geqq c$ ならば $a \geqq c$ （推移律）

であるが，実数ではこの他に

iv） 任意の a, b に対して

$$a>b \quad \text{または} \quad a=b \quad \text{または} \quad a<b$$

が成立する．（全順序性）

が成り立つ．なお大小の判定は

$$a \geqq b \rightleftarrows a-b \geqq 0$$

より，符号法則に帰着することは周知の通りである．

(3) **位相構造**（遠近構造）

数直線上で整数の集合を考えると，それはポツポツの点の集合である．

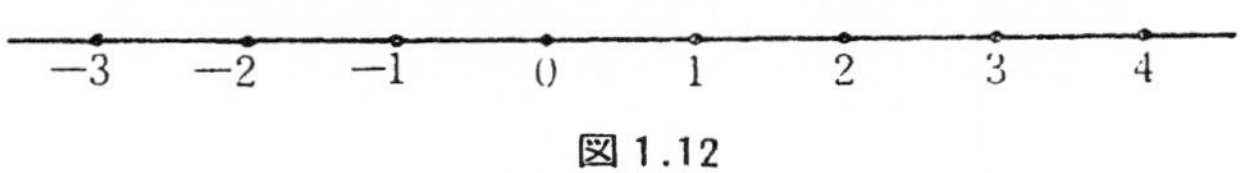

図 1.12

しかし，有理数の集合は整数の集合とは若干異なる．すなわち，どんなに近い2つの有理数 r_1, r_2 をとってきても

$$r_3=\frac{r_1+r_2}{2}$$

はまた有理数で，しかも $r_1<r_3<r_2$ である．さらに

$$r_4=\frac{r_1+r_3}{2}, \qquad r_5=\frac{r_3+r_2}{2}$$

とすると，これらもまた有理数で，$r_1<r_4<r_3<r_5<r_2$ である．中点のそのま

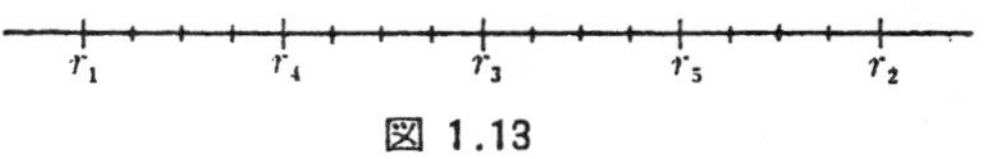

図 1.13

た中点をとる操作は無限につづけることができる．そこで，このような集合の違いを

整数の集合は**離散的**（discrete）

有理数の集合は**稠密**（ちゅうみつ）（dense）

であるという．有理数は稠密だから，もちろん実数も稠密である．

問 1.20　a, b を任意の有理数で $a<b$ とする．m と n を任意の自然数とするとき，

$$c=\frac{ma+nb}{m+n}$$

もまた有理数で，$a<c<b$ であることを示せ．

さて，次に数直線上の点に有理数を対応させてゆくと，稠密性によって数直線上の点の表わすすべての有理数が1対1に対応するように思える．そして無理数を表わす点が数直線上に現われる余地はないように思える．ところがそうでなくて，有理数の全部を使いつくしても，有理数が対応しない点が無数にあるのである．そのことは図1.14の示す簡単な作図からも分る．

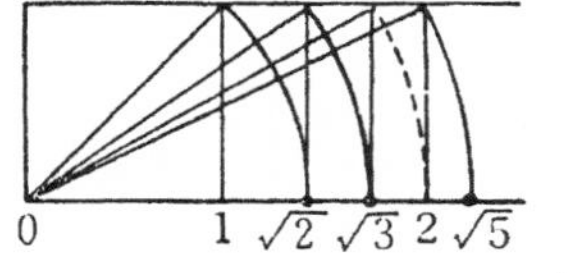

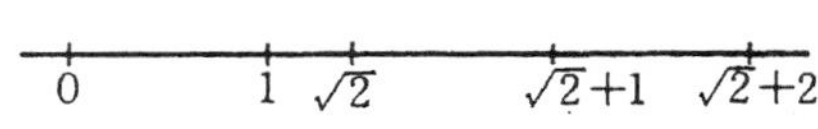

図 1.14

また，$\sqrt{2}$ から有理数の長さだけずらした $\sqrt{2}+1$，$\sqrt{2}+2$，… にあたる点についても同様である．このように考えると，数直数上には有理数に対応する点（**有理点**）と無理数に対応する点（**無理点**）が入りまじって存在している．有理点に無理点を追加してはじめて直線をすき間なくびっしりと埋めつくすことが

できる．つまり，有理数と無理数全体をあわせて実数全体の集合ができるが，これは数直線上の点集合と対等であって，**連続な集合**（とぎれない集合）という．

「大きさのない点がいくつ集まると長さが生ずるか」という疑問がよく出される．大きさ0の点が無限個集まって長さを生じるには，無限個の程度が問題になる．その無限個とは有理数全体の個数では駄目で，実数全体の個数が要求される．（「現代の綜合数学 III」 参照）

問 1.21 実数の全体を $\boldsymbol{R}$ で表わし，$\boldsymbol{X}\subset\boldsymbol{R}$ のとき，$\boldsymbol{X}$ に属するどの実数 x に対しても $x\leqq y$ であるような実数 y の全体を $\boldsymbol{X}^*$で表わす．$\boldsymbol{A}\subset\boldsymbol{B}, \boldsymbol{B}\subset\boldsymbol{R}$ であって，0は $\boldsymbol{A}$ に属しており，1より大きい実数は $\boldsymbol{B}$ に属していないという． 次の (1)～(4) のそれぞれは正しいか否か．ついでにその理由も述べよ．

(1) $\boldsymbol{B}^*\subset\boldsymbol{A}^*$ である．

(2) $\boldsymbol{A}^*$ と $\boldsymbol{B}$ の両方に属している実数がある．

(3) $\boldsymbol{A}$ と $\boldsymbol{B}^*$ の両方に属している実数はない．

(4) $\boldsymbol{A}^*$ に属するすべての実数 a^* に対し，a^*+k がつねに $\boldsymbol{B}^*$ に属するような定数 k がある．（神戸大）

第2章　関数とグラフ

§1.　変数と関数

例 1.7　タンクに水道栓から水を注入している．タンクの中の水の量は時々刻々に変化する．すなわち，時刻 t (分)のときのタンクの水量を x(トン) とすれば，t が定まると x が確定し，t が変ると x も変る．このとき，t から x が定まるという意味で，

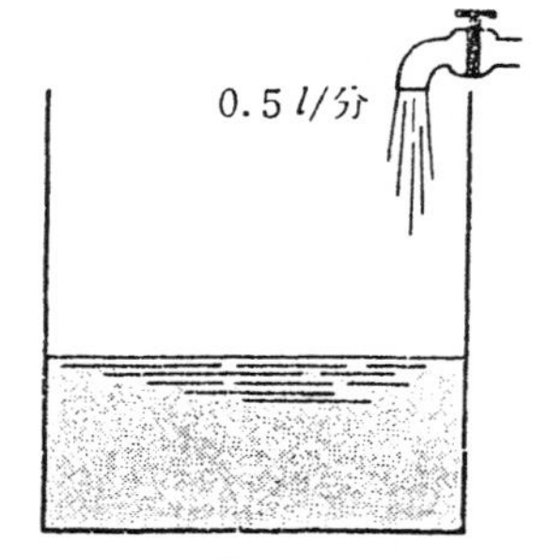

図 1.15

$$x=f(t)$$

とかく．$f(t)$ とは t によって定まる量という意味である．注水量が，0.5 l/分であれば，t と x の間には

$$x\,l=0.5\,l/\text{分}\times t\,\text{分}$$

という量の法則がえられるから

$$x=f(t)=0.5t$$

とかける．このとき，t と x の変化の様子を対応表でかくと

t	0	1	2	3	4	5	……
x	0	0.5	1	1.5	2	2.5	……

となる．$t=a$ のときの x の値を $f(a)$ とかく．$f(0)=0$，$f(1)=0.5$ である．

例 1.8　自動温度記録紙上で，時刻 t と温度 x の間に図 1.16 のような図が描けたとする．

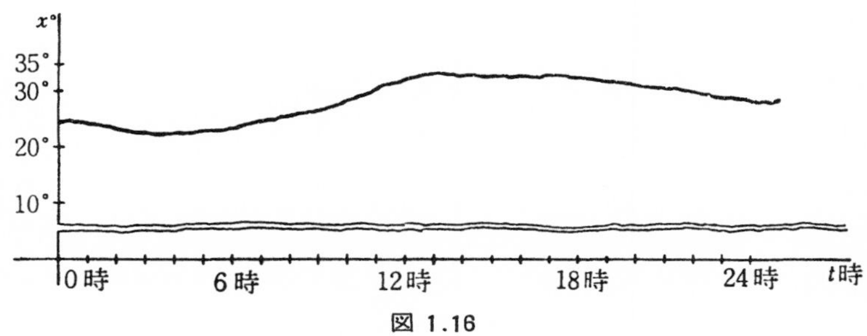

図 1.16

この場合，確かに t が定まれば，温度 $x°$ は確定するはずである．しかし，それを例 1.7 のように，ある種の法則で推測することはできない．実際に測ってみなければならない．夜は温度が下り，昼間は温度が上るという法則はあっても，しかし風のあるなし，上空の雲の具合など，諸々の外的要因が働いて，ある時刻の温度が決まるから，その決まり方は簡単な量の法則からは演繹できない．

一般に，変化する量を**変量**（variate），変量を表わす文字を**変数**（variable）という．変数に対して，変化しない量を表わす文字（数も含めて）を**定数**（constant）という．

また，

2つの変数 x, y があって，x の値が定まるとそれに応じて y の値が定まるとき，x を**独立変数**（自変数），y を**従属変数**（従変数）といい，x に対する y の定まり方（規則，操作，あるいは機能）を**関数**（function）といい，f などで表わし，

$$f : x \longmapsto y \qquad \text{あるいは} \qquad x \stackrel{f}{\longmapsto} y$$

などとかく．また，従属変数 y を $f(x)$ とかくが，$f(x)$ とは x に f が働いた結果を意味する．

数学の対象は，第1に「**もの**」であり，その「もの」を解明するためにも，

ものとものとの間の「**働らき**」が重要である．この「もの」とその「働らき」の上に数学が構成されるといってもよい．「**もの**」**は抽象されて，数または集合となるが，「働らき」を抽象化したものが関数である**．もっとも，関数それ自身も「もの」とみることができるし，その必要性もあるのだが，関数の基本的な重要性はそのことによっても変らない．したがって，関数，すなわち「働らき」を実体的にとらえる必要があり，そのために考案されたのが**暗箱**(black box) である．それは独立変数 x を従属変数 y にかえる「働らき」をもった箱（装置）で，この箱の「働らきが関数 f」である．

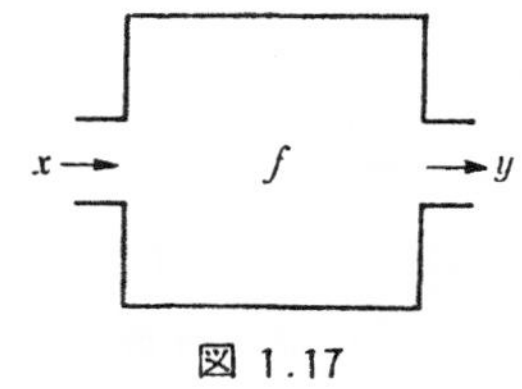

図 1.17

例 1.7 で取上げた関数は，t が x に変る「働らき」が量の法則から明確であるので，このようなものを

法則化された関数

という．一方，例 1.8 で取上げた関数は「働らき」のカラクリが明確でない．それは

法則化されない関数

だからである．後に，法則化された関数を明箱（white box)，法則化されない関数を暗箱と区別することがある．しかし，解析学の目的は

法則化されない関数の法則化

にあるといえる．つまり，暗箱の装置を解明して明るくすることである．そのためにはまず，法則化された関数の法則性を明らかにしなければならない．

法則化された関数は，普通は式で表わされる．例 1.7 の

$$x=0.5t$$

がそれである．これを関数を式表示または関数式という．この場合，関数としては

$$f : t \longmapsto x=0.5t$$

$$t \overset{f}{\longmapsto} x=0.5t$$

または，単に

$$t \longmapsto x=0.5t$$

とかくのが本来的であるが，「$t \longmapsto$」を省略して

$$x=0.5t, \quad f(t)=0.5t, \text{ または単に } 0.5t$$

と式表示することが多い．

さて，関数は「働らき」であるが，「働らき」が等しいかどうかを抽象的に議論しても生産的でない．たとえば

$$x \overset{f}{\longmapsto} 2x+4, \qquad x \overset{g}{\longmapsto} 2(x+2)$$

は同じ「働らき」とも別の「働らき」ともいえる．したがって，結果が一致すれば，「同じ関数」とみなすことにする．この例では $f=g$ と考える．また，関数 $y=0.5x$ と $x=0.5t$ とは量としては異なるかもしれぬが，関数としては同じと考える．（本節での厳密な定式化は，「現代の綜合数学 Ⅲ」を参照のこと）

［注］ 法則化された関数で最も基本的で重要なものは，次の如きものである．

関数の種類	量の法則
正比例関数．1次関数	一様変化法則
2次関数	等加速度変化法則
指数関数．対数関数	成長法則
円(3角)関数	周期的変化法則

§2. 定義域と値域

変数 x のとりうる値の集合を**変域**(domain)という．また，関数 $f: x \longmapsto y$ が与えられたとき，独立変数 x の変域を f の**定義域**（domain)，従属変数 y の変域を f の**値域**（range）という．f の定義域は，f が具体的にどんな場面で考えられているかできまる．

例えば，例1.7において，1時間で水栓を閉じるものとすると

定義域は　$0 \leqq t \leqq 60$

値域は　$0 \leqq x \leqq 30$

であるから，定義域を明示するときは

$$f : t \longmapsto x=0.5t \qquad (0 \leqq t \leqq 60)$$

と表わす．特に定義域の明示されない関数では，定義域はすべての実数と考えるのが普通ではあるが，関数の性質上，自然にきまっていることもある．たとえば，関数 $x \longmapsto \sqrt{x}$ では，従属変数を実数とすると，$x \geqq 0$ が定義域である．

問 1.22　次の関数の定義域を求めよ．

(1)　$x \longmapsto \dfrac{1}{x}$　　(2)　$x \longmapsto \dfrac{1}{x^2-4}$　　(3)　$x \longmapsto \sqrt{x^2-2x-3}$

(4)　$x \longmapsto \dfrac{1}{\sqrt{4x-x^2}}$

これらの例でも分るように，変域は不等式で表わされることが多い．不等式で表わされる変域を**区間**（interval）という．有限な区間には

閉区間　$[a,b]=\{x \mid a \leqq x \leqq b\}$

右半開区間　$[a,b)=\{x \mid a \leqq x < b\}$

左半開区間　$(a,b]=\{x \mid a < x \leqq b\}$

開区間　$(a,b)=\{x \mid a < x < b\}$

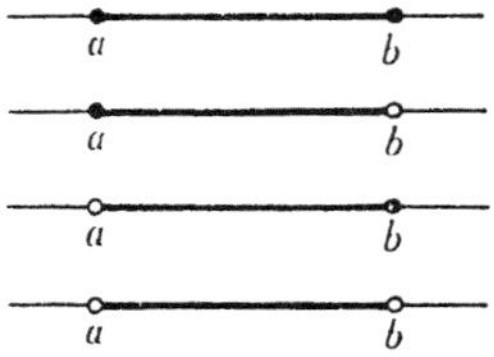

図 1.18

の4つがある．とくに (a,b) を**有限開区間**（finite open interval）という．

例 1.9　$a<b$ のとき，$a(1-t)+bt \in (a,b)$，ただし，$0<t<1$．

（解）　$a<a+(b-a)t=b-(b-a)(1-t)<b$　であるから，

$$a(1-t)+bt \in (a,b)$$

逆に $x \in (a,b)$ ならば，$\mathrm{A}(a), \mathrm{P}(x), \mathrm{B}(b)$ とすると

$$\overrightarrow{\mathrm{AP}}=\overrightarrow{\mathrm{AB}}t,\ \text{つまり}\quad x=a(1-t)+bt$$

問 1.23　$a<b<c<d$ のとき

(1)　$[a,c] \cap [b,d]$　　(2)　$(a,c) \cap (b,d)$

(3)　$[a,c] \cup [b,d]$　　(4)　$(a,c) \cup (b,d)$

はどんな区間か．

問 1.24　任意の有限な区間は，適当な有限開区間に含まれることを証明せよ．

∞は数ではないが，解析学ではよく用いられる．∞については，

(1)　a が実数であることは　$-\infty<a<+\infty$　と同じ

(2)　$a+\infty=(+\infty)+(+\infty)=+\infty$

(3)　$a-\infty=(-\infty)+(-\infty)=-\infty$

(4)　$a>0$　ならば

$$a\cdot\infty=(+\infty)(+\infty)=+\infty$$
$$(-a)\cdot\infty=a(-\infty)=(-\infty)(+\infty)=-\infty$$
$$(-\infty)(-\infty)=+\infty$$

(5)　$\dfrac{a}{\infty}=0$

と定義する．そして

$$[a,+\infty)=\{x \mid x\geqq a\}$$
$$(a,+\infty)=\{x \mid x>a\}$$

などを**無限区間** (infinite interval) という．無限区間には，この他

$$(-\infty,a],\ (-\infty,a),\ (-\infty,+\infty)$$

がある．

例 1.10　区間 $\boldsymbol{S}=(-\infty,a)$ には最大数はないことを証明せよ．

（解）　もし $\boldsymbol{S}$ に最大数があるとして，それを m とする．

$$\boldsymbol{S}\subset(-\infty,a],\qquad m\in\boldsymbol{S}$$

より，

$$m<a$$
$$m<\frac{m+a}{2}<a$$

となって，m より大きい数 $\dfrac{m+a}{2}$ が $\boldsymbol{S}$ の中に存在するから矛盾．

問 1.25　区間 $\boldsymbol{S}=(a,+\infty)$ には最小数はないことを証明せよ．

§3. 関数のグラフ

例 1.7 の関数

$$f:t\longmapsto x=0.5t$$

を例にとって，関数のグラフを説明しよう．この関数の2つの変数間の対応関係は，30頁の対応表で示されているが，これを図示するためには図1.19のような**対応図**がまず考えられる．しかし，この対応図は素朴ではあるが，関数の変化を解明するには不十分である．$t=1$ と2の間でどのような変化をしているかは，$t=1.1$，1.2，1.3，…というように克明に記入してゆかねばならないし．それは結局塗りつぶしてしまうのと同じことになる．

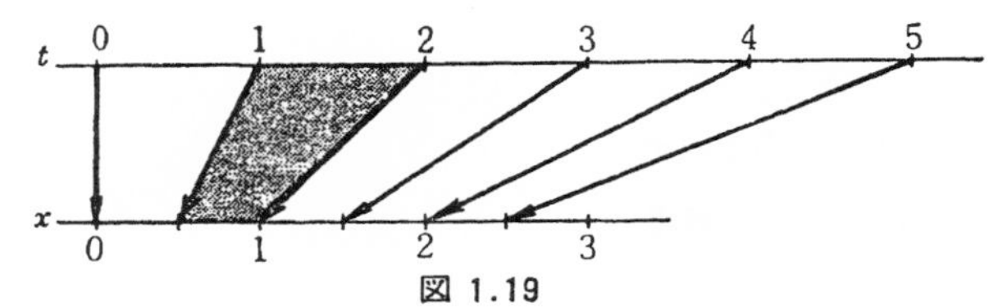

図 1.19

この欠陥を克服するのがグラフである．平面上に直交する2本の数直線 t 軸，x 軸をつくり，対応 $t \longmapsto x=0.5t$ を平面上の点 $(t, 0.5t)$ で表わす．これを**対応の空間化**という．ある関数のすべての対応を空間化して，座標平面上に記入してゆくと，それらの点の集合として自然に1つの線がつくられる．

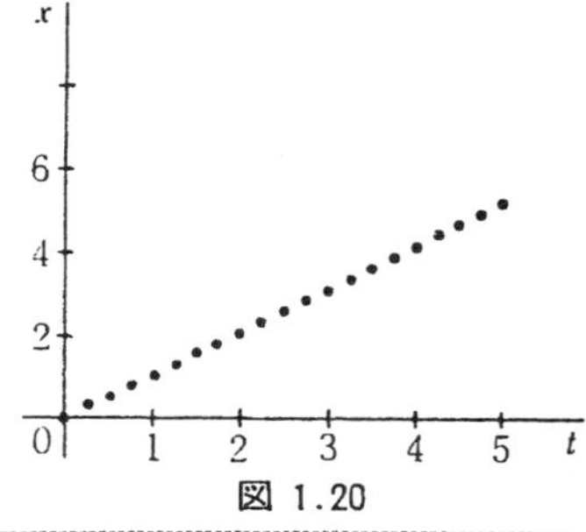

図 1.20

このことを一般的に述べると

> 関数 $f : x \longmapsto y=f(x)$ に対して，点集合
>
> $$\{\mathrm{P}(x, y) \mid y=f(x)\}$$
>
> を f の**グラフ**(graph)という．(**直積型**の定義)

これに対して，対応 $t \longmapsto x=0.5t$ において，t 軸上の任意の点で，長さ $0.5t$ のベクトルを立ててゆき，それらのベクトルの先端の集合をグラフとよんでもよい．つまり

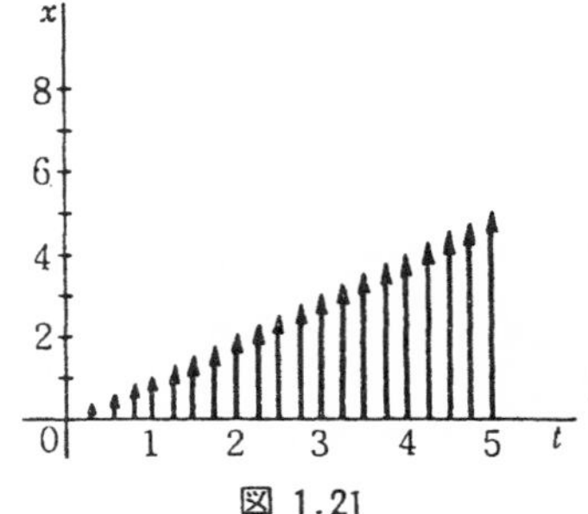

図 1.21

関数 $f: x \longmapsto y=f(x)$ に対し，x 軸上のすべての点 x で，これに垂直に立てた長さ $f(x)$ のベクトルの先端の集合を，f のグラフという．（**ファイバー型**の定義）

これらの定義は，「すべての」ということが重要で，グラフ上の点は「すべて」$y=f(x)$ の対応を表現しているので，関数 f の完全な空間的表現である．それでグラフは関数のシェーマとなる．したがって，f の表わす法則は何らかの形でそのグラフに表現されている．

たとえば，$f: x \longmapsto y=f(x)$ において

$$x_1 \longmapsto y_1=f(x_1), \quad x_2 \longmapsto y_2=f(x_2)$$

とするとき，

$x_1<x_2$ のとき $y_1<y_2$（**増加型**）ならばグラフは右上り

$x_1<x_2$ のとき $y_1>y_2$（**減少型**）ならばグラフは右下り

となる．

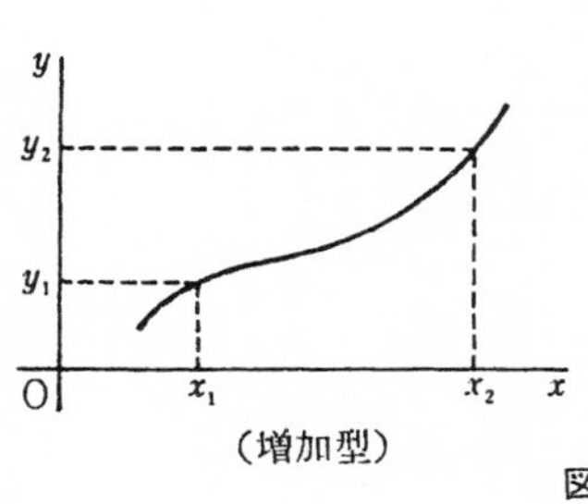

（増加型）

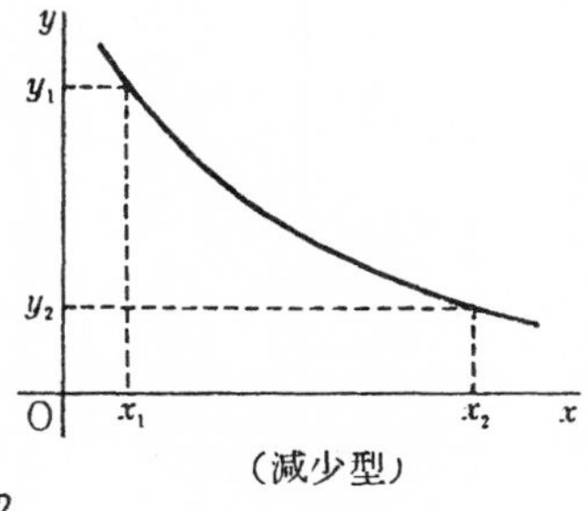

（減少型）

図 1.22

f のグラフと x 軸との交点は，$f(x)=0$ となる点，つまり関数 f の**零点**を表わす．

さらに，f のグラフが1本の（曲）線となるため，2つまたはそれ以上の関数を比較することもできる．いま2つの関数を

$$f: x \longmapsto y=f(x)$$

$$g: x \longmapsto y=g(x)$$

とするとき，それらのグラフの交点は

$$\begin{cases} y=f(x) \\ y=g(x) \end{cases}$$

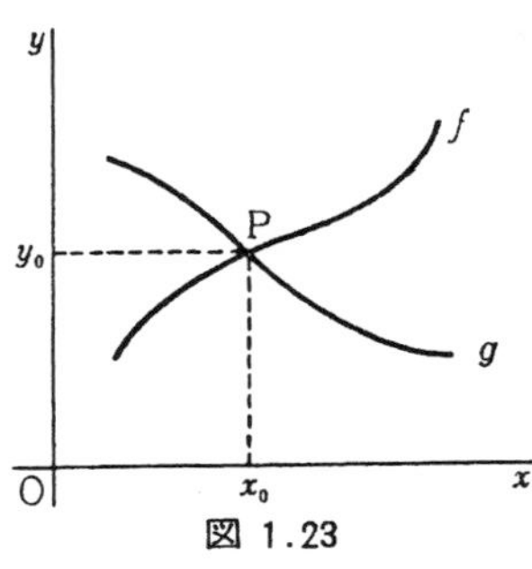

図 1.23

という連立方程式の根である．また，その根の表わす点 $P(x_0, y_0)$ をとると，右図では

すべての $x>x_0$ に対して　$f(x)>g(x)$

すべての $x<x_0$ に対して　$f(x)<g(x)$

であることが分る．

問 1.26　はじめ 4 km/h で 3 時間歩き，1 時間休んだのち，6 km/h で 2 時間歩いた．出発してからの時間と距離の変化をグラフにかけ．

問 1.27　A 地より北へ 24 km はなれた B 地から A 地へ向かって 6 km/h で 3 時間歩き，2 時間休憩して後 4 km/h で歩いて A 地についた．B 地を出てからの時間と距離の変化をグラフにかけ．

§4.　局所座標系と増分

関数 $f: x \longmapsto y=f(x)$ で，$x_0 \longmapsto y_0=f(x_0)$ とする．関数 f が $x=x_0$ の付近でどんな変動をするかを調べるには，グラフ上の点 (x_0, y_0) に原点をもつ新しい座標系，X-Y 座標系をつくると便利である．この X-Y 座標系を**局所座標系** (local coordinates system) という．x, y の変化のようすを解明するとき，各点でこの局所座標系をつくり，x の変化に伴って局所座標系も変化させていくとき，これを**動座標系** (moving coordinates system) という．

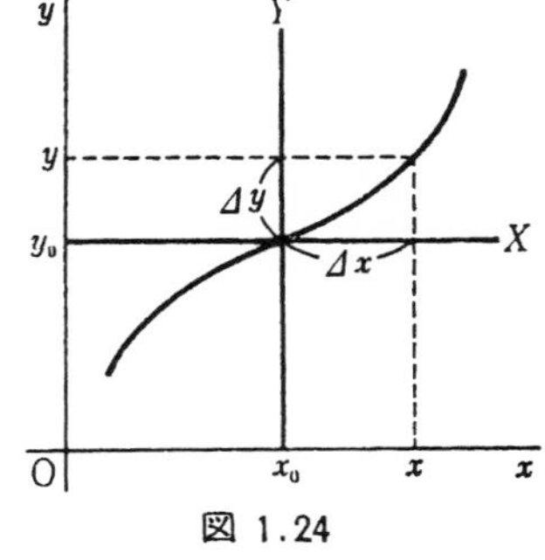

図 1.24

x_0 の付近の任意の x に対して，$y=f(x)$ を求め，

$$x-x_0=\Delta x$$

$$y-y_0=\Delta y$$

とおくと，Δx と Δy はそれぞれ x_0, y_0 を基準にした x, y の相対変化量で，x, y の**増分** (increment) という．そして

$$\left.\begin{array}{ll}\Delta x>0, & \Delta y>0 \\ \Delta x<0, & \Delta y<0\end{array}\right\}$$ ならば，f は $x=x_0$ で増加の状態

$$\left.\begin{array}{ll}\Delta x>0, & \Delta y<0 \\ \Delta x<0, & \Delta y>0\end{array}\right\}$$ ならば，f は $x=x_0$ で減少の状態

にある．しかし，通常は関数の変化は独立変数の増加する方向で調べることが多いので，$\Delta x>0$ のときの Δy の状態だけで事がたりる．

第3章　正比例関数と1次関数

§1. 正比例関数

例 1.11　空の水槽に $a\,l$/分の流量の水道栓から水を入れる．x 分後の貯水量を $f(x)$ とするとき，はじめの x_1 分と，つづく x_2 分の間の貯水量については

$$f(x_1+x_2)=f(x_1)+f(x_2)$$

という関係式が成り立つことを証明せよ．

（解）　$f: x \longmapsto y=f(x)$

ここで　　$f(x)=ax$

x_1 分 $\longmapsto y_1\,l$

x_2 分 $\longmapsto y_2\,l$

とすると，x, y はともに外延量だから加法が可能である．

(x_1+x_2) 分 $\longrightarrow (y_1+y_2)\,l$

$y_1+y_2=f(x_1+x_2)$

図 1.25

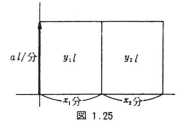

しかるに，$y_1=f(x_1)$，$y_2=f(x_2)$　であるから，所与の等式をうる．

定理 1.3　実数 x の関数は，任意の実数 x_1, x_2 に対して

$$f(x_1+x_2)=f(x_1)+f(x_2) \tag{1}$$

という関係式を満たすとき，$f(x)$ は

$$f(x)=f(1)x \tag{2}$$

という形の関数である．　　　　（中央大，類題 専修大）

（証明） i) 変数をまず有理数の場合に限定しよう．式(1)をくり返し使うことにより，任意の有理数 $x_1, x_2, \cdots, x_n$ に対して

$$f(x_1+x_2+\cdots+x_n)=f(x_1)+f(x_2)+\cdots+f(x_n) \qquad (3)$$

ここで $x_1=x_2=\cdots=x_n=x$ とおけば

$$f(xn)=f(x)n \qquad (4)$$

ここで $x=\dfrac{m}{n}$ とおけば

$$f(m)=f\left(\frac{m}{n}\right)n \qquad (5)$$

ただし，m, n は任意の正の整数とする．(4)式と(5)式より

$$f(1)m=f\left(\frac{m}{n}\right)n$$

したがって

$$f\left(\frac{m}{n}\right)=f(1)\frac{m}{n} \qquad (6)$$

(1)式で，$x_1=x_2=0$ とおくと，$f(0)=0$ (7)

最後に，負なる有理数に対しては，$x_1>0$ とおくと

$$f(0)=f(x_1)+f(-x_1)$$

$$f(-x_1)=-f(x_1)$$

$$=f(1)(-x_1) \qquad (8)$$

こうして，すべての有理数 x に対して，$f(x)=f(1)x$ が成り立つ．

ii) 任意の実数 x に対しては，x にいくらでも近い有理数がとれるから，

$$r-\varepsilon<x<r+\varepsilon$$

とする．ここで r, ε は有理数で，ε は任意にとる．[もし，ここで $f(x)$ が具体的に量の法則，たとえば（速さ）×（時間）とか，（密度）×（体積）のようなものであれば，$f(r-\varepsilon)$ と $f(r+\varepsilon)$ の間に $f(x)$ は実在の量として存在し]

$f(r-\varepsilon)<f(x)<f(r+\varepsilon)$ または $f(r-\varepsilon)>f(x)>f(r+\varepsilon)$ となる．不等号の向きは $f(1)$ の符号できまる．

$$f(r-\varepsilon)-f(1)x<f(x)-f(1)x<f(r+\varepsilon)-f(1)x$$

$$f(1)\{(r-\varepsilon)-x\}<f(x)-f(1)x<f(1)\{(r+\varepsilon)-x\}$$

$$|f(x)-f(1)x|<f(1)\{|r-x|+\varepsilon\}<2\varepsilon f(1) \longrightarrow 0$$

$$\therefore\quad f(x)=f(1)x \tag{9}$$

(Q. E. D)

［注］　厳密には $f(x)$ の連続性の仮定がいる．

(1) 式のように関数形は未知ではあるが，関数に関する関係式が規定されているものを**関数方程式** (functional equation) という．関数方程式 (1) 式をみたす関数を**正比例関数** (direct proportional function) という．

問 1.28　実数 x の関数 $f(x)$ はつねに実数値をとり，しかも任意の実数 u,v に対して次の2つの条件を満足する．

(a)　$f(u+v)=f(u)+f(v)$　　　(b)　$f(uv)=uf(v)+vf(u)$

このとき，$f(0)$，$f(1)$ を求め，次のことがらを証明せよ．

(1)　任意の実数 u,v に対して $f(u-v)=f(u)-f(v)$

(2)　任意の実数 $u(\neq 0),v$ に対して $f\left(\dfrac{v}{u}\right)=\dfrac{uf(v)-vf(u)}{u^2}$　　（中央大）

§2.　比例定数の量的意味

正比例関数　$f(x)=f(1)x$　において，

$$f(1)=a \tag{1}$$

とおく．この a を比例定数という．量の法則からすれば

$$f: x \longrightarrow y=f(x)$$

$$y=f(1)x$$

より

$$a=f(1)=\frac{y}{x} \tag{2}$$

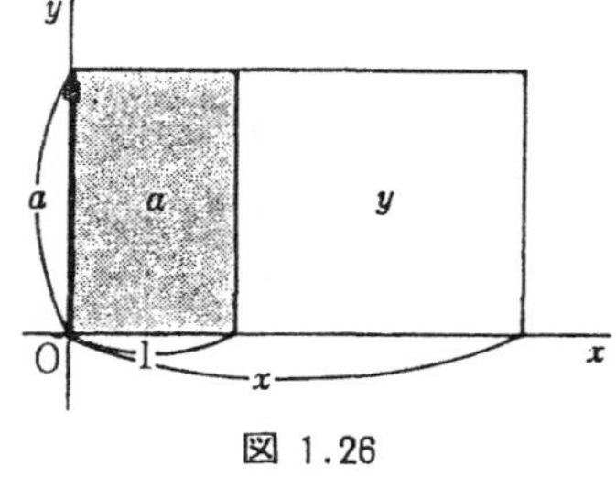

図 1.26

となって，a は x の1あたりに対する y の値となる．また，任意の x の値 x_0 を基準にとり，

$$f(x_0)=y_0,\qquad x-x_0=\Delta x$$

とおくと

$$y=f(x)=f(x_0+\Delta x)$$
$$=f(x_0)+f(\Delta x)=y_0+a\Delta x$$

つまり

$$f:\Delta x \longmapsto \Delta y=a\Delta x \qquad (3)$$

となる．これは正比例の著しい特徴であって

$$a=\frac{\Delta y}{\Delta x} \quad \textbf{（変化率）} \qquad (4)$$

がえられる．変化率は，x の増加1あたりの y の増加のことであり，変化率一定の関数が正比例関数である．また，逆に一様変化の定式化が正比例関数であるといってもよい．

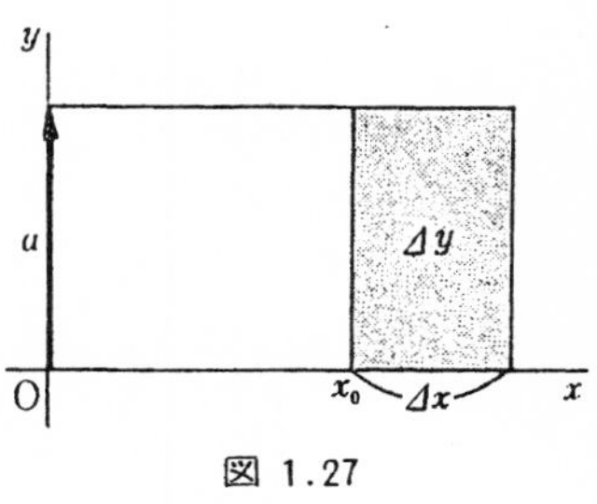

図 1.27

(2) 式や (4) 式は変化率を内包量としてとらえたのに反し，(1) 式は変化率を外延量化してとらえたものである．

問 1.29　x m の針金の重さ y g が，$y=3x$ という式で表わされるとき，比例定数3はどんな量を表わすか．

問 1.30　あるバネ秤で1gの分銅をのせたらバネが2mmのびた．x g の分銅を吊下げたときのバネの伸び y mm は x のどんな式で表わされるか．

問 1.31　時計の長針が x 分間に $y°$ 回転するとき，$x \longmapsto y$ の関係式を作れ．また短針ではどうか．

§3.　正比例関数のグラフ

第2章 §3で，$t \longmapsto x=0.5t$ という正比例関数のグラフは原点を通る直線になることが，ほぼ想像がついたであろう．そのことを厳密に証明しよう．

定理 1.4　正比例関数

$$f:x \longmapsto y=ax$$

のグラフは，原点と点 $(1,a)$ を通る直線である．

（証明）　i)　$f(0)=0$，$f(1)=a$ だからグラフは2点 $(0,0)$，$(1,a)$ を通る．いまPの座標を (x,ax) $(x>0)$ とし，A，Pから x 軸へ垂線を下し，交点をそれぞれ B，Q とする．

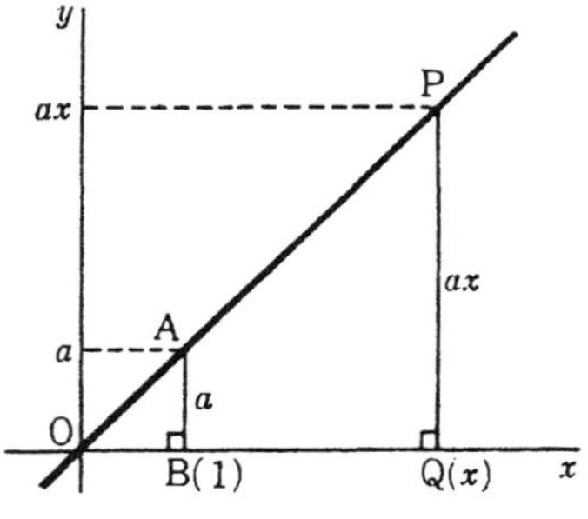

$$\frac{\mathrm{AB}}{\mathrm{OB}}=\frac{\mathrm{PQ}}{\mathrm{OQ}}=\frac{ax}{x}=a$$

∴　△AOB∽△POQ　（2辺の比と夾角）

∴　∠AOB＝∠POQ

図 1.28

よって，3点 O，A，P は共線である．$x<0$ のときは，原点について P と対称な点 P′ をとって，上と同じことをやればよい．

ii)　逆に，直線 OA 上の任意の点を $\mathrm{P}(x,y)$ とし，Pから x 軸へ下した垂線の足を Q とすると，2角の相似より

△AOB∽△POQ

$$\therefore\quad \frac{\mathrm{AB}}{\mathrm{OB}}=\frac{\mathrm{PQ}}{\mathrm{OQ}}$$

$$\frac{a}{1}=\frac{y}{x}\qquad より\qquad y=ax \qquad\qquad (\mathrm{Q.E.D})$$

問 1.32　正比例関数の特徴を示す関数方程式

$$f(x_1+x_2)=f(x_1)+f(x_2)$$
$$f(x_1r)=f(x_1)r$$

はグラフの上ではどのように表わされるか説明せよ．

次に正比例関数の比例定数 a はグラフの上ではどのように表われてくるのであろうか．それについて説明しよう．比例定数は

$$a=f(1)\qquad（外延量化）\qquad (1)$$

$$a=\frac{y}{x}\qquad（内包量）\qquad (2)$$

$$a=\frac{\Delta y}{\Delta x}\qquad（変化率）\qquad (3)$$

の意味をもっていた．

(1) の表現

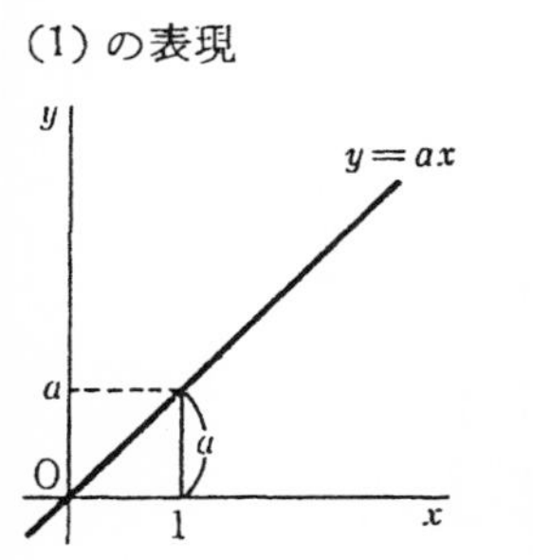

(2) の表現

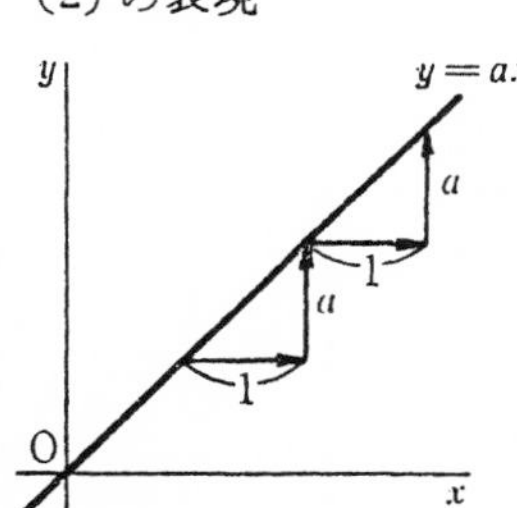

(3) の表現

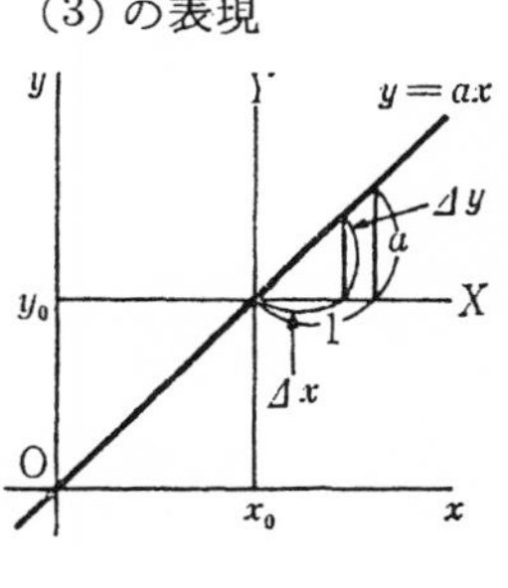

図 1.29

それらのグラフ上での表現は図 1.29 の通りである．とくに (2) から，x が 1 増加すると y は a ずつ増加するのが明確に理解できるので，a をグラフの傾き（勾配 tangent）という．あるいは a は直線の方向をきめるという意味で**方向係数**（coefficient of direction）ともいう．とくに

$a>0$ ($\Delta x>0$，かつ $\Delta y>0$) で，グラフは右上り（増加型）

$a<0$ ($\Delta x>0$，かつ $\Delta y<0$) で，グラフは右下り（減少型）

$a=0$ ($\Delta x>0$，かつ $\Delta y=0$) で，グラフは x 軸そのもの

となる．

a が変化するとき，グラフは原点のまわりを回転し，$|a|$ が大きくなる程，グラフは y 軸に近づく．その状態は図 1.30 の通りである．

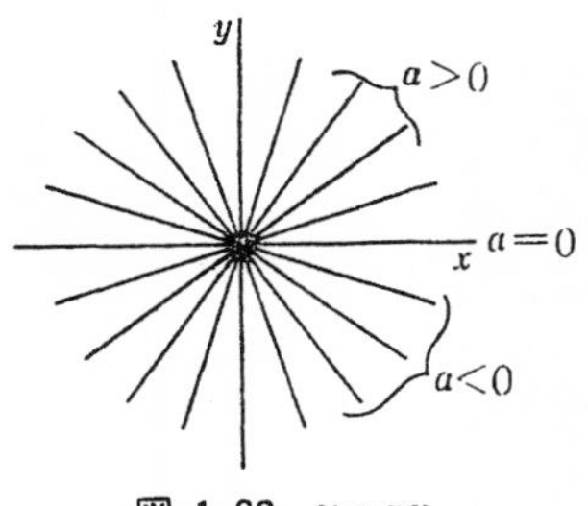

図 1.30　$y=ax$

問 1.33　次の関数のグラフをかけ．

(1)　$y=3x$　　(2)　$y=-3x$

(3)　$y=x$　　(4)　$y=\frac{1}{2}x$

§4.　1 次 関 数

例 1.12　はじめに水槽に 6 l の水が入っている．2 l/分の流量の水道栓を開いて水槽に水をためる．x 分後の水槽の貯水量 y l は

$$y\,l=6\,l+2\,l/分\times x\ 分$$

となる．これを定式化すると

$$f: x \longmapsto y=6+2x$$

となる．このようにxの1次式で示される関数を**1次関数**(linear function)，最初の貯水量をその**初期値**(initial value)という．この関数をシェーマとグラフにかいてみると図1.31のようになる．

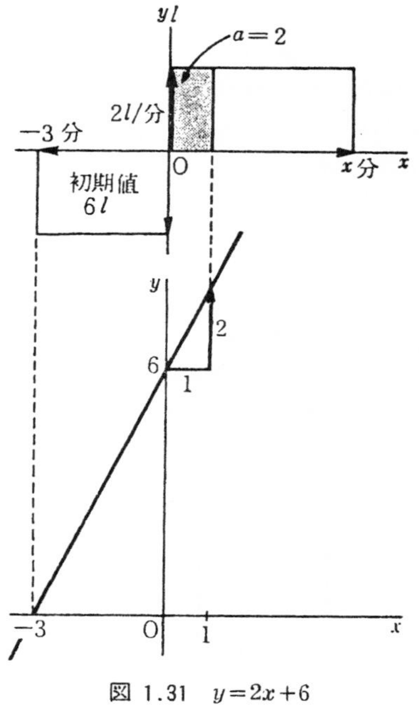

図 1.31　$y=2x+6$

一般に

1次関数

＝初期値＋変化法則

＝初期値＋正比例関数

というようにかき表わされる．したがって

> 初期値b，一様変化率aの現象は1次関数
>
> $$f: x \longmapsto y=b+ax$$
>
> で定式化される．

グラフ上では初期値bはy軸とグラフとの交点（y-切片）となって表わされる．また，$x=x_0$のとき，$x_0 \longmapsto y_0=b+ax_0$となり，$(x_0, y_0)$を基準として動座標系$(X, Y)$をつくると

$$x_0 \longmapsto y_0=b+ax_0$$

$$x \longmapsto y=b+ax$$

$$x-x_0=\Delta x \longmapsto y-y_0=a(x-x_0)$$

つまり，
$$\Delta y=a\Delta x$$

となって，何処に基準点をおこうが，ローカルにみると正比例による変化法則にしたがっている．その場合の変化率は，もちろん

$$a=\frac{\Delta y}{\Delta x}$$

である．

問 1.34

1 次関数 $x \longmapsto y=b+ax$

においては

$$\Delta y=a\Delta x$$

は成立するが，

(1)　$a=f(1)$

(2)　$a=\dfrac{y}{x}$

は成立しないことを示せ．

(正比例との違いに注目せよ)

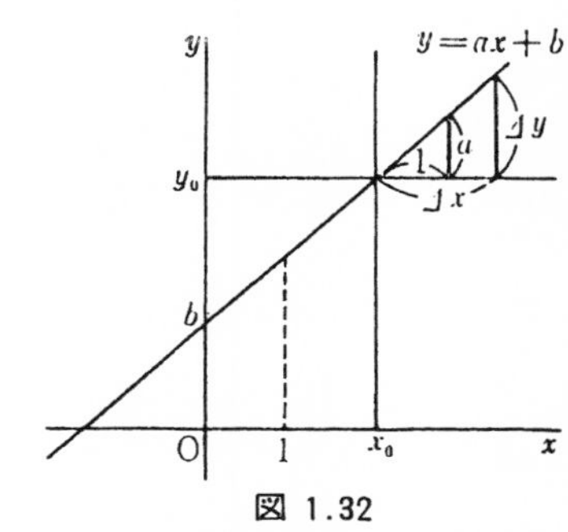

図 1.32

問 1.35　次の関数のシェーマで示される 1 次関数のグラフを図1.31を参照にしてかけ．

(1)　$a>0,\ b<0$

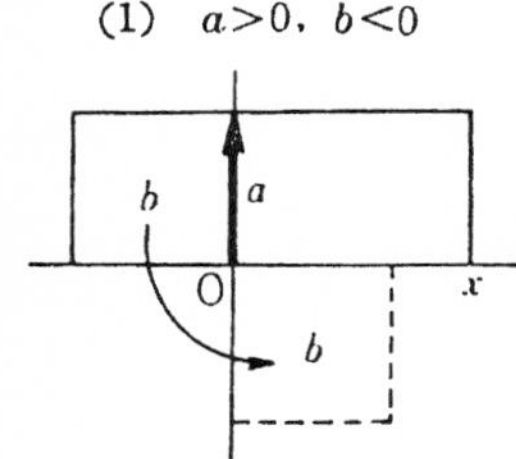

(2)　$a<0,\ b<0$

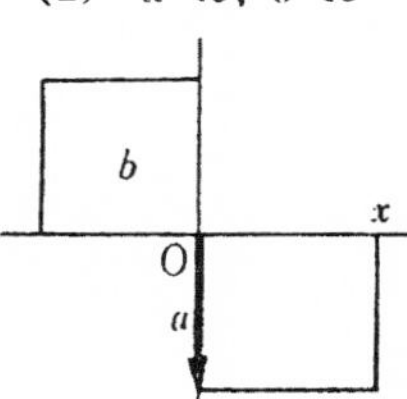

(3)　$a<0,\ b>0$

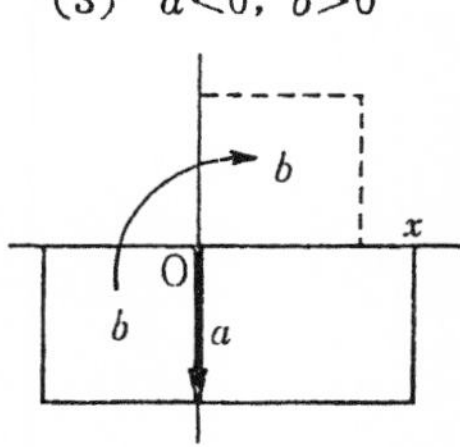

例 1.13　音の速さは気温 15°C のとき 340 m/秒，気温が 1°C 高くなるごとに 0.6 m/秒ずつ速くなる．気温 x°C のときの音の速さ y m/秒はいくらか．

(解)　Δy m/秒$=(y-340)$ m/秒，$\Delta x°=(x-15)°$　とおくと

$\Delta y=a\Delta x$　で　$a=0.6$ m/秒,°

$\therefore\quad y-340=0.6(x-15)$

$y=331+0.6\,x$

$x=0°$ のとき音速は 331 m/秒，$x=30°$ のとき 音速は 349 m/秒 というように予測される．

問 1.36　気圧は高度が 100 m 増すごとに 12.5mb 減少する．いま高度 400 m で気圧を測定したら 963 mb であった．高度 x m における気圧を y mb として，x と y の関係を

求めよ．

問 1.37 一様な速さで上ってゆくケーブルカーが，動きはじめて7分後に高さが23 m になり，13分後に49 m となった．x 分後の高さ y m を求めよ．

§5. 区分的1次関数

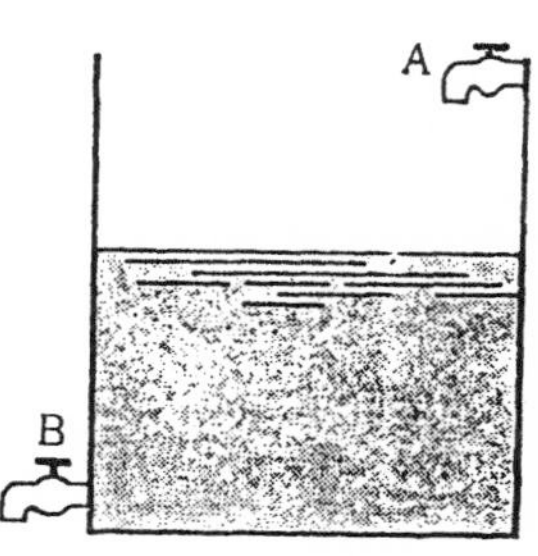

例 1.14 A,B 2つの水栓を備えた水槽があって，水栓 A を開くと $5l$/分の流量で水が流入し，水栓 B を開くと $2l$/分の流量で流出する．この水槽に最初3分間は A 栓を開き，つぎに2分間 A,B 両栓を開き，最後に5分間 B 栓のみを開いたとする．A 栓を開いてから x 分後の水槽内の貯水量 $y\,l$ の式を求め，かつそのグラフをかけ．

（解）

$$x \longmapsto y=\begin{cases} 5x & (0 \leqq x \leqq 3) \\ 15+3(x-3) & (3<x \leqq 5) \\ 21-2(x-5) & (5<x \leqq 7) \end{cases}$$

面積図とグラフは次のようになる．

この例のように，x の変域全体でみると一様変化ではないが，x の変域をいくつかの小区間に分けるとそこではそれぞれ一様変化になるとき，このような変化を**区分的一様変化**という．区分的一様変化では

関数のシェーマは階段状

グラフは折れ線

になることが分る．

区分的1次関数は区分的一様変化法則を定式化したものである．

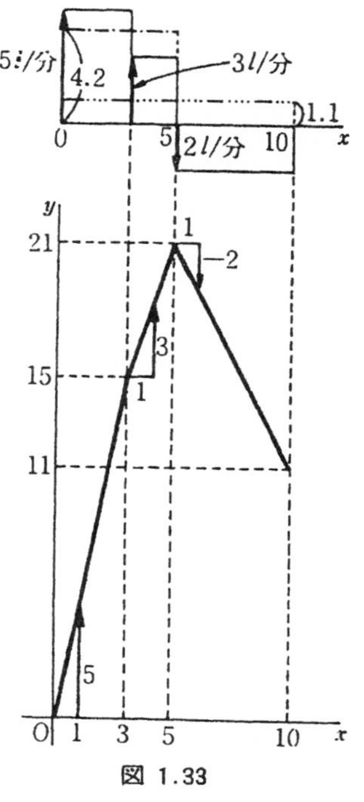

図 1.33

<table>
<tr><th>区　　間</th><th>変化率 (1)</th><th>変化率 (2)</th><th>変化率 (3)</th></tr>
<tr><td>$0 \leqq x \leqq 3$</td><td>5</td><td rowspan="2">4.2</td><td rowspan="3">1.1</td></tr>
<tr><td>$3 < x \leqq 5$</td><td>3</td></tr>
<tr><td>$5 < x \leqq 7$</td><td>−2</td><td>−2</td></tr>
</table>

各区間毎の変化率は上表 (1) 欄の通りである．区間 [0.5] では本来の意味での変化率は存在しないが，もしこの区間でかりに一様変化であるとみなすと，変化率は

$$\frac{5\times3+3\times2}{3+2}=4.2\,(l/\text{分})$$

となる．一様変化でない変化を，かりに一様変化とみなしたときの変化を

平均的一様変化

その定式化を

平均的 1 次関数

その変化率を

平均変化率

という．この例では区間 [0,7] での

$$\text{平均変化率}=\frac{5\times3+3\times2+(-2)\times5}{3+2+5}=\frac{11}{10}=1.1$$

である．

問 1.38 甲，乙 2 地点間の距離は 20 km である．甲から乙へ行きは毎時 6 km の速さで歩き，帰りは毎時 4 km の速さで歩き甲地に帰った．平均の速さは毎時何 km か．

（専修大）

問 1.39 自動車が市内を 0.5 km/分の速さで 5 分走り，郊外に出て 0.8 km/分の速さで 3 分走り，さらに高速道路へ出て 1.5 km/分の速さで 40 分走った．この自動車が走りはじめてから x 分間の走行距離を y km として，関数 $x \longmapsto y$ を求めよ．また全区間の平均変化率（平均速度）を求めよ．

問 1.40 次の表は特急はつかり 2 号，3 号の時刻表 (1972.8) である．各停車駅間の速さと全区間の平均時速を求めよ．

キロ数	駅　名	はつかり2号	はつかり3号
0	上　野発	11.05	16.00
105.9	宇都宮〃	レ	17.12
223.1	郡　山〃	13.34	レ
269.2	福　島〃	14.08	18.59
348.2	仙　台着	15.03	19.53
348.2	仙　台発	15.05	19.57
531.7	盛　岡〃	17.07	21.57
639.6	八　戸〃	18.22	レ
691.0	野辺地〃	18.57	レ
718.4	浅　虫〃	19.15	レ
735.6	青　森着	19.30	0.15

例 1.15　関数 $f: x \longmapsto y$ が区分的1次関数のとき，$[x_0, x_n]$ における平均変化率は $\dfrac{f(x_n)-f(x_0)}{x_n-x_0}$ で与えられることを示せ．

（解）　$y=f(x)$，$x=x_0$ で $f(x_0)$ とする．区間 $[x_{i-1}, x_i]$ で変化率 a_i $(i=1,\cdots\cdots,n)$ とすると

$$f(x_n)=a_1(x_1-x_0)+a_2(x_2-x_1)+\cdots+a_n(x_n-x_{n-1})+f(x_0)$$

$$\text{平均変化率}=\frac{a_1(x_1-x_0)+a_2(x_2-x_1)+\cdots+a_n(x_n-x_{n-1})}{(x_1-x_0)+(x_2-x_1)+\cdots+(x_n-x_{n-1})}=\frac{f(x_n)-f(x_0)}{x_n-x_0}$$

例 1.16　甲地から乙地へ向う3台の車 A,B,C がある．BはCより5分おくれて出発し，出発後20分でCに追いついた．Bより10分おくれて出発したAは，出発後50分でCに追いついた．AがBにおいつくのはAが出発して何分後であるか．ただし，A,B,Cはそれぞれ一定の速さで走るものとする．

（神戸商大）

（解）　A,B,C の車の速さをそれぞれ a, b, c km/分とする．走行時間 x 分と走行距離 y km との間には

$$\begin{cases} y=cx & ① \\ y=b(x-5) & ② \\ y=a(x-15) & ③ \end{cases}$$

が成立する．

$x=25$ にて　①=②

$x=65$ にて　①=③

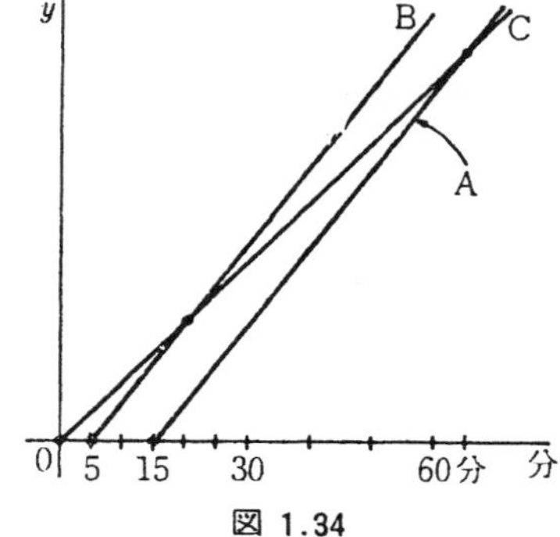

図 1.34

$$\begin{cases} 25c=20b \\ 65c=50a \end{cases}$$

$$a=\frac{13}{10}c,\qquad b=\frac{5}{4}c \qquad ④$$

④を②③に代入して等しいとおくと

$$\frac{5}{4}c(x-5)=\frac{13}{10}c(x-15)$$

これを解いて, $x=265$

よって, AがBに追いつくのは, Aが出発して $265-15=250$ 分後である.

問 1.41 同一の商品をA地から200トン,B地から400トンだけ積出すことができる. この商品を目的地C,Dにそれぞれ300トンずつになるように分けて輸送したい. 輸送のためのトン当りの運賃は右の表の通りである. 輸送費を最小にするにはA,B両地の商品をどう分けて輸送したらよいか. (滋賀大)

	Cまで	Dまで
Aから	7000	8000
Bから	6000	4000

第4章　2次関数

§1.　2乗比例関数

前章で考えた区分的1次関数をもう少し発展させて考えよう．

(1)　0.5分ごとに流量を1 l/分ずつ増してゆく．最初の0.5分間は，流量1 l/分であったとすると，x分間に水量$y\,l$はどう変化するか．

(2)　0.25分ごとに流量を0.5 l/分ずつ増してゆく．最初の0.25分間は，流量は0.5 l/分であったとすると，x分間に水量$y\,l$はどう変化するか．

…………

というように，次第に時間間隔を短くしてゆく．そして最後に

(3)　流量が切れ目なく（連続的に）変化し，2 l/分ずつ流量が増加しているとする．はじめ0 l/分であったとすると，x分間に水量$y\,l$はどう変化するか．

以上(1),(2),…,(3)をシェーマでかいてみると図1.35のようになる．

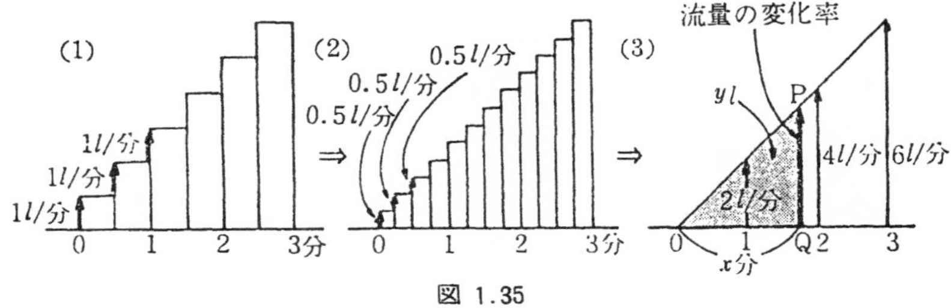

図 1.35

結局(1),(2),… のシェーマは，最終的には(3)のシェーマになり，

x分における変化率はxにおける高さ PQ$=2x\,l$/分

x分間の蓄積量は △OPQ の面積

$$y\,l=(2x)l/\text{分}\times x\ \text{分}\times\frac{1}{2}=x^2\,l$$

で表示される．このように流量（速度）が一様変化することを**等加速度変化**，その定式化，$y=x^2$ を **2 乗比例関数**という．次に

流量（速さ）の変化率は

$$2\,l/分 \div 1\,分 = 2\,l/分^2$$

と表わし，これを **2 次内包量**（加速度）という．2 次内包量は次式で定義される．

$$2次内包量 = \frac{内包量}{外延量}$$

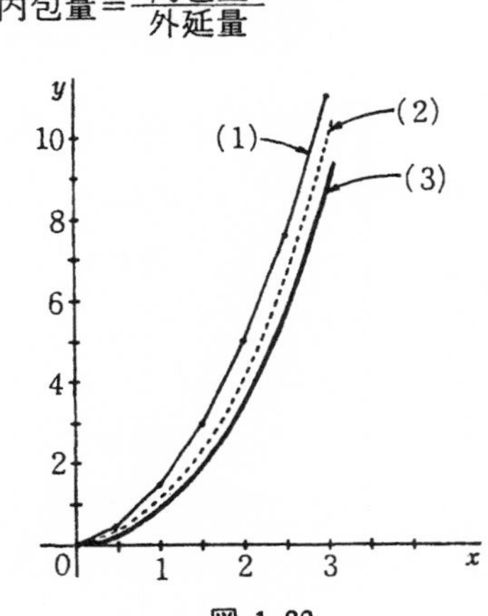

図 1.36

図 1.36 はシェーマ (1),(2),…,(3) の表わす関数のグラフである．(1) (2)のグラフは折れ線で，(3) のグラフは放物線という曲線である．以上をまとめて，

定理 1.5　流量（蓄積量の変化率）の変化率（2 次内包量）が一定値 $2a$ である等加速度変化では

x における流量（変化率）は正比例関数　$y'=2ax$

x における蓄積量は 2 乗比例関数　$y=ax^2$

で表わされ，かつ蓄積量を示す面積図（シェーマ）は流量のグラフである．また，蓄積量はこのグラフの下の面積である．

さて，水槽の例では，一応 $a>0$，$x\geqq 0$ とされるが，相対量を考えてみると

$a<0$, $x<0$ の場合にも拡張できる． この場合の蓄積量の正負は図 1.37 のようにきめる．ここでも 3 角形の内部をいつも左側にみる向きに x 軸と流量のベ

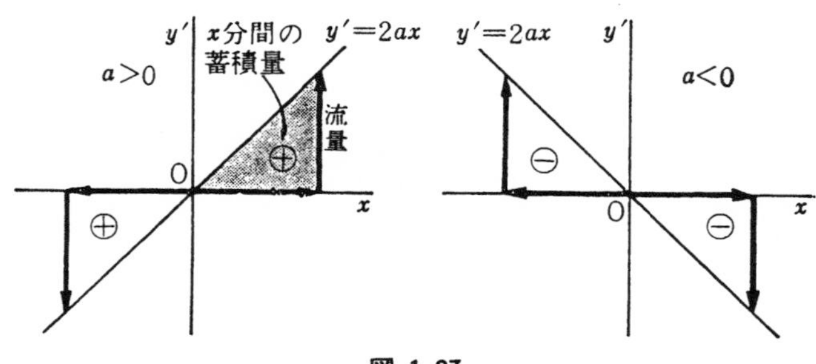

図 1.37

クトルがある場合を正，そうでない場合が負である．

例 1.17 関数 $f: x \longmapsto y=\frac{1}{2}x^2$ のグラフをかけ．

（解） x に直接数値を入れて y の値を計算してもグラフはかけるが，ここでは関数のシェーマ（面積図）を線分化する方法で y の値を出そう．

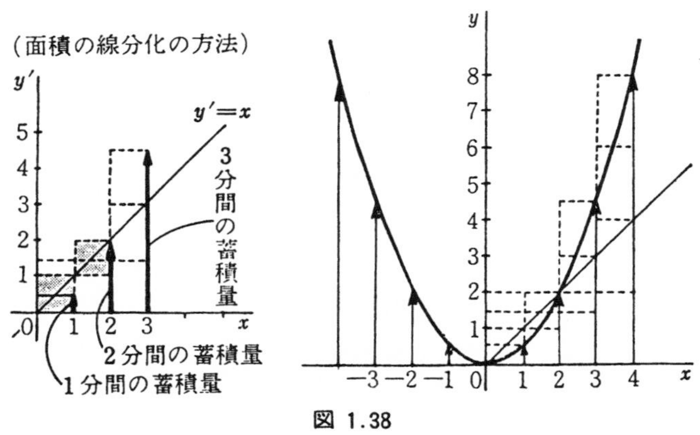

図 1.38

問 1.42 次の関数のグラフをかけ．

(1) $y=x^2$　　(2) $y=-x^2$　　(3) $y=\frac{3}{2}x^2$　　(4) $y=-2x^2$

2乗比例関数 $y=ax^2$ のグラフは放物線で

（Ⅰ）　$a>0$ のとき

$x<0$ の範囲で減少の状態（右下り）

$x>0$ の範囲で増加の状態（右上り）

$x=0$ で y は最小値 0 をとる．

（Ⅱ）　$a<0$ のとき

$x<0$ の範囲で増加の状態（右上り）

$x>0$ の範囲で減少の状態（右下り）

$x=0$ で y は最大値 0 をとる．

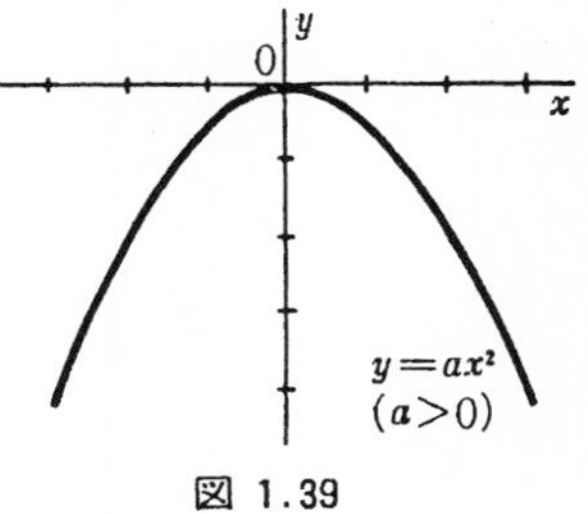

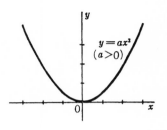

図 1.39

ことは例1.17と同じようにしてグラフをかいてみるとわかる．さらに

$y=ax^2$ は y 軸について対称

であるので，

y 軸を $y=ax^2$ の軸，原点を頂点

という．

例 1.18　$y=x^2$ のグラフと，$y=ax^2$ のグラフは，原点を中心として相似の位置にあり，その相似比は $\dfrac{1}{a}$ である．（ただし $a>0$ とする）

（解）　原点を通る直線 $y=mx$ と，放物線 $y=x^2$，$y=ax^2$ との交点の座標を原点以外に

$$\mathrm{A}(x_1, mx_1),\ \mathrm{B}(x_2, mx_2)$$

とすると

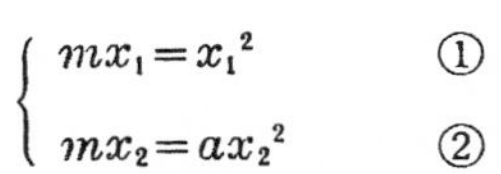

$$\begin{cases} mx_1 = x_1{}^2 & ① \\ mx_2 = ax_2{}^2 & ② \end{cases}$$

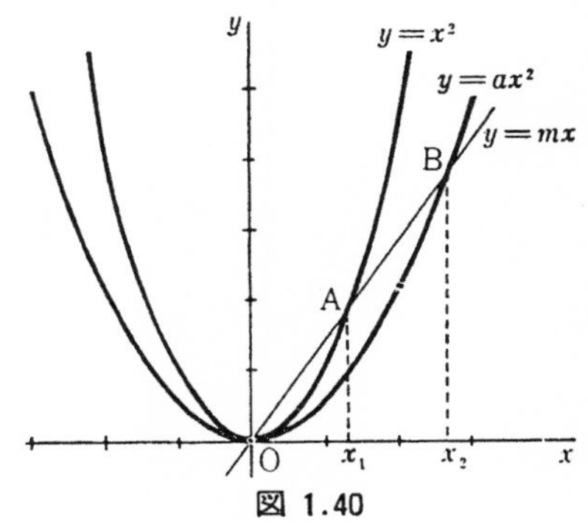

図 1.40

$\dfrac{①}{②}$ を計算すると

$$\frac{x_1}{x_2}=\frac{x_1^{\,2}}{ax_2^{\,2}}$$

$x_1x_2 \neq 0$ だから

$$x_1=ax_2,\qquad x_2=\frac{1}{a}x_1$$

これは m の値に関係がないから，放物線 $y=x^2$，$y=ax^2$ は原点を中心として相似の位置にあり，相似比は $\frac{1}{a}$ である．

問 1.43　$a<0$ の場合，$y=x^2$ と $y=ax^2$ は相似の位置にあるか．あるとすれば，その相似比はいくらか．

問 1.44　物が自然に落下するとき，空気の影響を考えに入れなければ，落下速度の変化率（加速度）は一定で，その値は g m/sec^2 で表わされる．t 分後の速さを求め，次にそのグラフをかけ．これを用いて，t 分間の落下距離を求め，そのグラフをかけ．

§2.　2 次 関 数

2乗比例関数から一般の2次関数を導出するのに量的な説明をしていこう．

（1）　**$x=0$ のとき，$y=c$（一定）……初期値をもつ場合**

水槽に水を注入しはじめた時点で，すでに水槽に $c\,l$ 水が入っていたとしよう．その水槽に流量の変化率 $2a\ l$/分^2 の水栓から水が注入されるとすると，この変化を表わすシェーマは図 1.41 の通りであり，また x 分後の蓄積量 $y\,l$ は

$$y\,l=(\text{初期値})+(\text{2乗比例関数値})$$
$$=c+ax^2\,l$$

である．これは初期値 c があるほかは，変化の様子は $y=ax^2$ の場合とかわらない．したがって，a の正負によって関数のグラフは図 1.42 のようになる．

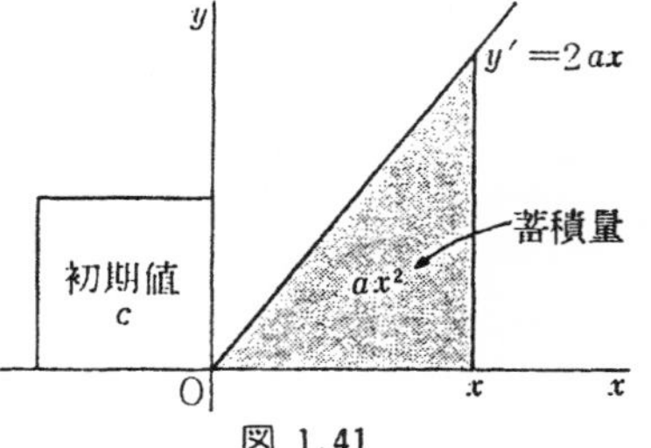

図 1.41

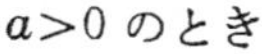
$a>0$ のとき

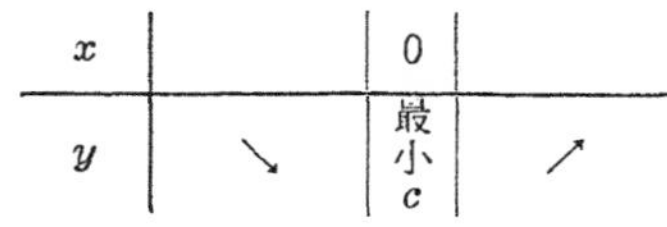

x		0	
y	↘	最小 c	↗

$a<0$ のとき

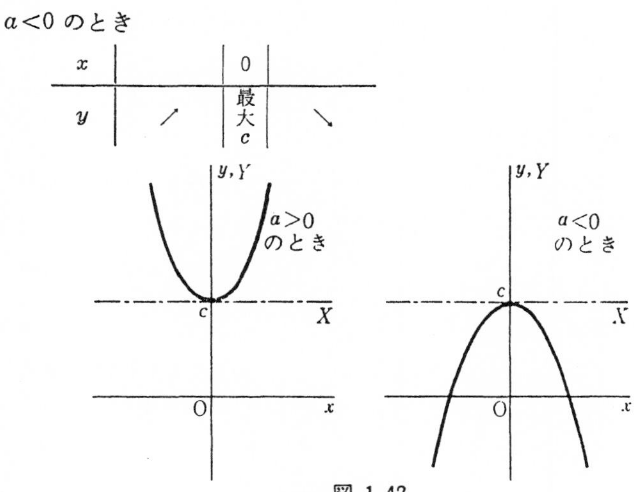

x		0	
y	↗	最大 c	↘

図 1.42

もし，点 $(0,c)$ を原点とする座標系 (X, Y) をつくると，この座標系については，2乗比例とかわらない．点 $(0,c)$ は**頂点**，y 軸は**軸**というのも，前の場合と同じである．

(Ⅱ) 初期値＋一様変化法則＋等加速度変化法則

はじめに水槽に水が $c\,l$ 入っている．最初から $b\,l$/分の一定流量で水が注入されているところへ，流量の変化率 $2a\,l$/分^2 の水栓から水が注入されるとき，

x 分後の流量は　$y'\,l$/分$=(b+2ax)\,l$/分

x 分後の貯水量は　$y\,l=(c+bx+ax^2)\,l$ 　　(1)

となる．これを量の変化法則を示すシェーマでかくと図1.43の右側のようになる．

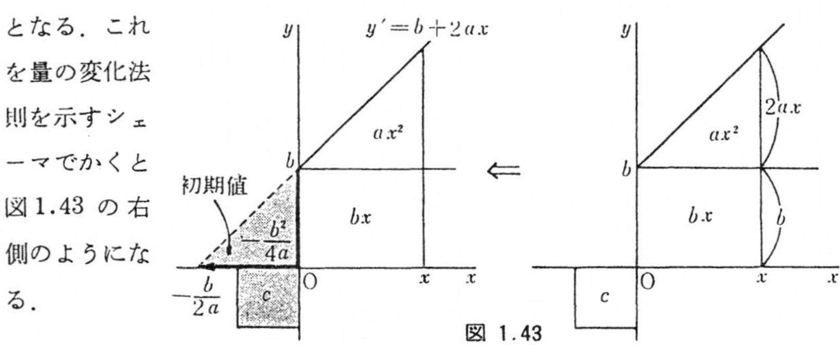

図 1.43

右側のシェーマ図で，流量のグラフ $y'=b+2ax$ と x 軸との交点は

$$x=-\frac{b}{2a}$$

で，これは $\frac{b}{2a}$ 分前から水を等加速度で水槽に注入していると考えたとき，水槽の水は基準量より $\frac{1}{2}\left(-\frac{b}{2a}\right)b=-\frac{b^2}{4a}l$ だけ多かったのと同じである．したがって

$$y=c-\frac{b^2}{4a}+a\left(x+\frac{b}{2a}\right)^2 \qquad (2)$$

とかくことができる．事実，式変形をしても (1) から (2) は導き出される．

さて，点 $\left(-\frac{b}{2a},\ c-\frac{b^2}{4a}\right)$ に新しい座標系 (X, Y) をつくると，この座標系に関して，(2) 式は 2 乗比例関数

$$Y=aX^2$$

となる．したがって，2 次関数 $y=c+bx+ax^2$ も放物線で，a の正負にしたがって，グラフの形状がかわる．

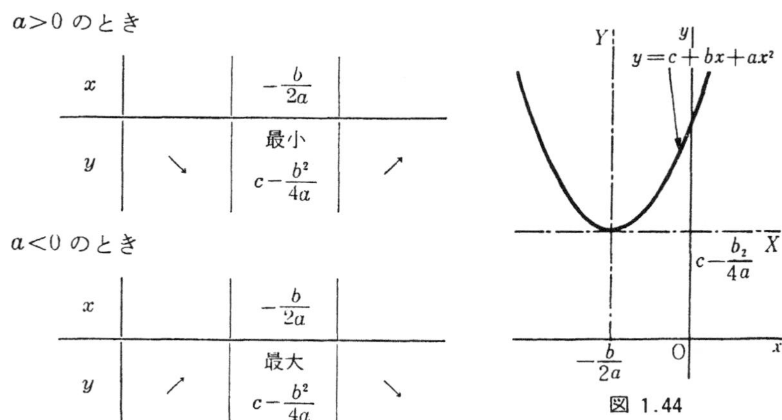

$a>0$ のとき

x		$-\frac{b}{2a}$	
y	↘	最小 $c-\frac{b^2}{4a}$	↗

$a<0$ のとき

x		$-\frac{b}{2a}$	
y	↗	最大 $c-\frac{b^2}{4a}$	↘

図 1.44

したがって，$y=c+bx+ax^2$ は直線 $x=-\frac{b}{2a}$ について対称，この直線を軸，点 $\left(-\frac{b}{2a},\ c-\frac{b^2}{4a}\right)$ を頂点という．

問 1.45　2 次関数 $y=bx+ax^2$ のグラフの軸と頂点の座標を求めよ．

例 1.19 地上から初速 a (m/秒) で真上に投げた小石の x 秒後の高さ y (m) はだいたい次の式にしたがう．次の各問に答えよ．

$$y=ax-4.9x^2$$

(1) 高さ b (m) を通過するのは何秒後か．

(2) 再び地上に落下するのは何秒後か．

(3) 小石の達する最高点を地上から10 m 以上の高さにするには初速をいくらにすればよいか．（順天堂大）

（解） (1) $b=ax-4.9x^2$

$$b-ax+4.9x^2=0$$

$$b-\frac{a^2}{19.6}+4.9\left(x-\frac{a}{9.8}\right)^2=0$$

$$x=\frac{a\pm\sqrt{a^2-19.6b}}{9.8} \quad \text{秒後}$$

(2) $ax-4.9x^2=0$

$$x=0 \quad \text{または} \quad \frac{a}{4.9} \quad \text{秒後}$$

(3) $y=ax-4.9x^2=\dfrac{a^2}{19.6}-4.9\left(x-\dfrac{a}{9.8}\right)^2\geqq 10$

$$a^2\geqq 196$$

$a>0$ だから　$a\geqq 14$ m/秒

問 1.46 地上の1点Oで，t_0 秒の間隔をおいて，物体 A, B を鉛直方向に一定速度 v_0 m/秒で打上げたとき，A, B が空中で衝突するための必要十分条件を，t_0, v_0 を用いて表わせ．

ただし，O から物体を鉛直方向に速度 v_0 m/秒で打上げたとき，t 秒後のこの物体と O との距離を h m とすれば，

$$h=v_0t-\frac{1}{2}gt^2 \qquad (g>0 \text{ の定数})$$

である．（上智大）

例 1.20 2次関数 $y=px+x^2$ で p の値が変ると，頂点も変るが，しかし，つねにそれはある定曲線上にあることを示せ．

（解）　$y=px+x^2$

$$=-\frac{p^2}{4}+\left(x+\frac{p}{2}\right)^2$$

頂点の座標は

$$\begin{cases} X=-\dfrac{p}{2} & ① \\ Y=-\dfrac{p^2}{4} & ② \end{cases}$$

①^2 を ② に代入すると

$$Y=-X^2$$

これが定曲線の方程式である．

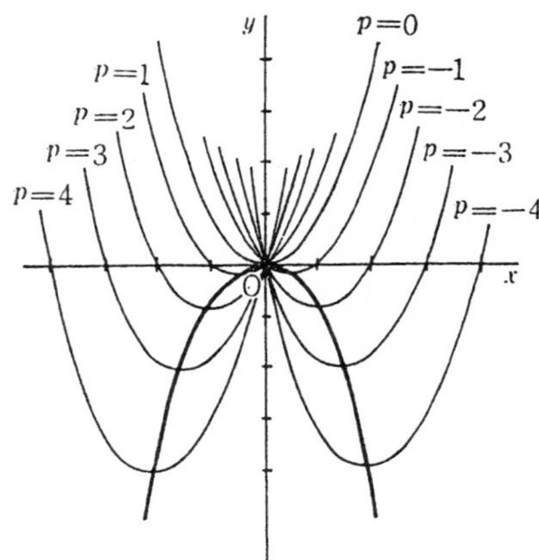

図 1.45

問 1.47　$y=-4+2px-x^2$ の $0\leqq x\leqq 1$ における最大値を M とするとき，M を p の関数として示せ．ただし，p はすべての実数値をとるものとする．（京都薬大）

問 1.48　x の関数 $y=ax^2+bx+c$ のとりうる値の範囲を求めよ．ただし，a,b,c は実数で $a\neq 0$ とする．（専修大）

問 1.49　$-3\leqq x\leqq 3$ なる範囲を x が動くとき，$y=x^2-2\alpha x+4\alpha+5$ の最小値は，α の値を与えることによってきまるから，その最小値を $f(\alpha)$ とかく．このとき $f(\alpha)>0$ となる α の範囲を求めよ．また $f(\alpha)$ はどんな α の値に対して最大値をとるか．

（東大１次）

問 1.50　２次関数 $y=ax^2+bx+c$ $(a\neq 0)$ について

(1)　この２次関数のグラフが第３象限（$x<0$，$y<0$）を通らない条件を求めよ．

(2)　x のすべての実数値に対して $y<k$ なる条件を求めよ．（松山商大）

§3.　2次関数のベキ展開

２次式　$f(x)=c+bx+ax^2$　を

$$f(x)=a_0+a_1(x-\alpha)+a_2(x-\alpha)^2$$

の形に変形することを，$f(x)$ を α でベキ展開するという．２次式程度の次数の低い関数であれば，上の２つの式の同次の項を比較すれば，a_0,a_1,a_2 を a,b,c,α で表現できるが，何次式であれ，簡単に求められる方法に**組立除法**

による方法がある.

例 1.21　$f(x)=c+bx+ax^2$ を x_0 でベキ展開すると

$$f(x)=(ax_0{}^2+bx_0+c)+(2ax_0+b)(x-x_0)+a(x-x_0)^2$$

となる.

(解)　係数を降ベキの順に並べる. 上下の数字は加算する.

	a	b	c	
x_0		ax_0	$ax_0{}^2+bx_0$	
	a	ax_0+b	$ax_0{}^2+bx_0+c$	……定数項
x_0		ax_0		
	a	$2ax_0+b$	…… $(x-x_0)$ の係数	
	└──	…………	$(x-x_0)^2$ の係数	

この結果を, 量の法則のシェーマで表現してみると, 次のようになる.

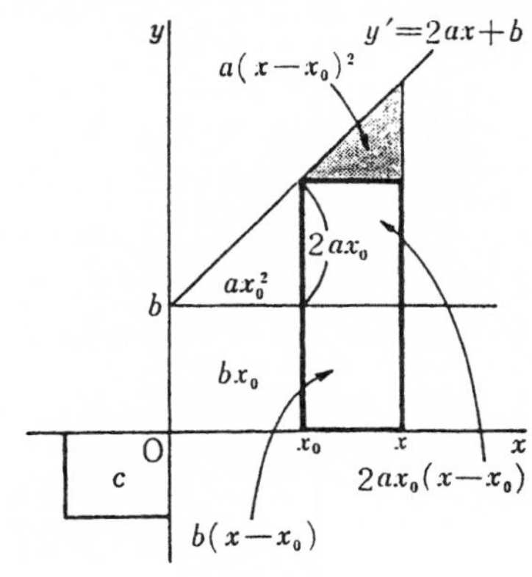

図 1.46

問 1.51　次の2次関数を $x=3$, $x=-2$ でベキ展開せよ.

① $y=4x^2-6x+3$

② $y=x^2$

③ $y=-5x^2+6x-4$

§4.　2次関数の変化率

いままで, 変化率ということばを比較的無雑作に使ってきたが, もう一度ふり返ってみよう．

1次関数 $x \longmapsto y=f(x)=b+ax$ において，$f(x_0)=y_0$ とおく．$x=x_0$ からの変化

$$\Delta x=x-x_0, \qquad \Delta y=y-y_0$$

に対して

$$\Delta y=a\Delta x, \qquad \frac{\Delta y}{\Delta x}=a$$

が x_0 にも Δx にも関係なく成り立つというのが，本来の意味での変化率であった．区分的1次関数では，一様変化する T 区間に分けたとき，各区間ではそれぞれ変化率は存在するが，そのときも Δx はその区間をはみ出さないようにとることが必要であった．はみ出した場合は，平均変化率という別の概念を用いねばならなかった．

さて，2次関数 $y=c+bx+ax^2$ では，変化率はどうなるのであろうか．

> **定理 1.6** $y=c+bx+ax^2$ で $x=x_0$ における y の値を y_0 とおく．
> $\Delta x=x-x_0$，$\Delta y=y-y_0$ とおくと
> $$\frac{\Delta y}{\Delta x}=b+2ax_0+a\Delta x$$
> これは $[x_0,\ x_0+\Delta x]$ における平均変化率である．

（証明） $y_0=c+bx_0+ax_0{}^2$ だから，$y=c+bx+ax^2$ を x_0 でベキ展開すると

$$y=y_0+(2ax_0+b)(x-x_0)$$
$$\qquad +a(x-x_0)^2$$
$$\Delta y=(2ax_0+b)\Delta x+a(\Delta x)^2$$
$$\frac{\Delta y}{\Delta x}=2ax_0+b+a(\Delta x)$$

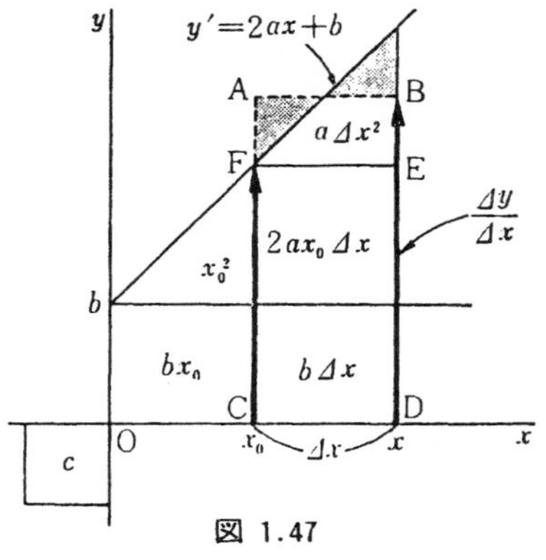

図 1.47

右のシェーマ図で Δy は長方形ABDC．$\dfrac{\Delta y}{\Delta x}$ は線分 BD で表現される．**平均変化率は線分化しうる．** (Q. E. D)

定理1.6において

$$\Delta y=(2ax_0+b)\Delta x+a(\Delta x)^2 \quad (1)$$

となった．ここで，Δxを十分0に近くとると$(\Delta x)^2$は益々0に近くなる．

Δx	$(\Delta x)^2$
0.1	0.01
0.01	0.0001
0.001	0.000001
0.0001	0.00000001

したがって，$(\Delta x)^2$を無視すると

$$\Delta x \longmapsto \Delta y \fallingdotseq (2ax_0+b)\Delta x \quad (2)$$

となって，これはx_0における近似正比例関数

$$Y=(2ax_0+b)X \quad (3)$$

とほとんど違わない振舞いをする．(3)式を$y=c+bx+ax^2$の$x=x_0$における**局所正比例関数**という．局所正比例関数は，いいかえると近似1次関数

$$y=y_0+(2ax_0+b)(x-x_0) \quad (4)$$

を求めることに他ならない．(4)式を求めることを「**x_0においてyを1次化する**」という．1次化の場合の比例定数は図1.47では線分CFで示されている．**1次化することと接線を求めるということは同義**である．

例 1.22　$y=5-3x+x^2$を$x=2$で1次化せよ．

(解)　$y=5-3x+x^2$を$x=2$でベキ展開すると

$$y=3+(x-2)+(x-2)^2$$

近似1次関数は

$$y=3+(x-2)$$
$$=x+1$$

	1	−3	5
2		2	−2
	1	−1	3
2		2	
	1	1	

問 1.52　次の2次関数を，$x=0,1,-2,3$でそれぞれ1次化せよ．

①　$y=x^2$　　②　$y=3-x-x^2$　　③　$y=2x^2-5x+6$

問 1.53　$y=2+3x-2x^2$とy軸との交点における接線の方程式を求めよ．

問 1.54　$y=c+bx+ax^2$ の頂点における接線の方程式は

$$Y=c-\frac{b^2}{4a}$$

であることを証明せよ．

第5章　多項式関数

1次関数，2次関数を形式的に拡張すると，多項式関数（整関数）をうる．多項式関数が量の法則の定式化として，直接導かれることは少ないが，法則化されていない関数を法則化する際の有力な武器であり，また法則化された関数でも取扱いが困難なときに，近似としてしばしば用いられる．

§1.　ベキ関数と n 乗比例

関数

$$f : x \longmapsto y = x^n \qquad (n \text{ は正の整数})$$

を**ベキ関数**（power function）という．

ベキ関数の性質を以下列挙する．

（Ⅰ）　$f(x)=x^n$　ならば　$f(0)=0$，$f(1)=1$

これは n の値によらないから，グラフはつねに原点と点 $(1,1)$ を通る．

（Ⅱ）　$x>0$ の範囲では単調増加（右上り）である．

$x_1>x_2>0$ とすると

$x_1 \cdot x_1 > x_2 \cdot x_1 > x_2 \cdot x_2$

$x_1{}^2 > x_2{}^2$

以下同様にして

$x_1{}^n > x_2{}^n$

であることがわかる．

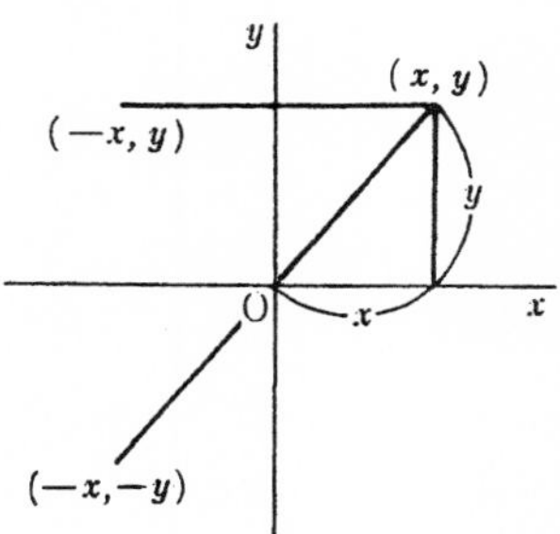

図 1.48　対称点

（Ⅲ）　n が偶数ならば

$$f(-x)=(-x)^n=x^n=f(x)$$

でグラフは y 軸対称（これを**偶関数**という）である．

n が奇数ならば

$$f(-x)=(-x)^n=-x^n=-f(x)$$

でグラフは原点対称（これを**奇関数**という）である．

（Ⅳ）　$m>n>0$ の整数とするとき

$x>1$　ならば　　$x^m-x^n=x^n(x^{m-n}-1)>0$

$$x^m>x^n$$

$1>x>0$　ならば　　$x^m-x^n=x^n(x^{m-n}-1)<0$

$$x^m<x^n$$

したがって，$x>1$ の範囲では $y=x^n$ は n が大きい程上側に，$0<x<1$ の範囲では n が大きい程下側にグラフがくる．

以上の諸性質から，ベキ関数のグラフは図 1.49 のようになる．

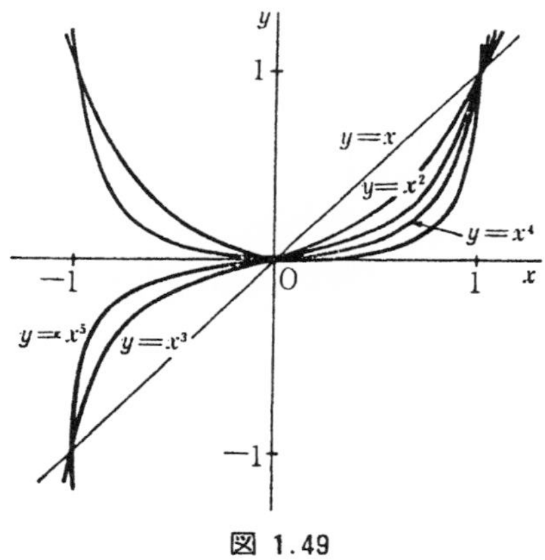

図 1.49

関数　　$f: x \longmapsto y=ax^n$　　（n は正の整数）

を，**n 乗比例関数**といい，a を**比例定数**という．この関数はベキ関数と同様の性質をもち，

$a>0$ のときは，ベキ関数のグラフを y 軸方向に a 倍に引きのばしたもの

$a<0$ のときは，$-ax^n$ のグラフと x 軸について対称である．

問 1.55　$f(x)=ax^n$ のとき

$$f(xr)=f(x)r^n$$

であることを証明せよ．

§2. 3 次 関 数

3次関数は一般に

$$f: x \longmapsto y = a_0x^3 + a_1x^2 + a_2x + a_3 \tag{1}$$

とかかれる．式表示としては

$$f: x \longmapsto y = ax^3 + bx^2 + cx + d$$

としてもよいが，係数 a, b, c, d の代りに a_0, a_1, a_2, a_3 を用いると，係数の量的意味がわかりやすい．たとえば，x を長さ，a_0 を倍（無単位）とすると，a_1, a_2, a_3 はそれぞれ長さ，面積，体積で，a の添数と次数は一致する．このような方法で記述された多項式は**斉重** (homogeneous weights) であるという．以下の3次関数の諸法則では，式がすべて斉重であると仮定する．

定理 1.7 $y = a_0x^3 + a_1x^2 + a_2x + a_3$ は

$$点\left(-\frac{a_1}{3a_0},\ \frac{2a_1{}^3}{27a_0{}^2} - \frac{a_1a_2}{3a_0} + a_3\right) \tag{2}$$

について対称である．

（証明） $x_0 \longmapsto y_0 = a_0x_0{}^3 + a_1x_0{}^2 + a_2x_0 + a_3$

$x = x_0$ で y をベキ展開すると

$$\begin{aligned} y = a_0(x-x_0)^3 &+ (3a_0x_0 + a_1)(x-x_0)^2 \\ &+ (3a_0x_0{}^2 + 2a_1x_0 + a_2)(x-x_0) + y_0 \end{aligned} \tag{3}$$

いま，$(x-x_0)^2$ の係数が0になるような

$$x_0 = -\frac{a_1}{3a_0}$$

をえらぶと

$$3a_0x_0{}^2 + 2a_1x_0 + a_2 = a_2 - \frac{a_1{}^2}{3a_0}, \qquad y_0 = \frac{2a_1{}^3}{27a_0{}^2} - \frac{a_1a_2}{3a_0} + a_3$$

となる．

$$X = x - x_0, \qquad Y = y - y_0$$

とおいて，点 (x_0, y_0) に原点をもつ新しい座標系 (X, Y) をとると，(3)式は

$$Y=a_0X^3+\left(a_2-\frac{a_1{}^2}{3a_0}\right)X \tag{4}$$

となる．これは奇関数だから，新原点について対称，つまり点 (x_0, y_0)，すなわち

$$\left(-\frac{a_1}{3a_0},\ \frac{2a_1{}^3}{27a_0{}^2}-\frac{a_1a_2}{3a_0}+a_3\right)$$

について対称である．

問 1.56　次の3次関数の対称の中心を求めよ．

① $y=x^3-3x^2+6x-4$　　② $y=2x^3+3x^2-x+2$

③ $y=x^3-6x^2+12x$

定理 1.8　$y=a_0x^3+a_1x^2+a_2x+a_3$ は $|x|$ が十分大きいところでは，$y=a_0x^3$ に近い変化をする．（**大局的展望**）

（証明）
$$y=\left(a_0+\frac{a_1}{x}+\frac{a_2}{x^2}+\frac{a_3}{x^3}\right)x^3\fallingdotseq a_0x^3 \quad (|x|>M)$$
より明らかである．

定理 1.9　3次関数は次の3つの型のいずれかに分類される．

$$D=3a_0a_2-a_1{}^2$$

とおいて

（I）$D>0$　ならば　$Y=X^3+3X$　(5)

（II）$D=0$　ならば　$Y=X^3$　(6)

（III）$D<0$　ならば　$Y=X^3-3X$　(7)

（証明）　3次関数 $y=a_0x^3+a_1x^2+a_2x+a_3$ は適当な対称の中心をとれば，定理1.7によって

$$Y=a_0X^3+\frac{3a_0a_2-a_1{}^2}{3a_0}X=a_0X^3+3\frac{D}{9a_0}X$$

（I）$D>0$ のとき

$$\frac{27a_0{}^2}{\sqrt{D^3}}Y=\left(\frac{3a_0}{\sqrt{D}}X\right)^3+3\left(\frac{3a_0}{\sqrt{D}}X\right)$$

X 軸の目盛を $\dfrac{\sqrt{D}}{3a_0}$ 倍，Y 軸の目盛を $\dfrac{\sqrt{D^3}}{27a_0{}^2}$ 倍にひきのばしたら

$$\widetilde{Y}=\widetilde{X}^3+3\widetilde{X}$$

（Ⅱ） $D=0$ のとき

$$Y=a_0X^3=(\sqrt[3]{a_0}X)^3$$

X 軸の目盛を $\dfrac{1}{\sqrt[3]{a_0}}$ 倍にひきのばしたら

$$\widetilde{Y}=\widetilde{X}^3$$

（Ⅲ） $D<0$ のとき

$$Y=a_0X^3-3\frac{|D|}{9a_0}X$$

$$\frac{27a_0{}^2}{\sqrt{|D|^3}}Y=\left(\frac{3a_0}{\sqrt{|D|}}X\right)^3-3\left(\frac{3a_0}{\sqrt{|D|}}X\right)$$

X 軸の目盛を $\dfrac{\sqrt{|D|}}{3a_0}$ 倍，Y 軸の目盛を $\dfrac{\sqrt{|D|^3}}{27a_0{}^2}$ 倍にひきのばしたら

$$\widetilde{Y}=\widetilde{X}^3-3\widetilde{X} \qquad \text{(Q. E. D)}$$

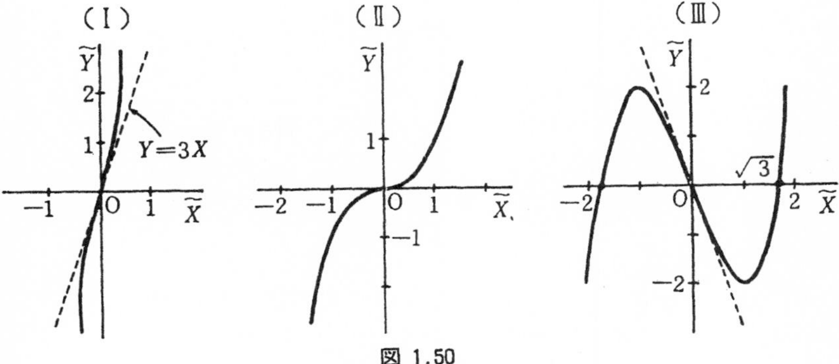

図 1.50

問 1.57 問1.56の3次関数はどの型であるか調べよ．

例 1.23 関数 $y=x^3+ax^2+bx+c$ が単調増大であるための条件を求め，その条件をみたす点 (a,b) はどのような範囲にあるか．それを図示せよ．

（日大）

（解） $x=x_0$ でベキ展開すると

$$y=(x-x_0)^3+(a+3x_0)(x-x_0)^2+(b+2ax_0+3x_0{}^2)(x-x_0)$$
$$+(c+bx_0+ax_0{}^2+x_0{}^3)$$

	1	a	b	c
x_0		x_0	$ax_0+x_0^2$	$bx_0+ax_0^2+x_0^3$
	1	$a+x_0$	$b+ax_0+x_0^2$	$c+bx_0+ax_0^2+x_0^3$
x_0		x_0	$ax_0+2x_0^2$	
	1	$a+2x_0$	$b+2ax_0+3x_0^2$	
x_0		x_0		
	1	$a+3x_0$		

これは点

$$\left(-\frac{a}{3},\ c-\frac{ba}{3}+\frac{2a^3}{27}\right)$$

を中心として対称である．この点を新座標原点にもつ座標系 (X,Y) に対して

$$Y=X^3+(b+2ax_0+3x_0^2)X$$
$$=X^3+\left(b-\frac{a^2}{3}\right)X$$

$D=b-\dfrac{a^2}{3}\geqq 0$ ならば，これは，単調増大型である．よって

$$\boldsymbol{M}=\{(a,b)\mid a^2\leqq 3b\}$$

が求める範囲である．

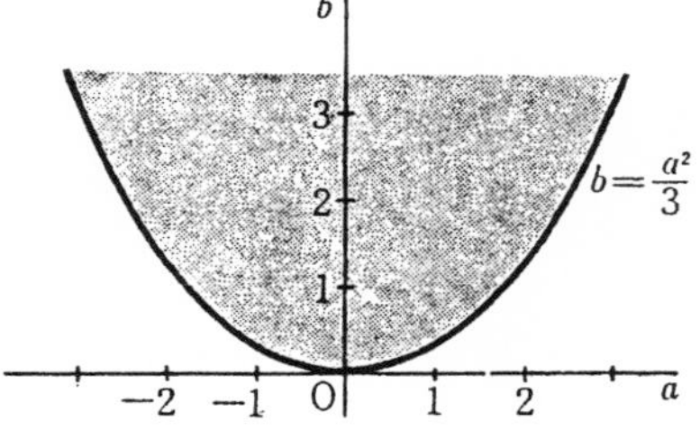

問 1.58　関数 $y=(x-1)(x^2-2x+1-a)+3$ について，この関数のグラフは，どんな a の値に対しても点 $(1,3)$ に関して対称であることを示せ．（鹿児島大）

問 1.59　3次関数 $y=x^3+(a+1)x^2+a(a-2)x+b$ が単調増大であるように，a の値をきめよ．（東邦大）

問 1.60　$f(x)=x^3+3ax^2+bx+6a$ が点 (p,q) に関して点対称であり，$4p^2-6p-q=0$ が成り立つとする．$f(x)$ が極値をもつための必要かつ十分な条件を求めよ．（静岡大）

§3.　3次関数の局所的変化と1次化

3次関数

$$x\longmapsto y=a_3+a_2x+a_1x^2+a_0x^3$$

を $x=x_0$ でベキ展開すると，

$$y=y_0+(3a_0x_0{}^2+2a_1x_0+a_2)(x-x_0)$$
$$+(3a_0x_0+a_1)(x-x_0)^2+a_0(x-x_0)^3$$

$x-x_0=\Delta x$，$y-y_0=\Delta y$　とおくと

$$\Delta y=(3a_0x_0{}^2+2a_1x_0+a_2)\Delta x+(3a_0x_0+a_1)(\Delta x)^2+a_0(\Delta x)^3$$

となる．そこで Δx が十分に小さいとき，$(\Delta x)^2,(\Delta x)^3$ は無視してしまう．すると $x=x_0$ においては

$$\Delta y \fallingdotseq (3a_0x_0{}^2+2a_1x_0+a_2)\Delta x \tag{8}$$

という局所正比例法則で変化するとみて差支えない．

(8) 式を変形して，いろいろな解釈ができる．

$$\frac{\Delta y}{\Delta x} \fallingdotseq (3a_0x_0{}^2+2a_1x_0+a_2) \tag{9}$$

の右辺を $x=x_0$ における変化率という．また，

$$y=y_0+(3a_0x_0{}^2+2a_1x_0+a_2)(x-x_0)$$

を x_0 における近似1次関数，または接線の方程式という．

そこで，次の定理がえられる．

定理 1.10　$y=f(x)=a_3+a_2x+a_1x^2+a_0x^3$

において，

$$y_0=f(x_0)=a_3+a_2x_0+a_1x_0{}^2+a_0x_0{}^3$$
$$b_1=3a_0x_0{}^2+2a_1x_0+a_2$$

とおく．b_1 は y を x_0 でベキ展開したときの $(x-x_0)$ の係数である．

（Ⅰ）　$x=x_0$ における変化率$=b_1$

（Ⅱ）　$x=x_0$ における近似1次関数（接線の方程式）は

$$y=y_0+b_1(x-x_0)$$

（Ⅲ）　$b_1>0$ ならば，$x=x_0$ でグラフは増加の状態（右上り）

$b_1<0$ ならば，$x=x_0$ でグラフは減少の状態（右下り）

$b_1=0$ ならば，これだけでは判断できない．

> 系　多項式関数 $y=f(x)=a_n+a_{n-1}x+\cdots+a_1x^{n-1}+a_0x^n$ に対しても，定理1.10と同じことがいえる．ただし
> $$b_1=na_0x_0^{n-1}+(n-1)a_1x_0^{n-2}+\cdots+a_{n-1}$$

例 1.24　$y=x(x-3)^2$ 上の点 $(4,4)$ における接線の方程式を求めよ．

（東京学大）

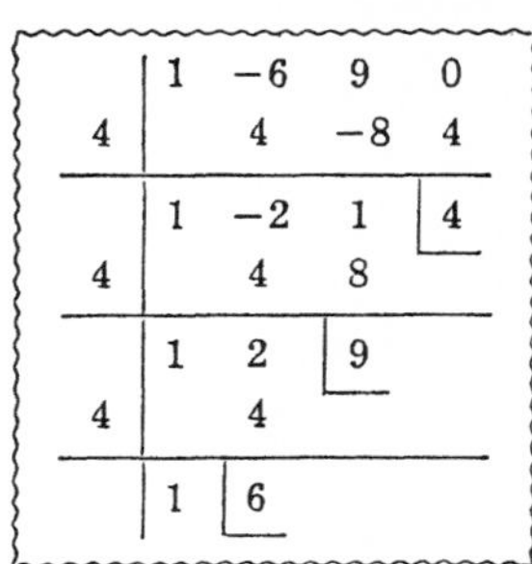

	1	−6	9	0
4		4	−8	4
	1	−2	1	4
4		4	8	
	1	2	9	
4		4		
	1	6		

（解）　$y=x(x-3)^2$

$=x^3-6x^2+9x$

$x=4$ でベキ展開すると

$$y=4+9(x-4)+6(x-4)^2+(x-4)^3$$

接線の方程式は

$$y=4+9(x-4)$$
$$=9x-32$$

問 1.61　次の多項式関数の $x=-3,-1,2,4$ における近似1次関数を求めよ．

①　$y=x^3-3x$　　②　$y=x^3-2x^2+x-4$

③　$y=x^4-2x^3+5x$

例 1.25　$y=x^3-6x^2+9x-2$ の増減をしらべ，グラフをかけ．

（解）　y を $x=x_0$ でベキ展開すると

$$y=(x_0^3-6x_0^2+9x_0-2)$$
$$+(3x_0^2-12x_0+9)(x-x_0)$$
$$+(3x_0-6)(x-x_0)^2+(x-x_0)^3$$

$x=x_0$ における変化率

$$b_1=3x_0^2-12x_0+9$$
$$=3(x_0-1)(x_0-3)$$

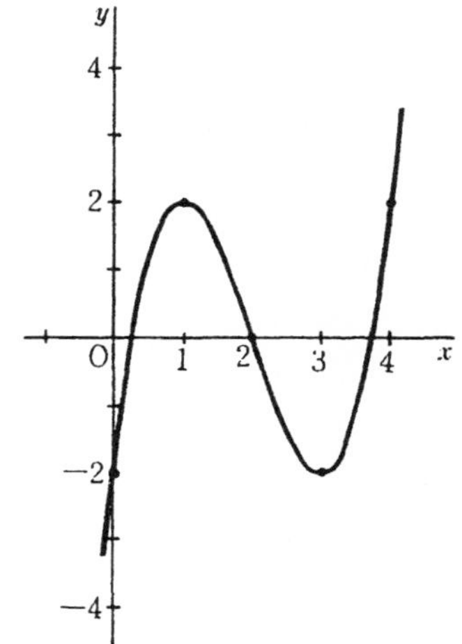

x		1		3	
b_1	+	0	−	0	+
y	↗	2 極大	↘	−2 極小	↗

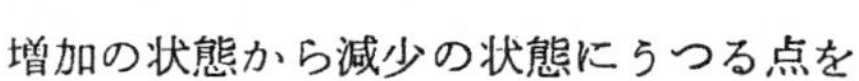

増加の状態から減少の状態にうつる点を

極大点(local maximum point)，減少の状態から増加の状態にうつる点を**極小点**(local minimum point)という．2つあわせて**極値点**(extreme point)という．また，関数が x 軸を横切る点を**零点**(zero point)という．

問 1.62　次の関数の増減をしらべ，グラフの概形をかけ．

①　$y=x^3-3x^2$　　②　$y=x^3+3x^2-9x$　　③　$y=x^3-x^2-x+3$

例 1.26　関数 $f(x)=ax^3+bx^2+cx+d$ のグラフについて，その上の点$(1,1)$における接線が $y=2x-1$ であり，$x=-1$ において$f(x)$が極小値 -2 をもつように a,b,c,d を定めよ．（熊本大）

（解）　$f(1)=a+b+c+d=1$　　①

$f(x)$ を $x=1$ でベキ展開すると

$$f(x)=1+(3a+2b+c)(x-1)+(3a+b)(x-1)^2+(x-1)^3$$

$x=1$ における接線は

$$y=1+(3a+2b+c)(x-1)\equiv 2x-1$$

$$3a+2b+c=2 \quad ②$$

$f(x)$ を $x=-1$ でベキ展開すると

$$f(x)=-2+(3a-2b+c)(x+1)+(-3a+b)(x+1)^2+(x+1)^3$$

$x=-1$ で極小値をとるから

$$3a-2b+c=0 \quad ③$$

$f(-1)=-2$ より

$$-a+b-c+d=-2 \quad ④$$

①②③④を解いて

$$a=-\frac{1}{4},\ b=\frac{1}{2},\ c=\frac{7}{4},\ d=-1$$

問 1.63　$f(x)=x^3+ax^2+bx+5$ が $x=1$ と $x=3$ で極値をとる．a と b を求めよ．（東海大）

例 1.27　1辺24 cmの正方形の厚紙の四隅から，同じ大きさの正方形を切り取って，残りを折り曲げて蓋(ふた)のない箱をつくり，容積を最大にしたい．切り取る正方形の1辺を何cmにするとよいか．

（解） 切り取る正方形の1辺を x cm とすると，箱の容積 $y\,\mathrm{cm}^3$ は

$$y=x(24-2x)^2$$
$$=4(144x-24x^2+x^3)$$
$$y_0=4(144x_0-24x_0{}^2+x_0{}^3)$$

として，$x=x_0$ でベキ展開すると

$$y=y_0+4(144-48x_0+3x_0{}^2)(x-x_0)$$
$$+4(-24+3x_0)(x-x_0)^2+4(x-x_0)^3$$

$x=x_0$ における変化率は

$$b_1=4(144-48x_0+3x_0{}^2)$$
$$=12(12-x_0)(4-x_0)$$

ところが，x の定義域は

$$0<x<12$$

であるから，$x_0=4$ で容積は最大になる．

x_0	0	4	12
b_1	+	0	−
y	↗	1024 最大	↘

問 1.64 半径 R の球の体積 V は，その球に内接し，最大体積をもつ直円柱の体積 V_1 の何倍となるか．（岐阜薬大）

問 1.65 半径 R の球に内接する直円錐のうち，体積が最大になるものの底面の半径と高さを求めよ．（近大．東京歯大）

問 1.66 底の半径が R，高さ H の直円錐に内接する直円柱の表面積が最大になるときの直円柱の底面の半径 r と高さ h を求めよ．ただし，直円柱の一方の底面は直円錐の底面上にあるものとする．（金沢美工大）

問 1.67 全表面積が一定値 S である直円柱のうち，その体積が最大となるものを求めよ．（関学）

§4. 1次化の誤差

多項式関数 $y=f(x)=a_n+a_{n-1}x+\cdots+a_1x^{n-1}+a_0x^n$ の x_0 におけるベキ展開

$$f(x)=b_0+b_1(x-x_0)+b_2(x-x_0)^2+b_3(x-x_0)^3+\cdots+b_n(x-x_0)^n$$

によって，$f(x)$ の x_0 における近似1次関数

$$y=b_0+b_1(x-x_0)$$

をえたが，この式は当然もとの関数と異なるので誤差をともなう．誤差は

$$E=b_2(x-x_0)^2+b_3(x-x_0)^3+\cdots+b_n(x-x_0)^n$$

である．$|x-x_0|$ が十分小さいとき，$(x-x_0)^n$ は n が大きい程ますます0に近くなるので，ほぼ第1項のみで誤差は決定される．したがって，1次化の誤差は

$b_2\neq 0$　ならば　　$E\doteqdot b_2(x-x_0)^2$

$b_2=0$　ならば　　$E\doteqdot b_3(x-x_0)^3$

$b_2=b_3=0$　ならば　$E\doteqdot b_4(x-x_0)^4$

…………

としてよい．もし $b_2=b_3=\cdots=0$ ならば，多項式関数は1次関数そのもので，1次化の誤差は0になる．この誤差が $f(x)$ の x_0 での局所的変化に与える影響を調べよう．

（I）　$b_2>0$ とすると

$x>x_0$ の場合　$E=b_2(x-x_0)^2>0$

$x<x_0$ の場合　$E=b_2(x-x_0)^2>0$

つまり，$f(x)$ は近似1次関数より上側にある．この状態は図1.51にかいてある．このとき，曲線は**下方に凸**（convex to downward）という．

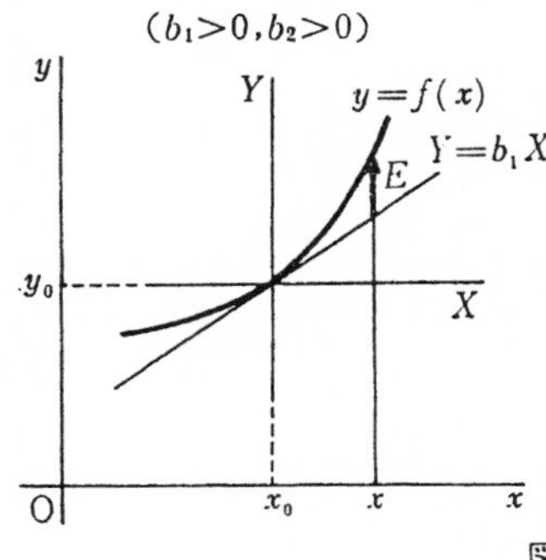

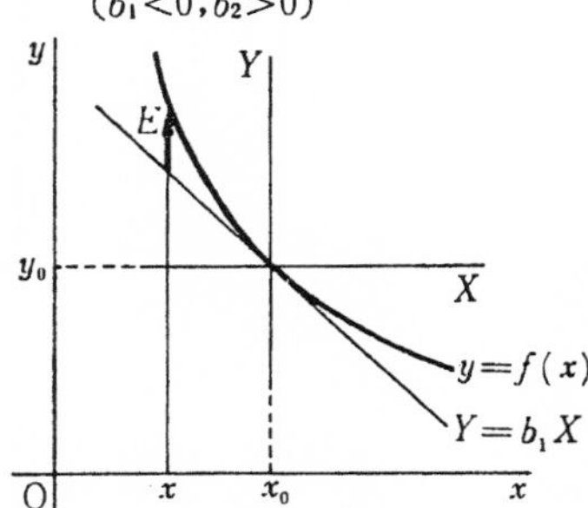

図 1.51

（Ⅱ） $b_2<0$ とすると

$$x>x_0 \text{ の場合 } E=b_2(x-x_0)^2<0$$

$$x<x_0 \text{ の場合 } E=b_2(x-x_0)^2<0$$

つまり，$f(x)$ は近似1次関数より下側にある．この状態は図1.52にかいてある．このとき曲線は**上方に凸**（convex to upward）という．

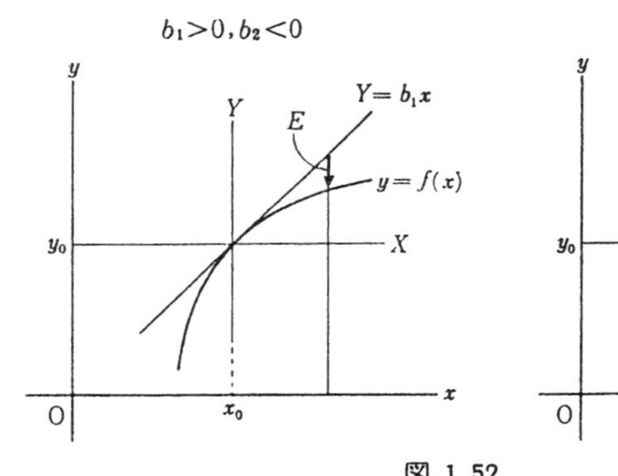

図 1.52

（Ⅲ） $b_2=0$，$b_3\neq 0$ のとき，$x>x_0$ と $x<x_0$ によって，

$$b_3(x-x_0)^3 \text{ は異符号}$$

である．多項式 $f(x)$ の値と，近似1次関数の値との大小は x_0 の前後で逆転する．その状態は図1.53の通りである．(x_0, y_0) を**変曲点**（point of inflexion）という．

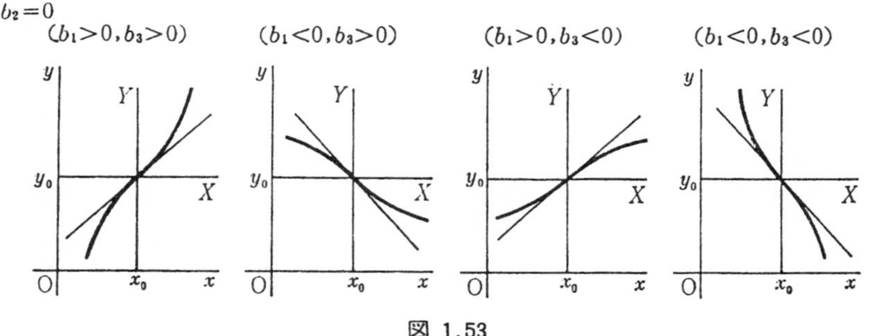

図 1.53

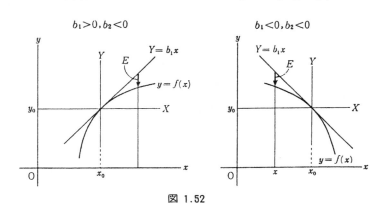

例 1.28 $f(x)=x^4-3x^2+2x$ のグラフをかけ．

（解） $f(x_0)=y_0$ とおく．$x=x_0$ で $f(x)$ をベキ展開すると

$$f(x)=y_0+(4x_0{}^3-6x_0+2)(x-x_0)+(6x_0{}^2-3)(x-x_0)^2$$
$$+4x_0(x-x_0)^3+(x-x_0)^4$$

$$b_1=4x_0{}^3-6x_0+2=4(x_0-1)\left(x_0+\frac{\sqrt{3}+1}{2}\right)\left(x_0-\frac{\sqrt{3}-1}{2}\right)$$

$$b_2=6x_0{}^2-3=6\left(x_0-\frac{1}{\sqrt{2}}\right)\left(x_0+\frac{1}{\sqrt{2}}\right)$$

x_0		$-\frac{\sqrt{3}+1}{2}$		$-\frac{1}{\sqrt{2}}$		$\frac{\sqrt{3}-1}{2}$		$\frac{1}{\sqrt{2}}$		1	
b_1	−	0	+	+	+	0	−	−	−	0	+
b_2	+	+	+	0	−	−	−	0	+	+	+
y	↘	極小	↗	変曲	↗	極大	↘	変曲	↘	極小 0	↗

$$f\left(-\frac{\sqrt{3}+1}{2}\right)=-\frac{3}{4}(2\sqrt{3}+3),\quad f\left(\frac{\sqrt{3}-1}{2}\right)=\frac{3}{4}(2\sqrt{3}-3)$$

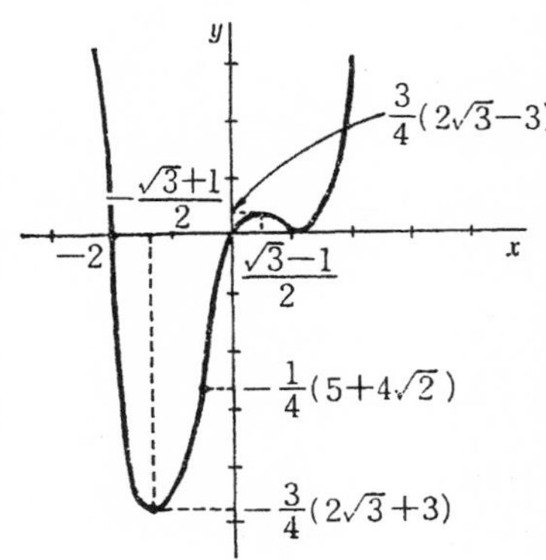

問 1.68 次の関数のグラフをかけ．

① $y=x^3-3x$

② $y=x^3+3x^2$

③ $y=x^3-5x^2+8x-4$

④ $y=x^4-4x^3$

⑤ $y=x^4-4x^2+3$

第6章　反比例と分数関数

§1. 複　比　例

x トンの貨物を y km 運搬するには運賃 z 円はいくらか.

この問題は, 実際には輸送事情や貨物の積卸しなど, いろいろの事情で一律にはきまらないが, 諸般の事情を捨象して, 純粋に数学的に考えてみよう.

この問題は (x, y) の組に z を対応させること, つまり

$$f:(x, y) \longmapsto z \tag{1}$$

となる2変数の関数 $z=f(x, y)$ のもっとも簡単だが, またもっとも概念的には重要なものである.

重さ1トン, 距離1kmの運送料金を a 円とする. これを a 円/トン・km とかく. もちろん, これは第1章で与えた内包量である.

距離1kmを押えておいて, 重さを増すと

$$f(x, 1)=a\text{ 円/トン・km}\times x\text{ トン}$$
$$=ax\text{ 円/km}$$

そして距離を増すと

$$f(x, y)=(ax\text{ 円/km})\times y\text{ km}$$
$$=axy\text{ 円}$$

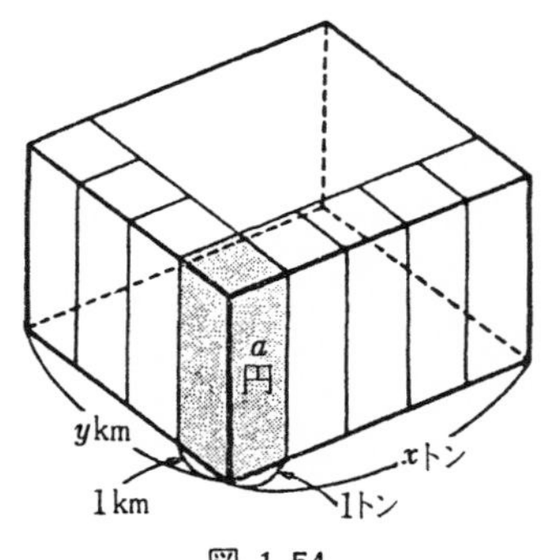

図 1.54

この量の法則をシェーマ化すると図1.54のような体積図になる. これは内包量のシェーマの拡張になっている.

$z=f(x, y)=axy$ を**複比例関数** (compound proportional function), a を**比例定数**という.

定理 1.11　複比例関数 $z=f(x,y)$ においては

$$\left.\begin{aligned} f(x_1+x_2,y)&=f(x_1,y)+f(x_2,y) \\ f(x,y_1+y_2)&=f(x,y_1)+f(x,y_2) \end{aligned}\right\} \tag{2}$$

なる性質が成立する．

（証明）　$f(x_1+x_2,y)=a(x_1+x_2)y$

$$=ax_1y+ax_2y=f(x_1,y)+f(x_2,y)$$

他も同様．

問 1.69　$1\,\mathrm{m}^2$ の板を塗るのに，$0.2\,l$ のペンキを必要とする．横 x m，縦 y m の長方形板を塗るに必要なペンキの量 $z\,l$ を求めよ．

§2. 反　比　例

複比例　$z=axy$ において，z が一定のとき，元来は独立であった変数 x,y の間に関数関係が生ずる．$z=z_0$（一定）とおくと

$$xy=\frac{z_0}{a}\equiv k \tag{3}$$

で表わされる．しかし，この表現はまだ x,y の独立・従属の関係が明確に示されていない．これを**陰関数表示**（**陰形式** implicit form）という．一方，x を独立変数とすると

$$x\longmapsto y=\frac{k}{x} \tag{4}$$

となり，この表現を**陽関数表示**（**陽形式** explicit form）という．また，(4) 式を x の**反比例関数**（inverse proportional function），k を**比例定数**という．

反比例関数のグラフは，図 1.55 のような曲線群である．この曲線群に示した数字は，比例定数 k の値を表わす．このグラフの表わす曲線を**直角双曲線**（rectangular hyperbola）という．

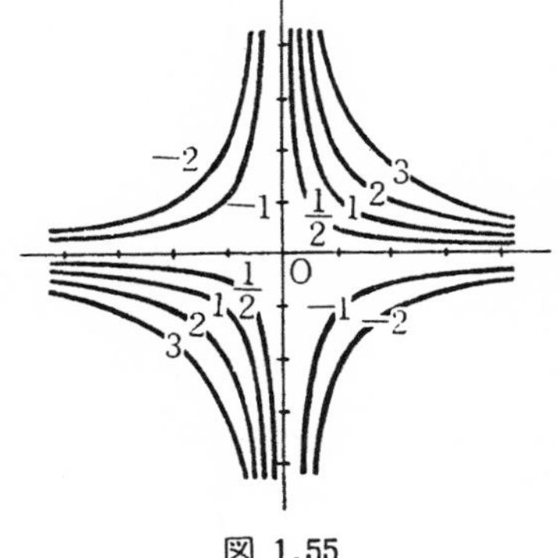

図 1.55

$y=\dfrac{1}{x}$ のグラフについては

（Ⅰ） 直線 $y=x, y=-x$ について対称である．（図 1.56 参照）

（Ⅱ） 原点について対称である．

（Ⅲ） 原点で不連続であるが，

$|x|\to 0$ のとき $y\to\pm\infty$

y 軸を**漸近線**（asymptote）という．

（Ⅳ） $|x|\to+\infty$ のとき，$y\to 0$

x 軸を漸近線という．

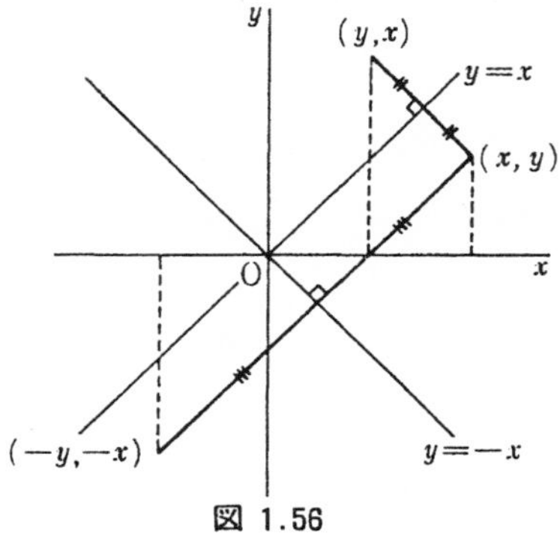

図 1.56

例 1.29 $xy=1$ と $xy=k$ $(k>0)$ は

原点を中心として相似の位置にあり

相似比は $\sqrt{k}$

であることを示せ．

（解） $y=mx$ $(m>0)$ と 2 曲線

$xy=1$，$xy=k$ $(k>0)$ の交点は

$\mathrm{A}\left(\pm\dfrac{1}{\sqrt{m}},\ \pm\sqrt{m}\right)$，$\mathrm{B}\left(\pm\sqrt{\dfrac{k}{m}},\ \pm\sqrt{mk}\right)$

$$\frac{\mathrm{OB}}{\mathrm{OA}}=\frac{\pm\sqrt{\dfrac{k}{m}}}{\pm\sqrt{\dfrac{1}{m}}}=\sqrt{k}$$

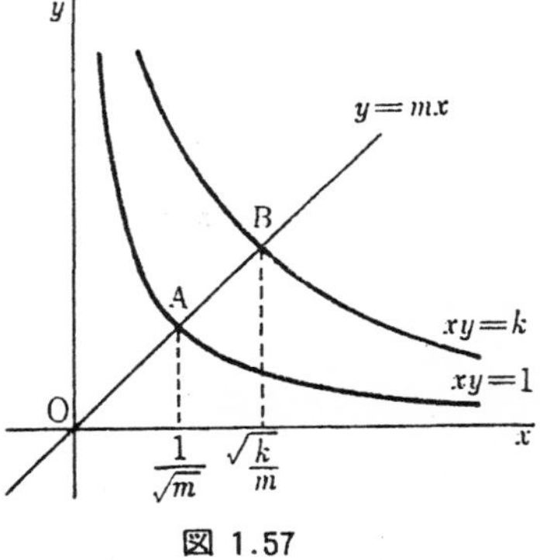

図 1.57

例 1.30 X,Y,Z 3人が協力すれば a 時間でできる仕事がある．この仕事を単独でする場合，X の所要時間は Y の所要時間の p 倍より b 時間少なく，Z の所要時間の q 倍より b 時間少ない．X の所要時間を求めよ．ただし，a,b,p,q は正の数とする．（東北大）

（解） 仕事量を A とする．X,Y,Z 単独で仕事をするときの所要時間をそれぞ

れ x, y, z 時とすると

(ある人の1日の仕事量)×(所要時間)＝A

Xの1日の仕事量$=\dfrac{A}{x}$,　　Yの1日の仕事量$=\dfrac{A}{y}$,

Zの1日の仕事量$=\dfrac{A}{z}$

題意により

$$\begin{cases} \left(\dfrac{A}{x}+\dfrac{A}{y}+\dfrac{A}{z}\right)\times a=A & ① \\ x=py-b & ② \\ x=qz-b & ③ \end{cases}$$

②③より　$\dfrac{1}{y}=\dfrac{p}{x+b}$,　　$\dfrac{1}{z}=\dfrac{q}{x+b}$

これらを①に代入し，整理すると

$$x^2-(ap+aq+a-b)x-ab=0$$

$$x=\frac{ap+aq+a-b\pm\sqrt{(ap+aq+a-b)^2+4ab}}{2}\quad \text{(負号不適)}$$

§3. 1次分数関数

$$f: x \longmapsto y=\frac{cx+d}{ax+b} \tag{5}$$

の形の関数を**1次分数関数**（linear fractional function）という．この関数を，次のように帯分数式に変形する．

$$\begin{aligned} y&=\frac{c}{a}+\frac{ad-bc}{a(ax+b)} \\ &=\frac{c}{a}+\frac{ad-bc}{a^2}\cdot\frac{1}{x+\frac{b}{a}} \end{aligned} \tag{6}$$

$$\begin{array}{r|l} & \dfrac{c}{a} \\ \hline ax+b & cx+\ d \\ & cx+\dfrac{bc}{a} \\ \hline & d-\dfrac{bc}{a} \end{array}$$

ここで

$$x+\frac{b}{a}=X,\qquad y-\frac{c}{a}=Y$$

とおき，新原点を $\left(-\dfrac{b}{a},\ \dfrac{c}{a}\right)$ にもつ新座標系 (X,Y) に対して，(6) 式は

$$Y=\frac{k}{X},\quad ただし\ k=\frac{ad-bc}{a^2}$$

となる．この表現式もまた反比例関数である．

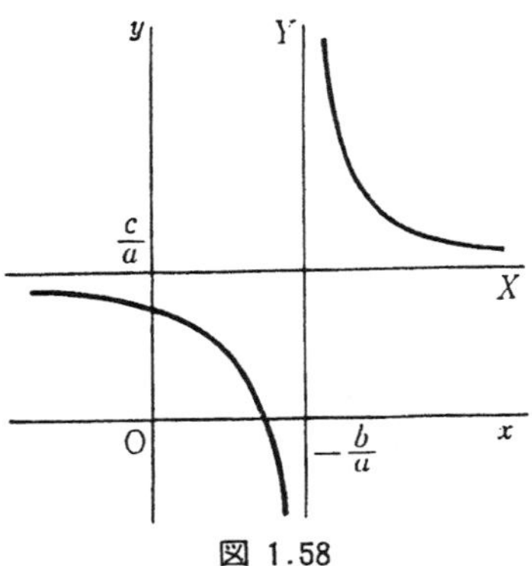

図 1.58

例 1.31 水の中に，その重さの x 割の食塩水を溶かすとき，y %の食塩水ができたとする．

① x, y の関係式を求めよ．

② $x=10X$，$y=100Y$ として①の関係式を簡単にせよ．

③ ②のグラフをかけ．①のグラフもかけ．

（解） 水の重さを a g とすると，この中に溶かした食塩の重さは $\dfrac{ax}{10}$ g，溶液の重さは $\left(a+\dfrac{ax}{10}\right)$ g となる．

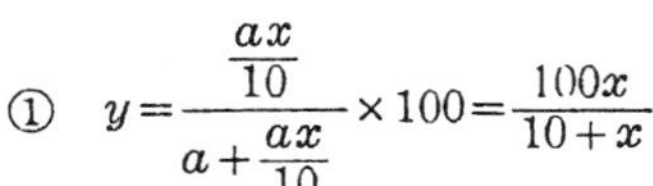

① $y=\dfrac{\dfrac{ax}{10}}{a+\dfrac{ax}{10}}\times 100=\dfrac{100x}{10+x}$

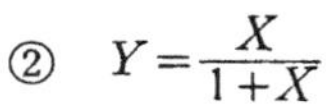

② $Y=\dfrac{X}{1+X}$

③ $Y=1-\dfrac{1}{X+1}\quad (X\geqq 0)$

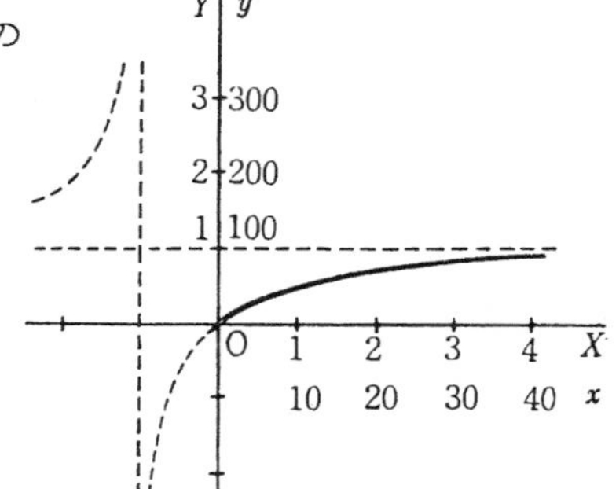

問 1.70 次の1次分数関数のグラフをかけ．

① $y=\dfrac{5x+1}{x}$　② $y=\dfrac{2x+7}{x+3}$　③ $y=\dfrac{4x+3}{2x+3}$　④ $y=\dfrac{x}{3x-1}$

問 1.71 小売商は問屋から酒を仕入れた．ところが問屋が量の方で a %ごまかしていたのを，小売商は知らなかった．これについて，次の問に答えよ．

(1) 小売商が a %の利益を見込んで売っていたものとしたら，この小売商は得をし

たか，損をしたか．

(2) また，小売商が b %の利益を見込んで売っていたため，損得がなかったという．b を a の式で表わせ．（早大）

問 1.72 5 %の食塩水と 10 %の食塩水を $x:1$ の割合に混合して，y %の食塩水がえられるという．

(1) y を x の関数として表わせ．　(2) y のグラフの概形をかけ．（東京農大）

例 1.32 $f_1(x)=\dfrac{a_1x+b_1}{c_1x+d_1}$，$f_2(x)=\dfrac{a_2x+b_2}{c_2x+d_2}$ なる形の分数関数について

(1) $f_2(f_1(x))$ もまた $\dfrac{ax+b}{cx+d}$ なる形の分数関数であることを示せ．

(2) $f_1(x)=\dfrac{2x-1}{-x+1}$ であるとき，x が 1 とは異なるどんな値に対しても，$f_2(f_1(x))=x$ が成り立つように $f_2(x)$ を定めよ．（岩手医大）

（解）

(1) $$f_2(f_1(x))=\frac{a_2f_1(x)+b_2}{c_2f_1(x)+d_2}=\frac{(a_1a_2+b_2c_1)x+a_2b_1+b_2d_1}{(a_1c_2+c_1d_2)x+b_1c_2+d_1d_2}$$

より明らか．

(2) $$f_2\left(\frac{2x-1}{-x+1}\right)=\frac{a_2(2x-1)+b_2(-x+1)}{c_2(2x-1)+d_2(-x+1)}\equiv x$$

$$x^2(2c_2-d_2)-x(c_2-d_2)\equiv x(2a_2-b_2)-a_2+b_2$$

係数を比較すると，　$c_2=a_2$,　$d_2=2a_2$,　$b_2=a_2$

$$\therefore \quad f_2(x)=\frac{a_2x+a_2}{a_2x+2a_2}=\frac{x+1}{x+2}$$

問 1.73 一直線上に相異なる 5 点 O, P, Q, R, S がこの順に並んでいる．O から P, Q, R, S までの距離をそれぞれ p, q, r, s とする．$f(x)=\dfrac{ax+b}{cx+d}$ $(abcd\neq 0,\ ad-bc\neq 0)$ が $f(p)=p$，$f(q)=s$，$f(r)=r$，$f(s)=q$ を満足するとき，$\mathrm{PQ}\cdot\mathrm{RS}-\mathrm{PS}\cdot\mathrm{QR}$ の値を求めよ．（和歌山大）

§4. 零 点 と 極

関数 $f: x\longmapsto y=f(x)$ で，y の値が 0 となる x を f の**零点**という．（第 5 章 § 3 参照）零点は方程式 $f(x)=0$ の根である．いま，x_0 を f の零点の 1 つ

とすると

$$f(x)=(x-x_0)^k q(x) \quad ; \quad k \geqq 1,\ q(x_0) \neq 0$$

とかくことができる．このとき x_0 を **k 次の零点**という．

$f(x)$ のグラフが $x=x_0$ の付近で切れ目のない連続曲線ならば，x_0 の近くで $q(x)$ は一定の符号をもつ（第Ⅴ部第1章参照）から，

k が奇数ならば，x_0 の前後で $f(x)$ の符号は変わり

k が偶数ならば，x_0 の前後で $f(x)$ の符号は不変

である．

これを利用すると，多項式関数の符号の変化がわかり，グラフの概形をかくことができる．

例 1.33　$y=(x-1)(x+3)^2$ のグラフの概形をかけ．

（解）　$x=1$ は1次の零点．$x=-3$ は2次の零点である．$|x| \to +\infty$ ならばこのグラフは $y=x^3$ と同じ振舞をする．y の符号は

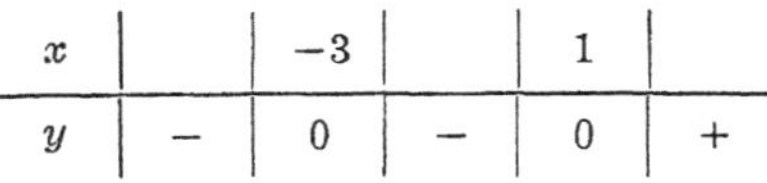

x		-3		1	
y	$-$	0	$-$	0	$+$

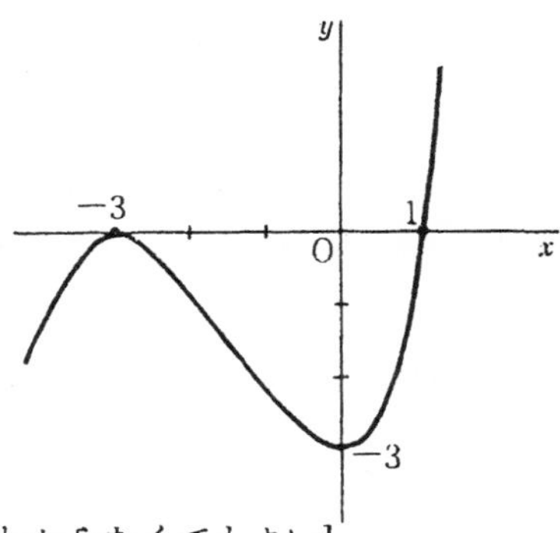

の表のようになる．よって右の図のような概形のグラフをうる．［極値点などはわからなくてもよい］

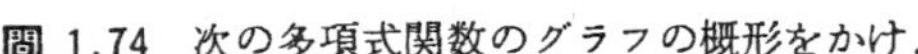

問 1.74　次の多項式関数のグラフの概形をかけ．

①　$y=x^3(x+2)$　　　②　$y=x^3-6x^2+11x-6$

③　$y=(x-1)^2(x-2)(x-3)^3$

関数　$f : x \longmapsto y=\dfrac{1}{f(x)} \equiv g(x)$ とおく．$f(x)$ の零点を $y=g(x)$ の極 (pole) という．$f(x_0)=0$ とおくと

$x=x_0$ では $g(x)$ の値は存在しない．

しかし，x を x_0 の近くにとると，$|g(x)|$ はいくらでも大きくなる．

> $x=x_0$ が g の極ならば，g のグラフは漸近線 $x=x_0$ をもち，そこで連続でない．

いま，

$$g(x)=\frac{1}{(x-x_0)^k q(x)} \quad ; \quad q(x_0)\neq 0,\ k\geqq 1$$

と分解されるとき，$x=x_0$ を **k 次の極**という．そして零点と同じく

k が奇数ならば　$x=x_0$ の前後で $f(x)$ の符号は変わり

k が偶数ならば　$x=x_0$ の前後で $f(x)$ の符号は不変

である．このことから，一般の分数関数の符号を調べ，グラフの概形をかくことができる．

例 1.34　$y=\dfrac{x^2-4}{x^3-3x^2}$ のグラフの概形をかけ．

（解）

$$y=\frac{(x+2)(x-2)}{x^2(x-3)}$$

零点は $x=2,-2$ ；極は $0,3$．また，$|x|$ が十分大きいと

$$y=\frac{1-\dfrac{4}{x^2}}{x-3}\doteqdot\frac{1}{x-3}$$

y の符号の変化は

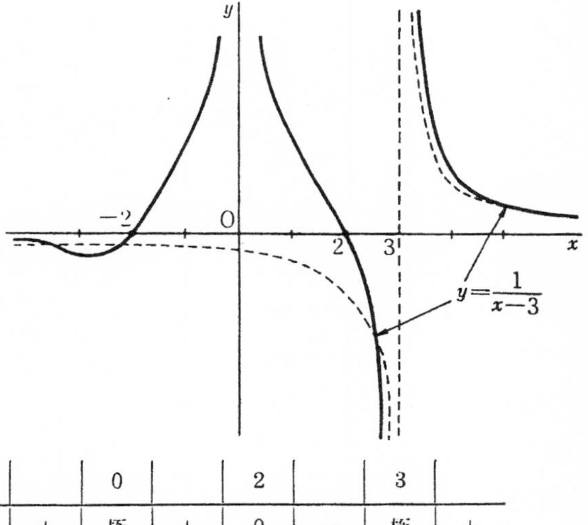

x		-2		0		2		3	
y	$-$	0	$+$	極	$+$	0	$-$	極	$+$

である．

例 1.35　$y=\dfrac{x}{x^2+1}$ のグラフの概形をかけ．

(解)　零点は0で，極はない．

$|x|$ が十分大きいと

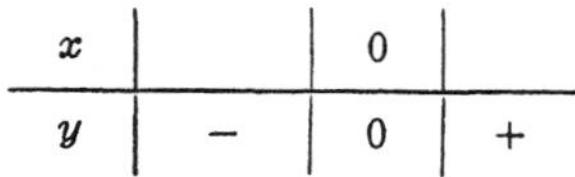

$$y=\frac{1}{x+\frac{1}{x}}\fallingdotseq\frac{1}{x}$$

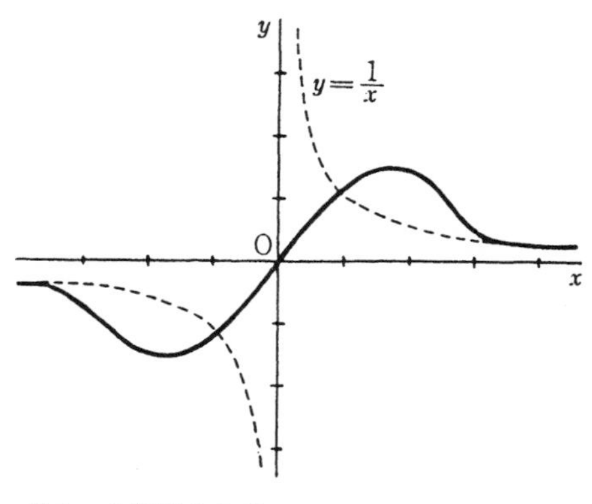

y の符号の変化は，次の通りである．

x		0	
y	$-$	0	$+$

問 1.75　次の関数の符号の変化を調べ，グラフの概形をかけ．

①　$y=\dfrac{x-3}{(x-1)(x-2)}$　　②　$y=\dfrac{(x-1)(x+2)}{x^2}$　　③　$y=\dfrac{x+1}{x(x-3)^2}$

④　$y=\dfrac{1}{(x+1)(x-2)}$　　⑤　$y=\dfrac{x-1}{x^2+1}$　　⑥　$y=\dfrac{1}{x^2+1}$

§5.　n 乗反比例関数

関数

$$f:x\longmapsto y=\frac{k}{x^n}\qquad(n\text{ は正整数})$$

を n 乗反比例関数 k を，比例定数という．この関数は零点をもたず，$x=0$ が n 次の極である．また，$|x|$ が十分大きいと，y の値は0に十分近くなるから，y 軸のほかに x 軸も漸近線である．

　n が偶数ならば，グラフは y 軸対称

　n が奇数ならば，グラフは原点対称

である．$k=1$ のときのグラフは図1.59のようである．曲線の横の数字は n の値を表わす．

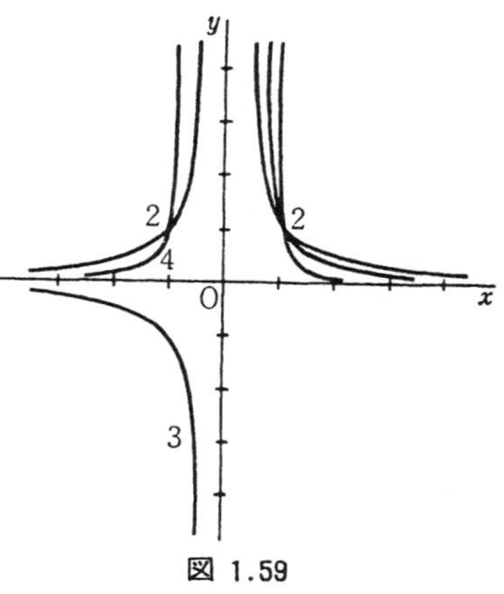

図 1.59

定理 1.12　n 乗反比例関数は

$$f(xr)=f(x)\frac{1}{r^n}$$

なる関数方程式をみたす．逆もいえる．

（証明）

$$f(xr)=\frac{k}{(xr)^n}=\frac{k}{x^n}\ \frac{1}{r^n}=f(x)\frac{1}{r^n}$$

逆に，$x=1$ のとき，この関数方程式は

$$f(r)=\frac{f(1)}{r^n}$$

$f(1)\equiv k$，$r=x$ とおくと

$$f(x)=\frac{k}{x^n} \qquad \text{(Q. E. D)}$$

例 1.36　電線の抵抗 R はその長さ l に比例し，切口の直径 d の平方に反比例する．また，電線の体積 V は l および d^2 に比例する．このとき R は体積に比例し，d^4 に反比例することを示せ．また，直径 12 mm，長さ 1 km で，抵抗 0.154 オームの銅線を直径 5 mm の線になるまでひきのばすと抵抗はどうなるか．

（解）　題意によって　$R=k\dfrac{l}{d^2}$，　$V=k'ld^2$

これから l を消去すると，$\dfrac{R}{V}=k\dfrac{l}{d^2}\cdot\dfrac{1}{k'ld^2}$

$$\therefore\quad R=\frac{k}{k'}\ \frac{V}{d^4}$$

直径を 5 mm にしたときの長さは

$$V=k'(1000,000)\times 12^2=k'x\times 5^2,\qquad x=\frac{1000,000\times 144}{25}$$

$$0.154\ \text{オーム}=k\times\frac{1000,000}{12^2} \qquad ①$$

$$R\ \text{オーム}=k\times\frac{\dfrac{1000,000\times 144}{25}}{5^2} \qquad ②$$

$$\frac{①}{②}\qquad \frac{0.154}{R}=\frac{25^2}{144^2}$$

$$\therefore\quad R=\frac{0.154\times 144^2}{25^2}=5.109 \text{ オーム}$$

問 1.76　光の照度は光源の強さに比例し，光源よりの距離の自乗に反比例する．いま10 m を隔てて60燭光の電灯と30燭光の電灯とあるとき，その照度の等しい位置を，両灯を結ぶ直線に平行で，かつその直線から2 m はなれた距離にある直線上に求めよ．

問 1.77　自動車のブレーキがききはじめてから止まるまでの距離は，時速の自乗と総重量に比例するという．あるトラックは，積み荷なしで時速50 km で走っているとき，ブレーキがききはじめてから20 m 走って止まるという．このトラックが積み荷のため総重量を2倍にして走っているとき，前方20 m のところに障害物を発見した．このとき5 m以上手前で止まりうるための最大時速はいくらか．km 未満は切捨てて答えよ．ただし障害物を発見してからブレーキがききはじめるまでの過程に1秒かかるものとする．

（三重大）

第7章　周期性と円関数

§1.　周期性と円運動

「歴史は繰返す」「災害は忘れた頃にやってくる」などという言葉があるが，自然現象や社会現象にはある期間たつと，前の状態に復するものが多い．時計の読み，曜日，季節の変化などはそのような例である．このような現象を周期現象というが，それを定式化して法則性を追求するには，周期関数が必要である．

関数　$f : x \longmapsto y$ が定数関数でなく，かつすべての x に対して

$$f(x+p)=f(x) \tag{1}$$

となる正数 p が存在するとき，f を**周期関数**（periodic function），p をその**周期**（period）という．

定理 1.13　p が $f(x)$ の周期ならば，np もまたその周期である．ただし，n は整数とする．（類題　奈良女子大）

（証明）　$f(x+2p)=f[(x+p)+p]=f(x+p)=f(x)$

$f(x+3p)=f[(x+2p)+p]=f(x+2p)=f(x)$

$f(x+4p)=f[(x+3p)+p]=f(x+3p)=f(x)$

…………

$f(x-p)=f[(x-p)+p]=f(x)$

$f(x-2p)=f[(x-p)-p]=f(x-p)=f(x)$

…………

$\therefore$　$f(x+np)=f(x)$,　n は整数　　　　(Q. E. D)

定理 1.14　$f(x), g(x)$ がそれぞれ p, q を周期とする周期関数ならば，$f(x)\pm g(x)$，$f(x)g(x)$，$\dfrac{f(x)}{g(x)}$　[ただし $g(x)\neq 0$]　も周期関数である．ここで p, q は最小公倍数をもつものとする．

（証明）　p, q の最小公倍数を P とすれば，$P=mp=nq$

$$f(x+P)=f(x+mp)=f(x),$$
$$g(x+P)=g(x+nq)=g(x)$$

であるから，

$$f(x+P)\pm g(x+P)=f(x)\pm g(x)$$
$$f(x+P)g(x+P)=f(x)g(x)$$
$$\frac{f(x+P)}{g(x+P)}=\frac{f(x)}{g(x)}$$

(Q. E. D)

p が周期であれば，np も周期であることは，定理 1.13 で知ったが，われわれの興味のあるのは，そのような p の最小値であり，これを**基本周期** (principal period) という．今後，単に周期といったとき，それは基本周期をさすものとする．

定理 1.15　基本周期はただ1つに限る．

（証明）　p を基本周期，q を他の周期とすると

$$q=np+r \quad ; n\text{ は整数で } 0\leqq r<p$$
$$f(x+r)=f(x+q-np)$$
$$=f(x+q)=f(x)$$

となり，r が周期となる．この r は p より小さいから，もし $r\neq 0$ とすれば p が基本周期であることに矛盾する．

$$\therefore \quad r=0$$

(Q. E. D)

問 1.78　次の□の中を適当に埋めよ．

自然数 x を5で割った余りを $f(x)$ で表わすと $f(3)=$□，$f(7)=$□ である．また「任意の自然数 x に対して $f(f(x))=f(x)$ である」という命題は□．

「任意の自然数 x と y に対して $f(x+y)=f(x)+f(y)$ である」という命題は［　］.
「任意の自然数 x に対して $f(x+5)=f(x)$ である」という命題は［　］.（慶応大）

周期現象のなかでもっとも簡単ではあるが重要なものは等速円運動である．点Pが円周上を等速で運動しているとき，1まわりに要する時間を T とすると，Pは時間が T だけ経過するごとにもとの位置にもどる．したがって T は周期である．

また，円周上に定点Aをとって中心角 $\theta=\angle\mathrm{AOP}$ を考え，OPが360°回転するごとにもとの位置にもどると考えてもよい．すると，周期は360°である．

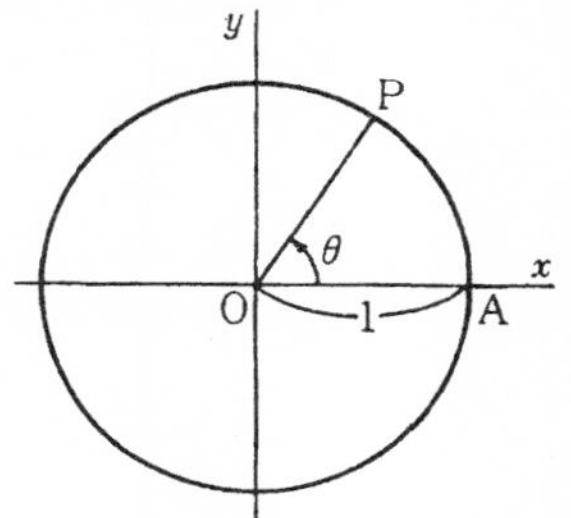

図 1.60

さらに，AからPまで円周に沿って測った長さを考えてもよい．簡単のため OP=1（これを単位円 unit circle）とすると，Pは円周上を 2π 進むごとにもとの位置にもどり，周期は 2π である．

これらのうち，時間を除いた中心角と弧長は，結局はPの位置を示すもので，本質的な差違はない．なぜなら，角の大きさ θ に対応する弧の長さを $f(\theta)$ とすると

$$f(\alpha)+f(\beta)=f(\alpha+\beta) \tag{2}$$

となる．図1.61参照．(2) 式をみたす関数は，正比例関数

$$f(\theta)=k\theta \tag{3}$$

である．(3) 式において

$k=1$ とおく角の大きさの表わし方を弧度法 (circular measure) という．

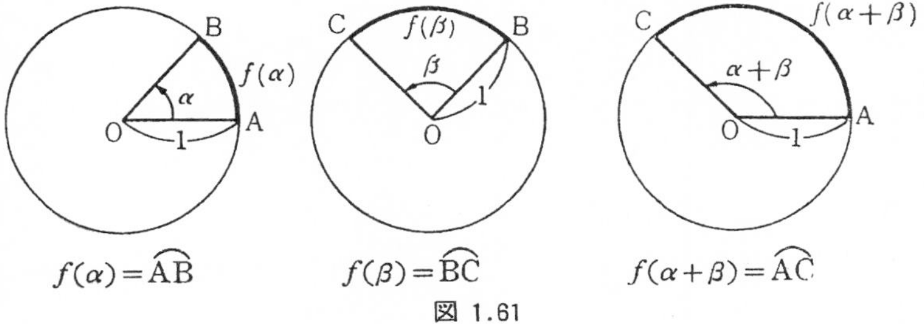

図 1.61

次に　$k=\frac{\pi}{180}$　とおく角の大きさの表わし方を**60分法**（sexagesimal measure）という．つまり

	角の大きさ	円弧の長さ $f(x)$ との関係
弧 度 法	x rad.	$f(x)$
60 分 法	x°	$\frac{180}{\pi}f(x)$

よって

$$\text{平角の大きさ}\ 180^\circ=\pi\ \text{rad.}$$

$$\text{直角の大きさ}\ 90^\circ=\frac{\pi}{2}\ \text{rad.}$$

となる．弧度法では，単位はとくにつけないが，強調したいときは rad.（radian）をつける．

問 1.79　次の角の大きさを弧度法に直せ．

0°，15°，30°，45°，60°，120°，150°，270°

問 1.80　次の角の大きさを60分法に直せ．

$\frac{\pi}{5}$，$\frac{\pi}{10}$，$\frac{3}{4}\pi$，$\frac{5}{12}\pi$，$\frac{7}{18}\pi$，$\frac{3}{2}\pi$，$\frac{17}{12}\pi$

定理 1.16　半径 r, 中心角 θ の扇形の円弧の部分の長さ l と面積 S に対しては

$$l=r\theta,\qquad S=\frac{1}{2}r^2\theta$$

（解）　1)　中心角 θ に対する円弧の長さを $f(\theta)$ とすると

$$f(\alpha)+f(\beta)=f(\alpha+\beta)$$

$$\therefore\quad f(\theta)=k\theta$$

$\theta=\pi$ とおくと $f(\pi)=r\pi$,　　$r\pi=k\pi$,　　$k=r$

$$\therefore\quad f(\theta)=r\theta$$

2)　中心角 θ に対する扇形の面積を $g(\theta)$ とすると

$$g(\alpha)+g(\beta)=g(\alpha+\beta)$$

$$\therefore\quad g(\theta)=k\theta$$

$$\theta=2\pi \text{ とおくと } g(2\pi)=\pi r^2,\quad \pi r^2=2k\pi,\quad k=\frac{r^2}{2}$$

$$\therefore\quad g(\theta)=\frac{1}{2}r^2\theta \qquad \text{(Q. E. D)}$$

問 1.81 半径 r の3つの相等しい円が2つずつ互いに相接しているとき，これら3つの円の間に囲まれた部分の面積を求めよ．

また，6つの相等しい円の場合にはどうなるか．

基準線OA（**主線**という）からの回転量 θ でPの位置を表わすとき，θ が定まるとPの位置はただ1通りに定まるが，逆にPの位置が定まっても θ の値は一意に定まらない．それは回転には周期性があるからである．また，回転には向きがあり

反時針方向を　正の向き

時針方向を　　負の向き

ときめる．したがってAからPにいたる回転の角の1つを θ_0 とすると

$$\theta_0+2\pi,\ \theta_0+4\pi,\ \theta_0+6\pi,\ \cdots$$

$$\theta_0-2\pi,\ \theta_0-4\pi,\ \theta_0-6\pi,\ \cdots$$

ではPの位置は同じである．一般に，AからPに至る回転角 θ は

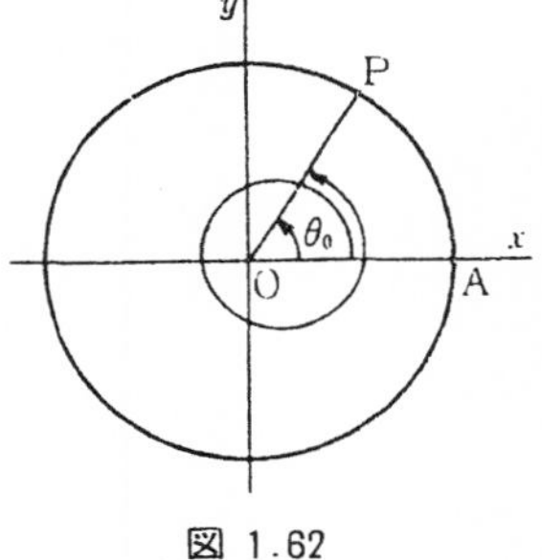

図 1.62

$$\theta=\theta_0+2n\pi \quad (n\text{ は任意の整数}) \tag{3}$$

と表わされる．これを一般角（general angle）という．

一般角 θ の表わす角の辺OP（これを動径 radius vector という）が，第1象限にあるとき，θ は第1象限の角という．他の象限にあるときもこれと同じようにいう．

問 1.82 次の角は第何象限の角であるか．

$$\frac{2}{3}\pi,\ \frac{2}{5}\pi,\ \frac{4}{3}\pi,\ \frac{11}{7}\pi,\ \frac{5}{6}\pi,\ \frac{7}{5}\pi,\ \frac{7}{4}\pi,\ \frac{7}{3}\pi$$

問 1.83 第1象限の角は $2n\pi<\theta<\frac{\pi}{2}+2n\pi$ で示される．（ここで n は整数）これにならって，第2象限の角，第3象限の角，第4象限の角を不等式で表わせ．

問 1.84 第1象限の角の大きさの半分の大きさをもつ角は，第何象限に属するか．

問 1.85　等速円運動の周期を T とするとき，$\omega=\frac{2\pi}{T}$ の**角速度**（angular velocity）という．角速度 ω の等速円運動の回転角 θ は，時刻 t のどんな関数になるか．面積図とグラフで示せ．

§2.　主　円　関　数

単位円周上の動点Pに対して，主線OAと動径OPのなす角 θ を対応させる．この対応は，ベクトル $\overrightarrow{OP}$ を $\begin{bmatrix} x \\ y \end{bmatrix}$ で表わせば

$$\begin{aligned} x&=\cos\theta\ (\text{余弦 cosine}) \\ y&=\sin\theta\ (\text{正弦 sine}) \end{aligned} \qquad (4)$$

とかくことにする．これを**主円関数**（principal circular function）という．

以下，この関数についての性質を列挙する．

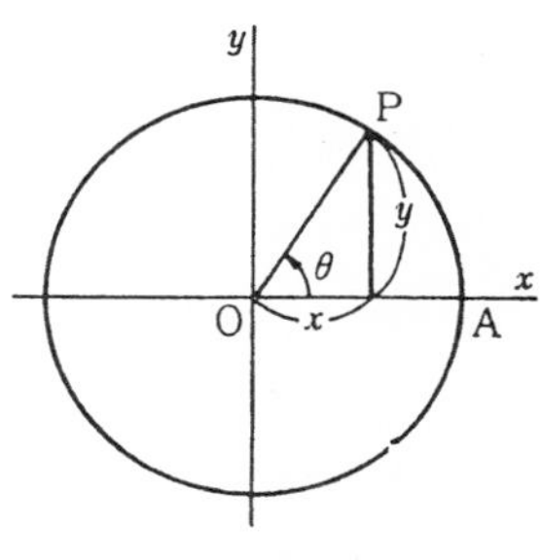

図 1.63

（Ⅰ）　**関数値の符号と値域**

関数値＼象限	Ⅰ	Ⅱ	Ⅲ	Ⅳ
$\cos\theta$	＋	－	－	＋
$\sin\theta$	＋	＋	－	－

$-1\leqq\cos\theta\leqq1$，$-1\leqq\sin\theta\leqq1$

（Ⅱ）　**周期性**

回転角 θ は 2π の周期をもつので

$$\begin{cases} \cos(\theta+2n\pi)=\cos\theta \\ \sin(\theta+2n\pi)=\sin\theta \end{cases} \qquad (5)$$

（Ⅲ）　**ピタゴラスの定理**

図 1.63 において，ピタゴラスの定理を適用すると

$$\cos^2\theta+\sin^2\theta=1 \qquad (6)$$

ここで，$\cos^2\theta$，$\sin^2\theta$ は $(\cos\theta)^2$，$(\sin\theta)^2$ の意味である．

（Ⅳ） 円の対称性から

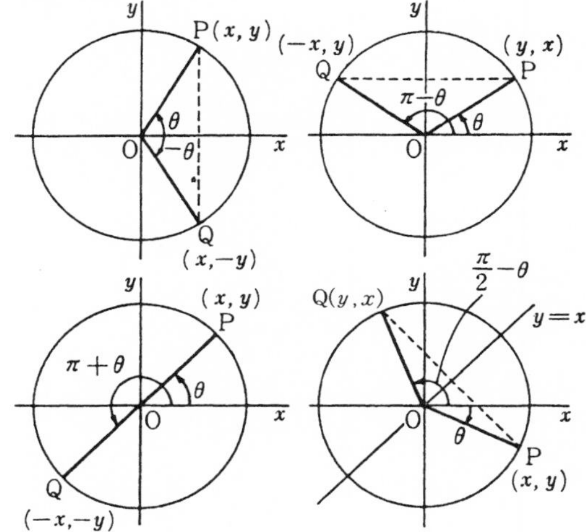

図 1.64

図 1.64 から

$$\begin{cases}\cos(-\theta)=\cos\theta \\ \sin(-\theta)=-\sin\theta\end{cases} \quad (7) \qquad \begin{cases}\cos(\pi-\theta)=-\cos\theta \\ \sin(\pi-\theta)=\sin\theta\end{cases} \quad (8)$$

$$\begin{cases}\cos(\pi+\theta)=-\cos\theta \\ \sin(\pi+\theta)=-\sin\theta\end{cases} \quad (9) \qquad \begin{cases}\cos\left(\dfrac{\pi}{2}-\theta\right)=\sin\theta \\ \sin\left(\dfrac{\pi}{2}-\theta\right)=\cos\theta\end{cases} \quad (10)$$

となる．

例 1.37　$\cos\left(\dfrac{\pi}{2}+\theta\right)=-\sin\theta$, $\sin\left(\dfrac{\pi}{2}+\theta\right)=\cos\theta$ を証明せよ．

（解）

$$\cos\left(\frac{\pi}{2}+\theta\right)=\cos\left[\frac{\pi}{2}-(-\theta)\right]\underset{(10)}{=}\sin(-\theta)\underset{(7)}{=}-\sin\theta$$

$$\sin\left(\frac{\pi}{2}+\theta\right)=\sin\left[\frac{\pi}{2}-(-\theta)\right]\underset{(10)}{=}\cos(-\theta)\underset{(7)}{=}\cos\theta$$

問 1.86

$$\begin{cases}\cos\left(\dfrac{3\pi}{2}-\theta\right) \\ \sin\left(\dfrac{3\pi}{2}-\theta\right)\end{cases}, \quad \begin{cases}\cos\left(\dfrac{3\pi}{2}+\theta\right) \\ \sin\left(\dfrac{3\pi}{2}+\theta\right)\end{cases}$$

を $\cos\theta$, $\sin\theta$ をもって表わせ．

問 1.87　次の式を簡単にせよ．

(1)　$\cos^2\theta+\cos^2\left(\frac{\pi}{2}+\theta\right)+\cos^2(\pi+\theta)+\cos^2\left(\frac{3\pi}{2}+\theta\right)$

(2)　$\dfrac{\sin(\pi-\theta)\cos\left(\frac{\pi}{2}+\theta\right)}{\sin(\pi+\theta)}+\dfrac{\cos\left(\frac{\pi}{2}-\theta\right)\sin\left(\frac{\pi}{2}+\theta\right)}{\cos(\pi+\theta)}$

問 1.88　θ が第 4 象限の角で，$\sin\theta=-\frac{12}{13}$ のとき，$\cos\theta$ を求めよ．（東京教育大）

例 1.38　$\sin\theta+\cos\theta=a$ のとき，$\sin\theta\cos\theta$，$\sin^3\theta+\cos^3\theta$ を a を用いて表わせ．（立教大）

（解）　$\sin\theta+\cos\theta=a$

の両辺を 2 乗すると

$$\sin^2\theta+2\sin\theta\cos\theta+\cos^2\theta=a^2$$

ピタゴラスの定理を用いると

$$1+2\sin\theta\cos\theta=a^2$$

$$\sin\theta\cos\theta=\frac{a^2-1}{2}$$

$$\sin^3\theta+\cos^3\theta=(\sin\theta+\cos\theta)(\sin^2\theta-\sin\theta\cos\theta+\cos^2\theta)$$

$$=a\left(1-\frac{a^2-1}{2}\right)=\frac{a(3-a^2)}{2}$$

問 1.89　$\begin{cases} x=\sin\theta+\cos\theta \\ y=\sin\theta\cos\theta \end{cases}$

から θ を消去して，x と y の間の関係を求めよ．（専修大）

§3．複合円関数

主円関数 $\cos\theta$，$\sin\theta$ をもとにして，次のような関数が定義される．

$$\tan\theta=\frac{\sin\theta}{\cos\theta}\ \text{（正接 tangent）}\qquad \cot\theta=\frac{\cos\theta}{\sin\theta}\ \text{（余接 cotangent）}$$

$$\sec\theta=\frac{1}{\cos\theta}\ \text{（正割 secant）}\qquad \operatorname{cosec}\theta=\frac{1}{\sin\theta}\ \text{（余割 cosecant）}\tag{11}$$

である．この 4 つのうち，一番よく用いられるのは $\tan\theta$ である．

（Ⅰ） **関数値の符号と値域**

関数値＼象限	Ⅰ	Ⅱ	Ⅲ	Ⅳ
$\tan\theta$	+	−	+	−
$\cot\theta$	+	−	+	−
$\sec\theta$	+	−	−	+
$\operatorname{cosec}\theta$	+	+	−	−

$|\sec\theta| \geqq 1$

$|\operatorname{cosec}\theta| \geqq 1$

$-\infty < \tan\theta < +\infty$

$-\infty < \cot\theta < +\infty$

（Ⅱ） **周期性**

$$\tan(\theta + 2n\pi) = \tan\theta$$

ではあるが，

$$\tan(\theta+\pi) = \frac{\sin(\theta+\pi)}{\cos(\theta+\pi)} = \frac{-\sin\theta}{-\cos\theta} = \tan\theta \qquad (12)$$

より，基本周期は π である．

（Ⅲ） **ピタゴラスの定理**

$$\cos^2\theta + \sin^2\theta = 1$$

の両辺を $\cos^2\theta$ で割ると

$$1 + \frac{\sin^2\theta}{\cos^2\theta} = \frac{1}{\cos^2\theta}$$

$$1 + \tan^2\theta = \sec^2\theta \qquad (13)$$

同様にして

$$1 + \cot^2\theta = \operatorname{cosec}^2\theta \qquad (14)$$

問 1.90 $\tan(-\theta) = -\tan\theta$，$\tan(\pi-\theta) = -\tan\theta$，$\tan\left(\frac{\pi}{2}-\theta\right) = \cot\theta$ を証明せよ．

問 1.91 次の式を簡単にせよ．

(1) $\dfrac{\sin\theta}{1+\cos\theta} + \dfrac{\sin\theta}{1-\cos\theta}$ (2) $\dfrac{1+\sin\theta-\cos\theta}{1+\sin\theta+\cos\theta} + \dfrac{1+\sin\theta+\cos\theta}{1+\sin\theta-\cos\theta}$ （日大）

(3) $\dfrac{1+\cos\theta}{\sec\theta-\tan\theta} - \dfrac{1-\cos\theta}{\sec\theta+\tan\theta}$ （東京芸大）

§4. 円関数値の線分表示

（Ⅰ） 特別角の円関数値

図1.65を参考にすれば，$\frac{\pi}{3}, \frac{\pi}{6}, \frac{\pi}{4}$ などの特別な角の円関数の値が求められる．（太線部分が $\cos\theta$，$\sin\theta$ を示す）

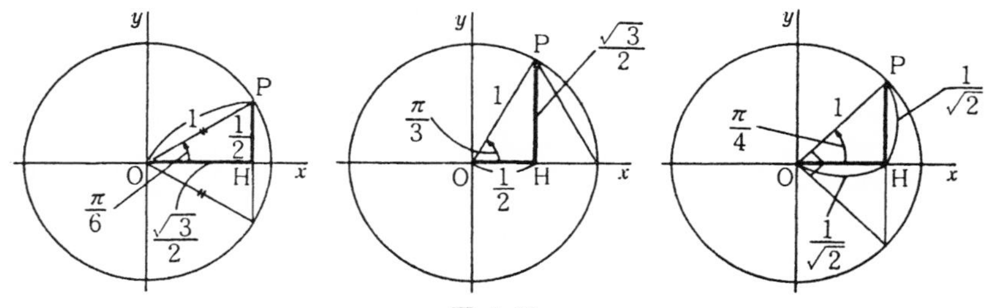

図 1.65

θ / 関数値	0	$\frac{\pi}{6}$	$\frac{\pi}{4}$	$\frac{\pi}{3}$	$\frac{\pi}{2}$	π	$2n\pi$
$\cos\theta$	1	$\frac{\sqrt{3}}{2}$	$\frac{1}{\sqrt{2}}$	$\frac{1}{2}$	0	-1	1
$\sin\theta$	0	$\frac{1}{2}$	$\frac{1}{\sqrt{2}}$	$\frac{\sqrt{3}}{2}$	1	0	0
$\tan\theta$	0	$\frac{1}{\sqrt{3}}$	1	$\sqrt{3}$	なし	0	0

例 1.39　$\sin 1485°$ の値を求めよ．

（解）

$$\sin 1485° = \sin\left(\frac{1485}{180}\pi\right)$$

$$= \sin\frac{33}{4}\pi = \sin\left(\frac{\pi}{4} + 4\times 2\pi\right)$$

$$= \sin\frac{\pi}{4} = \frac{1}{\sqrt{2}}$$

問 1.92　$\cos 3540°$，$\tan 3465°$，$\cot(-7320°)$，$\sec(-7335°)$ の値を求めよ．

（Ⅱ） 複合円関数の線分表示

複合円関数の値は次のように線分化される．

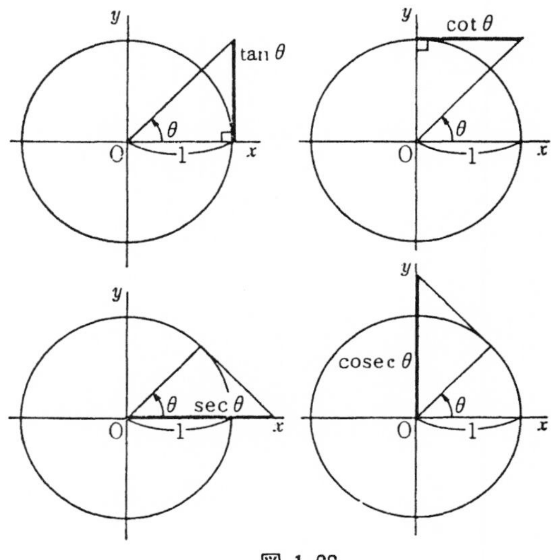

図 1.66

この線分表示をもとにすれば，円関数のグラフをかくことができる．

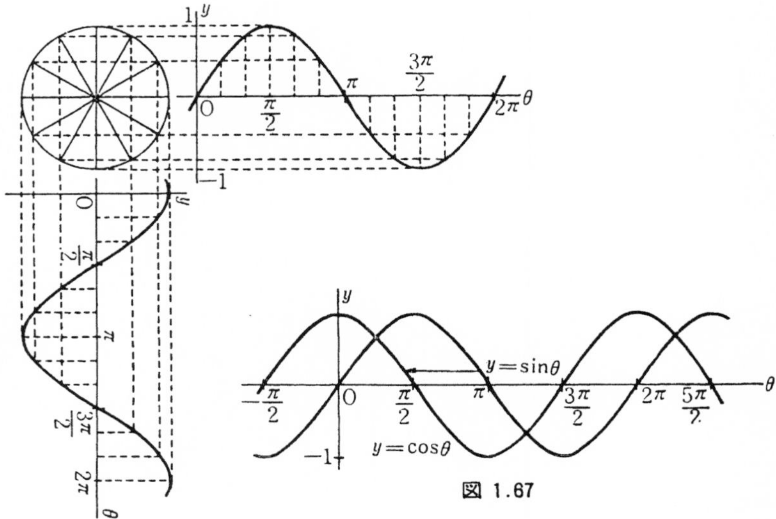

図 1.67

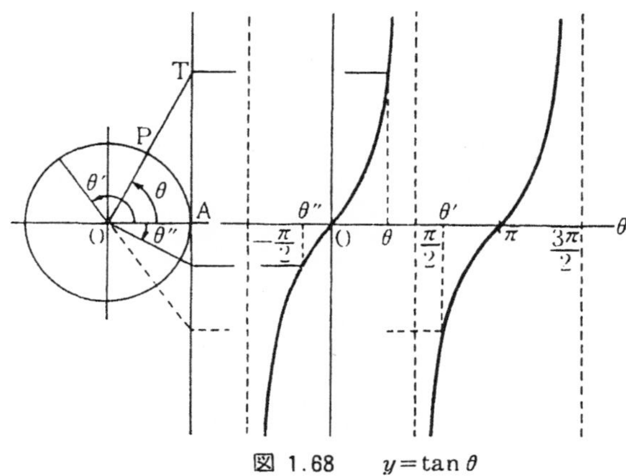

図 1.68　$y=\tan\theta$

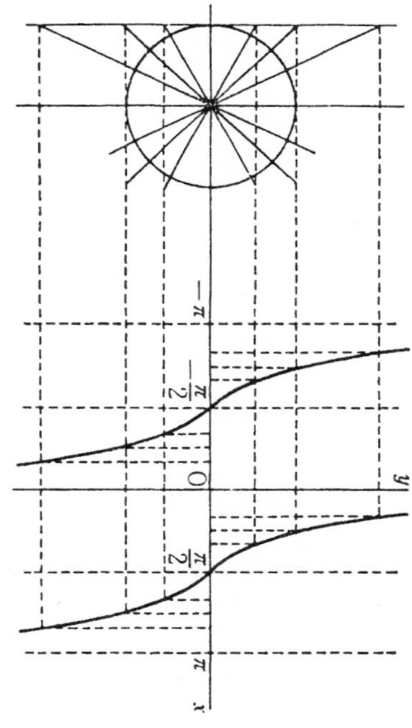

図 1.69
$y=\cot x$

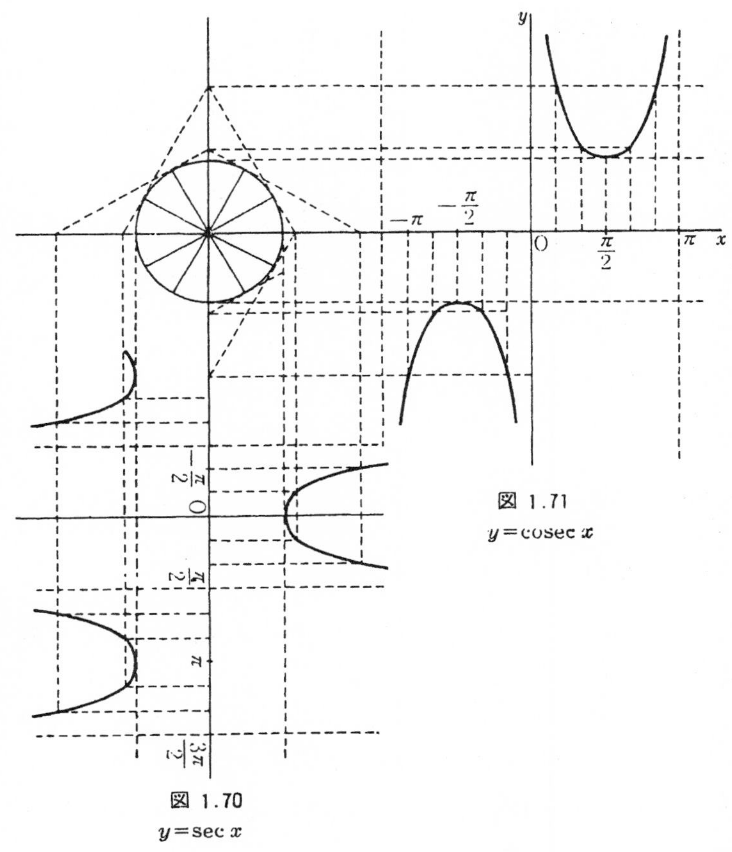

図 1.70
$y=\sec x$

図 1.71
$y=\mathrm{cosec}\, x$

§5. 極　座　標

平面上の点 P の位置は，普通は直角座標を用いて表わすが，原点 O から P に至るベクトル $\overrightarrow{\mathrm{OP}}$ を用いて表わすこともできる．すなわち，$\overrightarrow{\mathrm{OP}}$ の長さを r，x 軸の正の方向からの角を θ として，r と θ の対 (r,θ) を定めると，P はただ 1 通りに定まる．(r,θ) を**極座標** (polar coordinate)，O を**極** (pole)，x 軸の正の部分を**主線** (principal line) という．

直角座標 (x,y) と極座標 (r,θ) との対応関係は

$(x,y) \longmapsto (r,\theta)$ が

$$r=\sqrt{x^2+y^2}$$

$$\theta \text{ は } \begin{cases} \cos\theta=\dfrac{x}{r} \\ \sin\theta=\dfrac{y}{r} \end{cases} \text{ を満たす} \qquad (15)$$

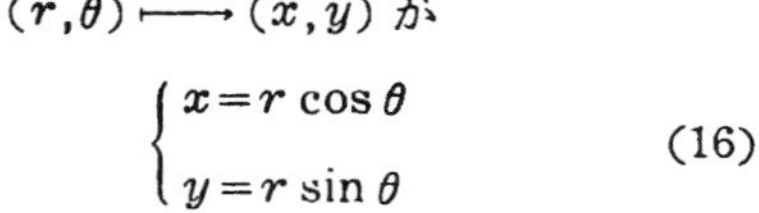

$(r,\theta) \longmapsto (x,y)$ が

$$\begin{cases} x=r\cos\theta \\ y=r\sin\theta \end{cases} \qquad (16)$$

である．

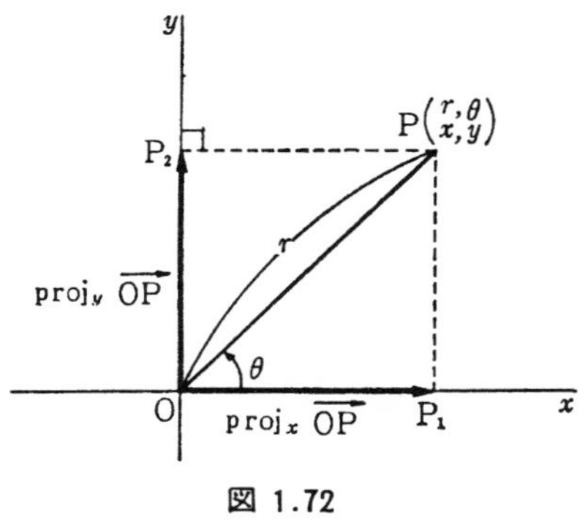

図 1.72

［注］ $r>0$ であるがときに $r<0$ にとることもある．ただし，そのとき $(-r,\theta)=(r,\pi+\theta)$ の意味にとる．

問 1.93 $\mathrm{P}(-3\sqrt{2},-3\sqrt{2})$，$\mathrm{Q}(2,2\sqrt{3})$ を極座標に直せ．

P点から x,y 軸へ下した垂線の足 $\mathrm{P}_1,\mathrm{P}_2$ を，Pの x,y 軸上への**正射影** (orthogonal projection) という．

$$\mathrm{proj}_x\mathrm{P}=\mathrm{P}_1, \qquad \mathrm{proj}_y\mathrm{P}=\mathrm{P}_2$$

とかく．また，ベクトル $\overrightarrow{\mathrm{OP}}$ 上のすべての点の x 軸上への正射影の集合を，ベクトル $\overrightarrow{\mathrm{OP}}$ の x 軸上への正射影という．もちろん，これは $\overrightarrow{\mathrm{OP}_1}$ である．y 軸への正射影も同様で，これらを

$$\mathrm{proj}_x\overrightarrow{\mathrm{OP}}=\overrightarrow{\mathrm{OP}_1}, \qquad \mathrm{proj}_y\overrightarrow{\mathrm{OP}}=\overrightarrow{\mathrm{OP}_2}$$

とかく．ベクトルの始点が原点でなくても，

$$\mathrm{proj}_x\mathrm{Q}=\mathrm{Q}_1, \qquad \mathrm{proj}_y\mathrm{Q}=\mathrm{Q}_2$$

とすると

$$\mathrm{proj}_x\overrightarrow{\mathrm{PQ}}=\overrightarrow{\mathrm{P}_1\mathrm{Q}_1}, \qquad \mathrm{proj}_y\overrightarrow{\mathrm{PQ}}=\overrightarrow{\mathrm{P}_2\mathrm{Q}_2}$$

となる．

さて，以上のことを使って，折れ線の正射影を求めよう．

線分を次々とつなぎ合わせてできる図形を**折れ線** (polygonal line) という．折れ線をつくっている線分を折れ線の**辺**，辺と辺との交わりを**頂点**という．折れ線は，各頂点を順にかいて表現する．

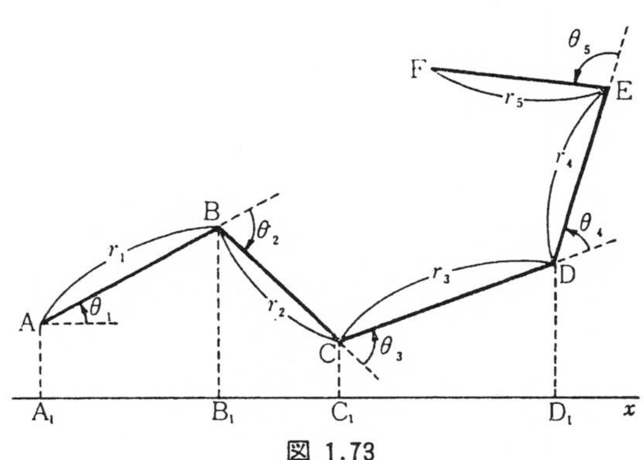

図 1.73

図 1.73 の折れ線は $\wedge\!\!\vee$ ABCDEF とかく．また各辺の長さと，頂点において 1 辺から他の辺へ回転する角を明示した

$$r_1 — \theta_2 — r_2 — \theta_3 — r_3 — \theta_4 — r_4 — \theta_5 — r_5$$

のような**辺角表**で表わすこともある．

A, B, C, … 点の x 軸上への正射影を $A_1, B_1, C_1, \cdots$ 点とすれば

$$\begin{aligned}
&\mathrm{proj}_x \wedge\!\!\vee \mathrm{ABCDEF}\\
&=\mathrm{proj}_x\overrightarrow{AB}+\mathrm{proj}_x\overrightarrow{BC}+\mathrm{proj}_x\overrightarrow{CD}+\mathrm{proj}_x\overrightarrow{DE}+\cdots\cdots\\
&=\overrightarrow{A_1B_1}+\overrightarrow{B_1C_1}+\overrightarrow{C_1D_1}+\overrightarrow{D_1E_1}+\cdots\cdots=\overrightarrow{A_1F_1}\\
&=r_1\cos\theta_1+r_2\cos(\theta_1+\theta_2)+r_3\cos(\theta_1+\theta_2+\theta_3)+\cdots\cdots \qquad (17)
\end{aligned}$$

同様にして

$$\begin{aligned}
&\mathrm{proj}_y \wedge\!\!\vee \mathrm{ABCDEF}\\
&=\mathrm{proj}_y\overrightarrow{AB}+\mathrm{proj}_y\overrightarrow{BC}+\mathrm{proj}_y\overrightarrow{CD}+\mathrm{proj}_y\overrightarrow{DE}+\cdots\cdots\\
&=\overrightarrow{A_2B_2}+\overrightarrow{B_2C_2}+\overrightarrow{C_2D_2}+\overrightarrow{D_2E_2}+\cdots\cdots=\overrightarrow{A_2F_2}\\
&=r_1\sin\theta_1+r_2\sin(\theta_1+\theta_2)+r_3\sin(\theta_1+\theta_2+\theta_3)+\cdots\cdots \qquad (18)
\end{aligned}$$

問 1.94

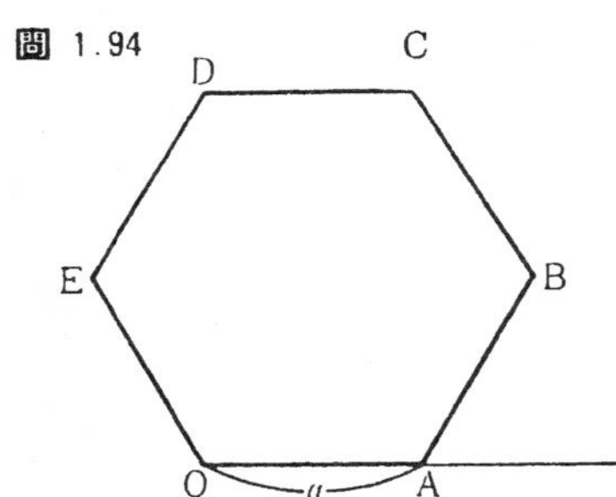

1辺 a の正6角形 OABCDE がある．各頂点の直角座標を求めよ．ただし，O(0,0)，A(a,0) とする．（類題　慶応大）

§6. 加 法 定 理

折れ線の正射影の式を用いると，円関数の加法定理が証明できる．

定理 1.17

$$\cos(\alpha+\beta)=\cos\alpha\cos\beta-\sin\alpha\sin\beta$$
$$\sin(\alpha+\beta)=\sin\alpha\cos\beta+\cos\alpha\sin\beta \qquad (19)$$

（証明）　単位円上で

$\angle\mathrm{AOP}=\alpha$，$\angle\mathrm{POQ}=\beta$

とおく．Q から OP へ垂線を下す．

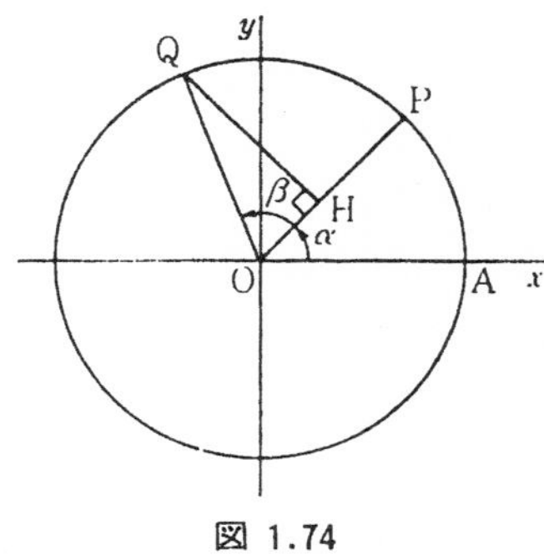

図 1.74

$$\overrightarrow{\mathrm{OH}}=\mathrm{proj}_{\mathrm{OP}}\overrightarrow{\mathrm{OQ}}=\cos\beta$$
$$\overrightarrow{\mathrm{HQ}}=\mathrm{proj}_{\mathrm{HQ}}\overrightarrow{\mathrm{OQ}}=\sin\beta$$

$$\begin{aligned}\cos(\alpha+\beta)&=\mathrm{proj}_x\overrightarrow{\mathrm{OQ}}\\&=\mathrm{proj}_x(\overrightarrow{\mathrm{OH}}+\overrightarrow{\mathrm{HQ}})\\&=\mathrm{proj}_x\overrightarrow{\mathrm{OH}}+\mathrm{proj}_x\overrightarrow{\mathrm{HQ}}\\&=\mathrm{OH}\cdot\cos\alpha+\mathrm{HQ}\cdot\cos\left(\alpha+\frac{\pi}{2}\right)\\&=\cos\beta\cos\alpha-\sin\beta\sin\alpha\end{aligned}$$

$$\begin{aligned}\sin(\alpha+\beta)&=\mathrm{proj}_y\overrightarrow{\mathrm{OQ}}\\&=\mathrm{proj}_y\overrightarrow{\mathrm{OH}}+\mathrm{proj}_y\overrightarrow{\mathrm{HQ}}\\&=\mathrm{OH}\sin\alpha+\mathrm{HQ}\sin\left(\alpha+\frac{\pi}{2}\right)\\&=\sin\alpha\cos\beta+\cos\alpha\sin\beta\end{aligned}$$

(Q. E. D)

（系1）　$\cos(\alpha-\beta)=\cos\alpha\cos\beta+\sin\alpha\sin\beta$

$\sin(\alpha-\beta)=\sin\alpha\cos\beta-\cos\alpha\sin\beta$　　(20)

（証明）　$\cos(\alpha-\beta)=\cos\{\alpha+(-\beta)\}$

$$=\cos\alpha\cos(-\beta)-\sin\alpha\sin(-\beta)$$

とすれば可．

（系2）　$\tan(\alpha+\beta)=\dfrac{\tan\alpha+\tan\beta}{1-\tan\alpha\tan\beta}$　　(21)

（証明）

$$\tan(\alpha+\beta)=\frac{\sin(\alpha+\beta)}{\cos(\alpha+\beta)}=\frac{\sin\alpha\cos\beta+\cos\alpha\sin\beta}{\cos\alpha\cos\beta-\sin\alpha\sin\beta}$$

$$=\frac{\dfrac{\sin\alpha\cos\beta}{\cos\alpha\cos\beta}+\dfrac{\cos\alpha\cos\beta}{\cos\alpha\cos\beta}}{1-\dfrac{\sin\alpha\sin\beta}{\cos\alpha\cos\beta}}=\frac{\tan\alpha+\tan\beta}{1-\tan\alpha\tan\beta}$$

問 1.95　$\tan(\alpha-\beta)$ の公式を出せ．

問 1.96　$\sin\alpha=\dfrac{5}{12}$，$\sin\beta=-\dfrac{4}{5}$ のとき，$\alpha+\beta$ の円関数の値を求めよ．

問 1.97　a,b は実数（ただし，$a^2+b^2\neq0$）で

$$\cos\alpha+\cos\beta=a,\quad \sin\alpha+\sin\beta=b$$

のとき，

(1)　$\cos(\alpha-\beta)$ を a,b を用いて表わせ．

(2)　$\cos(\alpha+\beta)$ を a,b を用いて表わせ．　（大阪女子大，明治薬大）

問 1.98　次の式を証明せよ．

$$\sin(\alpha+\beta+\gamma)=\sin\alpha\cos\beta\cos\gamma+\cos\alpha\sin\beta\cos\gamma+\cos\alpha\cos\beta\sin\gamma-\sin\alpha\sin\beta\sin\gamma$$

$$\cos(\alpha+\beta+\gamma)=\cos\alpha\cos\beta\cos\gamma-\cos\alpha\sin\beta\sin\gamma-\sin\alpha\cos\beta\sin\gamma-\sin\alpha\sin\beta\cos\gamma$$

$$\tan(\alpha+\beta+\gamma)=\frac{\tan\alpha+\tan\beta+\tan\gamma-\tan\alpha\tan\beta\tan\gamma}{1-\tan\alpha\tan\beta-\tan\beta\tan\gamma-\tan\gamma\tan\alpha}$$

例 1.40　(1)　$f(x)=\dfrac{x+\tan\alpha}{1-x\tan\alpha}$，$g(x)=\dfrac{x+\tan\beta}{1-x\tan\beta}$ のとき，$f(g(x))$ を求めよ．

関数 $f(x)$ に対し，$f_1(x)=f(x)$，$f_2(x)=f(f_1(x))$，$f_3(x)=f(f_2(x))$，……，$f_n(x)=f(f_{n-1}(x))$，…… とする．

(2)　(1) の $f(x)$ について，n を正の整数として $f_n(x)$ を求めよ．

(3)　$f(x)=\dfrac{\sqrt{3}x+1}{\sqrt{3}-x}$ のとき，$f_{17}(x)$ を求めよ．（横浜市大）

（解）

(1)　$$f(g(x))=\frac{\dfrac{x+\tan\beta}{1-x\tan\beta}+\tan\alpha}{1-\dfrac{x+\tan\beta}{1-x\tan\beta}\tan\alpha}$$

$$=\frac{x(1-\tan\alpha\tan\beta)+(\tan\alpha+\tan\beta)}{1-\tan\alpha\tan\beta-x(\tan\alpha+\tan\beta)}=\frac{x+\tan(\alpha+\beta)}{1-x\tan(\alpha+\beta)}$$

(2)　$$f_1(x)=f(x)=\frac{x+\tan\alpha}{1-x\tan\alpha}$$

$$f_2(x)=f(f_1(x))=\frac{x+\tan 2\alpha}{1-x\tan 2\alpha}$$

$$f_3(x)=f(f_2(x))=\frac{x+\tan 3\alpha}{1-x\tan 3\alpha}$$

…………

$$f_n(x)=\frac{x+\tan n\alpha}{1-x\tan n\alpha}$$

(3)　$$f(x)=\frac{x+\tan\dfrac{\pi}{6}}{1-x\tan\dfrac{\pi}{6}},\quad f_{17}(x)=\frac{x+\tan\dfrac{17}{6}\pi}{1-x\tan\dfrac{17}{6}\pi}=\frac{x-\dfrac{1}{\sqrt{3}}}{1+x\dfrac{1}{\sqrt{3}}}=\frac{\sqrt{3}x-1}{\sqrt{3}+x}$$

問 1.99　α,β,γ は鋭角（0 と $\dfrac{\pi}{2}$ の間の角）で，$\tan\alpha=\dfrac{1}{2}$，$\tan\beta=\dfrac{1}{5}$，$\tan\gamma=\dfrac{1}{8}$ であるとき，$\tan(\alpha+\beta)=\square$，$\alpha+\beta+\gamma=\square$ である．（慶応大）

問 1.100　$\tan\alpha$，$\tan\beta$ が方程式 $2x^2-5x+1=0$ の 2 根であるとき，

(1)　$\tan(\alpha+\beta)$ の値を求めよ．

(2)　$2\sin^2(\alpha+\beta)-5\sin(\alpha+\beta)\cos(\alpha+\beta)+\cos^2(\alpha+\beta)$ の値を求めよ．（北大）

問 1.101　加法定理を使って，次の公式を証明せよ．

$$\begin{cases}\sin 2\alpha=2\sin\alpha\cos\alpha\\ \cos 2\alpha=\cos^2\alpha-\sin^2\alpha\\ \qquad\quad=1-2\sin^2\alpha\\ \qquad\quad=2\cos^2\alpha-1\\ \tan 2\alpha=\dfrac{2\tan\alpha}{1-\tan^2\alpha}\end{cases}$$
（2 倍角の公式）

$$\begin{cases}\sin 3\alpha=3\sin\alpha-4\sin^3\alpha\\ \cos 3\alpha=4\cos^3\alpha-3\cos\alpha\\ \tan 3\alpha=\dfrac{3\tan\alpha-\tan^3\alpha}{1-3\tan^2\alpha}\end{cases}$$
（3 倍角の公式）

問 1.102　平面上の点 $\mathrm{P}(x,y)$ の座標 x,y がともに有理数であるような点Pを有理点，有理点でない点を無理点ということにする．このとき

(1)　$\mathrm{P}(\cos\theta,\sin\theta)$ が有理点ならば，$\mathrm{P}(\cos 2\theta,\sin 2\theta)$ も有理点であることを証明せよ．

(2)　$\mathrm{P}(\cos\theta,\ \sin\theta)$ が無理点ならば，$\mathrm{P}\left(\cos\dfrac{\theta}{2},\ \sin\dfrac{\theta}{2}\right)$ も無理点であることを証明せよ．

(3)　原点を中心とする半径１の円周を C とする．C 上にある無理点および C 上にあって x 軸，y 軸上にはない有理点を１つあげよ．

(4)　(3) の前半と (2) を用いて，無理点が上記の円周 C 上にいくらでも多くとれることを示せ．（お茶の水大）

例 1.41　$\theta=\dfrac{\pi}{10}$ のとき，$\sin\theta$ の値を求めよ．（高崎経大）

（解）　$5\theta=\dfrac{\pi}{2}$ より　$3\theta=\dfrac{\pi}{2}-2\theta$

$$\cos 3\theta=\sin 2\theta$$

を倍角公式で展開し，$\cos\theta\neq 0$ を用いると

$$4\cos^3\theta-3\cos\theta=2\sin\theta\cos\theta$$

$$4\cos^2\theta-3=2\sin\theta$$

$$4\sin^2\theta+2\sin\theta-1=0,\qquad \sin\theta>0 \text{ だから } \sin\theta=\frac{\sqrt{5}-1}{4}$$

問 1.103　$\theta=\dfrac{\pi}{8}$，$\theta=\dfrac{\pi}{12}$ の円関数値を求めよ．

例 1.42　$\tan\dfrac{\theta}{2}=t$ とするとき，$\sin\theta,\cos\theta,\tan\theta$ を t で表わせ．

（福岡大，日大，関学大）

（解）

$$\sin\theta=2\sin\frac{\theta}{2}\cos\frac{\theta}{2}=2\tan\frac{\theta}{2}\cos^2\frac{\theta}{2}$$

$$=\frac{2\tan\frac{\theta}{2}}{\sec^2\frac{\theta}{2}}=\frac{2\tan\frac{\theta}{2}}{1+\tan^2\frac{\theta}{2}}=\frac{2t}{1+t^2}$$

$$\cos\theta=\cos^2\frac{\theta}{2}-\sin^2\frac{\theta}{2}=\cos^2\frac{\theta}{2}\left(1-\tan^2\frac{\theta}{2}\right)$$

$$=\frac{1-\tan^2\frac{\theta}{2}}{1+\tan^2\frac{\theta}{2}}=\frac{1-t^2}{1+t^2}$$

$$\tan\theta=\frac{2\tan\frac{\theta}{2}}{1-\tan^2\frac{\theta}{2}}=\frac{2t}{1-t^2}$$

これを別の観点から解くと次のようになる．図で

$$\angle \mathrm{AOP}=\theta, \qquad \angle \mathrm{OBP}=\frac{\theta}{2}$$

すると，直線 BP と y 軸の交点を T とすれば，　$\mathrm{OT}=t$

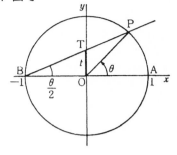

円の方程式は　　$x^2+y^2=1$　　①

直線 BP の方程式は

$$y=t(x+1) \qquad ②$$

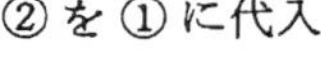

② を ① に代入

$$x^2+t^2(x+1)^2=1$$

$$(1+t^2)x^2+2xt^2+(t^2-1)=0$$

$$(x+1)\{(1+t^2)x-(1-t^2)\}=0$$

$$x \neq -1 \quad ならば \qquad x=\cos\theta=\frac{1-t^2}{1+t^2}$$

問 1.104

(1)　$\tan\frac{\theta}{2}$ を $\sin\theta=t$ をもって表わせ．

(2)　$\tan\frac{\theta}{2}$ を $\tan\theta=t$ をもって表わせ．（秋田大）

(3)　$\tan\theta=\frac{m}{n}$ のとき，$m\cos 2\theta-n\sin 2\theta$ の値を求めよ．

§7.　円関数の合成

定理 1.18　p が $f(x)$ の基本周期であるならば，$f(ax)$ の基本周期は $\frac{p}{a}$ である．ただし，$a>0$ とする．

（証明）　仮説により $f(x)=f(x+p)$，したがって

$$f(ax)=f(ax+p)=f\left\{a\left(x+\frac{p}{a}\right)\right\}$$

であるから，$\frac{p}{a}$ は周期の 1 つである．

いま，もし $f(ax)$ が $\frac{p}{a}$ より小さい $\frac{q}{a}$ $(q<p)$ を周期にもつとすると

$$f(ax)=f\left\{a\left(x+\frac{q}{a}\right)\right\}=f(ax+q)$$

$$\therefore \quad f(X)=f(X+q)$$

となってpより小なるqが周期となる．これはpが基本周期であることに反する．よって，$\dfrac{p}{a}$は$f(ax)$の基本周期である． (Q. E. D)

例 1.43 $y=\sin x$ の基本周期は 2π だから，

$y=\sin 2x$ の基本周期は π

$y=\sin\dfrac{x}{2}$ の基本周期は 4π

である．

問 1.105 $f(x)=\sin\pi x$ は，任意のxに対して$f(x)=f(x+c)$という性質をもっている．このような定数cの値のなかで正で最小のものを求めよ．（慶応大）

定理 1.19 $a\sin x+b\cos x=\sqrt{a^2+b^2}\sin(x+\theta)$

ただし，θは $\cos\theta=\dfrac{a}{\sqrt{a^2+b^2}}$，$\sin\theta=\dfrac{b}{\sqrt{a^2+b^2}}$ を満足する角である．

（証明）

$$a\sin x+b\cos x=\sqrt{a^2+b^2}\left(\frac{a}{\sqrt{a^2+b^2}}\sin x+\frac{b}{\sqrt{a^2+b^2}}\cos x\right)$$

しかるに $0<\dfrac{|a|}{\sqrt{a^2+b^2}}<1$，$0<\dfrac{|b|}{\sqrt{a^2+b^2}}<1$ だから

$$\cos\theta=\frac{a}{\sqrt{a^2+b^2}}，\sin\theta=\frac{b}{\sqrt{a^2+b^2}}$$

をみたすθが存在する．

$$\therefore \quad a\sin x+b\cos x=\sqrt{a^2+b^2}(\sin x\cos\theta+\cos x\sin\theta)$$

$$=\sqrt{a^2+b^2}\sin(x+\theta)$$ (Q. E. D)

ここで重要なことは

（Ⅰ） 周期が同じ主円関数は定理 1.19 によって 1 つの主円関数に合成できること

であり，また

（Ⅱ） 周期が同じでない主円関数は，直接グラフを合成することにより，基本周期の最小公倍数を基本周期とする周期関数に合成されること

である．

例 1.44　(I)　$y=\sin x+\cos x$ のグラフをかけ．

(II)　$y=\sin x+\sin 2x$ のグラフをかけ．

(解)　(I)　$y=\sqrt{2}\sin\left(x+\dfrac{\pi}{4}\right)$ と合成しうる．

$-1\leqq\sin\left(x+\dfrac{\pi}{4}\right)\leqq 1$　　だから，$-\sqrt{2}\leqq y\leqq\sqrt{2}$

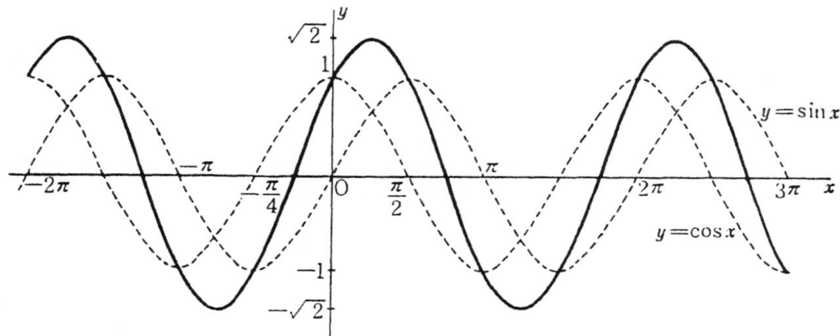

図 1.75

周期は $\sin x$，$\cos x$ とかわらず，2π

(II)　$\sin x$ の周期 2π と $\sin 2x$ の周期 π の最小公倍数 2π が合成関数の周期である．

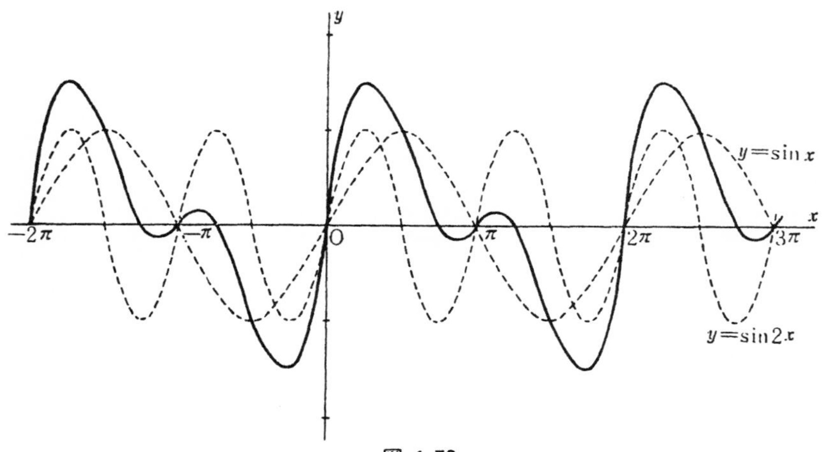

図 1.76

問 1.106　次の関数のグラフをかけ．

(1)　$y=3\sin x-4\cos x$　　(2)　$y=\cos x+2\sin\left(x+\dfrac{\pi}{6}\right)$　　（京都工大）

(3)　$y=\cos x+\cos 2x$　　(4)　$y=3\sin x+4\cos 2x$

問 1.107　図は，関数 $y=\cos^2 x$ のグラフの一部を示したものである．図の中の３点 A, B, C の座標をそれぞれ求めよ．ただし，図の中の直線 l は線分 ON の中点 M を通って x 軸に平行であるとする．（成蹊大）

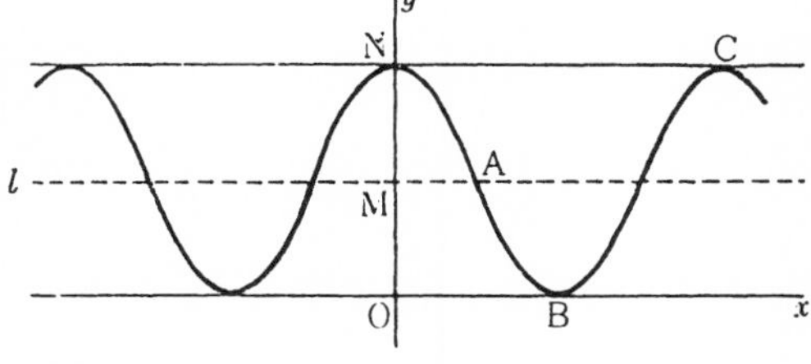

問 1.108　関数 $\sqrt{1+\cos x}+\sqrt{1-\cos x}$ の周期を求めよ．（奈良女子大）

問 1.109　半径 r の円周上を，定点 P_0 から動き始める動点 P がある．P の角速度を ω とすると，t 秒後の ∠AOP は

$$\theta=\omega t+\alpha$$

$\mathrm{proj}_x P=P_1$ と $\mathrm{proj}_y P=P_2$ の運動はそれぞれ x 軸，y 軸上を AB, CD 間往復運動する．そのときの運動の式は

$$x=r\cos(\omega t+\alpha)$$
$$y=r\sin(\omega t+\alpha)$$

となる．これは r を**振幅**，α を**初期位相**，周期（1周に要する時間）$T=\dfrac{2\pi}{\omega}$，**振動数** $n=\dfrac{1}{T}$ にもつ**単振動**(simple harmonic motion) という．

２つの単振動 $x_1=a\cos\omega t$，$x_2=b\sin\omega t$ を合成すると，それは単振動になるか．なればその合成式を求めよ．

例 1.45　$y=x\sin x$ のグラフをかけ．

（解）　$|\sin x|\leqq 1$ だから，

$$|y|=|x|\,|\sin x|\leqq|x|$$

グラフは $y=x$ と $y=-x$ のつくる角内にある．

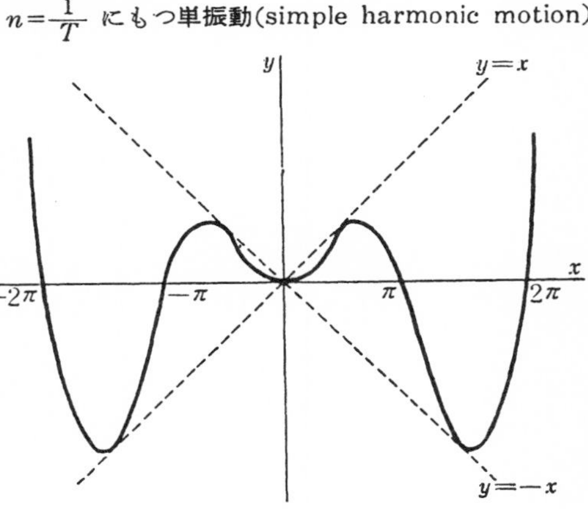

図 1.77

$x=n\pi+\frac{\pi}{2}$ で $y=x$, $y=-x$ に接し, $x=n\pi$ は零点.

問 1.110　次の関数のグラフをかけ.

(1)　$y=x^2\sin x$　　(2)　$y=x+\sin x$

(3)　$y=x-\cos x$　　(4)　$y=\sin\frac{\pi}{x}$

[数学的補注]　3角形について

周期性をもった関数の表現としての円関数の話から, 若干横道にそれるが, 3角形の辺と角の間の法則は, 正弦・余弦を用いると簡明に記述できる.

(I)

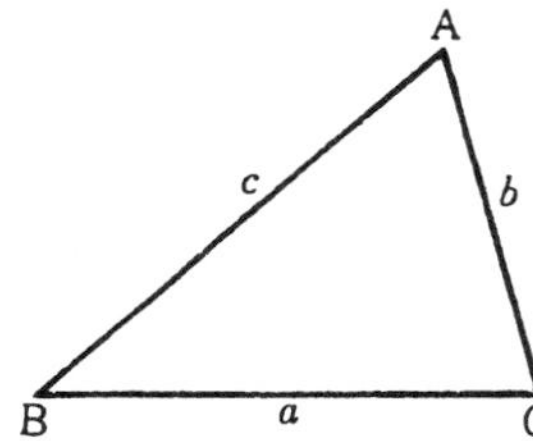

$\triangle$ABC の角の大きさを A,B,C, 辺の長さを a,b,c とかくが, 文字の対応は左の図の通り

$$A+B+C=\pi \quad ①$$

$$b\sim c<a<b+c \quad ②$$

(II)　①式から

$$\begin{cases}\sin A=\sin(B+C)\\ \cos A=-\cos(B+C)\end{cases} \qquad \begin{cases}\sin\frac{A}{2}=\cos\frac{B+C}{2}\\ \cos\frac{A}{2}=\sin\frac{B+C}{2}\end{cases} \quad ③$$

(III)　**正弦法則** (sine rule)

$$\frac{a}{\sin A}=\frac{b}{\sin B}=\frac{c}{\sin C} \quad ④$$

(岡山大, 日本大)

(証明)

$$\mathrm{proj}_y\mathrm{CBA}=\mathrm{proj}_y\overrightarrow{\mathrm{CB}}+\mathrm{proj}_y\overrightarrow{\mathrm{BA}}$$
$$=\overrightarrow{\mathrm{CB}_2}+\overrightarrow{\mathrm{B}_2\mathrm{C}}=0$$

一方

$$\mathrm{proj}_y\overrightarrow{\mathrm{CB}}+\mathrm{proj}_y\overrightarrow{\mathrm{BA}}$$
$$=a\sin C+c\sin(C+B-\pi)$$
$$=a\sin C-c\sin A$$
$$\therefore\quad \frac{a}{\sin A}=\frac{c}{\sin C}$$

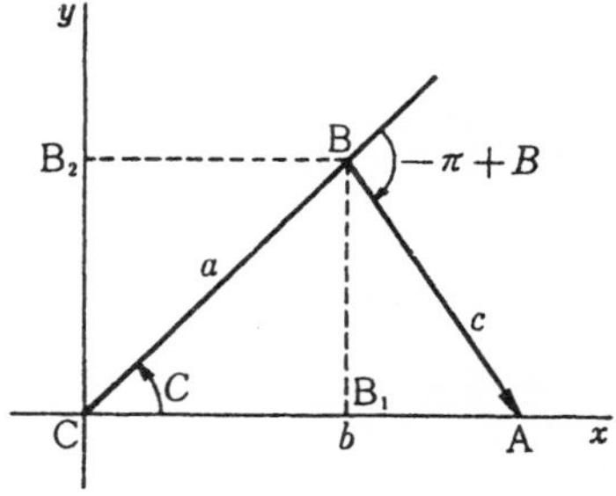

BC を x 軸上にとって, y 軸への正射影を考えると

$$\frac{b}{\sin B}=\frac{c}{\sin C}$$

をうる. (Q. E. D)

問 1 $A=\frac{\pi}{3}$, $B=\frac{\pi}{4}$ のとき

$$a:b:c=\sqrt{6}:2:\sqrt{3}+1$$

であることを証明せよ.

問 2 △ABC において $B>C$ とし

$$\sin^2 A:\sin^2 C=2:3$$

$$c^2=3(\sqrt{2}bc-b^2)$$

であるとき

(1) $a:b:c$ を求めよ.

(2) A, C を求めよ. (関西大)

問 3 R を △ABC の外接円の半径とすると

$$a=2R\sin A$$

であることを示せ. (岡山大)

(Ⅳ) 第1余弦法則 (1-st cosine rule)

$$\begin{cases} a=b\cos C+c\cos B & ⑤ \\ b=c\cos A+a\cos C & ⑥ \\ c=a\cos B+b\cos A & ⑦ \end{cases}$$

(証明) 前頁の図で

$$\begin{aligned} \mathrm{proj}_x \mathrm{CBA} &= \mathrm{proj}_x \overrightarrow{\mathrm{CB}} + \mathrm{proj}_x \overrightarrow{\mathrm{BA}} \\ &= a\cos C + c\cos(B+C-\pi) \\ &= a\cos C + c\cos(-A) \\ &= a\cos C + c\cos A = CA = b \end{aligned}$$

BC, CA をそれぞれ x 軸上において, x 軸上への折れ線 BAC, ACB の正射影を考えれば他の等式もうる. (Q. E. D)

[注] 輪廻の法則 (circular rule)

3角形に関する性質が等式で表現される場合, その等式の中の文字を

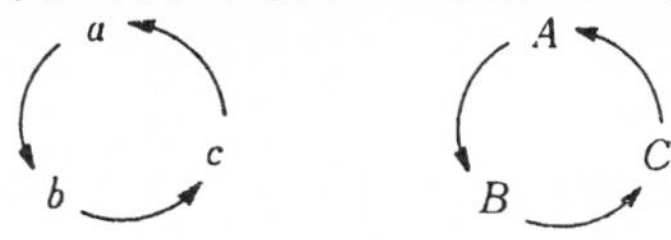

の順におきかえてえられる等式も，また真である．たとえば

$$\begin{array}{ccccccc} a & = & b\cos C & + & c\cos B \\ \downarrow & & \downarrow \quad \downarrow & & \downarrow \quad \downarrow \\ b & & c \quad A & & a \quad C \end{array}$$

とおいてみれば⑥式をうる．これを輪廻（りんね）の法則という．

問 4　△ABC において

$$(b+c)\cos A+(c+a)\cos B+(a+b)\cos C=a+b+c$$

であることを証明せよ．

（Ⅴ）第2余弦法則 (2-nd cosine rule)

$$\begin{cases} a^2=b^2+c^2-2bc\cos A & ⑧ \\ b^2=c^2+a^2-2ca\cos B & ⑨ \\ c^2=a^2+b^2-2ab\cos C & ⑩ \end{cases}$$

（証明）　第1余弦法則において

⑥ $\times b-$ ⑤ $\times a$

$$b^2-a^2=bc\cos A-ac\cos B$$

これに ⑦ $\times c$ を加えると

$$b^2-a^2+c^2=2bc\cos A$$

$$\therefore \quad a^2=b^2+c^2-2bc\cos A$$

［注］　この定理はピタゴラスの定理の拡張である．さらにこの式は古代にあっては計測可能な長さをもって，計測困難な角を出そうとした努力のあらわれである．それは

$$\cos A=\frac{b^2+c^2-a^2}{2bc} \qquad ⑪$$

$$\cos B=\frac{c^2+a^2-b^2}{2ca} \qquad ⑫$$

$$\cos C=\frac{a^2+b^2-c^2}{2ab} \qquad ⑬$$

という式によって示される．

例 1　$a=\sqrt{6}$，$b=2\sqrt{3}$，$c=3+\sqrt{3}$ のとき，A, B, C を求めよ．

（解）

$$\cos A=\frac{12+(3+\sqrt{3})^2-6}{4\sqrt{3}(3+\sqrt{3})}=\frac{\sqrt{3}}{2} \qquad \therefore \quad A=\frac{\pi}{6}$$

$$\cos B=\frac{(3+\sqrt{3})^2+6-12}{2\sqrt{6}(3+\sqrt{3})}=\frac{\sqrt{2}}{2} \qquad \therefore \quad B=\frac{\pi}{4}$$

$$C=\pi-\left(\frac{\pi}{6}+\frac{\pi}{4}\right)=\frac{7}{12}\pi$$

問 5　$A+B+C=\pi$，正弦法則のみを仮定し，それらから第2余弦法則を導け．

（神戸大）

問 6　$a=x^2+x+1$，$b=x^2-1$，$c=2x+1$ のとき，最大角を求めよ．

問 7　$b+c:c+a:a+b=4:5:6$ のとき，次式を証明せよ．

(1)　$\sin A:\sin B:\sin C=7:5:3$

(2)　$\cos A:\cos B:\cos C=-7:11:13$

(3)　$A=\frac{2}{3}\pi$

問 8　$(a^2-b^2+c^2)\tan B=(a^2+b^2-c^2)\tan C$

であることを証明せよ．

問 9　△ABC に関して，次の関係があるとき，この3角形はそれぞれどんな形か．

(1)　$a\cos A=b\cos B$

(2)　$b^2\sin^2 C+c^2\sin^2 B=2bc\cos B\cos C$　　（東京薬大）

（Ⅵ）　3角形の面積公式

2辺夾角既知の場合

$$S=\frac{1}{2}bc\sin A=\frac{1}{2}ca\sin B=\frac{1}{2}ab\sin C \quad ⑭$$

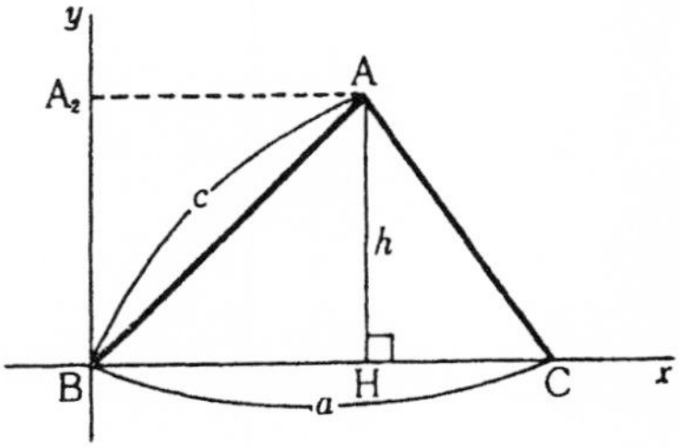

（証明）

$$S=\frac{1}{2}\mathrm{BC}\cdot\mathrm{AH}=\frac{1}{2}\mathrm{BC}\cdot\mathrm{A_2B}=\frac{1}{2}a\,\mathrm{proj}_y\overrightarrow{\mathrm{BA}}=\frac{1}{2}ac\sin B$$

2角夾辺既知の場合

$$S=\frac{c^2\sin A\sin B}{2\sin(A+B)}=\frac{a^2\sin B\sin C}{2\sin(B+C)}=\frac{b^2\sin C\sin A}{2\sin(C+A)} \quad ⑮$$

（証明）　正弦法則から

$$b=\frac{c\sin B}{\sin C}=\frac{c\sin B}{\sin(A+B)}$$

これを ⑭ 式に代入すればよい．

3辺既知の場合（Heron の公式）

$$S=\sqrt{s(s-a)(s-b)(s-c)},\ \text{ただし}\ 2s=a+b+c \quad ⑯$$

（証明）
$$S^2=\frac{1}{4}b^2c^2\sin^2 A=\frac{1}{4}b^2c^2(1-\cos^2 A)$$
$$=\frac{1}{4}b^2c^2(1-\cos A)(1+\cos A)$$
$$=\frac{1}{4}b^2c^2\left(1-\frac{b^2+c^2-a^2}{2bc}\right)\left(1+\frac{b^2+c^2-a^2}{2bc}\right)$$
$$=\frac{1}{16}\{a^2-(b-c)^2\}\{(b+c)^2-a^2\}$$
$$=\frac{1}{16}(a+b-c)(a-b+c)(-a+b+c)(a+b+c)$$
$$=s(s-a)(s-b)(s-c)$$

問 10 △ABC の面積 S は外接円の半径 R が分っているとき

(1) $S=2R^2\sin A\sin B\sin C$

(2) $S=\dfrac{abc}{4R}$

(3) $S^2=\dfrac{1}{8}abc(a\cos A+b\cos B+c\cos C)$

であることを証明せよ．

第8章　成長法則と指数関数

バクテリヤは，ある成長段階に達すると，細胞分裂をおこして1個が2個になる．どの程度の時間で細胞分裂が起こるかは周囲の条件で異なるし，またバクテリヤの個性によるかも知れない．しかし，バクテリヤの個数Nが極めて大きいときは，一定時間内に一定の割合（たとえばp%）のバクテリヤは必ず細胞分裂をする．これを大数の法則という．$\frac{pN}{100}$個のバクテリヤが分裂して$\frac{2pN}{100}$個になり，分裂しないのは$N-\frac{pN}{100}$個だから，あわせてバクテリヤの個数は$\left(1+\frac{p}{100}\right)$倍になる．

また，放射性原子は不安定で，つねに崩壊してより安定な原子に変わろうとする傾向をもっている．個々の原子がいつ崩壊するかは全くわからないが，一定の時間内に崩壊する確率pは一定で，原子がどんな状態にあろうと，原子の種類によってのみ定まる．したがって，原子の個数Nが極めて大きいときは，大数の法則によって，pN個の原子が必ず崩壊して，放射性原子の個数は一定の時間内に$(1-p)$倍になる．このように大数の法則が支配している現象では，一定の時間内には必ず一定倍に成長または減衰する．これを**一様倍変化**といい，自然現象や社会現象に広くみられる変化である．

§1. 倍について

同種類の量a, bを比較する場合，a, bが同程度の大きさであれば差をとって較べるのが普通であるが，差が大きいと差をとるのは得策でなく，一方を単位として，それがいくつとれるかを調べることが多い．たとえば，

「太陽の半径は地球の半径より約60万km大きい」

というのと

「太陽の半径は地球の半径の約100倍ある」

というのと，どちらが分りやすいか，一目瞭然であろう．

量aを単位として量bを測った値をkとするとき，bはaのk倍といい，$\boldsymbol{b}=\boldsymbol{a}k$とかく．［ここで太字は量，細字は操作を示すが，特に混同の恐れないときは，すべて細字で$b=ak$とかくことにする］

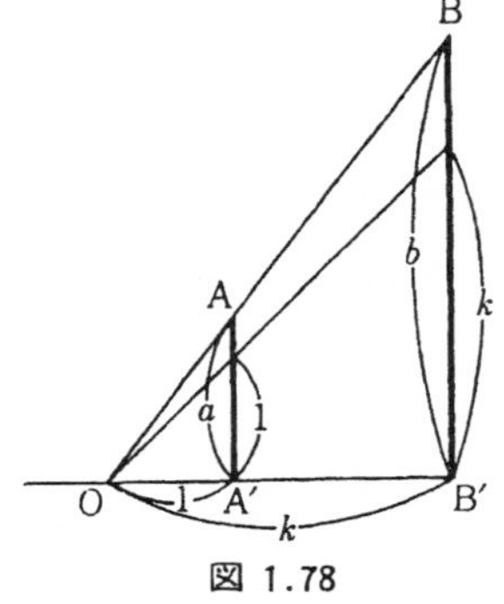

図 1.78

倍を線分化するには，量a,bを線分化して平行にならべ，aの1がbのいくらになるかをみればよい．図1.78参照．

また，逆に，aとkから$b=ak$をつくるには，a上に長さ1をとり，長さkを平行にならべて図1.78のようにすればよい．そのとき，3角形の相似条件から，OA′ : OB′$=1:k$であるから，このことを利用してakをつくってもよい．

次に，aをまずk_1倍し，その結果をk_2倍する．

つまり，$(ak_1)k_2=a(k_1k_2)$を線分化するには図1.79の通りである．

つまり

倍の合併は積になる

ことがわかる．とくに，$k_1=k_2=k$とすると，$a(k_1k_2)=ak^2$となり，同様にして$ak^3, ak^4, \cdots$がえられる．これらは，図1.80のようにして順次つくることができる．このとき

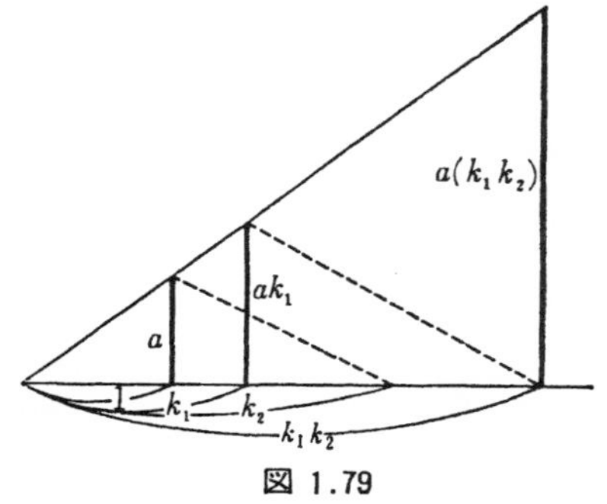

図 1.79

$k>1$のときは，量の拡大（**成長型**）

$1>k>0$のときは，量の縮小（**減衰型**）

である．

問 1.111　$(1.4)^6$，$(0.7)^5$　を作図せよ．

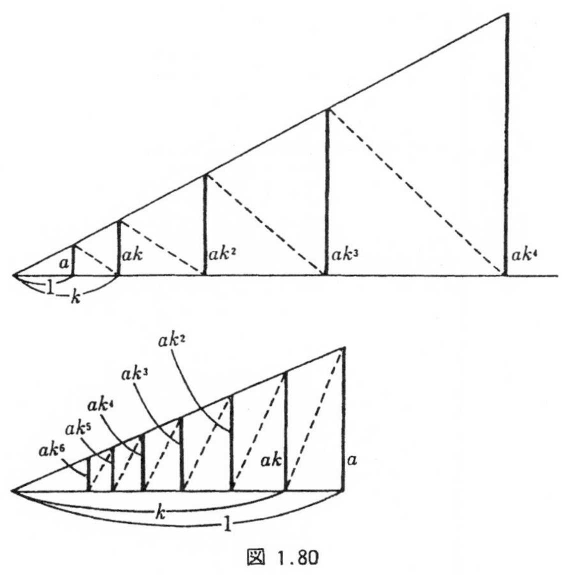

図 1.80

§2. 指 数 関 数

バクテリヤの個数 N は，一様倍変化で，一定時間ごとに一定倍になる．ここで，一定時間を1時間に，一定倍を a 倍ととる．

a はどの時刻から測っても一定である．ある時刻を基準として，そのときの N を1倍にする．1倍とは「基準」の意味に考えてよい．すると，時刻1では a 倍，時刻2ではさらに a^2 倍，時刻3では a^3 倍，……．一般に，時刻 n では a^n 倍になる．

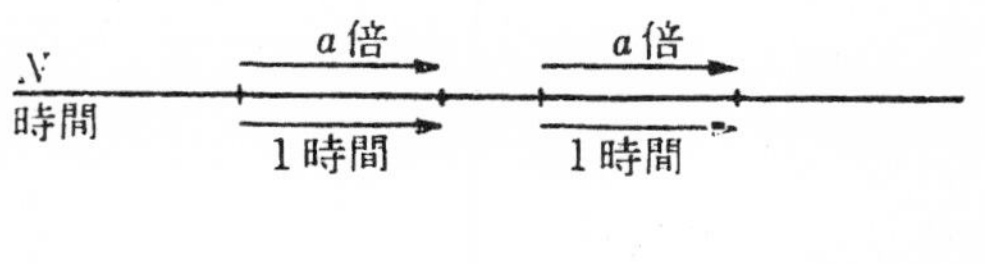

時刻はいままで正の整数倍にとってきたが，そうでない場合にも，ある任意の時刻で，基準時の個数の何倍かにはなっているはずであるから，

時刻 x のときに，y 倍になっている

とすると，関数

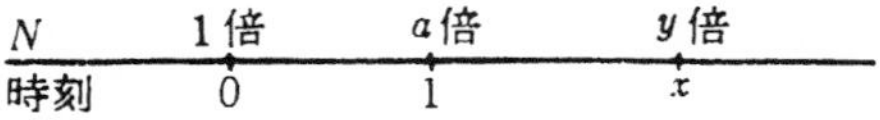

$$f : x \longmapsto y$$

が考えられる．この関数を**指数関数**（exponential function）といい，

$$y = a^x \quad (a>0) \tag{1}$$

とかく．x を**指数**，a を**底**という．とくに基準時刻では

$$a^0 = 1 \tag{2}$$

である．(1)は $x<0$ のときでも定義される．$x=-x'$ $(x'>0)$ とおくと，x から x' 時間経過して基準時に達し，その間に $a^{x'}$ 倍になるから

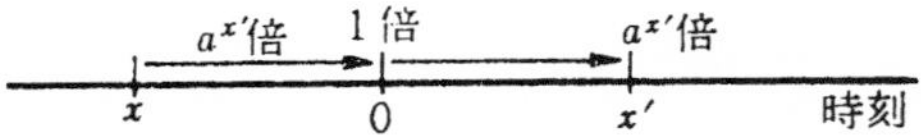

$$y \cdot a^{x'} = 1$$

つまり

$$y = a^x = \frac{1}{a^{x'}}$$

$$a^{-x'} = \frac{1}{a^{x'}} \tag{3}$$

である．

分数指数の意味は，たとえば $x=\dfrac{1}{2}$ では $y=a^{\frac{1}{2}}$ であるが，$\dfrac{1}{2}$ 時間に y 倍になるとすれば

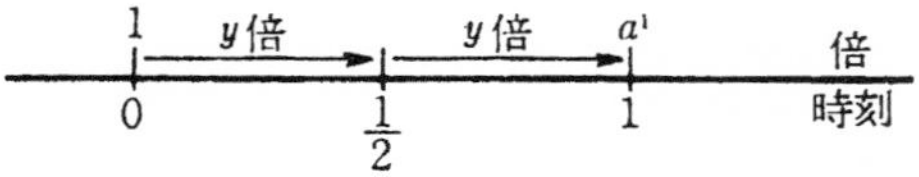

$$y \cdot y = a^1$$

$$y = \sqrt{a}$$

$$\therefore \quad a^{\frac{1}{2}} = \sqrt{a}$$

一般に，n が正整数のとき

$$a^{\frac{1}{n}} = \sqrt[n]{a} \tag{4}$$

である．ただし根号 $\sqrt[n]{a}$ は，方程式 $x^n = a$ の実根で正の方のみをとる．

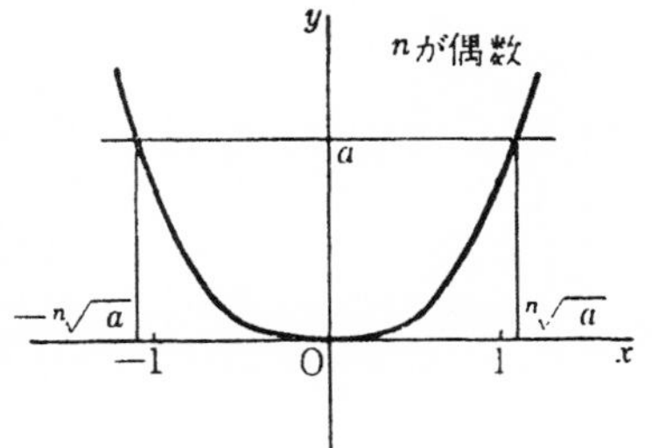

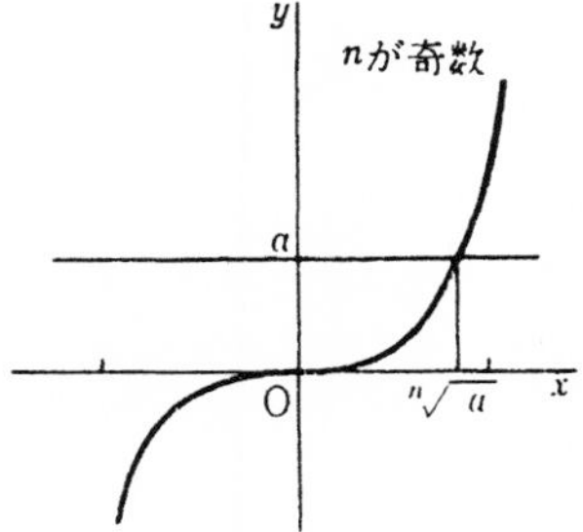

図 1.81

また，$x=\dfrac{m}{n}$ ならば，$y=a^{\frac{m}{n}}$ であるが，n 時間後に a^n 倍になるから

$$y^n=a^m$$

$$y=\sqrt[n]{a^m}$$

つまり

$$a^{\frac{m}{n}}=\sqrt[n]{a^m} \tag{5}$$

と定義する．

問 1.112　$x=-\dfrac{m}{n}$ のときは，a^x はどう定義すればよいか．

問 1.113　次の値を根号の形でかけ．

(1)　$a^{\frac{1}{3}}$　　(2)　$a^{\frac{2}{3}}$　　(3)　$a^{-\frac{1}{4}}$　　(4)　$a^{-\frac{2}{5}}$

問 1.114　次の式を，a^x の形にかけ．

(1)　$\sqrt{a^3}$　　(2)　$\sqrt[3]{a^2}$　　(3)　$\dfrac{1}{a^3}$　　(4)　$\dfrac{1}{a^5}$　　(5)　$\dfrac{1}{\sqrt{a}}$　　(6)　$\dfrac{1}{\sqrt[3]{a^4}}$

問 1.115　次の値を求めよ．

(1)　$4^{\frac{1}{2}}$　　(2)　$27^{\frac{2}{3}}$　　(3)　$64^{-\frac{5}{6}}$　　(4)　$8^{-\frac{7}{3}}$　　(5)　$32^{\frac{3}{5}}$　　(6)　$625^{\frac{3}{4}}$

指数関数のグラフは倍の作図を用いると次のようになる．

$a>1$（成長型）

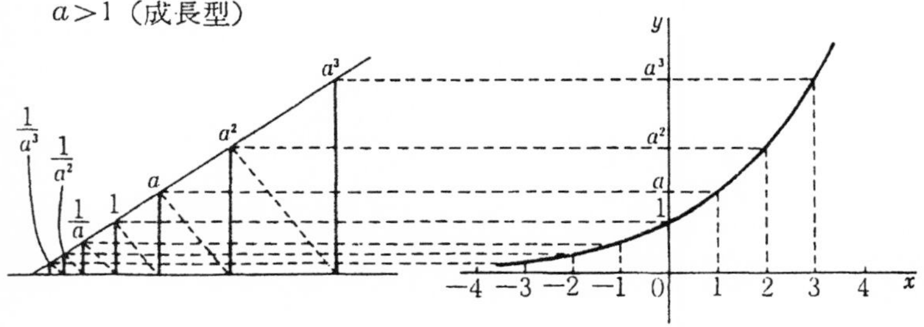

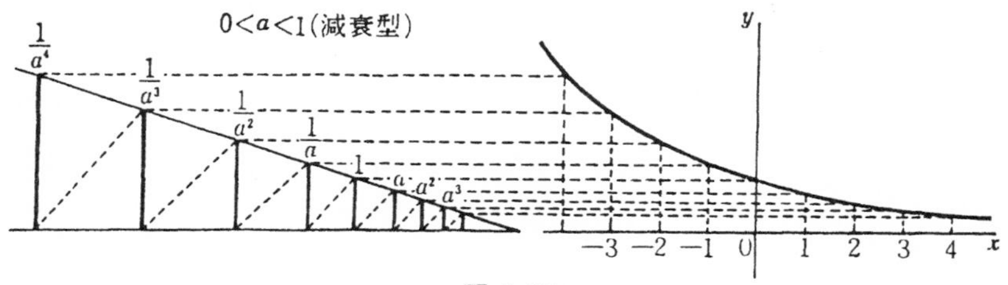

図 1.82

指数関数のグラフの特徴は次の通りである．

(1°)　$a^0=1$．したがって，a がどんな値であっても点 $(0,1)$ を通る．

(2°)　任意の x に対して，$a^x>0$．つまりグラフは x 軸の上側にある．

(3°)　$a>1$ のとき，x が増加すると y も増加する（単調増加，成長型）．

$x>0$ で $x\to+\infty$ のとき，$y\to+\infty$

$x<0$ で $x\to-\infty$ のとき，$y\to 0$（x 軸の負の部分は漸近線）

(4°)　$0<a<1$ のとき，x が増加すると y は減少（単調減少，減衰型）．

$x>0$ で $x\to+\infty$ のとき，$y\to 0$（x 軸の正の部分は漸近線）

$x<0$ で $x\to-\infty$ のとき，$y\to+\infty$

問 1.116　あるバクテリヤの培養基のなかでは，1時間に3倍になるという．このバクテリヤを培養基に入れてから x 時間後にバクテリヤの数が y 倍になるという．y を x の式でかけ．

問 1.117　ある放射性原子の半減周期は7日である（7日間で半分になる）という．ある日の午前0時を基準にして，x 日後（x は必ずしも整数ではない）の原子の量を基準時の y 倍として，y を x の式で表わし，そのグラフをかけ．

問 1.118　指数関数 $y=a^x$ $(a>0,\ a\neq 1)$ のグラフ上に2点 P,Q をとる．

(1)　P,Q の x 座標をそれぞれ b,c とするとき，P,Q を結ぶ線分の中点Mの座標を求めよ．

(2)　M が $y=a^x$ のグラフより上にあることを示すためには，どのような不等式を証明したらよいか．その不等式をかけ．

(3)　不等式を証明せよ．　　　　　　　　　　　　（専修大）

§3. 指 数 法 則

定理 1.20　指数関数の加法定理

$$a^{x_1+x_2}=a^{x_1}\cdot a^{x_2}$$

（証明）　一様倍変化では，x が一定量だけ増加すると，y は一定倍になるから，

$$x_1 \longmapsto y_1$$

$$x_2 \longmapsto y_2$$

とすると

$$x_1+x_2 \longmapsto y_1y_2$$

（倍の合併は積になることに再び注意しよう！）．$y_1=a^{x_1}$，$y_2=a^{x_2}$ だから

$$x_1+x_2 \longmapsto a^{x_1}\cdot a^{x_2}$$

$$\therefore\quad a^{x_1+x_2}=a^{x_1}\cdot a^{x_2} \qquad \text{(Q. E. D)}$$

定理 1.21　$(a^{x_1})^{x_2}=(a^{x_2})^{x_1}=a^{x_1x_2}$

（証明）

$$x_1 \longmapsto a^{x_1}$$

$$x_1x_2 \longmapsto (a^{x_1})^{x_2}$$

一方

$$x_2 \longmapsto a^{x_2}$$

$$x_2x_1 \longmapsto (a^{x_2})^{x_1}$$

$x_1x_2=x_2x_1$　だから　$(a^{x_1})^{x_2}=(a^{x_2})^{x_1}$

一方

$$1 \longmapsto a$$

$$x_1x_2 \longmapsto a^{x_1x_2}$$

$$\therefore\quad a^{x_1x_2}=(a^{x_1})^{x_2}=(a^{x_2})^{x_1}$$

定理 1.22　$\left(\frac{b}{a}\right)^x=\frac{b^x}{a^x},\qquad (ab)^x=a^xb^x$

（証明）　一様倍変化をしている2量を考える．たとえば賃金の成長率 a 倍，物価の成長率 b 倍とする．基準時の x 年後に

賃金　$x \longmapsto a^x=y_1$

物価　$x \longmapsto b^x=y_2$

このとき，$\frac{y_2}{y_1}$ は生活安定指数である．生活安定指数は

$$1 \longmapsto \frac{b}{a}$$

$$x \longmapsto \left(\frac{b}{a}\right)^x$$

$$\therefore\quad \left(\frac{b}{a}\right)^x=\frac{y_2}{y_1}=\frac{b^x}{a^x}$$

例 1.46　$y=a^x$ は関数方程式

$$f(x_1+x_2)=f(x_1)f(x_2),\quad f(0)>0$$

を満足する．逆にこの関数方程式をみたす関数は指数関数になることを示せ．

（解）　前半は定理 1.20 より明らか．後半は

$$f(x_1+x_2+\cdots+x_n)=f(x_1)f(x_2)\cdots f(x_n)$$

は明らか．ここで　$x_1=x_2=\cdots=x_n=1$　とおくと

$$f(n)=\{f(1)\}^n$$

次に　$x_1=x_2=\cdots=x_n=\frac{1}{n}$　とおくと

$$f(1)=\left\{f\left(\frac{1}{n}\right)\right\}^n$$

$$\therefore\quad f\left(\frac{1}{n}\right)=\{f(1)\}^{\frac{1}{n}}$$

したがって

$$f\left(\frac{m}{n}\right)=f\left(\overbrace{\frac{1}{n}+\cdots\cdots+\frac{1}{n}}^{m\text{個}}\right)$$

$$=\left\{f\left(\frac{1}{n}\right)\right\}^m=\{f(1)\}^{\frac{m}{n}}$$

$f(1)=a$　とおくと，正の有理数 x に対して

$$f(x)=a^x$$

$x_1=x_2=0$ とおくと

$$f(0)=\{f(0)\}^2$$

$f(0)\neq 0$　だから　$f(0)=1$

$x_1>0$, $x_2=-x_1<0$ とおくと

$$f(0)=f(x_1)f(-x_1)$$

$$f(-x_1)=\frac{f(0)}{f(x_1)}=\frac{1}{f(x_1)}$$

よって，任意の有理数 x に対して

$$f(x)=a^n$$

問 1.119　$\sqrt{a}\cdot\sqrt[3]{a}=a^{\frac{1}{2}}\cdot a^{\frac{1}{3}}=a^{\frac{1}{2}+\frac{1}{3}}=a^{\frac{5}{6}}=\sqrt[6]{a^5}$ である．これにならって，次の式を簡単にせよ．

(1)　$\dfrac{\sqrt{a}}{\sqrt[3]{a}}$　　(2)　$\sqrt[3]{a}\cdot\sqrt[6]{a^5}$　　(3)　$(\sqrt[6]{a})^2$　　(4)　$\dfrac{(\sqrt[12]{a^5})^4}{(\sqrt[4]{a^3})^2}$

問 1.120　次の式を簡単にせよ．

(1)　$a^{x-y}\cdot a^{y-z}\cdot a^{z-x}$　　(2)　$(a^{\frac{x}{x-y}})^{\frac{1}{z-x}}(a^{\frac{y}{y-z}})^{\frac{1}{x-y}}(a^{\frac{z}{z-x}})^{\frac{1}{y-z}}$

問 1.121　次の□を適当に補充せよ．また［(1)］［(2)］には，次の A, B のどちらか1つをえらんであてはめよ．

A：[ことが証明できる]　　B：[と決めると都合がよい]

指数関数 $f(x)=a^x$ は x がどんな実数でも意味をもっている．そこでその意味について考えてみよう．ただし，a は正の実数である．

n が正の整数のとき，a^n は□である．このとき，a, b を正の実数とすると，次の指数法則が成り立つ．ただし，m, n は正の整数である．

(Ⅰ)　$a^n\times a^m=a^{\square}$　　(Ⅱ)　$(ab)^n=a^{\square}b^{\square}$

(Ⅲ)　$(a^n)^m=a^{\square}$　　(Ⅳ)　$a^n\div a^m=\begin{cases}\square & (n>m \text{ のとき})\\ \square & (n=m \text{ のとき})\\ \square & (n<m \text{ のとき})\end{cases}$

さて，指数が0または負の整数の場合について考えよう．

このとき，$a^0=\square$，$a^{-n}=\square$（n は正の整数）である［(1)］．なぜならば，□であるからである．

次に，指数が分数のときについて考えよう．

例えば，$a^{\frac{1}{2}}$ は□，$a^{\frac{2}{3}}$ は□であり，一般に $a^{\frac{q}{p}}$（p, q は整数で，$p>0$）は□である［(2)］．

次に，指数が無理数の場合を考えよう．

例えば，無理数 $\pi=3.141592\cdots$ に対して，a^{π} は□．　（神戸大）

定理 1.23　$x=0$ のとき N_0 である量が，1単位時間に a 倍に増す（成長する）とき，x 時間後には

$$N=N_0a^x$$

になる．N_0 を初期値という．

（証明）

$$\frac{N}{N_0}=\text{増加率(減衰率)}=a^x$$

$$\therefore\quad N=N_0a^x$$

問 1.122　ある都市の人口は，1年ごとに10％増加するという．現在の人口を100万人とし，x 年後の人口 y 万人を求める式を作れ．

問 1.123　ある物質を平行光線が通過するとき，その強さ y は通過距離 x とともに減少する指数関数である．その減少の仕方が，3 cm 通過して10％減るような割合であるとき，y を x で表わせ．距離の単位は cm，$x=0$ のとき $y=1$ とする．（関学大）

第 9 章　逆関数と対数関数

§1. 逆　関　数

関数　$f:x \longmapsto y$ で

$$x_1 \longmapsto y_1=f(x_1), \qquad x_2 \longmapsto y_2=f(x_2)$$

とする．f は関数だから，$x_1=x_2$ ならば，もちろん $y_1=y_2$ である．しかし，$y_1=y_2$ であるからといって，必ずしも $x_1=x_2$ とは限らない．たとえば，f が $y=x^2$ で表示されるとき，$1^2=1$，$(-1)^2=1$ で，異なる x の値 1，-1 に同じ $y=1$ が対応する．ところが，正比例関数 $y=ax$ では，$a \neq 0$ のとき，$x_1 \neq x_2$ ならばつねに $y_1 \neq y_2$ である．

もし，関数 f で，$y_1=y_2$ のとき，常に $x_1=x_2$ が成り立つならば，独立変数 x と従属変数 y の間には，1 対 1 対応が成り立ち，y の値が定まるとそれに応じて x の値が定まることになる．そこで，関数 $y \longmapsto x$ が考えられ，これを f^{-1} で表わし，f の**逆関数** (inverse function) という．すなわち

$$f^{-1}: y \longmapsto x$$

したがって，逆関数とはもとの関数の独立変数と従属変数を逆にした関数（暗箱でいうと入力と出力を逆にしたもの）で，もとの従属変数に対し，独立変数がただ 1 つ定まるものをいう．

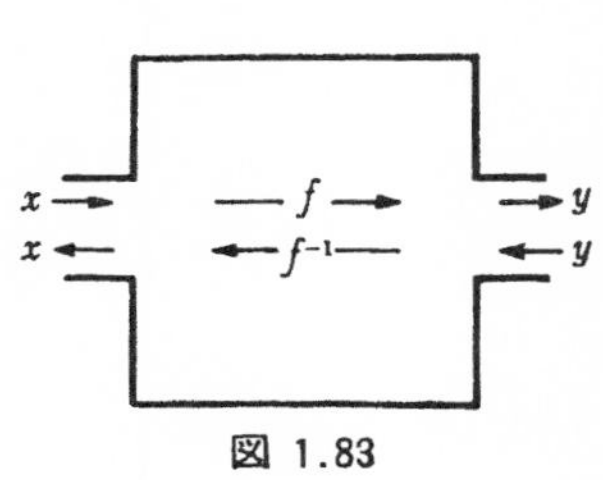

図 1.83

例 1.47　正比例関数

$$y\,\mathrm{km}=a\,\mathrm{km/h}\times x\,\mathrm{h}$$

において，

$$x\,\mathrm{h}=\left(\frac{1}{a}\right)\mathrm{h/km}\times y\,\mathrm{km}$$

という関数は，y km 進むのに x 時間を要するということで，$y\longmapsto x$ を示す関数であり，$y=ax$ の逆関数である．したがって

$$f: x\longmapsto y=ax \quad ならば \quad f^{-1}: y\longmapsto x=\frac{1}{a}y$$

しかも，$\frac{1}{a}$ h/km は a km/h と逆の概念をもった量であり，a km/h が速さならば，$\frac{1}{a}$ h/km は遅さとでも称すべき**逆内包量**である．

例 1.48 $f: x\longmapsto y=x^3$ ならば，$f^{-1}: y\longmapsto x=\sqrt[3]{y}$

例 1.49 $f: x\longmapsto y=x^2$ のとき，$y\longmapsto x=\pm\sqrt{y}$ で，y の値が定まっても，x の値はただ1つに確定しない．したがって $y=x^2$ の逆関数は存在しない．

しかし，もし，$y=x^2$ で定義域を区間 $[0,+\infty)$ に限定すると，逆関数は存在し，$f^{-1}: y\longmapsto x=\sqrt{y}$ となる．

また，定義域を区間 $(-\infty,0]$ に限定するときも，逆関数は存在し，

$f^{-1}: y\longmapsto x=-\sqrt{y}$ となる．

例 1.48，例 1.49 のように，根号をもつ式で表わされる関数を**無理関数**(irrational function) という．

問 1.124 次の関数には逆関数が存在するか．もし存在すればそれを求めよ．

(1) $y=3x$　(2) $y=\frac{2}{3}x+5$　(3) $y=2x^2$

(4) $y=x^2-2x$　(5) $y=0.5x^3$

また，この中で適当に定義域をきめると，逆関数をもつことができるようになるのはどれか．

問 1.125

関数 $f: x\longmapsto y$ に逆関数 $f^{-1}: y\longmapsto x$ が存在するとき，$f(f^{-1}(y))=y$ であることを証明せよ．

$y \to$ [f^{-1}] $\xrightarrow{x}$ [f] $\to y$

問 1.126 逆関数の逆関数 $(f^{-1})^{-1}$ は何か．

問 1.127 次の□に当てはまる数は何か．

6 個の関数

$$f_1(x)=x,\quad f_2(x)=\frac{1}{x},\quad f_3(x)=1-x$$

$$f_4(x)=\frac{1}{1-x},\quad f_5(x)\frac{x}{x-1},\quad f_6(x)\frac{x-1}{x}$$

が与えられている．このとき

$f_5(x)$ の逆関数は $f_a(x)$ で，$a=$□ である．

$f_6(x)$ の逆関数は $f_b(x)$ で，$b=$□ である．

$f_5(x)$ の x のところに $f_c(x)$ を代入して $f_3(x)$ となるならば，$c=$□ である．

$f_d(x)$ の x のところに $f_6(x)$ を代入して $f_4(x)$ となるならば，$d=$□ である．

（a,b,c,d は番号 1,2,3,4,5,6 のうちのいずれかである）（東大）

§2. 逆関数のグラフ

関数 $y=2x$ と，関数 $x=2t$ とは，いずれも「2倍する」はたらきを示したもので同じ関数である．したがって，関数 f というとき，独立変数と従属変数にどんな文字を用いるかは問うところではない．そこで一般に量の意味（変数がどんな量を表わすか）を離れると，独立変数に x，従属変数に y を用いる習慣になっており，この習慣にしたがうと記述が簡明になる利点がある．したがって，逆関数の場合も，独立変数と従属変数の記号を交換して

$y=f(x)$ の逆関数は　$y=f^{-1}(x)$

とかくことが多い．このことをグラフについて考えてみよう．

$x\longmapsto y=f(x)$ と $y\longmapsto x=f^{-1}(y)$ のグラフは同じ

である．しかし，x と y を交換した

$$x\longmapsto y=f^{-1}(x)$$

のグラフを考えるにあたって，$y=f(x)$ 上の点 $\mathrm{P}(a,b)$ は，逆関数 $y=f^{-1}(x)$ 上の点 $\mathrm{Q}(b,a)$ にうつる．つまり

P と Q とは $y=x$ について対称

であるから

$y=f(x)$ と $y=f^{-1}(x)$ のグラフは $y=x$ について対称

となる．

例 1.50 (1)　$y=ax$ の逆関数　$y=\dfrac{1}{a}x$

(2)　$y=x^2$ の逆関数　$y=\sqrt{x}$

(3)　$y=x^3$ の逆関数　$y=\sqrt[3]{x}$

のグラフをかけ.

(解)　(1)(図 1.84)　(2)(図 1.85)　(3)(図 1.86) の通り.

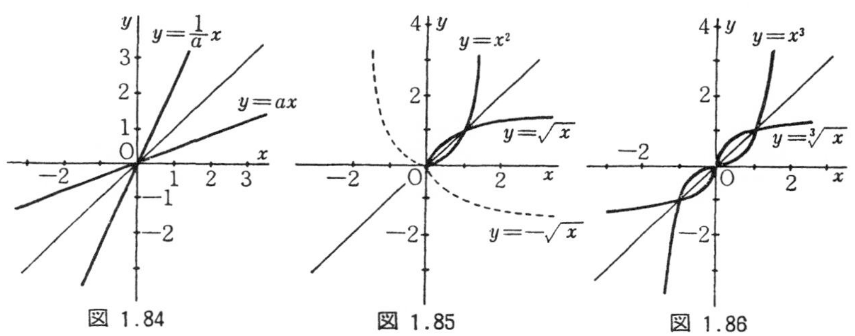

図 1.84　　図 1.85　　図 1.86

問 1.128　次の無理関数はどんな関数の逆関数か. また, そのグラフをかけ.

(1)　$y=\sqrt{x-4}$　　(2)　$y=\sqrt{x+1}$

(3)　$y=\sqrt{-x}$　　(4)　$y=\sqrt{1-x}$

問 1.129　反比例 $y=\dfrac{k}{x}$ のグラフは, 直線 $y=x$ について対称であった. このことは, 反比例がどんな性質をもつことを示すか.

§3. 対　数　関　数

指数関数の逆関数を**対数関数** (logarithmic function) という.

$$f: x \longmapsto y=a^x$$

の逆関数を, 記号で

$$f^{-1}: y \longmapsto x=\log_a y$$

とかく. そして $\boldsymbol{x}$ を $\boldsymbol{a}$ を底とする真数 (anti-logarithm) $\boldsymbol{y}$ の対数という. 独立変数を x, 従属変数を y とかく習慣にしたがうと, 対数関数は

$$f^{-1}: x \longmapsto y=\log_a x$$

とかける.

$y=\log_a x$ のグラフは図 1.87 の通りである.

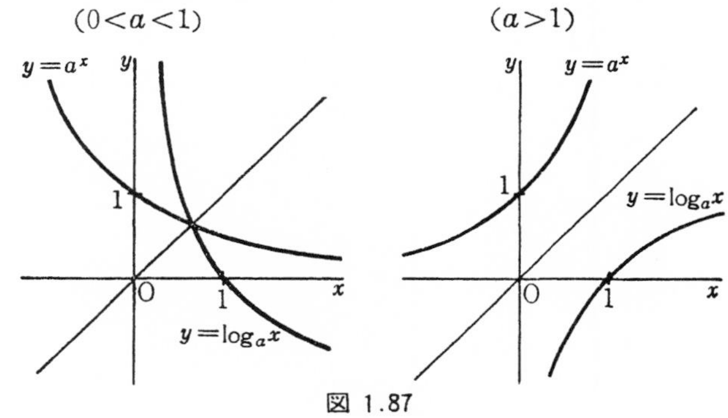

図 1.87

グラフの特徴は次の通りである.

(Ⅰ) 点 $(1,0)$ を通ること.

(Ⅱ) $a>1$ ならば単調増加, $0<a<1$ ならば単調減少.

(Ⅲ) y 軸の右側にあること.

(Ⅳ) y 軸は漸近線であること.

(Ⅴ) $y=\log_a x$ のグラフと $y=\log_{\frac{1}{a}} x$ のグラフは x 軸に関して対称.

問 1.130 次の □ をうめよ.

(1) $y=\log_3 x$ のグラフと, x 軸に関して対称なグラフの方程式は, $y=\log_3$ □ であり, y 軸に関して対称なグラフは $y=\log_3$ □ であり, さらに直線 $y=x$ に関して対称なグラフの方程式は $y=$ □ である.

(2) $y=2^n$ のグラフを右方に 1, 上方に 1 だけ平行移動したグラフの方程式は $y=$ □ である.

(3) 2 曲線 $y=\log_2\left(\dfrac{1}{x}\right)$ と $y=\log_2(-x)$ は □ に関して対称である. (早大)

例 1.51 $\log_a a^x=x$ および $a^{\log_a x}=x$ であることを証明せよ.

(解) $y=\log_a a^x$ とおくと, $a^y=a^x$

$$\therefore\ y=x,\ つまり\ \log_a a^x=x$$

また,

$$a^{\log_a x}=y$$

とおくと

$$\log_a x=\log_a y$$

$$\therefore\quad x=y,\ \text{つまり}\quad a^{\log_a x}=x$$

問 1.131　次の関係を対数の式でかけ．

(1)　$y=2^x$　　(2)　$2^3=8$　　(3)　$2^{\frac{1}{2}}=\sqrt{2}$

(4)　$2^{-4}=\dfrac{1}{16}$　　(5)　$2^{-\frac{1}{3}}=\dfrac{1}{\sqrt[3]{2}}$

問 1.132　次の値を求めよ．

(1)　$\log_2 16$　　(2)　$\log_2 2$　　(3)　$\log_2 1$

(4)　$\log_2\dfrac{1}{4}$　　(5)　$\log_2\sqrt{32}$

問 1.133　$\log_{10}2$ は有理数でないことを証明せよ．（一橋大）

問 1.134　N が自然数，$\log N$ が有理数のとき，$N=10^k$ とかけることを証明せよ．ただし，k は0または自然数である．（愛知大）

§4.　対数の性質

定理 1.24　a,b を1でない正数，x,x_1,x_2 は正の数とする．

(1)　$\log_a 1=0$

(2)　$\log_a a=1$

(3)　$\log_a x_1x_2=\log_a x_1+\log_a x_2$

(4)　$\log_a x^k=k\log_a x$

(5)　$\log_a x=\dfrac{\log_b x}{\log_b a}$　（底の変換公式）

（日大，神商大）

（証明）(1)　$a^0=1$ を対数の形に直すと $0=\log_a 1$

(2)　$a^1=a$ を対数の形に直すと $1=\log_a a$

(3)　$a^{y_1}\cdot a^{y_2}=a^{y_1+y_2}$ において

$a^{y_1}=x_1,\quad a^{y_2}=x_2$　とおくと

$y_1=\log_a x_1,\quad y_2=\log_a x_2$

$$x_1x_2=a^{\log_a x_1+\log_a x_2}$$

$$\therefore\quad \log_a x_1x_2=\log_a x_1+\log_a x_2$$

(4)　$a^{ky}=(a^y)^k$,　　$a^y=x$ とおくと

$$a^{ky}=x^k, \quad y=\log_a x$$

$$\therefore \quad ky=\log_a x^k$$

$$\therefore \quad k\log_a x=\log_a x^k$$

(5)　$a^{ky}=(a^k)^y=x$,　　$a^k=b$ とおく．すると

$$b^y=x, \quad a=b^{\frac{1}{k}}$$

$$y=\log_b x, \quad \frac{1}{k}=\log_b a$$

しかるに

$$ky=\log_a x$$

$$\therefore \quad \log_a x=\frac{\log_b x}{\log_b a} \qquad \text{(Q. E. D)}$$

この定理において，(3) 番の式はとくに重要である．$f(x)=\log_a x$ とすると，(3) は関数方程式 $f(x_1x_2)=f(x_1)+f(x_2)$ をみたすことが分る．

定理 1.25　関数方程式

$$f(x_1x_2)=f(x_1)+f(x_2)$$

をみたす関数は対数関数である．ただし $f(a)=1$ と仮定する．

(証明)　(1)　$x_2=1$ とおくと

$$f(x_1)=f(x_1)+f(1)$$

$$\therefore \quad f(1)=0$$

(2)　$f(x_1x_2\cdots x_n)=f(x_1)+f(x_2)+\cdots+f(x_n)$ は明らか．

とくに，$x_1=x_2=\cdots=x_n=x$ とおくと

$$f(x^n)=nf(x)$$

(3)　$n>0$ の整数のとき

$$f(1)=f(x^nx^{-n})=f(x^n)+f(x^{-n})$$

$$0=nf(x^n)+f(x^{-n})$$

$$\therefore \quad f(x^{-n})=-nf(x)$$

(4)　$y^m=x$　($m>0$ の整数) とおくと　$y=x^{\frac{1}{m}}$

(2) より　$f(x)=f(y^m)=mf(y)$

$$\therefore\quad f(y)=f(x^{\frac{1}{m}})=\frac{1}{m}f(x)$$

(5)　$f(x^{\frac{n}{m}})=f\{(x^{\frac{1}{m}})^n\}=nf(x^{\frac{1}{m}})=\frac{n}{m}f(x)$

(6)　すべての有理数 y に対して $f(x^y)=yf(x)$ であることがわかる．また $f(x)$ の連続性を仮定すると，y の値が実数であってもよい．

(7)　(6) において，とくに $x=a$ とおくと

$$f(a^y)=yf(a)=y$$

これは　$y\longmapsto x=a^y$ の逆関数になっているから

$$y=\log_a x$$　(Q. E. D)

ここで，指数と対数の法則をまとめておくと，次のようになる．

指数関数　$f: x\longmapsto y=a^x$	対数関数　$f^{-1}: y\longmapsto x=\log_a y$
$f(x_1+x_2)=f(x_1)f(x_2)$	$f^{-1}(y_1y_2)=f^{-1}(y_1)+f^{-1}(y_2)$
$a^0=1$	$\log_a 1=0$
$a^1=a$	$\log_a a=1$
$a^{x1+x2}=a^{x1}\cdot a^{x2}$	$\log_a y_1y_2=\log_a y_1+\log_a y_2$
$a^{kx}=(a^x)^k$	$\log_a y^k=k\log_a y$
$a^{kx}=(a^k)^x$	$\log_a y=\dfrac{\log_b y}{\log_b a}$

例 1.52　$\log_3 12=\alpha$ とおいて，$\log_3 2$ および $\log_9 24$ を α を用いて表わせ．

（大阪外大）

（解）　$\log_3 12=\log_3(2^2\times 3)=\log_3 2^2+\log_3 3$

$$=2\log_3 2+1=\alpha$$

$$\therefore\quad \log_3 2=\frac{\alpha-1}{2}$$

$$\log_9 24=\frac{\log_3 24}{\log_3 9}=\frac{\log_3(2^3\times 3)}{\log_3 3^2}$$

$$=\frac{3\log_3 2+\log_3 3}{2\log_3 3}=\frac{\frac{3(\alpha-1)}{2}+1}{2}$$

$$=\frac{3\alpha-1}{4}$$

問 1.135 $\log_a x=p$, $\log_a y=q$, $\log_a z=r$ とするとき，次の式を p,q,r で表わせ．

(1) $\log_a xyz$　　(2) $\log_a \frac{xy}{z}$　　(3) $\log_a x^3y^2$　　(4) $\log_a \frac{y^3}{x\sqrt{z}}$

問 1.136 次の式の値を求めよ．

(1) $\log_3 \frac{21}{2}-\frac{1}{3}\log_3 \frac{343}{8}$　（東京芸大）

(2) $\log_2(3-\sqrt{5})+\log_2(3+\sqrt{5})$　（東京教育大）

(3) $\left(\log_2 5+\log_4 \frac{1}{5}\right)\left(\log_5 2+\log_{25} \frac{1}{2}\right)$　（日大）

(4) $\log_2 3\cdot\log_3 4\cdot\log_4 2$　（東京芸大）

問 1.137 $a^{\frac{\log_{10}(\log_{10}a)}{\log_{10}a}}$ を簡単にせよ．ただし $a>1$ とする．（名市大）

問 1.138 年利 r で 1 年ごとに利息を元金に繰り入れる複利法において，次の A 群のものと等しいものを B 群の中から選べ．

[A] (1) 2 万円が 3 万円になるに要する年数

(2) 4 万円が 6 万円になるに要する年数

(3) (元金が 3 倍になる年数)÷(元金が 2 倍になる年数)

(4) 元金が 4 倍になってから，6 倍になるまでの年数

[B] (ア) $\log_r 2+\log_r 3$　　(イ) $\log_r 3-\log_r 2$

(ウ) $(\log_r 2)(\log_r 3)$　　(エ) $\frac{\log_r 3}{\log_r 2}$　（武蔵大）

第II部

微分法

人々は反駁するかもしれない．漸減量の窮局化なるものは存在しない．蓋しそれは零となる前には窮局化ではないし，零となった後には総じて何らの比ももはや生じないから，と．

（ニュートン「プリンキピア」）

第1章　無限小とその大小

§1. 無　限　小

底に穴のあいた水槽では，そのなかの水 xl は，しだいに減少して，遂には0になってしまう．このとき，どんな小さい量，たとえば 0.00001 l をとっても，

$$x<0.00001$$

となるであろう．

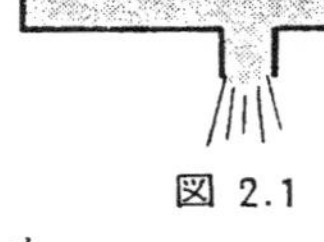

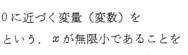

図 2.1

このように，限りなく0に近づく変量（変数）を無限小 (infinitesimal) という．x が無限小であることを

$$x\to 0$$

とかく．これは，

どんな小さい正数 ε をとっても　$\|x\|<\varepsilon$	(1)

であることと同じである．

例 2·1　y が無限小のとき，x^2, $\sin x$ も無限小である．

（解）（1）　任意の $0<\varepsilon<1$ に対して

$$|x|<\varepsilon \quad \text{ならば} \quad |x^2|<\varepsilon^2<\varepsilon$$

したがって，x^2 は無限小である．

（2）　図 2.2 において，$\angle \mathrm{AOP}=x$, $\mathrm{OA}=1$ とおく．$\overset{\frown}{\mathrm{AP}}=x$, $\mathrm{HP}=\sin x$

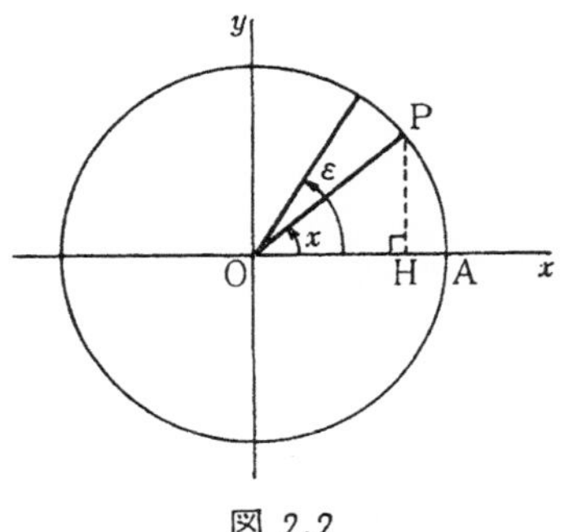

図 2.2

$$0<\mathrm{HP}<\mathrm{AP}<\overset{\frown}{\mathrm{AP}}$$

$$\therefore \quad \sin x<x$$

$x<0$ の場合も同様にして

$$x<\sin x$$

であることがわかる.

$$\therefore \quad |\sin x|<|x|<\varepsilon$$

問 2.1　x が無限小のとき，次の数は無限小であることを示せ.

(1)　$3x$　　(2)　$2x^2$　　(3)　x^3　　(4)　$1-\cos x$　　(5)　$\dfrac{x}{1+x}$

問 2.2　x が無限小のとき，次の数は無限小か.

(1)　$2x-1$　　(2)　$x+x^2$　　(3)　$\sqrt{x}$　　(4)　$\cos x$　　(5)　$x\cos x$

(6)　$\dfrac{x}{1+x^2}$

$x\to 0$ のとき，$f(x)\to 0$ となるとき $f(x)$ を無限小という．論理的には

どんな $\varepsilon>0$ に対しても，適当な $\delta>0$ が存在して，

$$|x|<\delta \text{ ならば } |f(x)|<\varepsilon \qquad (2)$$

となることである．記号でかくと

$$\forall\varepsilon>0\,[\exists\delta>0,\ |x|<\delta\to|f(x)|<\varepsilon]$$

となる.

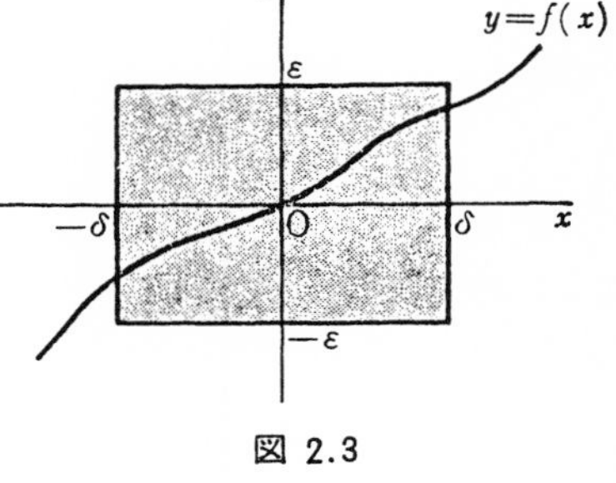

図 2.3

図形でいうと，図 2.3 の斜線を施した長方形内に $y=f(x)$ のグラフが入っていることを意味する.

定理 2.1　$x\to 0$ のとき，$f(x), g(x)$ が無限小ならば

(1)　$f(x)+g(x)$　　　(2)　$cf(x)$　　(c は定数)

(3)　$f(x)g(x)$

(4)　$u(x)$ を有界な関数（どんな x に対しても $|u(x)|\leqq M<+\infty$ となる関数）とするとき，　$f(x)u(x)$

は無限小である.

（証明） (1) 任意の $\varepsilon>0$ に対して，適当な区間 $[-\delta,\delta]$ があって，$|x|<\delta$ ならば $|f(x)|<\frac{\varepsilon}{2}$，$|g(x)|<\frac{\varepsilon}{2}$ とできる．すると，この区間で

$$|f(x)+g(x)|\leqq|f(x)|+|g(x)|<\varepsilon$$

(2) (1) と同じ仮定のもとで，$|f(x)|<\frac{\varepsilon}{|c|}$ とできる．すると，この区間で

$$|cf(x)|=|c|\,|f(x)|<\varepsilon$$

(3) (1) と同じ仮定のもとで

$$|f(x)\cdot g(x)|=|f(x)|\,|g(x)|<\frac{\varepsilon^2}{4}<\varepsilon$$

(4) (1) と同じ仮定のもとで，$|f(x)|<\frac{\varepsilon}{M}$ とできる．すると，この区間で

$$|f(x)u(x)|=|f(x)|\,|u(x)|<\frac{\varepsilon}{M}\cdot M=\varepsilon$$

（系） $x\to 0$ のとき，$f_1(x),f_2(x),\cdots,f_n(x)$ が無限小；$c_1,c_2,\cdots,c_n$ が定数ならば

$$c_1f_1(x)+c_2f_2(x)+\cdots+c_nf_n(x)$$

$$f_1(x)f_2(x)\cdots f_n(x)$$

は無限小である．

問 2.3 この系を証明せよ．

例 2.2 $x\to 0$ のとき

$$\frac{a_{n-1}x+a_{n-2}x^2+\cdots+a_0x^n}{b_m+b_{m-1}x+b_{m-2}x^2+\cdots+b_0x^m}\quad(b_m\neq 0)$$

は無限小であることを示せ．

（解） $x\to 0$ のとき，定理 2.1 (3) より

$$x^2\to 0,\ x^3\to 0,\ \cdots$$

系より

$$a_{n-1}x+a_{n-2}x^2+\cdots+a_0x^n\to 0$$

$$b_{m-1}x+b_{m-2}x^2+\cdots+b_0x^m\to 0$$

この最後の式は，任意の $\varepsilon>0$ に対し，適当な区間 $[-\delta,\delta]$ があって，

$$|b_{m-1}x+b_{m-2}x^2+\cdots+b_0x^m|<\varepsilon$$

$$\therefore\quad b_m-\varepsilon<b_m+b_{m-1}x+b_{m-2}x^2+\cdots+b_0x^m<b_m+\varepsilon$$

$$\therefore\quad \frac{1}{b_m+\varepsilon}<\frac{1}{b_m+b_{m-1}x+b_{m-2}x^2+\cdots+b_0x^m}<\frac{1}{b_m-\varepsilon}$$

真中の式を $u(x)$ とおくと，$u(x)$ は有界である． 定理 2.1 (4) より，

与式 $\to 0$

例 2.3 半径 r の円弧によってできる弓形の面積を，中心角 x を用いて表わすと，それは無限小であることを示せ．

（解）　扇形 $\mathrm{OAB}=\dfrac{1}{2}r^2x$

$$\triangle\mathrm{OAB}=\frac{1}{2}r^2\sin x\qquad\left(\begin{matrix}\text{2 辺夾角}\\\text{既知}\end{matrix}\right)$$

$$\therefore\quad S=\frac{1}{2}r^2(x-\sin x)$$

$x\to 0$ ならば，$\sin x\to 0$

$$\therefore\quad S\to 0$$

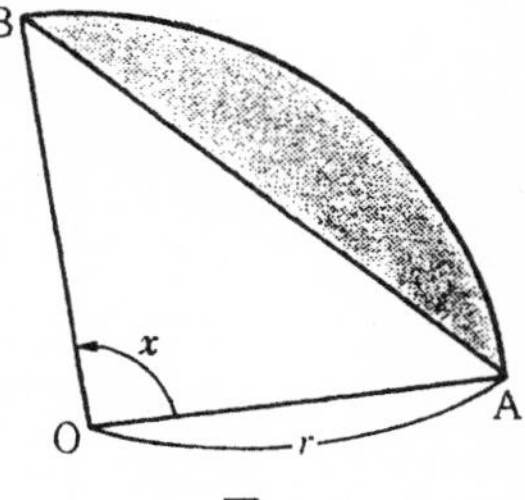

図 2.4

問 2.4 直径 $2r$ の円周上の定点 A における接線へ，円周上の動点 P から垂線を下し，その足を T とする．$\angle\mathrm{AOP}=x$ とすると，PT は無限小か．

問 2.5 中心角が x である扇形 OAB の弧 $\overset{\frown}{\mathrm{AB}}$ と，2 つの半径 OA, OB に接する円を C とする．$f(x)=$円 C の周　とすると，$f(x)$ は無限小か．

§2. 極　限　値

> $x-a$ が無限小のとき，$f(x)-l$ も無限小ならば，
> l を x が限りなく a に近づくときの $f(x)$ の**極限値**

といい，記号で

$$x\to a \text{ のとき，} f(x)\to l \tag{3}$$

または

$$\lim_{x\to a}f(x)=l$$

とかく．このことは，論理的には

$$\forall\varepsilon>0\,[\exists\delta>0,\ 0<|x-a|<\delta\ \rightarrow\ |f(x)-l|<\varepsilon] \tag{4}$$

であることを意味する.

[注意1]　(4) 式で, $0<|x-a|<\delta$ としたのは, $x=a$ を除外することである. $x=a$ においては $f(x)=f(a)$ であるが, $f(a)$ と l とは一致するとは限らない. しかし, $f(a)=l$ となることは何ら差支えない.

[注意2]　$x\rightarrow a$ の場合, その近づき方は2通り考えられる.

図 2.5

図2.5左図のように, a より大きい方から a へ x が近づくことを $x\rightarrow a+0$ 右図のように a より小さい方から a へ x が近づくことを $x\rightarrow a-0$ とかく.

$x\rightarrow a+0$ のとき, $f(x)\rightarrow l$ ならば, l を右方極限値

$x\rightarrow a-0$ のとき, $f(x)\rightarrow l'$ ならば, l' を左方極限値

といい, それぞれ記号で

$$\lim_{x\to a+0} f(x)=l, \quad \lim_{x\to a-0} f(x)=l'$$

とかく. 左右の両極限値が一致, つまり $l=l'$ のときが

$$\lim_{x\to a} f(x)=l$$

に相等する.

例 2.4　次の極限値を求めよ.

(1)　$\displaystyle\lim_{x\to 2}\frac{x^2-4}{x-2}$　　(2)　$\displaystyle\lim_{x\to 0}\frac{\sqrt{a+x}-\sqrt{a}}{x}$　　(3)　$\displaystyle\lim_{x\to 0}\frac{\sin x}{x}$

(解)

(1)　$\displaystyle\lim_{x\to 2}\frac{x^2-4}{x-2}=\lim_{x\to 2}\frac{(x-2)(x+2)}{x-2}=\lim_{x\to 2}(x+2)=4$

(2)　$\displaystyle\lim_{x\to 0}\frac{\sqrt{a+x}-\sqrt{a}}{x}=\lim_{x\to 0}\frac{(a+x)-a}{x(\sqrt{a+x}+\sqrt{a})}$

$\displaystyle=\lim_{x\to 0}\frac{1}{\sqrt{a+x}+\sqrt{a}}=\frac{1}{2\sqrt{a}}$

(3)　$x\rightarrow 0$ だから, まず, $0<x<\dfrac{\pi}{2}$ と仮定する. 単位円上の点を A, P, $\angle\mathrm{AOP}=x$; A における接線と OP との交点を T とする.

$$\triangle\mathrm{AOP}<\text{扇形 AOP}<\triangle\mathrm{AOT}$$

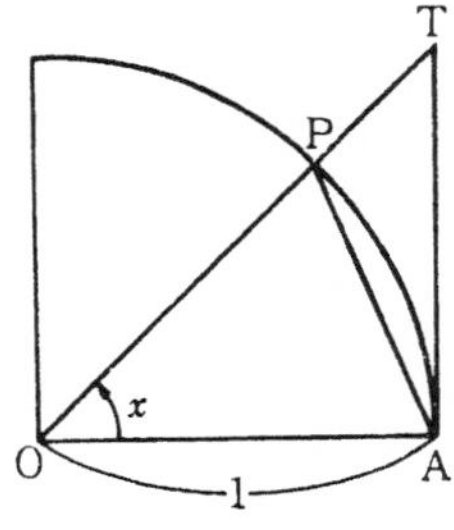

図 2.6

これをxで表わすと

$$\frac{1}{2}\sin x<\frac{1}{2}x<\frac{1}{2}\frac{\sin x\cdot\sin\frac{\pi}{2}}{\sin\left(\frac{\pi}{2}+x\right)}$$

$$\sin x<x<\frac{\sin x}{\cos x}$$

各辺を $\sin x>0$ で割り，逆数をとると

$$1>\frac{\sin x}{x}>\cos x$$

$x\to 0$ のとき，$0<1-\dfrac{\sin x}{x}<1-\cos x\to 0$

$$\therefore\quad \lim_{x\to 0+0}\frac{\sin x}{x}=1 \qquad ①$$

$x<0$ のときは，$x=-|x|$，$\sin x=\sin(-|x|)=-\sin|x|$

$$\lim_{x\to 0-0}\frac{\sin x}{x}=\lim_{|x|\to 0+0}\frac{-\sin|x|}{-|x|}=1 \qquad ②$$

①②より

$$\lim_{x\to 0}\frac{\sin x}{x}=1$$

問 2.6　次の極限値を求めよ．

(1) $\displaystyle\lim_{x\to 1}x^2$　(2) $\displaystyle\lim_{x\to 2}(3x-4)$　(3) $\displaystyle\lim_{x\to\frac{\pi}{2}}\sin x$

(4) $\displaystyle\lim_{x\to 1}\frac{x^2-1}{x-1}$　(5) $\displaystyle\lim_{x\to 2}\frac{\sqrt{x}-\sqrt{2}}{x-2}$　(6) $\displaystyle\lim_{x\to 0}\frac{(1+x)^3-1}{x}$

(7) $\displaystyle\lim_{x\to 0}\frac{\sin 2x}{x}$　(8) $\displaystyle\lim_{x\to 0}\frac{\tan x}{x}$　(9) $\displaystyle\lim_{x\to\frac{\pi}{2}}\frac{\cos x}{2x-\pi}$

定理 2.2　$x\to a$ のとき，$f(x)\to l$，$g(x)\to m$ とすると

(1) $\displaystyle\lim_{x\to a}\{f(x)+g(x)\}=l+m$

(2) $\displaystyle\lim_{x\to a}cf(x)=cl$　（cは定数）

(3) $\displaystyle\lim_{x\to a}f(x)g(x)=lm$

(4) $\displaystyle\lim_{x\to a}\frac{f(x)}{g(x)}=\frac{l}{m}$　（ただし $m\neq 0$）

（証明） (1) $x\to a$ のとき，$f(x)-l$，$g(x)-m$ はともに無限小だから，定理 2.1 により

$$\{f(x)+g(x)\}-(l+m)=\{f(x)-l\}+\{g(x)-m\}$$

も無限小で，$\lim_{x\to a}\{f(x)+g(x)\}=l+m$ をうる．

(2) も (1) と同様．

(3) $f(x)g(x)-lm=\{f(x)-l\}g(x)+l\{g(x)-m\}$，

かつ，$x=a$ の付近で $g(x)$ は有界だから，定理 2.1 より $f(x)g(x)-lm$ は無限小．

(4) $\dfrac{f(x)}{g(x)}-\dfrac{l}{m}=\dfrac{f(x)m-g(x)l}{g(x)m}=\dfrac{m\{f(x)-l\}-l\{g(x)-m\}}{g(x)m}$

となり，定理 2.1 からこれは無限小になる．

問 2.7 定理 2.2 の条件のもとに

(1) $\lim_{x\to a}\{c_1f(x)+c_2g(x)\}=c_1l+c_2m$ （c_1, c_2 は定数）

(2) $\lim_{x\to a}\{f(x)-g(x)\}=l-m$

であることを証明せよ．

> **定理 2.3** $x\to a$ のとき，$f(x)\to l$ とする．$x=a$ の付近で，$x=a$ を除いて，つねに $f(x)>0$ とするとき，$l\geqq 0$ である．

（証明） もし，$l<0$ とすると，$f(x)>0$ だから，

$$f(x)-l=f(x)+|l|>|l|$$

となって，$f(x)-l$ は無限小となることに反する．よって，$l\geqq 0$

> **（系）** $x\to a$ のとき，$f(x)\to l$，$g(x)\to m$ とする．$x=a$ の付近で，$x=a$ を除いて，つねに $f(x)<g(x)$ とするとき，$l\leqq m$ である．

（証明） 定理 2.3 で，$g(x)-f(x)\equiv F(x)$ とおけばよい．

§3. 無　限　大

$x \to 0$ のとき，$\left|\dfrac{1}{x}\right|$ はいくらでも大きくなる．このとき，どんなに大きい数 G をとっても，$\left|\dfrac{1}{x}\right|>G$ となる．なぜなら，$x \to 0$ だから，どんなに小さい正数 ε をとっても，$|x|<\varepsilon$ となるはずで，この ε を $\varepsilon<\dfrac{1}{G}$ とすると，$\left|\dfrac{1}{x}\right|>G$ が成り立つ．

このように，どんなに大きい数をとっても，さらにそれより大きくなる変数を**無限大** (infinity) という．x が無限大であることを $x \to \infty$ とかく．また，どんなに大きい数 G をとっても，$x<-G$ となる変数 x を**負の無限大**といい，$x \to -\infty$ で表わす．

$x \to 0$ のとき，$x>0$ ならば $\dfrac{1}{x} \to \infty$

$x<0$ ならば $\dfrac{1}{x} \to -\infty$

である．$x \to \infty$ でも，$x \to -\infty$ でも，いずれかのときは $x \to \pm\infty$ とかくが，$|x| \to \infty$ とは区別しなければならない．

$x \to \pm\infty$ のときは，x の符号は一定であるが，

$|x| \to \infty$ のときは，x の符号は一定とは限らない．

$x \to a$ のとき，$f(x) \to \infty$ ならば，極限値の記号を借用して

$$\lim_{x \to a} f(x)=\infty$$

とかく．$\lim\limits_{x \to a} f(x)=-\infty$，$\lim\limits_{x \to \infty} f(x)=l$，$\lim\limits_{x \to -\infty} f(x)=l$，$\lim\limits_{x \to \infty} f(x)=\infty$，$\lim\limits_{x \to -\infty} f(x)=\infty$ なども同様の意味で用いられる．

問 2.8 $x \to 0$ のとき，次の変数で無限大になるのはどれか．また負の無限大になるのはどれか．

$$\frac{3}{x},\quad -\frac{2}{x},\quad \frac{1}{x^2},\quad \frac{3}{x^2+1},\quad -\frac{5}{x^2},\quad \frac{1}{x^3},\quad -\frac{3}{x^4},\quad \frac{1}{\sqrt{x}}$$

無限大の演算については，第1部，第2章，§2 で与えておいた通りである．それにしたがって定理 2.2 を無限大の場合にも拡張することができる．

つまり，定理2.2において，

l, m を ∞ または $-\infty$ に

$x\to a$ を $x\to\infty$ または $x\to-\infty$

に変えてもよい．しかし，$\infty-\infty$，$\infty\div\infty$，$0\times\infty$ の場合だけは極限値は単純に求まらない．この場合は**不定形**という．

例 2.5　次の極限値を求めよ．

(1)　$\displaystyle\lim_{x\to0}\left(\frac{1}{x^2}+\frac{1}{x^4}\right)$　　(2)　$\displaystyle\lim_{x\to\infty}\left(\frac{1}{x+1}+\frac{1}{x^2}\right)$

(3)　$\displaystyle\lim_{x\to0}\left(\frac{1}{x}+\frac{1}{x^2}\right)$　　(4)　$\displaystyle\lim_{x\to\pm\infty}\frac{3x^2}{1+x^2}$

(5)　$\displaystyle\lim_{x\to\infty}(\sqrt{x^2+a^2}-x)$

（解）　(1)　$|x|<\varepsilon$　ならば　$\dfrac{1}{x^2}>\dfrac{1}{\varepsilon^2}$，$\dfrac{1}{x^4}>\dfrac{1}{\varepsilon^4}$

$$\frac{1}{x^2}+\frac{1}{x^4}>\frac{1}{\varepsilon^2}+\frac{1}{\varepsilon^4}>\frac{2}{\varepsilon^4}$$

$$\therefore\quad\lim_{x\to0}\left(\frac{1}{x^2}+\frac{1}{x^4}\right)=\infty$$

(2)　$x\to\infty$ より $x>G$

$$\frac{1}{x+1}<\frac{1}{G+1}\equiv\varepsilon_1,\quad\frac{1}{x^2}<\frac{1}{G^2}\equiv\varepsilon_2$$

$$\frac{1}{x+1}+\frac{1}{x^2}<\varepsilon_1+\varepsilon_2$$

$$\therefore\quad\lim_{x\to\infty}\left(\frac{1}{x+1}+\frac{1}{x^2}\right)=0$$

(3)　$x>0$ のとき，$x\to0$ ならば　$\dfrac{1}{x}\to\infty$，$\dfrac{1}{x^2}\to\infty$　で，

$$\lim_{x\to0+0}\left(\frac{1}{x}+\frac{1}{x^2}\right)=\infty+\infty$$

しかし，$x<0$ のとき，$\dfrac{1}{x}\to-\infty$，$\dfrac{1}{x^2}\to\infty$ で，$\infty-\infty$ の不定形になる．そこで，$-\dfrac{1}{2}<\varepsilon<x<0$ なる任意の ε に対して

$$\frac{1}{x}+\frac{1}{x^2}=\frac{x+1}{x^2}>\frac{1}{2x^2}>\frac{1}{2\varepsilon^2}$$

$$\therefore \quad \lim_{x\to 0}\left(\frac{1}{x}+\frac{1}{x^2}\right)=\infty$$

(4) $\dfrac{\infty}{\infty}$ の不定形．そこで次のようにやる．$x\to\pm\infty$ のとき，$\dfrac{1}{x}=y$ とおくと，$y\to 0$

$$\lim_{x\to\pm\infty}\frac{3x^2}{1+x^2}=\lim_{y\to 0}\frac{\dfrac{3}{y^2}}{1+\dfrac{1}{y^2}}=\lim_{y\to 0}\frac{3}{1+y^2}=3$$

(5) $\infty-\infty$ の不定形．$\dfrac{1}{x}=y$ とおき

$$\lim_{x\to\infty}(\sqrt{x^2+a^2}-x)=\lim_{y\to 0}\frac{\sqrt{1+a^2y^2}-1}{y}=\lim_{y\to 0}\frac{a^2y^2}{y(\sqrt{1+a^2y^2}+1)}=\frac{0}{2}=0$$

問 2.9 次の極限値を求めよ．

(1) $\displaystyle\lim_{x\to\pm\infty}\frac{x^2+1}{x^2-3x+2}$ (2) $\displaystyle\lim_{x\to\infty}\frac{x}{x^2+1}$ (3) $\displaystyle\lim_{x\to\infty}\frac{x}{\sqrt{x^2+1}}$

(4) $\displaystyle\lim_{x\to-\infty}(\sqrt{x^2+1}+x)$ (5) $\displaystyle\lim_{x\to\infty}x(\sqrt{x^2+1}-x)$

§4. 無限小の大小

第I部，第4,5章の論議では，たとえば2次関数

$$y=c+bx+ax^2$$

を $x=x_0$ でベキ展開し，$x-x_0=\Delta x$，$y-y_0=\Delta y$ とおいて

$$\Delta y=(2ax_0+b)\Delta x+a(\Delta x)^2$$

とし，Δx が十分小さいとき，$(\Delta x)^2$ はもっと小さいから無視して

$$\Delta y\fallingdotseq(2ax_0+b)\Delta x$$

というように1次化した．つまり，

$$\Delta x\to 0 \text{ のとき，} (\Delta x)^2\to 0$$

であり，しかも，Δx と $(\Delta x)^2$ の大小を比較して，Δx より $(\Delta x)^2$ の方が小さいと判定した．その判定の方法の合理化をはかるのが本節の目標である．ここでも，1つの量（無限小の量）を他の量で測るという操作が用いられる．

$x \to a$ のとき，$f(x)$，$g(x)$ がともに無限小のとき

$\lim_{x\to a}\dfrac{f(x)}{g(x)}=0$　ならば，$f(x)$ は $g(x)$ より**高位の無限小**

$\lim_{x\to a}\dfrac{f(x)}{g(x)}=k\ (\neq 0)$　ならば，$f(x)$ と $g(x)$ は**同位の無限小**

$\lim_{x\to a}\left|\dfrac{f(x)}{g(x)}\right|=\infty$　ならば，$f(x)$ は $g(x)$ より**低位の無限小**

という．$f(x)$ が $g(x)$ より高位の無限小ならば，$g(x)$ は $f(x)$ より低位の無限小である．

$f(x)$ が $g(x)$ より高位の無限小であることを，$f(x)=o(g(x))$ とかく．このとき，$\dfrac{f(x)}{g(x)}=k(x)$ とおくと，$x \to a$ のとき，$k(x)\to 0$ だから $k(x)$ も無限小である．したがって，一般に高位の無限小は

$$o(g(x))=g(x)\times(\text{無限小}) \tag{5}$$

と定式化できる．

次に，$f(x)$ と $g(x)$ が同位の無限小のとき，$f(x)=g(x)q(x)+k(x)$ とすると，

$$\lim_{x\to a}\frac{f(x)}{g(x)}=\lim_{x\to a}\left\{q(x)+\frac{k(x)}{g(x)}\right\}=k$$

かつ，$k(x)=o(g(x))$，$q(x)\to k$．したがって

$$f(x)=kg(x)+o(g(x)) \tag{6}$$

とかける．もし，$kg(x)$ が $f(x)$ より簡単な形をしているならば，$x=a$ の付近では $f(x)$ の代りに $kg(x)$ を代用できる．このとき $kg(x)$ を $f(x)$ の**主要部**という．したがって，一般の無限小は

$$(\text{主要部})+(\text{高位の無限小}) \tag{7}$$

の形にかくことができる．

例 2.6　$x\to 0$ のとき，次の無限小の主要部を求めよ．

(1)　$(1+x)^2-1$　　(2)　$\sqrt{1+x}-1$　　(3)　$\sin x$

（解）

(1)　$\lim_{x\to 0}\dfrac{(1+x)^2-1}{x}=\lim_{x\to 0}(2+x)=2$　であるから，

$$(1+x)^2-1=2x+o(x)$$

(2)　$\lim_{x\to 0}\dfrac{\sqrt{1+x}-1}{x}=\lim_{x\to 0}\dfrac{1}{\sqrt{1+x}+1}=\dfrac{1}{2}$　であるから，

$$\sqrt{1+x}-1=\frac{1}{2}x+o(x)$$

(3)　$\lim_{x\to 0}\dfrac{\sin x}{x}=1$　であるから，$\sin x=x+o(x)$

問 2.10　$x\to 0$ のとき，次の無限小の主要部を求めよ．

(1)　$(1+x)^3-1$　　(2)　$\sqrt{x^2+a^2}-a$　　(3)　$\dfrac{x}{1+x}$　　(4)　$\sin 3x$

とくに $g(x)=(x-a)^n$ とおいて，$x\to a$ のときの無限小 $f(x)$ の大きさを測ってみることにしよう．すなわち，

適当なnをえらんで

$$\lim_{x\to 0}\frac{f(x)}{(x-a)^n}=k\ (\neq 0)\qquad (n>0) \tag{8}$$

となるようにしたとき，$f(x)$ を **n 位の無限小**といい，

$$f(x)=k(x-a)^n+o(x-a)^n \tag{9}$$

とかく．

［注］　$o(x-a)^n$ は $o((x-a)^n)$ とかくところを，（　）を省略したもの．

定理 2.4　$x\to a$ のとき，$f(x), g(x)$ をそれぞれ m 位，n 位の無限小としたとき

(1)　$f(x)g(x)$ は $(m+n)$ 位の無限小

(2)　$\dfrac{f(x)}{g(x)}$ は $(m-n)$ 位の無限小　（ただし $m>n$）

(3)　$f(x)+g(x)$ は $\begin{cases}\min(m,n) \text{ 位の無限小} & (m\neq n)\\ m \text{ 位またはそれ以上の無限小} & (m=n)\end{cases}$

問 2.11　定理2.4を証明せよ．

問 2.12　$x\to 0$ のとき，次の無限小の位数を求めよ．

(1)　$x^2\sin x$　　(2)　x^2+x^3　　(3)　$\dfrac{\sin^2 x}{x}$　　(4)　$1-\cos x$

例 2.7　原点を中心とする半径 r の半円（x 軸より上にある）が，y 軸および放物線 $y^2=x$ と交わる点をそれぞれ P, M とすれば，直線 PM と x 軸との交点をQとする．半円の半径 r が限りなく 0 に近づくとき，点Qの極限の位置を求めよ．（関学大）

（解）　M の座標は

$$\begin{cases} x^2+y^2=r^2 \\ y^2=x \end{cases}$$

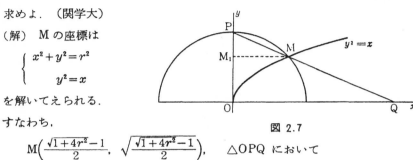

を解いてえられる．

すなわち，

図 2.7

$$\mathrm{M}\left(\frac{\sqrt{1+4r^2}-1}{2},\ \sqrt{\frac{\sqrt{1+4r^2}-1}{2}}\right),$$　　△OPQ において

$$\frac{\mathrm{OQ}}{\mathrm{MM_1}}=\frac{\mathrm{OP}}{\mathrm{PM_1}},\qquad \mathrm{OQ}=\frac{r\times\dfrac{\sqrt{1+4r^2}-1}{2}}{r-\sqrt{\dfrac{\sqrt{1+4r^2}-1}{2}}}$$

ここで直接 $\lim_{r\to 0}\mathrm{OQ}$ を計算するのはむつかしい．そこで分母子がそれぞれ何位の無限小か調べる．

$$\lim_{r\to 0}\frac{分子}{r^3}=\lim_{r\to 0}\frac{r(4r^2)}{2r^3(\sqrt{1+4r^2}+1)}=1$$

$$\lim_{r\to 0}\frac{分母}{r^3}=\lim_{r\to 0}\frac{\left(r^2+\dfrac{1}{2}\right)-\dfrac{\sqrt{1+4r^2}}{2}}{r^3\left(r+\sqrt{\dfrac{\sqrt{1+4r^2}-1}{2}}\right)}$$

$$=\lim_{r\to 0}\frac{r^4}{r^3\left(r+\sqrt{\dfrac{\sqrt{1+4r^2}-1}{2}}\right)\left(r^2+\dfrac{1}{2}+\dfrac{\sqrt{1+4r^2}}{2}\right)}$$

$$=\lim_{r\to 0}\frac{r}{r+\sqrt{\dfrac{\sqrt{1+4r^2}-1}{2}}}=\lim_{r\to 0}\frac{1}{1+\sqrt{\dfrac{4}{2(\sqrt{1+4r^2}+1)}}}=\frac{1}{2}$$

$$\lim_{r\to 0}\mathrm{OQ}=\lim_{r\to 0}\frac{分子}{r^3}\cdot\frac{r^3}{分母}=2$$

問 2.13 半径 a の円周上の定点Aにおいて接線をひき，周上の動点Pからこの接線に垂線を下し，その足をHとするとき，次の各問に答えよ．

(1) $\angle \mathrm{PAH}=\theta$ とおいて AH, PH を θ で表わせ．

(2) $\displaystyle\lim_{\theta\to 0}\frac{\mathrm{PH}}{\mathrm{AH}}$，$\displaystyle\lim_{\theta\to 0}\frac{\mathrm{PH}}{\mathrm{AH}^2}$ の値を求めよ．　　　　（京都府大）

§5. 無限大の大小

無限小と同様にすると，無限大の大小も比較できる．$x\to a$ のとき（$x\to\infty$ または $x\to -\infty$ としてもよい），$f(x), g(x)$ をともに無限大とするとき

$\displaystyle\lim_{x\to a}\left|\frac{f(x)}{g(x)}\right|=\infty$ ならば，$f(x)$ は $g(x)$ より**高位の無限大**

$\displaystyle\lim_{x\to a}\frac{f(x)}{g(x)}=k$ $(k\neq 0)$ ならば，$f(x)$ と $g(x)$ は**同位の無限大**

$\displaystyle\lim_{x\to a}\frac{f(x)}{g(x)}=0$ ならば，$f(x)$ は $g(x)$ より**低位の無限大**

という．無限小のときと同様に，$f(x)$ が $g(x)$ より高位の無限大ならば

$$f(x)=g(x)\times\text{無限大}$$

であるが，無限小のときと異なり，高位の無限大を無視することはできない．

$f(x)$ と $g(x)$ が同位の無限大のとき，$f(x)=g(x)q(x)+h(x)$ とすると

$$\lim_{x\to a}\frac{f(x)}{g(x)}=\lim_{x\to a}\left\{q(x)+\frac{h(x)}{g(x)}\right\}=k$$

より，

$$\lim_{x\to a}q(x)=k,\quad \frac{h(x)}{g(x)}\to 0$$

したがって，$h(x)$ は $g(x)$ より低位の無限大（もしくは有限値）で，

$$h(x)=g(x)\times\text{無限小}$$

となる．もし $f(x)$ より $kg(x)$ が簡単な形をしているときは，$y=a$ の付近では，$kg(x)$ で $f(x)$ を代用することができ，これを $f(x)$ の主要部という．

無限大の尺度としては，$x\to a$ のときは $\dfrac{1}{(x-a)^n}$，$x\to\infty$ のときは x^n が用

いられる．すなわち，$f(x)$ に対して，適当な正整数 n を定めて

> $\lim_{x\to a} f(x)(x-a)^n = k\ (\neq 0)$ とすると，$f(x)$ は $x\to a$ のとき n 位の無限大
>
> $\lim_{x\to\infty}\dfrac{f(x)}{x^n} = k\ (\neq 0)$ とすると，$f(x)$ は $x\to\infty$ のとき n 位の無限大

という．前者の場合の $f(x)$ の主要部は $\dfrac{k}{(x-a)^n}$，後者の場合は kx^n である．

問 2.14　$x\to 0$ のとき，次の無限大の位数および主要部を求めよ．

(1)　$\dfrac{1}{x}+\dfrac{1}{x^2}$　　(2)　$\dfrac{1}{x+x^2}$　　(3)　$\operatorname{cosec} x$　　(4)　$\cot x$　　(5)　$\dfrac{1}{1-\cos x}$

問 2.15　$x\to\infty$ のとき，$a_0x^n+a_1x^{n-1}+\cdots+a_{n-1}x+a_n\ (a_0\neq 0)$ なる無限大の位数と主要部を求めよ．

§6.　連　　続

> $$\lim_{x\to a} f(x) = f(a) \qquad (10)$$
>
> のとき，関数 $y=f(x)$ は $x=a$ で連続 (continuous) であるという．

また，$f(x)$ がある区間のすべての x で連続のとき，その区間で連続であるという．

しかし，(10) 式は単なる定義であって，それだけではいろいろな問題を考察するのに不十分であろう．連続について知るには，裏返して不連続の場合を知るのが早道である．不連続の場合は，(10) 式が成り立たない場合だから，次の 4 通りが考えられる．

(1°)　$f(a)$ が存在しないとき

(2°)　$\lim_{x\to a} f(x)$ が存在しないとき

(3°)　$f(a)$ も $\lim_{x\to a} f(x)$ も存在しないとき

(4°)　$f(a)$，$\lim_{x\to a} f(x)$ は存在するが，$\lim_{x\to a} f(x)\neq f(a)$ のとき

以下，これらについて，例をもって説明しよう．

(1°)　<u>$f(a)$ が存在しないとき</u>

例 2.8　$f(x)=\dfrac{x^2-1}{x-1}$ とする．

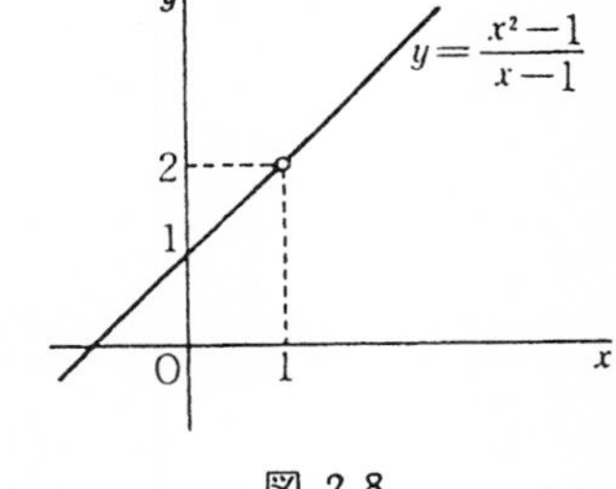

図 2.8

$$f(x)=\begin{cases} x+1 & (x\neq 1 \text{ のとき}) \\ \text{値なし} & (x=1 \text{ のとき}) \end{cases}$$

しかし，$\lim_{x\to 1} f(x)=2$ となる．したがって $f(x)$ は $x=1$ で不連続である．$f(x)$ のグラフは図 2.8 の通り，$f(1)=2$ ときめると，$x=1$ は**取除きうる不連続点**となる．

(2°)　<u>$\lim_{x\to a} f(x)$ が存在しないとき</u>

例 2.9　$[x]$ は x を越えない最大の整数とする．

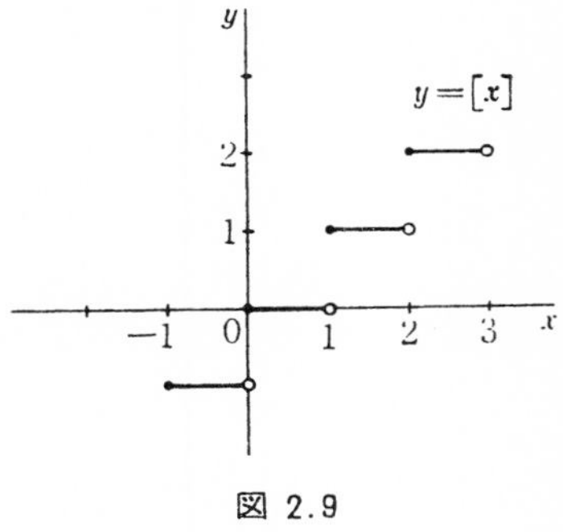

図 2.9

$$f(x)=\begin{cases} \cdots\cdots\cdots\cdots \\ -1 & (-1\leqq x<0 \text{ のとき}) \\ 0 & (0\leqq x<1 \text{ のとき}) \\ 1 & (1\leqq x<2 \text{ のとき}) \\ 2 & (2\leqq x<3 \text{ のとき}) \\ \cdots\cdots\cdots\cdots \end{cases}$$

$\lim_{x\to 1-0} f(x)=0$，$\lim_{x\to 1+0} f(x)=1$．よって $\lim_{x\to 1} f(x)$ は存在しない．このような不連続点を**第 1 種不連続点**という．

(3°)　<u>$f(a)$ も $\lim_{x\to a} f(x)$ も存在しないとき</u>

$y=f(x)=\dfrac{1}{x}$ とおくと，$x=0$ では $f(0)$ も $\lim_{x\to 0} f(x)$ もどちらも存在しない．このことについては多くを語る必要もないだろう．

(4°)　<u>$f(a)$ も $\lim_{x\to a} f(x)$ も存在し，かつ $f(a)\neq\lim_{x\to a} f(x)$ のとき</u>

例 2.10　無限個の項の和が存在するとして定義された関数

$$f(x)=x^2+\frac{x^2}{1+x^2}+\frac{x^2}{(1+x^2)^2}+\cdots\cdots\cdots \qquad ①$$

は，$x\neq 0$ のとき，次のような工夫をすると簡単な形にまとめられる．

$$\frac{f(x)}{1+x^2}=\frac{x^2}{1+x^2}+\frac{x^2}{(1+x^2)^2}+\cdots\cdots\cdots \qquad ②$$

①−②

$$f(x)\left\{1-\frac{1}{1+x^2}\right\}=x^2$$

$$\therefore\ f(x)=1+x^2$$

一方，　　$f(0)=0+0+\cdots=0$

$$\lim_{x\to 0}f(x)=1\neq f(0)$$

この関数のグラフは図 2.10 の通りである．

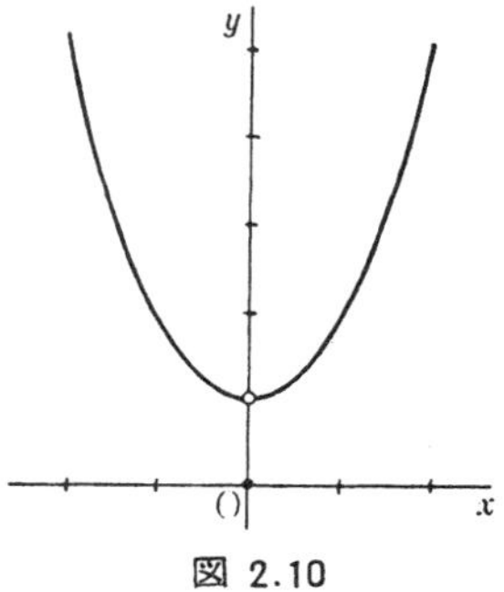

図 2.10

問 2.16　$f(x)=\lim_{n\to\infty}\frac{|x|^n}{1+|x|^n}$ のグラフをかけ．　　　（東海大）

問 2.17　$-1\leqq x\leqq 1$ のとき，

$$f(x)=\lim_{n\to\infty}\frac{x(1+\sin\pi x)^n+\sin\pi x}{(1+\sin\pi x)^n+1}$$

を簡単な形にし，かつこの関数のグラフをかけ．　　　（東京水産大）

不連続な場合，$f(x)$ のグラフは不連続な x において切れていて，連結していない．このことは逆に連続なときは，グラフは x において切れ目のない線になっている．また，(10) 式は，

$x-a$ が無限小のとき，$f(x)-f(a)$ が無限小

ということである．したがって，$f(x)$ が連続なところでは

x の微小変化に対応し，$f(x)$ が微小変化する．

そして，このような関数を**連続関数**というといいかえてもよい．

定理 2.5　$x=a$ で $f(x), g(x)$ がともに連続ならば，次の関数はいずれも $x=a$ で連続である．

(1)　$f(x)+g(x)$　　　(2)　$cf(x)$　　（c は定数）

(3)　$f(x)g(x)$　　　(4)　$\frac{f(x)}{g(x)}$　　（ただし $g(a)\neq 0$）

（証明）　仮定から　$\lim_{x\to a} f(x)=f(a)$，$\lim_{x\to a} g(x)=g(a)$

（1）　定理 2.2 から

$$\lim_{x\to a}\{f(x)+g(x)\}=\lim_{x\to a} f(x)+\lim_{x\to a} g(x)$$
$$=f(a)+g(a)$$

(2)(3)(4) も同様に定理 2.2 を用いればよい．　　　(Q. E. D)

例 2.11　多項式関数はすべての x に対して連続である．分数関数は分母の零点をのぞいて連続であることを証明せよ．

（解）　関数 $f(x)=x$ は明らかに連続である．したがって

$x^2=x\cdot x$，$x^3=x\cdot x\cdot x$，…，x^n はすべて連続，さらに，a_0x^n，a_1a^{n-1}，…も連続であり，それらの和も連続である．多項式関数はすべて x で連続である．分数関数は多項式関数を別の多項式関数で割ったものだから，分母の零点をのぞき連続なことは定理 2.5 から明らか．

問 2.18　次の関数はすべての x で連続か．連続でなければ不連続点を見出せ．

（1）　x^3-3x^2+5x-6　　（2）　$\dfrac{x}{x^2+1}$　　（3）　$\dfrac{x}{x^2-1}$

（4）　$\dfrac{x^2}{x-1}$　　（5）　a^x

問 2.19　すべての点 x で定義された関数 $f(x)$ が x の任意の相異なる値 x_1, x_2 に対して，$|f(x_1)-f(x_2)|<|x_1-x_2|$ をつねに満たしているとき，$f(x)$ は各点 x で連続であることを示せ．　　　（東北工大）

（このような連続を **Lipschitz** 連続という）

問 2.20　$\sin(\alpha+\beta)-\sin(\alpha-\beta)=2\cos\alpha\sin\beta$ であることを利用して，

$\sin x-\sin x_0=2\cos\dfrac{x+x_0}{2}\sin\dfrac{x-x_0}{2}$ を証明し，あわせて $\sin x$ がすべての x に対して連続であることを示せ．

第2章　微分係数と導関数

§1.　1次化と微分係数

もう一度，多項式関数の1次化（第I部，第5章）を振り返ってみよう．多項式関数 $f(x)$ を $x=x_0$ でベキ展開すると

$$y=b_0+b_1(x-x_0)+b_2(x-x_0)^2+\cdots+b_n(x-x_0)^n$$

の形になる．$x=x_0$ のとき $y_0=f(x_0)\equiv b_0$ であるが，点 (x_0, y_0) に原点をもつ局所座標をつくり，$x-x_0=\Delta x$，$y-y_0=\Delta y$ とおくと，

$$\Delta y=b_1\Delta x+b_2(\Delta x)^2+\cdots+b_n(\Delta x)^n$$

となる．$x=x_0$ の付近では，Δx は十分小さいので，$(\Delta x)^2$ 以下は無視できる程微小となるから，これらを無視すると，近似正比例関数

$$\Delta y=b_1\Delta x$$

がえられ，1次化ができたのであった．

ここで，「Δx が十分小さいとき，$(\Delta x)^2$ 以下は無視できる程微小」ということは，「Δx が無限小のとき，$(\Delta x)^2$ 以下は高位の無限小」ということである．したがって，正確には

$$\Delta y=b_1\Delta x+o(\Delta x)$$

とかくべきであった．

一般に関数 $f: x \longmapsto y$ があって，y が何らかの方法で

$$y=f(x)=y_0+k(x-x_0)+o(x-x_0)$$

局所座標系で

$$\Delta y=k\Delta x+o(\Delta x) \tag{1}$$

の形に変形できるとき，$f(x)$ は $x=x_0$ で**微分可能** (differentiable)

であるという．$f(x)$ がある変域のすべての x で微分可能のとき，$f(x)$ はその変域で微分可能であるという．

無限小 Δy の主要部を dy で表わし，これに対応する Δx を dx で表わし，それぞれ変数 y,x の**微分** (differential) という．すると (1) 式の主要部をとると

$$dy=k\,dx \tag{2}$$

とかける．k は微分 dx,dy 間の正比例の係数という意味で**微分係数** (differential coefficient) といい，記号で $f'(x_0)$ とかく．また，(2) 式から，

$$k=\frac{dy}{dx}$$

でもあるから，**微分商** (differential quotient) ともいい，この意味で

$$\left(\frac{dy}{dx}\right)_{x=x_0}$$

ともかく．

(2) 式は (1) 式の主要部であるから，$dx=\Delta x$ を小さくすることで，いくらでも (1) に精密に近似できる．したがって，関数 $f(x)$ がある x において，局所的にどんな正比例に似ているかという課題に応えるのが，上の説明である．この意味で (2) 式を $f(x)$ の $x=x_0$ における1次化という．一般の座標では，1次化は

$$y=y_0+k(x-x_0)$$

または

$$y=f(x_0)+f'(x_0)(x-x_0) \tag{3}$$

とかける．したがって，

1次化することは，微分係数 $f'(x_0)$ を求めることに帰着する

$f'(x_0)$ を求めることを，**$f(x)$ を $x=x_0$ で微分する**という．

例 2.12　次の関数を $x=3$ において1次化し，微分係数を求めよ．

(1)　$y=x^3-4x^2+7x-6$　　　(2)　$y=\dfrac{1}{x}$

（解）　(1)　$x=3$ においてベキ展開する．

$$y=6+10(x-3)+5(x-3)^2+(x-3)^3$$
$$=6+10(x-3)+o(x-3)$$

	1	−4	7	−6
3		3	−3	12
	1	−1	4	6
3		3	6	
	1	2	10	
3		3		
	1	5		

局所座標系では

$$\Delta y=10\Delta x+o(\Delta x)$$

1次化すると

$$dy=10dx$$
$$\therefore\quad f'(3)=10$$

(2)　直接 $x-3$ についてベキ展開できない．

$x=3+\Delta x$ とおくと

	1	0	0	0
$-\frac{1}{3}$		$-\frac{1}{3}$	$\frac{1}{9}$	…
	1	$-\frac{1}{3}$	$\frac{1}{9}$	

$$y=\frac{1}{3+\Delta x}=\frac{1}{3}\frac{1}{1+\frac{\Delta x}{3}}$$
$$=\frac{1}{3}\left(1-\frac{1}{3}\Delta x+\frac{1}{9}\Delta x^2+\cdots\right)=\frac{1}{3}\left(1-\frac{1}{3}\Delta x\right)+o(\Delta x)$$
$$\therefore\quad dy=-\frac{1}{9}dx,\qquad f'(3)=-\frac{1}{9}$$

問 2.21　次の関数を $x=-2$ で1次化して，微分係数を求めよ．

(1)　$y=3x-2$　　(2)　$y=x^2-5x+3$

(3)　$y=-x^2+3x-4$　　(4)　$y=x^3+5x^2-6x+3$

問 2.22　関数 $f(x)=(2x+1)(3x^2-5x+1)$ の $x=1$ における微分係数を求めよ．

（神戸大）

問 2.23　関数 $f(x)=(x+1)(x+2)(x+3)(x+4)(x+5)$ において，$f(x)$ を x の降ベキの順に整理したものを

$$f(x)=x^5+A_1x^4+A_2x^3+A_3x^2+A_4x+A_5$$

とおくとき

(1)　$A_1+A_2+A_3+A_4+A_5$　の値を求めよ．

(2)　$f'(-1)$ の値を求めよ．　（順天堂大）

問 2.24　関数 $f(x)=1+x+x^2+\cdots+x^n$（n は正整数）において

(1)　$f'(2)$　を計算せよ．

(2)　$f'(2)=2^{12}+1$　であるという．n の値はいくらか．　（法政大）

さて，再び (1) 式にもどろう．高位の無限小の意味から

$$\frac{\Delta y-k\Delta x}{\Delta x}=\frac{o(\Delta x)}{\Delta x}\to 0$$

$$\therefore\quad \frac{\Delta y}{\Delta x}\to k$$

となる．このことから．微分係数 $f'(x_0)$ の定義は

$$f'(x_0)=\lim_{\Delta x\to 0}\frac{\Delta y}{\Delta x}=\lim_{x\to x_0}\frac{y-y_0}{x-x_0}$$
$$=\lim_{\Delta x\to 0}\frac{f(x_0+\Delta x)-f(x_0)}{\Delta x} \tag{4}$$

のように表現できる．

例 2.13　$f(x)=\sqrt{1+x}$ の $x=1$ における微分係数を求めよ．

(解)
$$f'(1)=\lim_{\Delta x\to 0}\frac{\sqrt{2+\Delta x}-\sqrt{2}}{\Delta x}=\lim_{\Delta x\to 0}\frac{\Delta x}{\Delta x(\sqrt{2+\Delta x}+\sqrt{2})}$$
$$=\lim_{\Delta x\to 0}\frac{1}{\sqrt{2+\Delta x}+\sqrt{2}}=\frac{1}{2\sqrt{2}}$$

問 2.25　$x=1$ における微分係数を求めよ．

(1)　$y=x^2$　　(2)　$y=\sqrt{x}$　　(3)　$y=\dfrac{1}{\sqrt{x}}$　　(4)　$y=\dfrac{1}{x^2+1}$

§2.　1次化の空間的意味と接線

いままで比較的無雑作に使ってきた接線という言葉を，この節では少し深く考えてみよう．

接線という言葉がはじめて出てくるのは円においてであった．円の接線とは「円周と1点を共有する直線」であり，その点，つまり接点において半径と直交することはよく知られている．

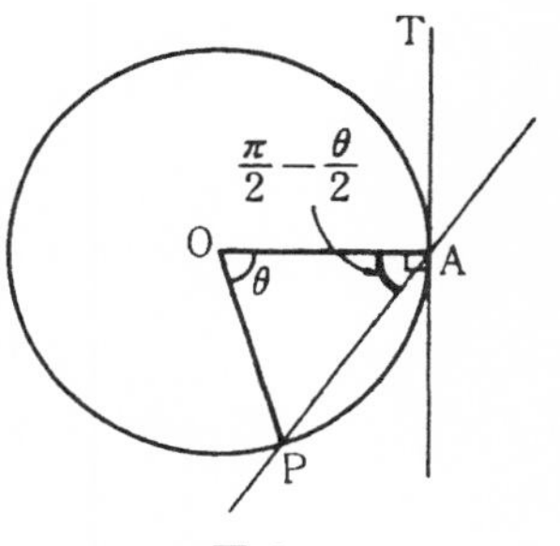

図 2.11

ところが「1点を共有する」直線というのは，円以外の場合は適切でない．たとえば，$y=x^2$

で，軸に平行な直線 $x=\alpha$ はこの放物線と1点のみを共有するが，接線のもつイメージとは全くかけ離れたものである．

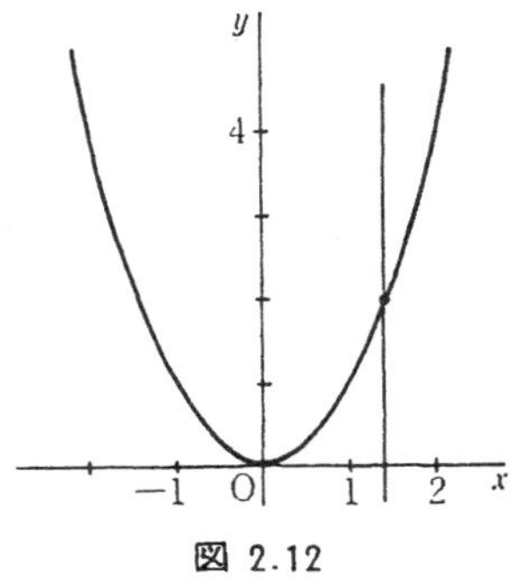

図 2.12

そこで，接線を次のように定義する．

曲線 C 上の定点Aと動点Pがある．AとPを結んで割線APをつくる．P点が C に沿って限りなくAに近づいたとき，もしも割線APが一定の直線に限りなく近づくならば，その直線をAにおける C の接線という．

この定義にもとづけば，特別な円の場合にも接線の定義にかなう．なぜなら

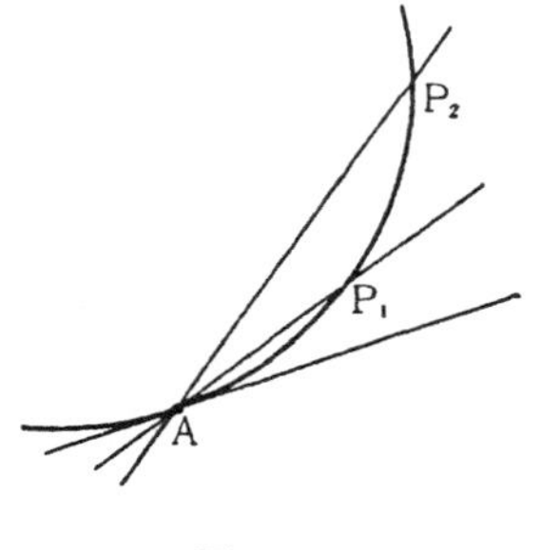

図 2.13

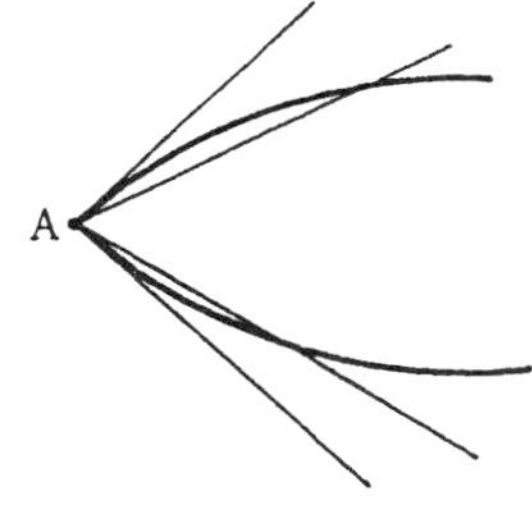

図 2.14

ば，図2.11において，$\angle AOP=\theta$ とすると，$\angle OAP=\frac{\pi}{2}-\frac{\theta}{2}$．$\theta\to 0$ のとき $\angle OAP\to\frac{\pi}{2}$ となる．

この定義でみると，Pが C に沿って限りなくAに近づくとき，APはただ1本の直線に近づかねばならない．したがって，図2.14のように，どちら側からAに近づくかで一定の直線が別のものになる場合，Aにおける接線は存在しないものとする．

また，接線は，ある点の付近の状態において考えられるものであるから，全体的にみれば，接線が再び曲線と交わり，交点を1つ以上もつことはありうる．このように，接線とは接点の付近の局所的状態から定義されるので，その

意味で，関数の1次化と結びつく．

いま，曲線の方程式を $y=f(x)$ とし．曲線上の定点を $A(x_0, y_0)$ とする．曲線上に点Pをとり，$P(x, y)$ とする．Aを原点とする局所座標系 (X, Y) を考えると

$$\Delta x = x - x_0$$

$$\Delta y = y - y_0$$

とおくと，割線 AP の方程式は

$$Y = \frac{\Delta y}{\Delta x} X$$

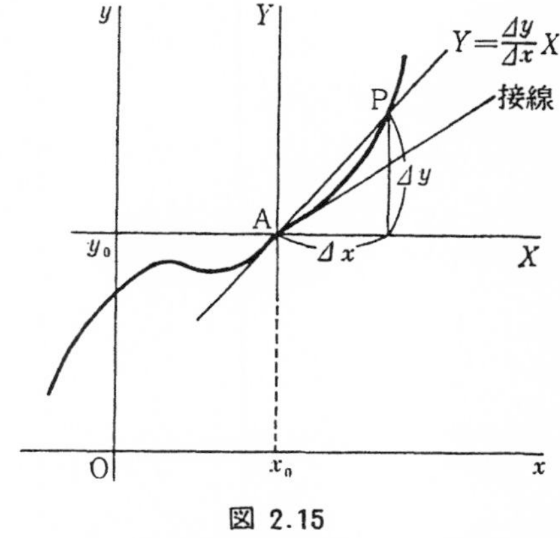

図 2.15

である．動点Pが，$P_1, P_2, \cdots, P_n, \cdots$ と曲線に沿ってAに限りなく近づくとき，$P_n(x_n, y_n)$ に対して

$$(\Delta x)_n = x_n - x_0, \qquad (\Delta y)_n = y_n - y_0$$

とおくと，割線 $AP_1, AP_2, \cdots, AP_n, \cdots$ は

$$Y = \frac{(\Delta y)_1}{(\Delta x)_1} X, \qquad Y = \frac{(\Delta y)_2}{(\Delta x)_2} X, \qquad \cdots\cdots, \qquad Y = \frac{(\Delta y)_n}{(\Delta x)_n} X, \qquad \cdots\cdots$$

となり，傾き $\dfrac{\Delta y}{\Delta x}$ はしだいに変化し，結局は

$$\lim_{\Delta x \to 0} \frac{\Delta y}{\Delta x} = f'(x_0)$$

に近づいてゆく（もちろん，$f'(x_0)$ の存在は仮定する）．したがって，

> Aにおける曲線 C の接線の方程式は
>
> $$Y = f'(x_0) X,$$
>
> $$y = y_0 + f'(x_0)(x - x_0) \qquad (5)$$

である．以上の説明から，

関数の1次化の空間的表現が接線　であり

接線の方程式は近似1次関数　である．

例 2.14　$y=x^3-3x+5$　上の点 (1,3) における接線の方程式を求めよ．

（東京電機大）

（解）　$x=1$ でベキ展開すると

	1	0	−3	5
1		1	1	−2
	1	1	−2	3
1		1	2	
	1	2	0	
1		1		
	1	3		

$$y=3+0\times(x-1)+3(x-1)^2+(x-1)^3$$

$$=3+0(x-1)$$

接線の方程式は

$$y=3$$

あるいは

$$f'(1)=\lim_{\Delta x\to 0}\frac{[(1+\Delta x)^3-3(1+\Delta x)+5]-3}{\Delta x}$$

$$=\lim_{\Delta x\to 0}\frac{3(\Delta x)^2+(\Delta x)^3}{\Delta x}=\lim_{\Delta x\to 0}(3\Delta x+(\Delta x)^2)=0$$

$$\therefore\quad y=3+0\times(x-1)=3$$

問 2.26　次の曲線の $x=-2$, $x=1$, $x=3$ における接線の方程式を求めよ．

(1)　$y=x^2-3x+1$　　(2)　$y=x^3$　　(3)　$y=\dfrac{1}{x}$　　(4)　$y=\sqrt{x}$

例 2.15　(1)　曲線 $y=x^3+px+q$ が x 軸に接するための条件を求めよ．

(2)　原点を通って曲線 $y=x^3+px+q$ に接する直線はあるか．あるならその傾きを求めよ．　　（奈良女子大）

（解）　(1)　$x=x_0$ でベキ展開すると

$$y=(x_0{}^3+px_0+q)+(3x_0{}^2+p)(x-x_0)+o(x-x_0)$$

x 軸に接するには

$$\begin{cases} f'(x_0)=3x_0{}^2+p=0 & ① \\ f(x_0)=x_0{}^3+px_0+q=0 & ② \end{cases}$$

② より　　$x_0{}^2(x_0{}^2+p)^2=q^2$

これに ① の $x_0{}^2$ を代入して，　　$4p^3+27q^2=0$　　をうる．

(2)　接線の方程式で $x=y=0$ とおく．

$$(x_0{}^3+px_0+q)-(3x_0{}^2+p)x_0=0$$

$$q=2x_0{}^3$$

$$\therefore \quad x_0=\sqrt[3]{\frac{q}{2}}$$

$$f'\left(\sqrt[3]{\frac{q}{2}}\right)=\frac{3}{2}\sqrt[3]{2q^2}+p.$$

問 2.27　$y=x^3-2x^2+x+8$ に原点を通る接線をひくとき，接点の座標を求めよ．（関西大）

問 2.28　直線 $y=2(x-1)$ が曲線 $y=ax^3+(1-2a)x$ $(a\neq 0)$ に接するよう a の値をきめよ．　（東北大）

問 2.29　3次曲線 $y=ax^3+3bx^2+cx+d$ $(a\neq 0)$ に，原点から異なる3本の接線がひけるための必要十分条件を求めよ．ただし a,b,c,d は実数とする．　（名工大）

例 2.16　$y=f(x)$ 上の点Pにおける接線と直交し，Pを通る直線を法線（normal）という．$\mathrm{P}(x_0,y_0)$ における法線の方程式は

$$y=y_0-\frac{1}{f'(x_0)}(x-x_0) \tag{6}$$

である．

（解）　法線の傾きを m とすると，$f'(x_0)m=-1$，$m=-\dfrac{1}{f'(x_0)}$.

点 (x_0,y_0) を通り，傾き $-\dfrac{1}{f'(x_0)}$ の直線の方程式は与えられた通り．

問 2.30　放物線 $y=x^2$ 上の異なる3点 (x_1,y_1)，(x_2,y_2)，(x_3,y_3) における法線が1点で交わるとき，$x_1+x_2+x_3=0$ であることを証明せよ．　（名大）

例 2.17　放物線 $y=x^2$ と $y=\sqrt{x}$ のなす角（交点における接線のなす角をいう）を求めよ．

（解）　2曲線の交点は $(0,0)$，$(1,1)$

(1)　$x=0$ では，$y=x^2$ の微分係数は 0，$y=\sqrt{x}$ の微分係数はない（$+\infty$）．したがって，接線はそれぞれ x 軸，y 軸そのものだから，2曲線は直交する．

(2)　$x=1$ では，$y=x^2$ の微分係数は

$$\lim_{\Delta x\to 0}\frac{\Delta y}{\Delta x}=\lim_{\Delta x\to 0}\frac{(1+\Delta x)^2-1}{\Delta x}$$

$$=\lim_{\Delta x\to 0}(2+\Delta x)=2$$

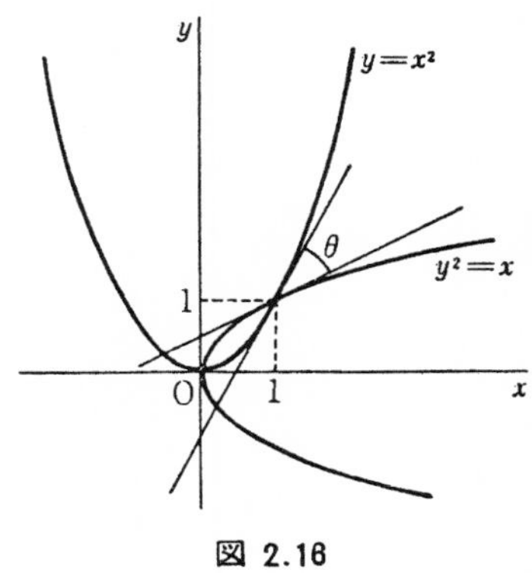

図 2.16

$y=\sqrt{x}$ の微分係数は

$$\lim_{\Delta x\to 0}\frac{\Delta y}{\Delta x}=\lim_{\Delta x\to 0}\frac{\sqrt{1+\Delta x}-1}{\Delta x}=\lim_{\Delta x\to 0}\frac{1}{\sqrt{1+\Delta x}+1}=\frac{1}{2}$$

接線と x 軸とのなす角をそれぞれ α,β とすると，$\tan\alpha=2$，$\tan\beta=\frac{1}{2}$.

2曲線の交角 θ の正接は

$$\tan\theta=\tan(\alpha-\beta)=\frac{2-\frac{1}{2}}{1+2\times\frac{1}{2}}=\frac{3}{4}$$

§3. 動座標と導関数

関数 $f: x\longmapsto y=x^2$ で，$x=x_0$ における近似正比例関数は

$$dy=2x_0dx,\qquad f'(x_0)=2x_0$$

であった．x_0 をいろいろ変えると，各点における1次化と微分係数がえられる．たとえば

$x_0=-2$　$dy=-4\cdot dx$　$f'(-2)=-4$

$x_0=-1$　$dy=-2\cdot dx$　$f'(-1)=-2$

$x_0=0$　$dy=0\cdot dx$　$f'(0)=0$

$x_0=1$　$dy=2\cdot dx$　$f'(1)=2$

$x_0=2$　$dy=4\cdot dx$　$f'(2)=4$

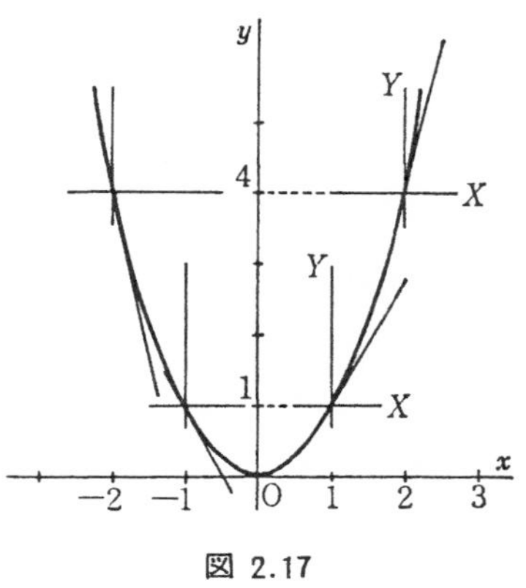

図 2.17

などである．これらの近似正比例関数は，これらの各点でそれぞれ局所座標をつくったときの，その座標系による接線の方程式であり，その点で関数がどのように変化しつつあるかを示すものである．したがって，関数 $y=x^2$ で，x が連続的に変化するとき，局所座標もそれに従って連続的に変化し，接線も連続的に変化する．このように，局所座標が連続的に変化するとき，**動座標** (moving frame) という．

変数 x が連続的に変化し，それに応じて動座標を考えていくと，動座標における１次化を決定する微分係数も連続的に変化し，$x_0 \longmapsto f'(x_0)=2x_0$ という関数が考えられる．この関数で，x_0 を x とおきかえて

$$f' : x \longmapsto 2x=y'$$

を

$$f : x \longmapsto y=x^2$$

の導関数という．

一般に，関数 $f : x \longmapsto y$ において，x が連続的に変化するとき，それに応じて局所座標も連続的に変化して動座標となる．この動座標で，近似正比例関数

$$dy=f'(x)dx$$

が考えられ，それを決定する比例定数としての微分係数 $f'(x)$ を，$f(x)$ の**導関数** (derived function) という．

導関数を表わす記号としては，古くからいろいろなものが用いられている．それらを列挙すると，

独立変数を明示しないとき，　f'，Df

独立変数を明示するとき，　$\dfrac{d}{dx}f(x)$，$D_xf(x)$，$f'(x)$

従属変数を明示するとき，　$\dfrac{dy}{dx}$，y'，Dy

導関数を求めること，つまり関数 $f(x)$ から，導関数 $f' : x \longmapsto f'(x)$ を求めることを，**微分する**という．そして上記の導関数の記号 $\dfrac{d}{dx}$，$'$，D などを**微分記号**という．とくに D は

$$D : f \longmapsto f'$$

という１種の関数記号の形に用いられ，**微分演算子** (differential operator) という．

微分の方法は微分係数の求め方と本質的に差異はない．$f(x)$ を $x=x_0$ で１

次化し

$$f(x)=f(x_0)+f'(x_0)(x-x_0)+0(x-x_0)$$

として，$x_0 \longmapsto f'(x_0)$ という関数を考えてもよいし，x_0 を x，x を $x+\varDelta x$ とおいて

$$f(x+\varDelta x)=f(x)+f'(x)\varDelta x+o(\varDelta x)$$

と１次化してもよい．普通はこれと論理的に同じ

$$f'(x)=\lim_{\varDelta x\to 0}\frac{f(x+\varDelta x)-f(x)}{\varDelta x} \tag{7}$$

を導関数の定義とする．

例 2.18 $f: x \longmapsto x^3$ を微分せよ．

（解１） x^3 を $x=x_0$ でベキ展開し，

$$x^3=x_0{}^3+3x_0{}^2(x-x_0)+3x_0(x-x_0)^2+(x-x_0)^3$$
$$=x_0{}^3+3x_0{}^2(x-x_0)+o(x-x_0)$$
$$\therefore\ f'(x_0)=3x_0{}^2$$
$$f': x \longmapsto 3x^2$$

（解２）

$$f'(x)=\lim_{\varDelta x\to 0}\frac{(x+\varDelta x)^3-x^3}{\varDelta x}$$
$$=\lim_{\varDelta x\to 0}(3x^2+3x\varDelta x+(\varDelta x)^2)=3x^2$$

例 2.19 $f: x \longmapsto ax+b$ を微分せよ．

（解１） $ax+b$ を $x=x_0$ でベキ展開し，

$$ax+b=(ax_0+b)+a(x-x_0)$$
$$\therefore\ f'(x_0)=a$$
$$f': x \longmapsto a$$

（解２）

$$f'(x)=\lim_{\varDelta x\to 0}\frac{\{a(x+\varDelta x)+b\}-(ax+b)}{\varDelta x}$$
$$=\lim_{\varDelta x\to 0}\frac{a\varDelta x}{\varDelta x}=a$$

定理 2.6　　$Dc=0$　　(c は定数)　　(8)

$Dx=1$　　(9)

(証明)　例 2.19 において

$$D(ax+b)=a$$

$a=0,\ b=c$ とおくと　$D(c)=0$

$a=1,\ b=0$ とおくと　$D(x)=1$　　(Q. E. D)

$f: x \longmapsto c$ を**定値関数** (constant function) という．定値関数は変化をしないことの数学的表現であるから，それを微分することは，本来の 1 次化の趣旨からははずれるが，後章でのべる微分の法則性を完全なものにするために，1 次化の概念を拡張したものである．

問 2.31　次の関数を微分せよ．

(1)　$f(x)=3x^2$　　(2)　$f(x)=2x^3$

(3)　$f(x)=x^4$　　(4)　$f(x)=x^2-5x+3$

(5)　$f(x)=x^3-3x^2$　　(6)　$f(x)=x^3-7x^2+9x$

第3章 微分計算

§1. 正比例の重ね合わせと微分の線型性

いま，水槽に水栓 A,B がついており，水栓の Aの流量が $a\,l$/分，Bの流量が $b\,l$/分とする．2つの水栓を同時に x 分間開いたとき，A,B から流入する水量を $y_{\mathrm{A}}, y_{\mathrm{B}}$ とすると

$$y_{\mathrm{A}}=ax, \qquad y_{\mathrm{B}}=bx$$

両方合わせて

$$y_{\mathrm{A}}+y_{\mathrm{B}}=(a+b)x$$

となる．

これを

$$f: x \longmapsto ax, \qquad g: x \longmapsto bx$$

の**重ね合せ**（superposition）といい，

$$f+g: x \longmapsto (a+b)x$$

とかく．

内包量は，本来は加法性をもたないが，このように，土台になる量 x が共通のときは和が考えられる．

問 2.32 正比例の重ね合せの例をあげよ．その例で比例定数の和はどんな量的意味をもつか述べよ．

微分することは，一般の関数 $f: x \longmapsto y$ を $x=x_0$ の付近で局所的に正比例関数 $Y=f'(x_0)X$ で近似することだから，正比例の重ね合わせと同じ意味をもつ微分演算の線型法則が成り立つ．

定理 2.7（線型性） k を定数とするとき

$$D(f+g)=Df+Dg \quad \text{または} \quad \{f(x)+g(x)\}'=f'(x)+g'(x) \qquad (1)$$

$$D(kf)=kDf \qquad \text{または} \quad \{kf(x)\}'=kf'(x) \tag{2}$$

(証明)　$f(x)=f(x_0)+f'(x_0)(x-x_0)+o(x-x_0)$

$$g(x)=g(x_0)+g'(x_0)(x-x_0)+o(x-x_0)$$

$$o(x-x_0)+o(x-x_0)=\frac{k_1(x-x_0)^2+\cdots}{(x-x_0)}+\frac{k_2(x-x_0)^2+\cdots}{(x-x_0)}$$

$$=\frac{(k_1+k_2)(x-x_0)^2+\cdots}{(x-x_0)}=o(x-x_0)$$

つまり，高位の無限小と高位の無限小の和は，また高位の無限小になるから

$$f(x)+g(x)=\{f(x_0)+g(x_0)\}+\{f'(x_0)+g'(x_0)\}(x-x_0)+o(x-x_0)$$

したがって，関数 $x\longmapsto f(x)+g(x)$ の $x=x_0$ における微分係数は，$f'(x_0)+g'(x_0)$ で，導関数は $f'(x)+g'(x)$ である．

$$\therefore \quad D: f(x)+g(x)\longmapsto f'(x)+g'(x)$$

$$D(f+g)=Df+Dg$$

定理の後半も同様にして証明できる．

問 2.33　$D(k_1f_1+k_2f_2+\cdots+k_nf_n)=k_1Df_1+k_2Df_2+\cdots+k_nDf_n$
を証明せよ．ただし $k_1,k_2,\cdots,k_n$ は実数とする．

定理 2.8　n を負でない整数とするとき，$Dx^n=nx^{n-1}$　(3)

(証明)

x^n を $x=x_0$ でベキ展開すると

$$x^n=x_0{}^n+nx_0{}^{n-1}(x-x_0)+o(x-x_0)$$

$$\therefore \quad f'(x_0)=nx_0{}^{n-1}$$

$$f'(x)=nx^{n-1}$$

	1	0	0	………		0
x_0		x_0	$x_0{}^2$	……	$x_0{}^{n-1}$	$x_0{}^n$
	1	x_0	$x_0{}^2$	……	$x_0{}^{n-1}$	$x_0{}^n$
x_0		x_0	$2x_0{}^2$	…	$(n-1)x_0{}^{n-1}$	
	1	$2x_0$	$3x_0{}^2$	…	$nx_0{}^{n-1}$	
x_0		x_0	……			
	1	$3x_0$	……			
x_0						
	1	…				
	⋮					

例 2.20　3次関数 (ax^3+bx^2+cx+d) を微分せよ.

（解）　$(ax^3+bx^2+cx+d)'=(ax^3)'+(bx^2)'+(cx)'+(d)'$

$$=a(x^3)'+b(x^2)'+c(x)'+(d)'$$

$$=3ax^2+2bx+c$$

問 2.34　次の関数を微分せよ.

(1)　x^2-5x+3　　(2)　$2x^2-3x+6$　　(3)　x^3-5x^2+7x-8

(4)　x^3+6x^2+4x-3　　(5)　$(x-3)(x^2+x-5)$

問 2.35　$n+1$ 個の数 $a_0=1, a_1, a_2, \cdots, a_n$ に対して

$$f_n(x)=a_0+a_1x+a_2x^2+\cdots+a_nx^n$$

$$f_{n-1}(x)=a_0+a_1x+a_2x^2+\cdots+a_{n-1}x^{n-1}$$

とする.

(1)　$f_n'(x)=f_{n-1}(x)$ が恒等的に成り立つとき，a_k $(k=1,\cdots,n)$ を k によって表わせ.

(2)　$f_n(x)+(1+x)f_n'(x)=(-1)^n(n+1)x^n$ が恒等的に成り立つとき，a_k $(k=1,2,\cdots,n)$ を k によって表わせ.　　（慶応大）

§2.　正比例の合成と合成関数の微分

水槽に流量 a l/分 で薬品の溶液を入れるとしよう．この薬品の密度が b g/l であるとする．x 分間に y l の溶液が入り，薬品の質量が zg になったとする．そのとき，2つの正比例関数

$$f: x \longmapsto y=ax, \quad g: y \longmapsto z=by$$

がえられる．すると，x と z との間には

$$z=b(ax)=(ba)x$$

という正比例関数がえられる．これを f と g の**合成関数**(compound function)といい，

$$g\circ f: x \longmapsto z=(ba)x \qquad \text{ただし } ba \text{ g/分}$$

で表わす．正比例の合成によって

内包量×内包量＝内包量

という関係が成り立つ.

問 2.36 正比例の合成の例をあげよ.

一般的には，量をはなれて形式的に合成関数を考えることもできる. つまり

$$f : x \longmapsto y=f(x), \qquad g : y \longmapsto z=g(y)$$

のとき，

$$x \longmapsto z=g\{f(x)\}$$

を f と g との**合成関数**といい，記号で $(g\circ f)(x)$ とかく.

例 2.21

$$f : x \longmapsto y=x^2+1$$
$$g : y \longmapsto z=y^n$$

とおくと

$$g\circ f : x \longmapsto z=(x^2+1)^n$$

しかるに

$$f\circ g : x \longmapsto z=x^{2n}+1$$

だから，

$$(g\circ f)(x) \neq (f\circ g)(x)$$

問 2.37 $f(x)=\dfrac{1}{1-x}$ のとき $f\{f(f(x))\}=(f\circ f\circ f)(x)$ を求めよ.

問 2.38 $f(x)=\dfrac{ax+b}{cx+d}$，$(f\circ f)(x)=\dfrac{Ax+B}{Cx+D}$ とするとき，A,B,C,D を a,b,c,d で表わせ.

定理 2.9

$$f : x \longmapsto y=f(x)$$
$$g : y \longmapsto z=g(y)$$

のとき，

$$\frac{d}{dx}(g\circ f)(x)=\frac{dg(y)}{dy}\cdot\frac{df(x)}{dx} \tag{4}$$

あるいは，もっと簡単に

$$\frac{dz}{dx}=\frac{dz}{dy}\cdot\frac{dy}{dx}$$

これを**合成関数の微分法**，もしくは**関数の関数の微分**という．

（証明）　$f : x_0 \longmapsto y_0$，$g : y_0 \longmapsto z_0$　とすると

$$g \circ f : x_0 \longmapsto z_0$$

$x=x_0$，$y=y_0$ で f, g をそれぞれ1次化すると

$$dy=f'(x_0)dx, \qquad dz=g'(y_0)dy$$

したがって

$$\begin{aligned} dz &= g'(y_0)[f'(x_0)dx] \\ &= [g'(y_0)f'(x_0)]dx \end{aligned}$$

これは $g \circ f$ を $x=x_0$ で1次化したものである．

$$(g \circ f)'(x_0)=g'(y_0)f'(x_0)$$

x_0 を x，y_0 を y とかえると

$$(g \circ f)'(x)=g'(y)f'(x)$$

または

$$\frac{dz}{dx}=\frac{dz}{dy} \cdot \frac{dy}{dx}$$

をうる．　(Q. E. D)

例 2.22　$\dfrac{d}{dx}(3x^2-4)^3$　を計算せよ．

（解）　$\begin{cases} z=y^3 \\ y=3x^2-4 \end{cases}$　とおくと　$z=(3x^2-4)^3$　となる．

$$\frac{dz}{dy}=3y^2, \qquad \frac{dy}{dx}=6x$$

だから

$$\frac{dz}{dx}=\frac{dz}{dy} \cdot \frac{dy}{dx}=3y^2 \cdot 6x=18x(3x^2-4)^2$$

問 2.39　次の計算をせよ．

(1)　$\dfrac{d}{dx}(2x+1)^3$　　(2)　$\dfrac{d}{dx}(x^2+1)^n$　　(3)　$\dfrac{d}{dx}(x^2-x+1)^n$

(4)　$\dfrac{d}{dx}(ax+b)^n$　n は正整数

例 2.23　球状のゴム風船に毎秒 10 cc の割合で空気を注入するとき（半径0の

状態から体積が毎秒 10 cc の割合で球状を保ちながら増大する)，半径が 5 cm となる瞬間における次の値を求めよ．

(1) 半径の増す速さ　　(2) 表面積の増す速さ　　(岐阜薬大)

(解) (1) 球の体積V，そのときの半径をrとすると

$$\begin{cases} V=\dfrac{4}{3}\pi r^3 \\ r=f(t) \end{cases}$$

rはtについてのどんな形のものかわからないにしろ，tの関数である．

$$\frac{dV}{dt}=\frac{dV}{dr}\cdot\frac{dr}{dt}=4\pi r^2\cdot\frac{dr}{dt}$$

しかるに　$\dfrac{dV}{dt}=10$ cc/秒，　$r=5$ cm

$$\frac{dr}{dt}=\frac{10\ \text{cm}^3/\text{秒}}{100\pi\ \text{cm}^2}=\frac{1}{10\pi}\ \text{cm/秒}$$

(2) 球の表面積をSとすると

$$S=4\pi r^2$$

$$\frac{dS}{dt}=\frac{dS}{dr}\cdot\frac{dr}{dt}=8\pi r\cdot\frac{dr}{dt}$$

$$=40\pi\ \text{cm}\times\frac{1}{10\pi}\ \text{cm/秒}=4\ \text{cm}^2/\text{秒}$$

問 2.40 右の図のような漏斗の形をした容器に，毎秒 5 cc の割りで，静かに水に注ぐとき，水面の上昇する速度について

① 水面が円柱の部分にあるときの速度

② 水面が円錐の部分にあるときの速度

を求めよ．

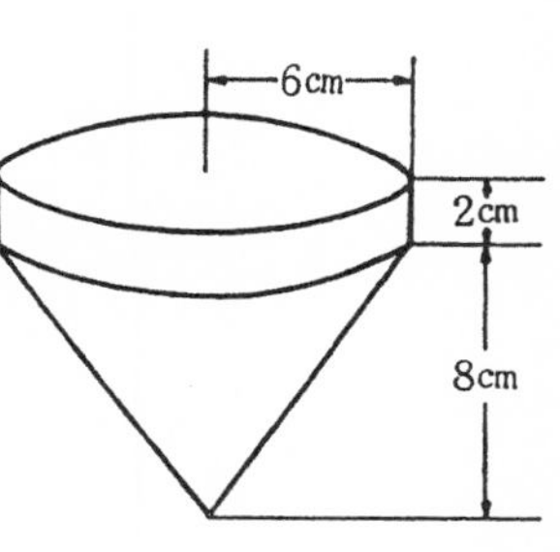

問 2.41 運動する質点があって，t秒後の速さをv，経過した距離をxとするとき

$$v^2=A+Bx\ (A, B\ \text{は定数})$$

という関係がある．そのとき加速度 $\dfrac{dv}{dt}$ の大きさは一定であることを証明せよ．

§3.　正比例の逆関数と逆関数の微分

時速 a km/h で走っている特急列車の走行距離 y km と所要時間 x 時の間には，

$$x \longmapsto y=ax$$

という正比例法則が成立する．そこで，この逆関数を考えてみると，

$$y\,\text{km} \longmapsto x\,\text{時}=\left(\frac{1}{a}\right)\text{時/km}\times y\,\text{km}$$

となり，$\left(\frac{1}{a}\right)$ という量は，1単位距離に走行する時間を表現する．したがって，a の値が大きい（速さが大）と，$\frac{1}{a}$ は値が小さく（所要時間が短く），また，a の値が小さいと $\frac{1}{a}$ は値が大きくなるので，**遅さ**とでもいうべき概念を表わす．逆内包量 $\frac{1}{a}$ は明らかに内包量 a と逆の概念を示す．

このことの微分への応用が，逆関数の微分である．

定理 2.10　　$f: x \longmapsto y=f(x)$ の逆関数を

$$f^{-1}: y \longmapsto x=f^{-1}(y)$$

とする．そのとき

$$\frac{df^{-1}(y)}{dy}=\frac{1}{\dfrac{df(x)}{dx}} \tag{5}$$

（証明）　　$f: x \longmapsto y=f(x)$ より　$dy=f'(x)dx$　　①

$f^{-1}: y \longmapsto x=f^{-1}(y)$ より　$dx=[f^{-1}(y)]'dy$　　②

②を①に代入すると

$$dy=f'(x)[f^{-1}(y)]'dy$$

$dy\neq 0$　だから

$$[f^{-1}(y)]'=\frac{1}{f'(x)}$$

(Q. E. D)

例 2.24　$D(\sqrt[n]{x})=D(x^{\frac{1}{n}})=\dfrac{1}{n}x^{\frac{1}{n}-1}=\dfrac{1}{n}\sqrt[n]{x^{1-n}}$

であることを証明せよ.

（解）$f:x\longmapsto y=x^n$ とすると $f^{-1}:y\longmapsto x=\sqrt[n]{y}$

定理 2.10 より

$$\frac{df^{-1}(y)}{dy}=\frac{1}{\dfrac{df(x)}{dx}}=\frac{1}{nx^{n-1}}=\frac{1}{n}x^{1-n}=\frac{1}{n}\sqrt[n]{y^{1-n}}$$

y と x を入れかえると，求める式をうる.

定理 2.11　指数関数 $f:x\longmapsto y=a^x$ $(a\neq 1,\ a>0)$

においては

$$f'(x)=f'(0)f(x)$$

または

$$\frac{f'(x)}{f(x)}=f'(0) \tag{6}$$

（証明）$f(x)=a^x$ においては

$$\frac{f(x+\varDelta x)-f(x)}{\varDelta x}=\frac{a^{x+\varDelta x}-a^x}{\varDelta x}=a^x\frac{a^{\varDelta x}-a^0}{\varDelta x}$$

$\varDelta x\to 0$ のとき

$$\lim_{\varDelta x\to 0}\frac{f(x+\varDelta x)-f(x)}{\varDelta x}=a^x\lim_{\varDelta x\to 0}\frac{a^{\varDelta x}-1}{\varDelta x}$$

$$\therefore\quad f'(x)=f(x)\cdot f'(0)$$ (Q. E. D)

この定理において，$f'(0)=1$ となるような指数関数が存在することは直観的にわかる.このような指数関数の底を，

$$a=e$$

とかく．e の詳しい値は後章で出すとして，

図からわかることは

$$e>2$$

である.

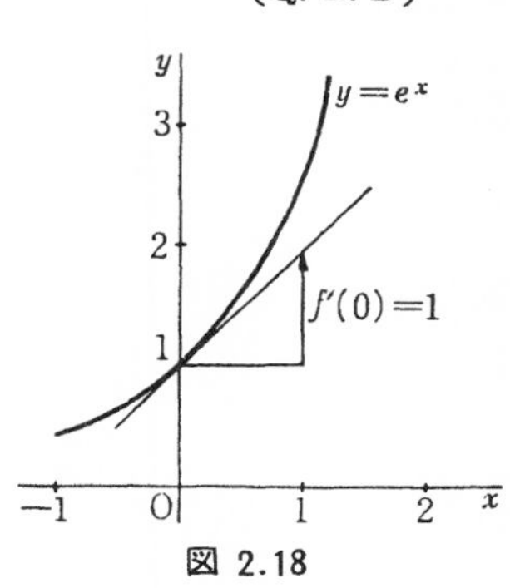

図 2.18

定理 2.12　(1)　$De^x=e^x$　(7)

(2)　$D\log_e x=\dfrac{1}{x}$　(8)

（証明）　(1)　$f(x)=e^x$ とおくと

$$f'(x)=f'(0)f(x),\quad f'(0)=1$$

より明らか．

(2)　$f: x\longmapsto y=e^x$　ならば　$f^{-1}: y\longmapsto x=\log_e y$

$$\frac{df^{-1}(y)}{dy}=\frac{1}{\dfrac{df(x)}{dx}}=\frac{1}{e^x}=\frac{1}{y}$$

y を x とおきかえると (2) 式をうる．

定理 2.13（対数微分法）

$$D\log f(x)=\frac{f'(x)}{f(x)} \tag{9}$$

（証明）　$\begin{cases} z=\log y \\ y=f(x) \end{cases}$　とおくと　$\dfrac{dz}{dy}=\dfrac{1}{y}$，$\dfrac{dy}{dx}=f'(x)$

$$\therefore\quad \frac{dz}{dx}=\frac{dz}{dy}\cdot\frac{dy}{dx}=\frac{1}{y}f'(x)=\frac{f'(x)}{f(x)}$$　(Q. E. D)

対数微分法を用いると，微分するのがやっかいな関数も容易に微分できる．以下，対数微分法の例題を列挙する．

定理 2.14　α が定数のとき

$$Dx^\alpha=\alpha x^{\alpha-1} \tag{10}$$

（証明）　$f(x)=x^\alpha$　とおいて，両辺の対数をとると

$$\log_e f(x)=\alpha\log_e x$$

この両辺を x について微分すると

$$\frac{f'(x)}{f(x)}=\frac{\alpha}{x}$$

$$\therefore \quad f'(x)=\frac{\alpha}{x}f(x)=\alpha x^{\alpha-1}$$

例 2.25 次の関数を微分せよ．

(1) $f(x)=\dfrac{x-3}{(x-1)(x-2)}$ (2) $f(x)=(x-2)^2\sqrt{(x^2+1)^3}$

(3) $f(x)=e^{g(x)}$ (4) $f(x)=a^x$

（解） (1) $\log_e f(x)=\log_e(x-3)-\log_e(x-1)-\log_e(x-2)$

両辺を x について微分すると

$$\frac{f'(x)}{f(x)}=\frac{1}{x-3}-\frac{1}{x-1}-\frac{1}{x-2}$$

$$\therefore \quad f'(x)=\frac{x-3}{(x-1)(x-2)}\left\{\frac{1}{x-3}-\frac{1}{x-1}-\frac{1}{x-2}\right\}$$

(2) $\log_e f(x)=2\log(x-2)+\dfrac{3}{2}\log(x^2+1)$

$$\frac{f'(x)}{f(x)}=\frac{2}{x-2}+\frac{3x}{x^2+1}$$

$$f'(x)=(x-2)^2\sqrt{(x^2+1)^3}\left\{\frac{2}{x-2}+\frac{3x}{x^2+1}\right\}$$

(3) $\log_e f(x)=g(x)\log_e e=g(x)$

$$\therefore \quad f'(x)=f(x)\cdot g'(x)=e^{g(x)}\cdot g'(x)$$

(4) $\log_e f(x)=x\log_e a$

$$f'(x)=f(x)\log_e a=a^x\cdot\log_e a$$

例 2.26 次の極限値を求めよ．

(1) $\displaystyle\lim_{h\to 0}\frac{e^h-1}{h}$

(2) $\displaystyle\lim_{x\to 0}\frac{1}{x}\log_e\frac{e^x+e^{2x}+\cdots+e^{nx}}{n}$，ただし，$n$ は正整数とする．（神戸大）

（解） (1) $f(x)=e^x$ とおくと，$\displaystyle\lim_{h\to 0}\frac{e^h-1}{h}=f'(0)=1$

(2) $f(x)=\log_e(e^x+e^{2x}+\cdots+e^{nx})$ とおくと

$$f(0)=\log_e(e^0+e^0+\cdots+e^0)=\log_e n$$

$$\lim_{x\to 0}\frac{1}{x}\log_e\frac{e^x+e^{2x}+\cdots+e^{nx}}{n}$$

$$=\lim_{x\to 0}\frac{f(x)-f(0)}{x}=f'(0)$$

しかるに

$$f'(x)=\frac{e^x+2e^{2x}+\cdots+ne^{nx}}{e^x+e^{2x}+\cdots+e^{nx}}$$

$$f'(0)=\frac{1+2+\cdots+n}{1+1+\cdots+1}=\frac{n(n+1)}{2n}=\frac{n+1}{2}$$

問 2.42　次の関数を微分せよ.

(1)　$f(x)=(x-1)^2(x^2-x+1)^3$　　(2)　$f(x)=\dfrac{x+3}{\sqrt{x^2-1}}$

(3)　$f(x)=\log_e(x+\sqrt{x^2-1})$　　(4)　$f(x)=e^{x^2}$

定理 2.15（積の微分法）

$$\{f(x)g(x)\}'=f'(x)g(x)+f(x)g'(x) \tag{11}$$

（証明）　$\log_e f(x)g(x)=\log_e f(x)+\log_e g(x)$

両辺を x について微分すると

$$\frac{\{f(x)g(x)\}'}{f(x)g(x)}=\frac{f'(x)}{f(x)}+\frac{g'(x)}{g(x)} \tag{12}$$

$$\{f(x)g(x)\}'=f(x)g(x)\left\{\frac{f'(x)}{f(x)}+\frac{g'(x)}{g(x)}\right\}$$

$$=f'(x)g(x)+f(x)g'(x)$$

結果は定理 2.15 の形式よりも，むしろ相対変化率の和の形にかかれた (12) 式の方が覚えやすい.

（系 1）

$$\{f(x)g(x)h(x)\}'=f'(x)g(x)h(x)+f(x)g'(x)h(x)+f(x)g(x)h'(x)$$

$$\frac{\{f(x)g(x)h(x)\}'}{f(x)g(x)h(x)}=\frac{f'(x)}{f(x)}+\frac{g'(x)}{g(x)}+\frac{h'(x)}{h(x)} \tag{13}$$

(系2)　$f(x)=f_1(x)f_2(x)\cdots f_n(x)$　ならば

$$\frac{f'(x)}{f(x)}=\frac{f_1'(x)}{f_1(x)}+\frac{f_2'(x)}{f_2(x)}+\cdots\cdots+\frac{f_n'(x)}{f_n(x)} \tag{14}$$

問 2.43　積の微分法の公式を用いて

(1)　$(x-1)(x-2)(x-3)$　　(2)　$(x-1)(x^2+1)^2$

を微分せよ．

問 2.44　$D\log_e|x|=\dfrac{1}{x}$，$D\log_e|f(x)|=\dfrac{f'(x)}{f(x)}$

であることを証明せよ．

問 2.45　$D\{f(x)\}^n=n\{f(x)\}^{n-1}f'(x)$　であることを証明し，これを利用して

(1)　$(3x-2)^3$　　(2)　$(x^2-1)^3$　　(3)　$(x^2-2x-1)^2$

を微分せよ．

問 2.46　$\left\{\dfrac{f(x)}{g(x)}\right\}'=\dfrac{f'(x)g(x)-f(x)g'(x)}{\{g(x)\}^2}$

であることを証明せよ．これを用いて

(1)　$\dfrac{x-2}{x-1}$　　(2)　$\dfrac{x}{x^2+1}$

を微分せよ．

問 2.47　n が自然数のとき，関数 $f_n(x)$ は次式で定義されるものとする．

$$f_n(x)=(1-x+x^2)^n$$

このとき，$f_n'(0)=-n$　であることを数学的帰納法で証明せよ．（九大）

§4. ベクトル関数の微分と円関数の微分

平面運動をしている点 P(x,y) では，P の座標 x,y は時刻 t の関数で

$$x=x(t),\qquad y=y(t)$$

である．このとき，点Pの位置ベクトルは

$$\boldsymbol{x}=\begin{bmatrix} x(t) \\ y(t) \end{bmatrix}$$

というベクトル関数で与えられる．$t=t_0$ のとき $x_0=x(t_0)$，$y_0=y(t_0)$ とおくと，$\Delta t=t-t_0$ の間での

x 軸方向の平均の速さ　$\dfrac{\Delta x}{\Delta t}=\dfrac{x-x_0}{t-t_0}$

y 軸方向の平均の速さ　$\dfrac{\Delta y}{\Delta t}=\dfrac{y-y_0}{t-t_0}$

である．これらをまとめて

$$\Delta \boldsymbol{x}=\begin{bmatrix} x-x_0 \\ y-y_0 \end{bmatrix}=\begin{bmatrix} x \\ y \end{bmatrix}-\begin{bmatrix} x_0 \\ y_0 \end{bmatrix}=\boldsymbol{x}-\boldsymbol{x}_0$$

$$\frac{\Delta \boldsymbol{x}}{\Delta t}=\begin{bmatrix} x-x_0 \\ y-y_0 \end{bmatrix}\frac{1}{t-t_0}=\begin{bmatrix} \dfrac{x-x_0}{t-t_0} \\ \dfrac{y-y_0}{t-t_0} \end{bmatrix}=\begin{bmatrix} \dfrac{\Delta x}{\Delta t} \\ \dfrac{\Delta y}{\Delta t} \end{bmatrix}$$

である．$t=t_0$ における速度は

x 軸方向　$\dfrac{dx}{dt}=\lim\limits_{t\to t_0}\dfrac{x-x_0}{t-t_0}=\lim\limits_{\Delta t\to 0}\dfrac{\Delta x}{\Delta t}$

y 軸方向　$\dfrac{dy}{dt}=\lim\limits_{t\to t_0}\dfrac{y-y_0}{t-t_0}=\lim\limits_{\Delta t\to 0}\dfrac{\Delta y}{\Delta t}$

となる．これらをまとめて

$$\frac{d\boldsymbol{x}}{dt}=\begin{bmatrix} \dfrac{dx}{dt} \\ \dfrac{dy}{dt} \end{bmatrix}$$

とかく．このときの速さ（速度ベクトルのノルム，もしくは大きさ）v と，方向は

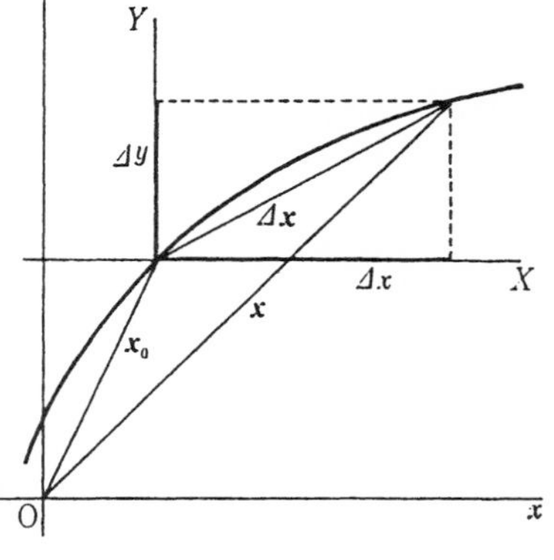

図 2.19

$$v=\sqrt{\left(\frac{dx}{dt}\right)^2+\left(\frac{dy}{dt}\right)^2},\qquad \frac{dy}{dx}=\frac{\dfrac{dy}{dt}}{\dfrac{dx}{dt}}$$

である．

例 2.27　時刻 t における点 P の位置ベクトルが

$$\boldsymbol{x}=\begin{bmatrix} \dfrac{1-t^2}{1+t^2} \\ \dfrac{2t}{1+t^2} \end{bmatrix}$$

で表わされるとき，任意の時刻 t における速度ベクトルと，その大きさと方向を求めよ．

（解）
$$\boldsymbol{x}=\begin{bmatrix} x(t) \\ y(t) \end{bmatrix} \text{ とおくと，} x(t)=\frac{1-t^2}{1+t^2},\quad y(t)=\frac{2t}{1+t^2}$$

$$\frac{dx}{dt}=\frac{-4t}{(1+t^2)^2},\qquad \frac{dy}{dt}=\frac{2(1-t^2)}{(1+t^2)^2}$$

したがって，速度ベクトル，速さ，方向はそれぞれ

$$\frac{d\boldsymbol{x}}{dt}=\begin{pmatrix} -\dfrac{4t}{(1+t^2)^2} \\ \dfrac{2(1-t^2)}{(1+t^2)^2} \end{pmatrix},\quad v=\sqrt{\frac{16t^2}{(1+t^2)^4}+\frac{4(1-t^2)^2}{(1+t^2)^4}}=\frac{2}{1+t^2}$$

$$\frac{dy}{dx}=\frac{\dfrac{2(1-t^2)}{(1+t^2)^2}}{\dfrac{-4t}{(1+t^2)^2}}=-\frac{1-t^2}{2t}$$

問 2.48 点Pの位置ベクトルが次のように表わされるとき，任意の時刻 t における速度ベクトルとその大きさ，方向を求めよ．

(1) $\boldsymbol{x}=\begin{bmatrix} at \\ bt^2 \end{bmatrix}$　　(2) $\boldsymbol{x}=\begin{bmatrix} 1+t \\ \dfrac{1}{t} \end{bmatrix}$　　(3) $\boldsymbol{x}=\begin{bmatrix} 1+\dfrac{1}{t} \\ 1-\dfrac{1}{t} \end{bmatrix}$

定理 2.16
$$\boldsymbol{x}:\theta \longmapsto \boldsymbol{x}=\begin{bmatrix} \cos\theta \\ \sin\theta \end{bmatrix} \text{ ならば}$$

$$\boldsymbol{x}':\theta \longmapsto \frac{d\boldsymbol{x}}{d\theta}=\begin{bmatrix} -\sin\theta \\ \cos\theta \end{bmatrix} \tag{15}$$

（証明） 単位円周上を角速度1で運動する点Pの位置ベクトルを $\boldsymbol{x}$ とすると

$$\boldsymbol{x}=\begin{bmatrix} x(\theta) \\ y(\theta) \end{bmatrix}=\begin{bmatrix} \cos\theta \\ \sin\theta \end{bmatrix}$$

である．時刻 t のときの中心角 θ，$t+\Delta t$ のときの中心角 $\theta+\Delta\theta$ とすると，角速度が1だから，$\Delta\theta=\Delta t$，このときの点の位置を P，Q とすると

$$\Delta\boldsymbol{x}=\overrightarrow{\mathrm{PQ}},\quad \overparen{\mathrm{PQ}}=\Delta\theta$$

である．したがって

$$\frac{\Delta \boldsymbol{x}}{\Delta\theta}=\frac{\overrightarrow{\mathrm{PQ}}}{\overset{\frown}{\mathrm{PQ}}}$$

ところが，中心角 $\Delta\theta\to 0$ のとき

$$\|\overrightarrow{\mathrm{PQ}}\|=\sqrt{2-2\cos\Delta\theta}=\sqrt{4\sin^2\frac{\Delta\theta}{2}}$$
（第2余弦法則）

$$\frac{\|\overrightarrow{\mathrm{PQ}}\|}{\overset{\frown}{\mathrm{PQ}}}=\frac{2\sin\frac{\Delta\theta}{2}}{\Delta\theta}\longrightarrow 1$$

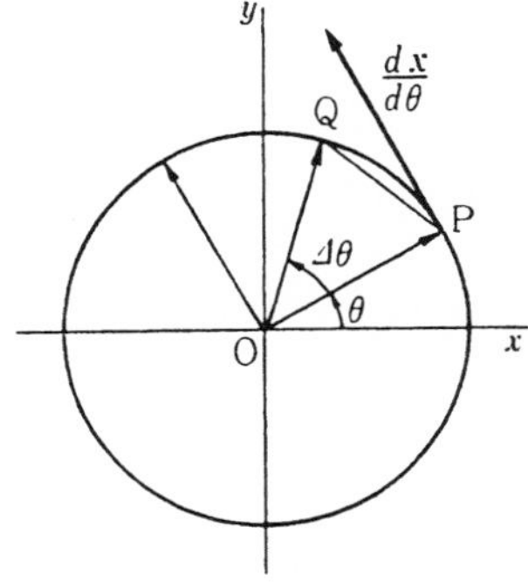

図 2.20

また，$\dfrac{d\boldsymbol{x}}{d\theta}$ の方向は，円のPにおける接線方向となるから，x 軸の正の向きと $\theta+\frac{\pi}{2}$ の角をなす．したがって

$$\frac{d\boldsymbol{x}}{d\theta}=\begin{bmatrix}\cos\left(\theta+\frac{\pi}{2}\right)\\ \sin\left(\theta+\frac{\pi}{2}\right)\end{bmatrix}=\begin{bmatrix}-\sin\theta\\ \cos\theta\end{bmatrix}$$

定理 2.17　(1)　$D\tan\theta=\sec^2\theta$　　(2)　$D\cot\theta=-\mathrm{cosec}^2\theta$

(3)　$D\sec\theta=\sec\theta\tan\theta$　　(4)　$D\mathrm{cosec}\theta=-\mathrm{cosec}\theta\cot\theta$

（証明）　(1)　$f(\theta)=\tan\theta=\dfrac{\sin\theta}{\cos\theta}$ とおく．両辺の対数をとると

$$\log_e f(\theta)=\log_e\sin\theta-\log_e\cos\theta$$

両辺を θ について微分すると

$$\frac{f'(\theta)}{f(\theta)}=\frac{\cos\theta}{\sin\theta}-\frac{(-\sin\theta)}{\cos\theta}=\frac{\cos^2\theta+\sin^2\theta}{\sin\theta\cdot\cos\theta}$$

$$f'(\theta)=\tan\theta\cdot\frac{1}{\sin\theta\cos\theta}=\frac{1}{\cos^2\theta}=\sec^2\theta$$

(2) も (1) と同様．

(3)　$f(\theta)=\sec\theta=\dfrac{1}{\cos\theta}$ とおくと

$$\log_e f(\theta)=-\log_e\cos\theta$$

両辺を θ で微分して

$$\frac{f'(\theta)}{f(\theta)}=\frac{\sin\theta}{\cos\theta}=\tan\theta,\qquad f'(\theta)=f(\theta)\tan\theta=\sec\theta\tan\theta$$

(4) も (3) と同様.

問 2.49 次の微分計算をせよ.

(1) $D\sin^2 x$ (2) $D\cos^2 x$ (3) $D\sin 2x\tan x$ (東海大)

(4) $D\log\sin x$ (室蘭工大) (5) $D\log\cos x$ (東海大)

(6) $De^x\cos x$ (7) $De^x\sin x$

(8) $De^x\tan x$ (東京理科大) (9) $De^{\tan x}\log x$ (明大)

(10) $Dx^{\sin x}$ (小樽商大)

例 2.28 関数 $g(x)$ が $\lim_{x\to\frac{\pi}{2}}\dfrac{g(x)}{x-\frac{\pi}{2}}=2\pi$ を満たすという. このとき, 次の各問に答えよ.

(1) $\lim_{x\to\frac{\pi}{2}} g(x)$ を求めよ.

(2) $g\left(\dfrac{\pi}{2}\right)=\lim_{x\to\frac{\pi}{2}} g(x)$ とするとき, 微分係数の定義から $g'\left(\dfrac{\pi}{2}\right)$ を求めよ.

(3) $f(x)=x\sin^2 x+\dfrac{g(x)}{x+\frac{\pi}{2}}$ とおくとき, $f'\left(\dfrac{\pi}{2}\right)$ を求めよ. (佐賀大)

(解) (1) $x\to\dfrac{\pi}{2}$ のとき, $x-\dfrac{\pi}{2}$ は無限小, したがって $g(x)$ は無限小でなければならぬ. よって, $\lim_{x\to\frac{\pi}{2}} g(x)=0$

(2) $$g'\left(\frac{\pi}{2}\right)=\lim_{x\to\frac{\pi}{2}}\frac{g(x)-g\left(\frac{\pi}{2}\right)}{x-\frac{\pi}{2}}=\lim_{x\to\frac{\pi}{2}}\frac{g(x)}{x-\frac{\pi}{2}}=2\pi$$

(3) $f(x)=x\sin^2 x+\dfrac{g(x)}{x+\frac{\pi}{2}}$ のとき

$$f'(x)=\sin^2 x+2x\sin x\cos x+\frac{g'(x)\left(x+\frac{\pi}{2}\right)-g(x)}{\left(x+\frac{\pi}{2}\right)^2}$$

$$f'\left(\frac{\pi}{2}\right)=1+2\times\frac{\pi}{2}\times 1\times 0+\frac{2\pi\times\pi-0}{\pi^2}=3$$

問 2.50　(1)　$f(x)=e^x\cos x$ において $f'(0)$ を求めよ．

(2)　$e_1=\sqrt{e}$，$e_2=\sqrt{e_1}$，…，$e_n=\sqrt{e_{n-1}}$，…

によって作られる数列

$$a_n=2^n\left(e_n\cos\frac{1}{2^n}-1\right)\qquad(n=1,2,\cdots)$$

に対して，(1) を利用して $\lim_{n\to\infty}a_n$ を求めよ．　（東北工大）

§5.　逆円関数の微分

円関数

$$y=\sin\theta\quad は\quad -\frac{\pi}{2}\leqq\theta\leqq\frac{\pi}{2}$$

$$y=\cos\theta\quad は\quad 0\leqq\theta\leqq\pi$$

$$y=\tan\theta\quad は\quad -\frac{\pi}{2}<\theta<\frac{\pi}{2}$$

で，それぞれ θ と y は1対1対応をしている．（関数のグラフは単調増加）

したがって，これらの逆関数を考えることができる．それらは

$$\theta=\sin^{-1}y,\quad -1\leqq y\leqq 1$$

$$\theta=\cos^{-1}y,\quad -1\leqq y\leqq 1$$

$$\theta=\tan^{-1}y,\quad -\infty<y<+\infty$$

である．これらを**逆円関数**という．θ と y を交換した逆関数，

$$y=\sin^{-1}\theta,\qquad y=\cos^{-1}\theta,\qquad y=\tan^{-1}\theta$$

のグラフは図 2.21 の通りである．

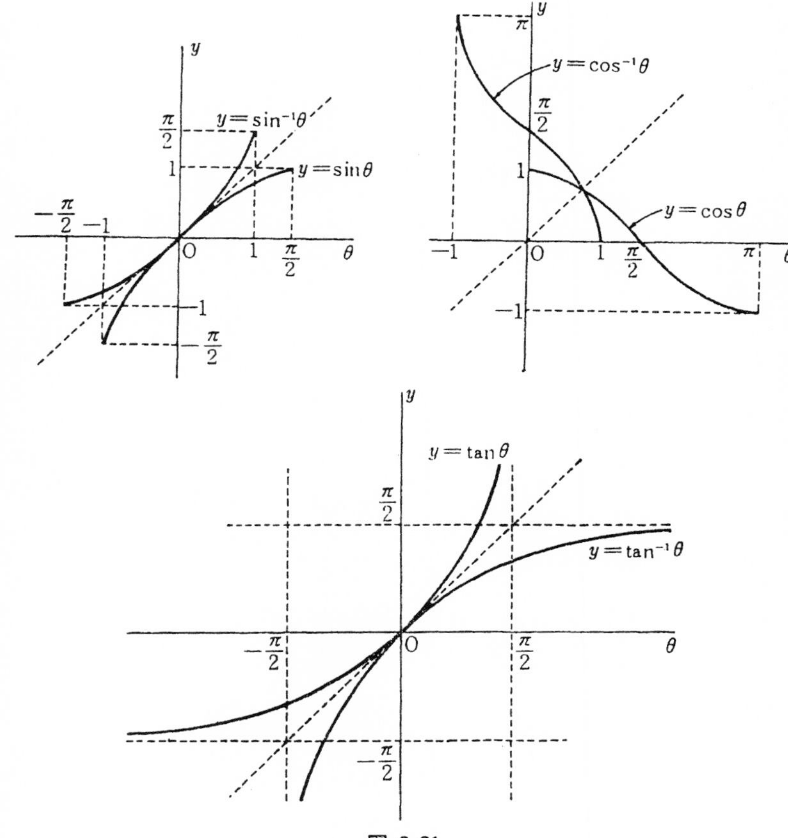

図 2.21

例 2.29 $\sin^{-1}\theta+\cos^{-1}\theta=\frac{\pi}{2}$ であることを証明せよ.

(解) $y_1=\sin^{-1}\theta$ とおくと $\theta=\sin y_1$

$y_2=\cos^{-1}\theta$ とおくと $\theta=\cos y_2$

ただし $-\frac{\pi}{2}\leqq y_1\leqq\frac{\pi}{2},\quad 0\leqq y_2\leqq\pi$

したがって

$$\cos y_2=\sin y_1$$

となるには，y_1, y_2 は

$$0 \leqq y_1,\ \ y_2 \leqq \frac{\pi}{2}$$

でなければならない

$$\cos y_2 = \sin\left(\frac{\pi}{2} - y_2\right) = \sin y_1$$

$$\therefore\ \ \frac{\pi}{2} - y_2 = y_1$$

$$\therefore\ \ y_1 + y_2 = \frac{\pi}{2}$$

問 2.51　$\tan^{-1}\theta + \cot^{-1}\theta = \frac{\pi}{2}$　であることを証明せよ．

問 2.52　次の等式を証明せよ．

$$\frac{\pi}{4} = \tan^{-1}\frac{1}{2} + \tan^{-1}\frac{1}{3} \qquad \text{(Euler)}$$

$$= 2\tan^{-1}\frac{1}{3} + \tan^{-1}\frac{1}{7} \qquad \text{(Clausen)}$$

$$= 4\tan^{-1}\frac{1}{5} - \tan^{-1}\frac{1}{239} \qquad \text{(Machin)}$$

$$= 4\tan^{-1}\frac{1}{5} - \tan^{-1}\frac{1}{70} + \tan^{-1}\frac{1}{99} \qquad \text{(Rutherford)}$$

定理 2.18

$$D\sin^{-1}\theta = \frac{1}{\sqrt{1-\theta^2}}$$

$$D\cos^{-1}\theta = -\frac{1}{\sqrt{1-\theta^2}}$$

$$D\tan^{-1}\theta = \frac{1}{1+\theta^2}$$

（証明）　(1)　$y = \sin^{-1}\theta$　とおくと　$\theta = \sin y$.　$-\frac{\pi}{2} \leqq y \leqq \frac{\pi}{2}$ より

$$\frac{dy}{d\theta} = \frac{1}{\dfrac{d\theta}{dy}} = \frac{1}{\cos y} = \frac{1}{\sqrt{1-\sin^2 y}} = \frac{1}{\sqrt{1-\theta^2}}$$

(2)　(1) と同様．

(3)　$y = \tan^{-1}\theta$ とおくと，　$\theta = \tan y$

$$\frac{dy}{d\theta}=\frac{1}{\dfrac{d\theta}{dy}}=\frac{1}{\sec^2 y}=\frac{1}{1+\tan^2 y}=\frac{1}{1+\theta^2}$$

問 2.53 $D\cot^{-1}\theta=-\dfrac{1}{1+\theta^2}$

$D\sec^{-1}\theta=\dfrac{1}{\theta\sqrt{\theta^2-1}}$

$D\operatorname{cosec}^{-1}\theta=-\dfrac{1}{\theta\sqrt{\theta^2-1}}$

であることを証明せよ．

例 2.30 $D\dfrac{2}{\sqrt{a^2-b^2}}\tan^{-1}\left\{\sqrt{\dfrac{a-b}{a+b}}\tan\dfrac{x}{2}\right\}$ を計算せよ．ただし $a>b>0$.

（解）

$$与式=\frac{2}{\sqrt{a^2-b^2}}\,\frac{1}{1+\left(\dfrac{a-b}{a+b}\right)\tan^2\dfrac{x}{2}}\cdot\frac{1}{2}\sqrt{\frac{a-b}{a+b}}\sec^2\frac{x}{2}$$

$$=\frac{\sec^2\dfrac{x}{2}}{a\left(1+\tan^2\dfrac{x}{2}\right)+b\left(1-\tan^2\dfrac{x}{2}\right)}=\frac{1}{a+b\dfrac{1-\tan^2\dfrac{x}{2}}{1+\tan^2\dfrac{x}{2}}}$$

$$=\frac{1}{a+b\cos x}$$

問 2.54 $D\left\{\dfrac{1}{2\sqrt{2}}\log_e\sqrt{\dfrac{1+x\sqrt{2}+x^2}{1-x\sqrt{2}+x^2}}+\dfrac{1}{2\sqrt{2}}\tan^{-1}\dfrac{\sqrt{2}\,x}{1-x^2}\right\}$ を計算せよ．

第4章　複素数値関数の微分法

§1. 複　　素　　数

2次方程式を一般的に解くために導入された複素数は，$x^2=-1$ の根を $\pm i$ として，一般的に　$a+bi$ (a,b は実数) で表わされる．これは実数単位1と虚数単位 i という独立な2つの単位をもつ数であるから，

$$a+bi=c+di \quad ならば，\ a=c \quad かつ \quad b=d$$

ときめる．複素数は，加・減・乗・除 について閉じており，実数の自然な拡張としての体（拡大体）をつくる．すなわち，四則算法については

$$(a+bi)\pm(c+di)=(a\pm c)+(b\pm d)i \qquad (複号同順)$$

$$(a+bi)(c+di)=(ac-bd)+(ad+bc)i$$

$$\frac{a+bi}{c+di}=\frac{ac+bd}{c^2+d^2}+\frac{bc-ad}{c^2+d^2}i \qquad (c+d:\neq 0)$$

と定義する．

複素数 $a+bi$ は，図2.22のように，平面上の点と1対1対応する．この平面を**複素平面**または**ガウス平面**という．この平面上の横軸（実軸という）上の点はもちろん実数で原点は数0である．点 $a+bi$ と原点との距離を r，実軸の正の方向からの角を θ とすると

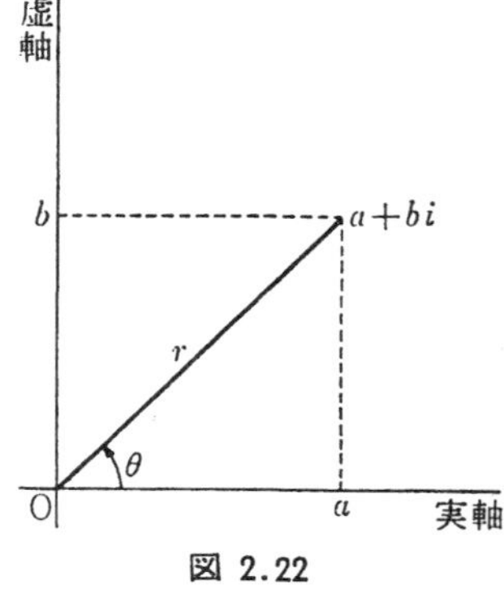

図 2.22

$$a=r\cos\theta$$

$$b=r\sin\theta$$

だから

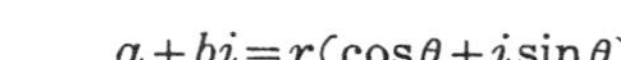

$$a+bi=r(\cos\theta+i\sin\theta)$$

と表わされる．左辺を複素数の**直形式**，右辺を**極形式**という．rを複素数の**絶対値**，θを**偏角**（argument）といい，それぞれ

$$r=|a+bi|,\quad \theta=\arg(a+bi)$$

で表わす．

例 2.31　複素数 $\sqrt{3}+i$ の絶対値と偏角を求めよ．ただし，$0\leqq\theta<2\pi$ とする．　（立教大）

（解）$a=\sqrt{3}$，$b=1$　だから，　$r=\sqrt{a^2+b^2}=2$.

$0\leqq\theta<2\pi$ で $\cos\theta=\dfrac{\sqrt{3}}{2}$，$\sin\theta=\dfrac{1}{2}$　をみたすのは　$\theta=\dfrac{\pi}{6}$.

問 2.55　$z=(1-\sqrt{3})-i(1+\sqrt{3})$ のとき，z^2 の極形式を求めよ．　（日大）

定理 2.19　2つの複素数 z_1,z_2 に対して

$$|z_1z_2|=|z_1||z_2|,\quad \arg(z_1z_2)=\arg z_1+\arg z_2$$

$$\left|\frac{z_1}{z_2}\right|=\frac{|z_1|}{|z_2|},\quad \arg\left(\frac{z_1}{z_2}\right)=\arg z_1-\arg z_2$$

（証明）$z_1=r_1(\cos\theta_1+i\sin\theta_1)$,　$z_2=r_2(\cos\theta_2+i\sin\theta_2)$

とすると

$$\begin{aligned}z_1z_2&=r_1r_2(\cos\theta_1+i\sin\theta_1)(\cos\theta_2+i\sin\theta_2)\\&=r_1r_2\{(\cos\theta_1\cos\theta_2-\sin\theta_1\sin\theta_2)+i(\cos\theta_1\sin\theta_2+\cos\theta_2\sin\theta_1)\}\\&=r_1r_2\{\cos(\theta_1+\theta_2)+i\sin(\theta_1+\theta_2)\}\end{aligned}$$

$$|z_1z_2|=r_1r_2=|z_1||z_2|,\quad \arg z_1z_2=\theta_1+\theta_2=\arg z_1+\arg z_2$$

一方

$$\begin{aligned}\frac{z_1}{z_2}&=\frac{r_1(\cos\theta_1+i\sin\theta_1)}{r_2(\cos\theta_2+i\sin\theta_2)}=\frac{r_1(\cos\theta_1+i\sin\theta_1)(\cos\theta_2-i\sin\theta_2)}{r_2(\cos\theta_2+i\sin\theta_2)(\cos\theta_2-i\sin\theta_2)}\\&=\frac{r_1}{r_2}\{\cos(\theta_1-\theta_2)+i\sin(\theta_1-\theta_2)\}\end{aligned}$$

$$\left|\frac{z_1}{z_2}\right|=\frac{r_1}{r_2}=\frac{|z_1|}{|z_2|},\quad \arg\left(\frac{z_1}{z_2}\right)=\theta_1-\theta_2=\arg z_1-\arg z_2\qquad \text{(Q.E.D)}$$

定理 2.19 から，複素数 z に複素数 $r(\cos\theta+i\sin\theta)$ をかけることは

r 倍の拡大（縮小）と角 θ の回転

を意味する．とくに

$$i=\cos\frac{\pi}{2}+i\sin\frac{\pi}{2}$$

だから，

「$\times i$」は $\dfrac{\pi}{2}$ 回転

$$-1=\cos\pi+i\sin\pi$$

だから，

「$\times(-1)$」は π 回転

を意味する．

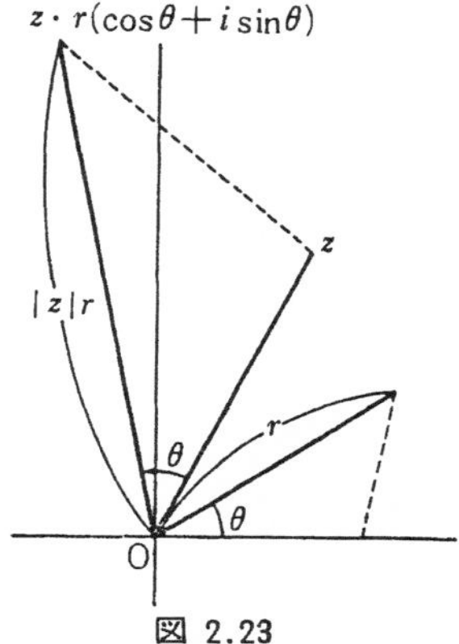

図 2.23

問 2.56 複素平面上の点 $z=\dfrac{2\sqrt{3}}{\sqrt{3}-i}$ を原点のまわりに $\dfrac{\pi}{6}$ だけ回転してえられる点はどんな複素数を表わすか． （東海大）

問 2.57 複素平面上で，原点と点 $4+3i$ を頂点とする正3角形の第3点の頂点を表わす複素数を求めよ． （東京女子大）

問 2.58 複素平面上に相異なる8個の点 A, B, C, D, E, F, G, H が与えられており，その間に次の関係がある．

A と B は原点に関して対称　　E と F は原点に関して対称
A と C は実軸に関して対称　　E と G は実軸に関して対称
A と D は虚軸に関して対称　　E と H は虚軸に関して対称
A と E は直線 $y=x$ に関して対称

このとき，A を表わす複素数を z とすると

$-z$ を表わす点は □ である．　$i\bar{z}$ を表わす点は □ である．
$-\bar{z}$ を表わす点は □ である．　$-iz$ を表わす点は □ である．
iz を表わす点は □ である．

ただし，$\bar{z}$ は z の共役複素数（$z=a+bi$ ならば，$\bar{z}=a-bi$）とする． （慶応大）

定理 2.20 n が任意の整数のとき

$$(\cos\theta+i\sin\theta)^n=\cos n\theta+i\sin n\theta$$

(De Moivre の定理)

（証明）　$f(\theta)=\cos\theta+i\sin\theta$　とおくと，簡単な計算によって

$$f(\theta_1)f(\theta_2)=f(\theta_1+\theta_2)$$

$\theta_1=\theta_2=\theta$　とおくと　$[f(\theta)]^2=f(2\theta)$．　次に　$\theta_1=2\theta$，$\theta_2=\theta$　とおくと

$f(2\theta)f(\theta)=f(3\theta)$．　よって　$[f(\theta)]^3=f(3\theta)$

以下同様にして

$$[f(\theta)]^n=f(n\theta),\quad n>0$$

$n=0$ のとき，　左辺$=1$，右辺$=\cos 0\cdot\theta=1$　で成立する．

$n<0$ のとき

$$\frac{1}{\cos+i\sin\theta}=\cos\theta-i\sin\theta=\cos(-\theta)+i\sin(-\theta)=f(-\theta)$$

$$[f(\theta)]^{-1}=f(-\theta)$$

よって，$n=-m$ とおくと

$$[f(\theta)]^{-m}=\{[f(\theta)]^{-1}\}^m=[f(-\theta)]^m=f(-m\theta),\quad m>0$$

となって，すべての整数 n に対して

$$[f(\theta)]^n=f(n\theta)$$

となる．　(Q.E.D)

問 2.59　次の式の値を求めよ．

(1)　$\left(\cos\frac{\pi}{12}+i\sin\frac{\pi}{12}\right)^6$　（高崎経大）　(2)　$(1+i)^{12}$　（日大）

問 2.60

複素数　$(1+\sqrt{3}i)^{20}$ を $a+bi$ の形に表わすとき，a,b を求めよ．　（大阪外大）

例 2.32　任意の整数 n に対して，絶対値 1 の複素数 $\varphi(n)$ を対応させる．このとき，任意の n,m に対して，関係式 $\varphi(n+m)=\varphi(n)\varphi(m)$ が成り立つとする．

(1)　$\varphi(0)$ を求めよ．

(2)　$\varphi(n)=1$ をみたす最小の正整数を p とする．このとき $\varphi(1)$ の値を求めよ．　（京都産大）

（解）　(1)　$\varphi(n+m)=\varphi(n)\varphi(m)$ において，$m=0$ とおく

$$\varphi(n)=\varphi(n)\varphi(0)$$

$\varphi(n)$ は絶対値1の複素数だから，$\varphi(n) \neq 0$

$$\therefore \quad \varphi(0)=1$$

(2)　条件より　$\varphi(p)=1$

しかるに　$\varphi(p)=\{\varphi(1)\}^p$

$$\varphi(1)=\cos\theta+i\sin\theta$$

とおくと，

$$\cos p\theta+i\sin p\theta=1=\cos 2k\pi+i\sin 2k\pi$$

$$\therefore \quad \theta=\frac{2k\pi}{p} \qquad (k=0,1,2,\cdots,p-1)$$

ところが，k が p と1以外に公約数をもつと，p 以下の値で条件をみたすから，p の最小性に反する．したがって

$$\varphi(1)=\cos\frac{2k\pi}{p}+i\sin\frac{2k\pi}{p} \qquad (k \text{ と } p \text{ は互いに素})$$

問 2.61　z は絶対値が1で，偏角が θ である複素数であるとする．$\tan n\theta=1$ であるとき，$(z^{2n}-1)\div(z^{2n}+1)$ の値を求めよ．n は正の整数である．　(慈恵医大)

問 2.62　n は30をこえない正の整数であって，少なくとも1つの角に対して，$(\sin\theta+i\cos\theta)^n=\sin n\theta+i\cos n\theta$ が満たされている．このような条件を満たすすべての n の和を求めよ．ただし，$i^2=-1$ である．　(一橋大)

§2. Euler の公式

絶対値1の関数は，偏角 θ の関数だから，これを $f(\theta)$ とおくと

$$f(\theta)=\cos\theta+i\sin\theta$$

f については関数方程式

$$f(\theta_1)f(\theta_2)=f(\theta_1+\theta_2)$$

$$[f(\theta)]^n=f(n\theta)$$

が成り立つ．これは指数法則と同じ関数方程式であるから，

$$f(\theta)=[f(1)]^\theta, \qquad f(1)=\cos 1+i\sin 1$$

とおくことができる．これは De Moivre の定理の拡張とも考えられるが，し

かし，複素数の実数乗というものを定義しなければならないし，その実体化をはからねばならない．以上の事は重要ではあるが，当面このようなことを無視し，形式的に話を進めるなかで，これらの難点を解消していこう．

$$\frac{\Delta f(\theta)}{\Delta\theta}=\frac{\{\cos(\theta+\Delta\theta)+i\sin(\theta+\Delta\theta)\}-(\cos\theta+i\sin\theta)}{\Delta\theta}$$

$$=\frac{\cos(\theta+\Delta\theta)-\cos\theta}{\Delta\theta}+i\frac{\sin(\theta+\Delta\theta)-\sin\theta}{\Delta\theta}$$

だから，結局 $f'(\theta)$ を求めることは $\cos\theta,\sin\theta$ の微分に帰着し

$$f'(\theta)=-\sin\theta+i\cos\theta$$

$$=i(\cos\theta+i\sin\theta)=if(\theta) \qquad ①$$

をうる．

一方，$f(\theta)=[f(1)]^\theta$ とすると，$f(\theta)$ は上の通り微分できるから，$[f(1)]^\theta$ も微分ができ，

$$f'(\theta)=[f(1)]^\theta\log_e f(1) \qquad ②$$

（これは　$Da^x=a^x\cdot\log_e a$　を形式的に用いた）①,②から

$$\log_e f(1)=i$$

$$f(1)=e^i$$

したがって

$$e^{i\theta}=\cos\theta+i\sin\theta$$

とおくことができる．これを **Eulerの公式**という．

Euler の公式から，絶対値 r，偏角 θ の複素数 z は

$$z=re^{i\theta}$$

と簡単に表わされる．

［注意］ Euler の公式は普通の意味での公式ではない．なぜなら，これを導く過程で，$[f(1)]^\theta$ の意味やその微分，$\log_e f(1)$ など，実体のしれないものを形式的に用いてきた．しかし，$f(\theta_1)f(\theta_2)=f(\theta_1+\theta_2)$ は本質的に指数関数と考えられるから，Euler の公式は $e^{i\theta}$ の定義と考えるべきものである．

問 2.63　次の値を求めよ．

$$e^{i\pi},\ e^{i\frac{\pi}{2}},\ e^{-i\frac{\pi}{2}},\ e^{i\frac{\pi}{3}},\ e^{i\frac{3}{4}\pi},\ e^{i\frac{7}{6}\pi},\ e^{i2\pi}$$

問 2.64　$z^n=re^{i\theta}$ とするとき，$z=\sqrt[n]{r}e^{i\left(\frac{\theta}{n}+\frac{2k\pi}{n}\right)}$ であることを示せ．ただし，$k=0,1,2,\cdots,n-1$ である．

Eulerの公式を拡張すると，$z=x+iy$ のときの指数関数 e^z を

$$e^z=e^x(\cos y+i\sin y) \tag{1}$$

と定義できる．

定理 2.21　　指数法則

$$e^{z_1+z_2}=e^{z_1}\cdot e^{z_2}$$

(証明)　$z_1=x_1+iy_1,\quad z_2=x_2+iy_2$　とすると

$$\begin{aligned} e^{z_1}\cdot e^{z_2}&=e^{x_1}(\cos y_1+i\sin y_1)e^{x_2}(\cos y_2+i\sin y_2)\\ &=e^{x_1+x_2}\{\cos(y_1+y_2)+i\sin(y_1+y_2)\}\\ &=e^{z_1+z_2} \end{aligned}$$

(Q.E.D)

問 2.65　$z=x+iy$ のとき，$|e^z|=e^x$，$\arg e^z=y+2n\pi$ であることを証明せよ．

指数法則が成立するから，e^zは実変数の指数関数の自然な拡張になっているが，しかし実数の場合と決定的に異なる点は周期性にある．

$$e^{z+2n\pi i}=e^z\cdot e^{2n\pi i}=e^z$$

であるから，指数関数 e^z の基本周期は $2\pi i$ である．

指数関数 e^z の逆関数を**対数関数**という．

$$e^z=w \Longleftrightarrow z=\log w$$

z と w を入れかえて

$$w=\log z$$

$w=u+iv$　とおくと

$$z=e^{u+iv}=e^u\cdot e^{iv}$$

$$|z|=e^u,\qquad \arg z=v$$

だから，

$$\log z = u + iv$$

$$\therefore \quad \log z = \log_e|z| + i\arg z \qquad (2)$$

をうる．もし，z を極形式で，$z = re^{i\theta}$ と表わすと

$$\log z = \log_e r + i\theta$$

である．

ここで，$\log z$ もまた普通の意味での関数ではない．なぜなら，1つの z に対して，無数の $\log z$ が存在する．なぜなら

$$\log z = \log_e r + i(\theta + 2n\pi) \qquad (n \text{ は任意の整数}) \qquad (3)$$

である．このような関数を**無限多価関数** (infinite many-valued function) という．

例 2.33 $z = x + iy$ とするとき $\log z$ を x と y で表わせ．

(解) $\quad |z| = \sqrt{x^2 + y^2}, \quad \arg z = \arg(x + iy) + 2n\pi$

$$\therefore \quad \log z = \log_e \sqrt{x^2 + y^2} + i\{\arg(x + iy) + 2n\pi\}$$

たとえば

$$\log(1 + i\sqrt{3}) = \log_e 2 + i\left(\frac{\pi}{3} + 2n\pi\right)$$

問 2.66

$\log 1$，$\log(-1)$，$\log i$，$\log(-i)$，$\log(1+i)$，$\log(3+4i)$，$\log e$
の値を求めよ．

Euler の公式で

$$e^{i\theta} = \cos\theta + i\sin\theta$$

$$e^{-i\theta} = \cos\theta - i\sin\theta$$

よって

$$\cos\theta = \frac{e^{i\theta} + e^{-i\theta}}{2}, \qquad \sin\theta = \frac{e^{i\theta} - e^{-i\theta}}{2i}$$

をうる．これからの類推で，**複素変数の円関数**を

$$\cos z=\frac{e^{iz}+e^{-iz}}{2},\qquad \sin z=\frac{e^{iz}-e^{-iz}}{2i} \tag{4}$$

と定義する．複合円関数に対しては

$$\tan z=\frac{\sin z}{\cos z}=\frac{1}{i}\,\frac{e^{i(2z)}-1}{e^{i(2z)}+1},\qquad \cot z=\frac{\cos z}{\sin z}=i\frac{e^{i(2z)}+1}{e^{i(2z)}-1}$$

$$\sec z=\frac{1}{\cos z}=\frac{2}{e^{iz}+e^{-iz}},\qquad \operatorname{cosec} z=\frac{1}{\sin z}=\frac{2i}{e^{iz}-e^{-iz}}$$

と定義する．このように

円関数は指数関数で表現される．

例 2.34　$\sin i$, $\cos i$ を計算せよ．

（解）
$$\sin i=\frac{e^{ii}-e^{-ii}}{2i}=\frac{e^{-1}-e}{2i}=\frac{1-e^2}{2ie}$$

$$\cos i=\frac{e^{ii}+e^{-ii}}{2}=\frac{e^{-1}+e}{2}=\frac{1+e^2}{2e}$$

問 2.67　$\sin(x+iy)$, $\cos(x+iy)$ を x と y の実関数の組合せで表わせ．

問 2.68　$\tan(x+iy)$ の実部，虚部を x と y の実関数の組合せで表わせ．

問 2.69　$\cos(i\log_{10}2)$, $\sin\frac{1+i}{\sqrt{2}}$, $\tan i$ の値を求めよ．

例 2.35　Euler の公式による円関数の定義にもとづくと，円関数のもつ諸性質は容易に説明できる．

(1)　$(e^{ix})^n=(e^{i(xn)})$　をかきなおすと

$$(\cos x+i\sin x)^n=\cos nx+i\sin nx$$

これは De Moivre の定理そのものである．

(2)　2倍角，3倍角の公式は (1) より直ちに出てくる．

(3)　半角の公式，たとえば

$$\sin^2\frac{x}{2}=\left(\frac{e^{i\frac{x}{2}}-e^{-i\frac{x}{2}}}{2i}\right)^2=\frac{e^{ix}-2+e^{-ix}}{-4}$$

$$=\frac{1-\cos x}{2}$$

(4)　積 → 和変換公式

$$\sin x\cos y=\left(\frac{e^{ix}-e^{-ix}}{2i}\right)\left(\frac{e^{iy}+e^{-iy}}{2}\right)$$

$$=\frac{e^{i(x+y)}-e^{-i(x+y)}+e^{i(x-y)}-e^{-i(x-y)}}{4i}$$

$$=\frac{1}{2}\left\{\frac{e^{i(x+y)}-e^{-i(x+y)}}{2i}+\frac{e^{i(x-y)}-e^{-i(x-y)}}{2i}\right\}$$

$$=\frac{1}{2}\{\sin(x+y)+\sin(x-y)\}$$

問 2.70　$\cos x\sin y$, $\sin x\sin y$, $\cos x\cos y$　を和の形に直せ.

次に複素変数の逆円関数を求めよう.

$$z=\sin w \quad を \quad w=\sin^{-1}z$$

とかく. ところが,

$$z=\frac{e^{iw}-e^{-iw}}{2i} \quad から \quad e^{i(2w)}-2ize^{iw}-1=0$$

をうる. 形式的に最後の2次方程式を解くと

$$e^{iw}=iz\pm\sqrt{1-z^2}$$

$$\therefore \quad w=\sin^{-1}z=\frac{1}{i}\log(iz\pm\sqrt{1-z^2}) \qquad (5)$$

同様に

$$z=\cos w \quad から \quad w=\cos^{-1}z$$

とかく. ところが

$$z=\frac{e^{iw}+e^{-iw}}{2} \quad から \quad e^{i(2w)}-2ze^{iw}+1=0$$

$$e^{iw}=z\pm\sqrt{z^2-1}$$

$$\therefore \quad w=\cos^{-1}z=\frac{1}{i}\log(z\pm\sqrt{z^2-1}) \qquad (6)$$

このように

逆円関数は対数関数で表現される.

問 2.71　次の事柄を示せ.

(1)　$\tan^{-1}z=\dfrac{1}{2i}\log\dfrac{1+iz}{1-iz}$　　(2)　$\cot^{-1}z=\dfrac{1}{2i}\log\dfrac{z+i}{z-i}$

(3)　$\sec^{-1}z=\dfrac{1}{i}\log\dfrac{1\pm\sqrt{1-z^2}}{z}$　　(4)　$\mathrm{cosec}^{-1}z=\dfrac{1}{i}\log\dfrac{i\pm\sqrt{z^2-1}}{z}$

問 2.72　$\sin^{-1}0$, $\cos^{-1}0$, $\tan^{-1}0$, $\sin^{-1}1$, $\cos^{-1}1$ の値を求めよ.

問 2.73　次の事柄を証明せよ.

(1)　$\sin^{-1}z=i\log(-iz\pm\sqrt{1-z^2})$　　(2)　$\cos^{-1}z=i\log(z\pm\sqrt{z^2-1})$

対数関数が無限多価関数だから，逆円関数もまた無限多価関数である．しかし，本書では実変数関数を取り扱うのだから，逆円関数においても，zが実数xのときどうなるか吟味してみよう．

実数の場合

$$-\frac{\pi}{2}\leqq y=\sin^{-1}x\leqq\frac{\pi}{2},\qquad -1\leqq x\leqq 1$$

という条件に対して

$$\sin^{-1}x=\frac{1}{i}\log(ix\pm\sqrt{1-x^2})$$

しかるに

$$|ix\pm\sqrt{1-x^2}|=\sqrt{x^2+(1-x^2)}=1$$

よって

$$\sin^{-1}x=\arg(ix\pm\sqrt{1-x^2})$$

同様に

$$\cos^{-1}x=\arg(x\pm i\sqrt{1-x^2})$$

$$\tan^{-1}x=\frac{1}{2}\arg\frac{1+ix}{1-ix}$$

である．

問 2.74　$\cos^{-1}x$, $\tan^{-1}x$ に関する上の式を導け．

§3．双曲線関数

$$\cosh x\equiv\frac{e^x+e^{-x}}{2},\qquad \sinh x\equiv\frac{e^x-e^{-x}}{2}\tag{7}$$

を**双曲余弦** (hyperbolic cosine), **双曲正弦** (hyperbolic sine) といい，あわせて**双曲線関数**という．双曲正弦,双曲余弦のグラフは図 2.24 のようになる．円関数と同じように，複合双曲線関数も定義され，それぞれ

$$\tanh x=\frac{\sinh x}{\cosh x}$$

$$\coth x=\frac{\cosh x}{\sinh x}$$

$$\operatorname{sech} x=\frac{1}{\cosh x}$$

$$\operatorname{cosech} x=\frac{1}{\sinh x}$$

と定義し，**双曲正接,双曲余接,双曲正割,双曲余割**という．

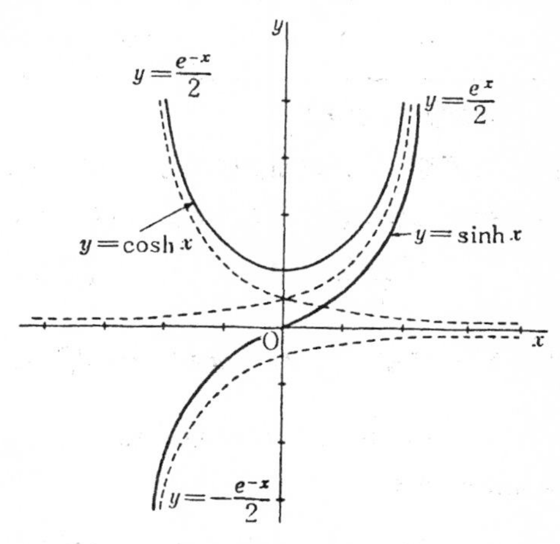

図 2.24

双曲線関数と円関数との間の関係は，虚数 i を用いて次のように与えられる．

$$\cosh x=\cos ix, \qquad \sinh x=\frac{1}{i}\sin ix$$

$$\tanh x=\frac{1}{i}\tan ix, \qquad \coth x=i\cot ix$$

$$\operatorname{sech} x=\sec ix, \qquad \operatorname{cosech} x=i\operatorname{cosec} ix$$

これから明らかなように，双曲線関数は円関数とよく似た性質をもっている．

定理 2.22

(1) $\cosh^2 x-\sinh^2 x=1$

$1-\tanh^2 x=\operatorname{sech}^2 x$

$\coth^2 x-1=\operatorname{cosech}^2 x$

(2) $\sinh(x+y)=\sinh x\cosh y+\cosh x\sinh y$

$\cosh(x+y)=\cosh x\cosh y+\sinh x\sinh y$

(3) $\sinh 2x=2\cosh x\sinh x$

$$\cosh 2x = \cosh^2 x + \sinh^2 x$$

(4) $(\cosh x)' = \sinh x,\quad (\sinh x)' = \cosh x$

$(\tanh x)' = \mathrm{sech}^2 x,\quad (\coth x)' = -\mathrm{cosech}^2 x$

問 2.75 この定理を証明せよ.

逆円関数と同様に，逆双曲線関数も求められる.

$y=\cosh x$ は偶関数だから，$x \geqq 0$ の場合のみ考える.

$$y=\frac{e^x+e^{-x}}{2} \quad \text{より} \quad e^x = y \pm \sqrt{y^2-1}$$

$x \geqq 0$ だから $e^x \geqq 1$ で，かつ $y \geqq 1$. $y-\sqrt{y^2-1}=\dfrac{1}{y+\sqrt{y^2-1}}$ だから

$$x=\cosh^{-1} y = \pm \log_e(y+\sqrt{y^2-1}) \tag{8}$$

$y=\sinh x$ では

$$y=\frac{e^x-e^{-x}}{2} \quad \text{より} \quad e^x = y \pm \sqrt{y^2+1}$$

$e^x>0$ より，負号不適. したがって

$$x=\sinh^{-1} y = \log_e(y+\sqrt{y^2+1}) \tag{9}$$

$y=\tanh x$ では

$$y=\frac{e^{2x}-1}{e^{2x}+1} \quad \text{より} \quad e^{2x}=\frac{1+y}{1-y}$$

したがって

$$x=\tanh^{-1} y = \frac{1}{2}\log_e \frac{1+y}{1-y} \tag{10}$$

問 2.76 $\coth^{-1} y$, $\mathrm{sech}^{-1} y$, $\mathrm{cosech}^{-1} y$ をそれぞれ y で表わせ.

問 2.77 次の式を証明せよ.

$$\sinh^{-1} iy = i\sin^{-1} y, \quad i\cosh^{-1} y = \cos^{-1} y, \quad -i\tanh^{-1} iy = \tan^{-1} y$$

定理 2.23 $(\sinh^{-1} y)' = \dfrac{1}{\sqrt{y^2+1}},\quad (\cosh^{-1} y)' = \dfrac{1}{\sqrt{y^2-1}}$

$(\tanh^{-1} y)' = \dfrac{1}{1-y^2}$

（証明） $x=(\sinh^{-1}y)$ とおくと　 $y=\sinh x$

$$\frac{dx}{dy}=\frac{1}{\dfrac{dy}{dx}}=\frac{1}{(\sinh x)'}$$

$$=\frac{1}{\cosh x}=\frac{1}{\sqrt{1+\sinh^2 x}}=\frac{1}{\sqrt{1+y^2}}$$

問 2.78　他の微分も計算せよ．

問 2.79　$(\coth^{-1}y)'$, $(\mathrm{sech}^{-1}y)'$, $(\mathrm{cosech}^{-1}y)'$ を求めよ．

第III部

積分法

これからの発明は人間の智慧以上だとの評判を得たにもかかわらず，[アルキメデス] はこのような主題の著作を書き残すことを許さず，機構学の仕事や必要利益を目指すあらゆる種類の技術を卑劣下賤なものとみなし，その大望の全部を日常生活の必要にわずらわされぬ美しく繊細な思索に集中した．

（プルターク「英雄伝」）

第1章　微分方程式と不定積分

§1.　積分法ことはじめ

関数 $F(x)$ の導関数を $f(x)$ とすると

$$\frac{dF(x)}{dx}=f(x) \tag{1}$$

であるが，第Ⅱ部では専ら $F(x)$ を与えて，$f(x)$ を求めることを学習した．この第Ⅲ部では逆に $f(x)$ から $F(x)$ を求めることを学習する．この場合，$F(x)$ は未知関数で (1) のように**未知関数の導関数を含む関数方程式を微分方程式** (differential equation) という．また，微分方程式に適する関数 $F(x)$ を求めることを，**微分方程式を解く**，または**積分する**，$F(x)$ を**解**という．

微分方程式を解く意味を考えてみよう．(1) から

$$dF(x)=f(x)dx \quad \text{あるいは} \quad \Delta F(x)=f(x)\Delta x+o(\Delta x) \tag{2}$$

であるから，x が Δx だけ微小変化するとき，y はほぼ $f(x)\Delta x$ だけ変化する．したがって，(1),(2) は関数

$$F : x \longmapsto y$$

の変化法則を示したものといえる．そこで，x のある値 x_0 を定めて，x_0 のときの y を y_0 とし，そこを出発点とすると

$x_1=x_0+\Delta x$ では

$$F(x_1) \fallingdotseq y_0+f(x_0)\Delta x$$

$x_2=x_1+\Delta x$ では

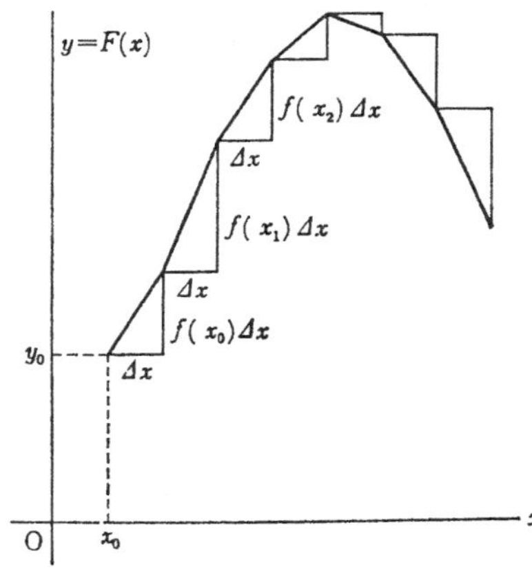

図 3.1

$$F(x_2) \doteqdot F(x_1) + f(x_1)\varDelta x$$

$$\cdots\cdots\cdots\cdots$$

として，順次 $F(x)$ が求められ，

$$x \longmapsto F(x)$$

なる関数が定まる．

しかし，(2) の第2式で $o(\varDelta x)$ がついているので，そう単純にうまく $F(x)$ がえられるとは限らないが，$\varDelta x$ は少なくとも理論上はいくらでも小さくとれるから，関数 $F(x)$ の存在は予想できる．

さて，われわれが未来を予想する場合，まったくのあて推量ということもあるが，Newton以来，多くの数学者がとってきた方法は，次のような方法である．

a) 現状はこうである．

b) このままでいくと，（あるいは，ある種の法則をもとにすると）

c) 将来はこうなるであろう．

という形態，つまり**決定論的方法** (deterministic method) をとる．a) は現状，すなわち初期値で，b) は変化法則，a) と b) を前提として c) の予想ができるのである．

先の例では

a) $x=x_0$ のとき　$y=y_0$ が初期値

b) $\dfrac{dF(x')}{dx}=f(x)$，　またば　$dF(x)=f(x)dx$　が変化法則

で，この2つから

c) 解 $F(x)$ をえ，任意の x に対して $F(x)$ が予想される．

したがって，$F(x)$ には任意の定数 y_0 が含まれており，任意定数を普通 c で表わして，**積分定数** (integration constant) というが，c を含む解を**一般解** (general solution)，初期値が与えられて c が確定した解を**特殊解** (particular solution) という．

さて，

$f(x)$ が与えられたとき，$\dfrac{dF(x)}{dx}=f(x)$ をみたす $F(x)$ を，$f(x)$ の**原始関数**（primitive function）といい，

$$F(x)=D^{-1}f(x) \quad \text{または} \quad F(x)=\int f(x)dx \tag{3}$$

とかく．第1の式は，原始関数を求めることは微分の逆演算であることを意味し，**反微分**（anti-differentiation）という．第2の式は，$F(x)$ の変化法則が $dF(x)=f(x)dx$ のとき，これらの総和にあたることを意味する．記号 $\int$ は積分記号といい，一種の総和を表わす記号で，summation（加算）の頭文字 S を上下にひきのばしたものであるといわれる．

定理 3.1 $f(x)$ に原始関数が存在すれば，それは無数にあり，互いに定数だけの差をもつ．

（証明） $f(x)$ の原始関数を $F(x), G(x)$ とすると，

$$F'(x)=G'(x)=f(x)$$

であるから，

$$\{F(x)-G(x)\}'=F'(x)-G'(x)=f(x)-f(x)=0$$

となる．つまり微分係数（変化率）がつねに0とは，変化しないこと，つまり定数に等しいことを意味する（もっとも，ここでの説明は厳密でない）から，これを c で表わすと

$$F(x)-G(x)=c \qquad \text{(Q. E. D)}$$

この c は，定数でさえあれば全く任意にとれるもので**積分定数**といい，初期値に対応する．したがって，$f(x)$ の原始関数の1つを $F(x)$ とすると

$$\int f(x)dx=F(x)+c$$

となる．

このとき，$\int f(x)dx$ は $F(x)+c$ （c は任意の定数）という形の関数全体を指す記号でもある．つまり関数の集合を $\{F(x)+c\}$ とかくと

$$\int f(x)dx=\{F(x)+c\}$$

とかくべきであろうが，｛ ｝は一般に省略する．このような関数集合を**不定積分** (undefined integral) という．

例 3.1 $\dfrac{d}{dx}x^2=2x$ であるから

$$\int 2xdx=x^2+c$$

問 3.1 $f'(x)=2x-1$，$f(0)=1$ のとき，$f(x)$ を求めよ． （明治大）

問 3.2 すべての x に対して微分できる関数 $f(x)$ で

(a) $x\leqq 1$ では $f'(x)=a^2x$

$x\geqq 1$ では $f'(x)=-2ax+8$

(b) $f(0)=0$

をみたすものが存在するように，正の定数 a の値を定めよ．

次に $y=f(x)$ のグラフをかけ． （名大）

§2. 不定積分法

不定積分の法則は微分の法則から容易に導かれる．

定理 3.2 （不定積分の線型性） 積分定数の差を無視すると

$$\int\{f(x)+g(x)\}dx=\int f(x)dx+\int g(x)dx$$

$$\int kf(x)dx=k\int f(x)dx \qquad (k\text{は定数})$$

（証明） $F'(x)=f(x)$，　$G'(x)=g(x)$ とおく．

$$\{F(x)+G(x)\}'=F'(x)+G'(x)=f(x)+g(x)$$

$$\{kF(x)\}=kF'(x)=kf(x)$$

以上のことより定理 3.2は明らかである．

この定理は局所正比例の重ね合わせの総和をとったものに相当する．

系 1　$a_1, a_2, \cdots, a_n$ が定数

$f_1(x), f_2(x), \cdots, f_n(x)$ がそれぞれ原始関数をもつとき

$$\int\{a_1f_1(x)+a_2f_2(x)+\cdots+a_nf_n(x)\}dx$$

$$=a_1\int f_1(x)dx+a_2\int f_2(x)dx+\cdots+a_n\int f_n(x)dx$$

導関数の公式を逆に用いると，次の不定積分に関する公式がえられる．

定理 3.3　**（主な関数の不定積分）**

(1)　$\displaystyle\int x^n dx=\frac{x^{n+1}}{n+1}+c \qquad (n\neq -1)$

(2)　$\displaystyle\int\frac{1}{x}dx=\int\frac{dx}{x}=\log_e|x|+c$

(3)　$\displaystyle\int e^x dx=e^x+c$

(4)　$\displaystyle\int\sin x\,dx=-\cos x+c,\quad \int\cos x\,dx=\sin x+c$

$\displaystyle\int\sec^2 x\,dx=\tan x+c,\quad \int\mathrm{cosec}^2 x\,dx=-\cot x+c$

(5)　$\displaystyle\int\frac{dx}{\sqrt{1-x^2}}=\sin^{-1}x+c,$　または　$-\cos^{-1}x+c$

$\displaystyle\int\frac{dx}{1+x^2}=\tan^{-1}x+c$

(6)　$\displaystyle\int\sinh x\,dx=\cosh x+c,\quad \int\cosh x\,dx=\sinh x+c$

$\displaystyle\int\mathrm{sech}^2 x\,dx=\tanh x+c$

(7)　$\displaystyle\int\frac{dx}{\sqrt{x^2-1}}=\cosh^{-1}x+c=\log_e(x+\sqrt{x^2-1})+c$

$\displaystyle\int\frac{dx}{\sqrt{x^2+1}}=\sinh^{-1}x+c=\log_e(x+\sqrt{x^2+1})+c$

$\displaystyle\int\frac{dx}{1-x^2}=\tanh^{-1}x+c=\frac{1}{2}\log_e\frac{1+x}{1-x}$

（証明）　右辺を微分すれば，左辺の被積分関数になることは，第Ⅱ部の結果からわかる．

例 3.2　$a_0, a_1, \cdots, a_n$ は定数，n を正整数とすると

$$\int(a_0x^n+a_1x^{n-1}+\cdots+a_n)dx$$

$$=a_0\int x^n dx+a_1\int x^{n-1}dx+\cdots+a_n\int 1\cdot dx$$

$$=\frac{a_0}{n+1}x^{n+1}+\frac{a_1}{n}x^n+\cdots+a_nx+c$$

問 3.3　次の関数の不定積分を計算せよ．

(1)　x^2-2x+5　　(2)　x^3-3x^2+6x

(3)　$\sqrt{x}$　　(4)　$\dfrac{1}{\sqrt{x}}+\sqrt[3]{x}$

(5)　$\dfrac{x^2+1}{x}$　　(6)　$\dfrac{x^2}{x^2+1}$

(7)　$\dfrac{x^2-x-1}{x^2}$　　(8)　$3\cos x+5\sin x$

(9)　$\tan^2 x$　　(10)　$\sin^2\dfrac{x}{2}$

§3. 置換積分法

局所正比例の合成，合成関数の微分の逆演算にあたるのが，次の定理である．

定理 3.4　（置換積分法）

$t=\varphi(x)$ とおくと

$$\int f(t)dt=\int f\{\varphi(x)\}\varphi'(x)dx$$

（証明）　$DF(t)=f(t)$，　$D\varphi(x)=\varphi'(x)$，　$t=\varphi(x)$ とおくと

$$\frac{dF(t)}{dx}=\frac{dF}{dt}\cdot\frac{dt}{dx}=f(t)\varphi'(x)$$

$$dF(t)=f(t)\varphi'(x)dx$$

$$\therefore\quad F(t)+c=\int f(t)\varphi'(x)dx$$

一方

$$F(t)+c=\int f(t)dt$$

例 3.3 $\int f(t)dt=F(t)+c$ のとき

$$\int f(ax+b)dx=\frac{1}{a}F(ax+b)+c$$

であることを示せ.

(解) $t=ax+b$ とおくと $dt=adx$

$$\int f(ax+b)dx=\int f(t)\frac{dt}{a}=\frac{1}{a}\int f(t)dt$$

$$=\frac{1}{a}F(t)+c=\frac{1}{a}F(ax+b)+c$$

例 3.4 $\int\frac{f'(x)}{f(x)}dx=\log_e|f(x)|+c$ であることを示せ.

(解) $t=f(x)$ とおくと $dt=f'(x)dx$

$$\int\frac{f'(x)}{f(x)}dx=\int\frac{dt}{t}=\log_e|t|+c=\log_e|f(x)|+c$$

たとえば

$$\int\tan x\,dx=\int\frac{\sin x}{\cos x}dx=\int\frac{(-\cos x)'}{\cos x}dx$$

$$=-\log_e|\cos x|+c$$

$$\int\frac{dx}{x\log_e x}=\int\frac{\left(\frac{1}{x}\right)}{\log_e x}dx=\int\frac{(\log_e x)'}{\log_e x}dx$$

$$=\log_e(\log_e x)+c$$

問 3.4 次の計算をせよ.

(1) $\int\frac{x}{\sqrt{1-x}}dx$ (2) $\int\frac{x}{1+x^2}dx$ (3) $\int\frac{x}{\sqrt{x^2+a^2}}dx$

(4) $\int x\sqrt{2x-1}\,dx$ (5) $\int\sin^2 x\cos x\,dx$ (6) $\int\cot x\,dx$

(7) $\int xe^{-x^2}dx$ (8) $\int\frac{dx}{\sin x}$

例 3.5 $\sqrt{x^2+a^2}=t-x$ とおくと $\int\frac{dx}{\sqrt{x^2+a^2}}=\log_e|x+\sqrt{x^2+a^2}|+c$ となることを示せ.

（解） $\sqrt{x^2+a^2}=t-x$ を両辺平方すると

$$a^2=t^2-2tx, \qquad x=\frac{t^2-a^2}{2t}$$

$$t-x=t-\frac{t^2-a^2}{2t}=\frac{t^2+a^2}{2t}$$

$$dx=\frac{t^2+a^2}{2t^2}dt$$

$$\int\frac{dx}{\sqrt{x^2+a^2}}=\int\frac{1}{t-x}\cdot\frac{t^2+a^2}{2t^2}dt=\int\frac{dt}{t}$$

$$=\log_e|t|+c=\log_e|x+\sqrt{x^2+a^2}|+c$$

問 3.5 次の指示にしたがって，次の公式を証明せよ．

(1) $\displaystyle\int\frac{dx}{\sqrt{a^2-x^2}}=\sin^{-1}\frac{x}{a}+c$ 　　（$x=a\sin t$ とおけ）

(2) $\displaystyle\int\frac{dx}{x^2+a^2}=\frac{1}{a}\tan^{-1}\frac{x}{a}+c$ 　　（$x=a\tan t$ とおけ）

(3) $\displaystyle\int\frac{dx}{x\sqrt{x^2-a^2}}=\frac{1}{a}\sec^{-1}\frac{x}{a}+c$ 　　（$x=a\sec t$ とおけ）

§4. 部分積分法

積分の計算で無視できぬ重要な定理は部分積分法に関するものである．

定理 3.5 （部分積分法）

$$\int f'(x)g(x)dx=f(x)g(x)-\int f(x)g'(x)dx$$ （明治薬大）

（証明）　$\{f(x)g(x)\}'=f'(x)g(x)+f(x)g'(x)$

より

$$f'(x)g(x)=\{f(x)g(x)\}'-f(x)g'(x)$$

$$\therefore\quad \int f'(x)g(x)dx=f(x)\cdot g(x)-\int f(x)g'(x)dx$$

例 3.6 (1) $\displaystyle\int x\sin x\,dx$ 　　(2) $\displaystyle\int\log_e x\,dx$ を求めよ．

（解）（1）　$f'(x)=\sin x,\quad g(x)=x$　とおくと

$$f(x)=-\cos x,\quad g'(x)=1$$

$$\int x\sin x\,dx=-x\cos x+\int\cos x\,dx=-x\cos x+\sin x+c$$

（2）　$f'(x)=1,\quad g(x)=\log_e x$　とおくと

$$f(x)=x,\quad g'(x)=\frac{1}{x}$$

$$\int\log_e x\,dx=x\log_e x-\int x\times\frac{1}{x}dx=x(\log_e x-1)+c$$

［注］（1）において　$f'(x)=\sin x$　のとき，　$f(x)=-\cos x+c_1$

$$\begin{aligned}\int x\sin x\,dx&=-x\cos x+c_1x-\int(-\cos x+c_1)dx\\&=-x\cos x+c_1x+\sin x-c_1x+c_2\\&=-x\cos x+\sin x+c_2\end{aligned}$$

となって，途中の積分定数 c_1 は結果には影響しないので，$f'(x)$ に対して，最も簡単な $f(x)$ を採用する．

問 3.6　次の計算をせよ．

（1）　$\int xe^x dx$　　（2）　$\int x\cos x\,dx$　　（3）　$\int x(ax+b)^n dx$

（4）　$\int x^2e^x dx$　　（5）　$\int x\log_e x\,dx$　　（6）　$\int\sin^{-1}x\,dx$

（7）　$\int\tan^{-1}x\,dx$　　（8）　$\int\log(1+x^2)dx$

例 3.7　$I_1=\int e^{px}\cos qx\,dx,\quad I_2=\int e^{px}\sin qx\,dx$　を求めよ．

（解Ⅰ）

$$\begin{aligned}I_1&=\frac{1}{p}e^{px}\cos qx+\frac{p}{q}\int e^{px}\sin qx\,dx\\&=\frac{1}{p}e^{px}\cos qx+\frac{q}{p^2}e^{px}\sin qx+c-\frac{q^2}{p^2}\int e^{px}\cos qx\,dx\end{aligned}$$

$$(p^2+q^2)I_1=e^{px}(p\cos qx+q\sin qx)+c$$

よって

$$\int e^{px}\cos qx\,dx=\frac{e^{px}}{p^2+q^2}(p\cos qx+q\sin qx)+c$$

同様にして

$$\int e^{px}\sin qx\,dx=\frac{e^{px}}{p^2+q^2}(p\sin qx-q\cos qx)+c$$

(解Ⅱ)
$$I_1+iI_2=\int e^{px}(\cos qx+i\sin qx)dx$$
$$=\int e^{px}e^{iqx}dx=\int e^{(p+iq)x}dx$$

$(e^{kx})'=ke^{kx}$ は k が複素数でも成立するから

$$I_1+iI_2=\frac{1}{p+iq}e^{(p+iq)x}+c_1+ic_2$$
$$=\frac{p-iq}{p^2+q^2}e^{px}(\cos qx+i\sin qx)+c_1+ic_2$$

実部と虚部をそれぞれ比較すると

$$I_1=\frac{e^{px}}{p^2+q^2}(p\cos qx+q\sin qx)+c_1$$
$$I_2=\frac{e^{px}}{p^2+q^2}(p\sin qx-q\cos qx)+c_2$$

問 3.7 (1) $\int e^x\cos x\,dx$ を求めよ.

(2) $\int e^x\sin x\,dx$ を求めよ. (東京理大,北見工大)

問 3.8 3つの関数 $f_0(x), f_1(x), f_2(x)$ があり,次の式が成立している.

$$\frac{d}{dx}f_2(x)=f_1(x),\quad \frac{d}{dx}f_1(x)=f_0(x),\quad f_0(x)=e^x\cos x$$
$$f_1(0)=1,\quad f_2(0)=1$$

次の問に答えよ.

(1) 部分積分法を2度用いて,次を証せよ.

$$\int f_0(x)dx=\frac{1}{2}e^x(\cos x+\sin x)+c$$

(2) (1)の結果を用いて,関数 $f_1(x), f_2(x)$ を決定せよ. (岩手大)

§5. 複素数と不定積分

問3.5から

$$\int\frac{dx}{a^2+x^2}=\frac{1}{a}\tan^{-1}\frac{x}{a}+c,\quad \int\frac{dx}{\sqrt{a^2-x^2}}=\sin^{-1}\frac{x}{a}+c,$$

また,定理3.3および例3.5から

$$\int\frac{dx}{a^2-x^2}=\frac{1}{2a}\log_e\left|\frac{a+x}{a-x}\right|+c,\qquad \int\frac{dx}{\sqrt{x^2\pm a^2}}=\log_e|x+\sqrt{x^2+a^2}|+c$$

となる．このように，不定積分では，被積分関数のごく僅かな違いから，原始関数の決定的な違いを招く．これらを統一的に取り扱うことができないであろうか．

例 3.8
$$\frac{1}{a^2+x^2}=\frac{1}{2a}\left\{\frac{1}{a+ix}+\frac{1}{a-ix}\right\}$$
$$=\frac{1}{2ai}\left\{\frac{i}{a+ix}-\frac{(-i)}{a-ix}\right\}$$
$$\int\frac{dx}{a^2+x^2}=\frac{1}{2ai}\left\{\int\frac{idx}{a+ix}-\int\frac{(-i)dx}{a-ix}\right\}$$
$$=\frac{1}{2ai}\log\frac{a+ix}{a-ix}+c$$

しかるに

$$\frac{1}{a}\tan^{-1}\frac{x}{a}=\frac{1}{2ai}\log\frac{1+i\left(\dfrac{x}{a}\right)}{1-i\left(\dfrac{x}{a}\right)}=\frac{1}{2ai}\log\frac{a+ix}{a-ix}$$

$$\therefore\quad\int\frac{dx}{a^2+x^2}=\frac{1}{2ai}\log\frac{a+ix}{a-ix}+c=\frac{1}{a}\tan^{-1}\frac{x}{a}+c$$

問 3.9　$\dfrac{1}{x^2+a^2}=\dfrac{1}{2ai}\left\{\dfrac{-1}{x+ia}+\dfrac{1}{x-ia}\right\}$
であることを利用して例3.8と同じようにして $\displaystyle\int\frac{dx}{x^2+a^2}$ を求めよ．

例 3.9　$\displaystyle\int\frac{dx}{\sqrt{a^2+x^2}}=\log_e|x+\sqrt{a^2+x^2}|+c$　を既知とすると

$$\int\frac{dx}{\sqrt{a^2-x^2}}=\frac{1}{i}\int\frac{idx}{\sqrt{a^2+(ix)^2}}$$
$$=\frac{1}{i}\log(ix+\sqrt{a^2+(ix)^2})+c$$
$$=\frac{1}{i}\log\left(i\frac{x}{a}+\sqrt{1-\left(\frac{x}{a}\right)^2}\right)+\frac{1}{i}\log_e a+c$$
$$=\sin^{-1}\frac{x}{a}+c'$$

第2章　定積分と微積分の基本定理

§1. 乗法と定積分

典型的な乗法は

(1あたり量)×(いくら分)=(全体の量)

たとえば

$(a\,l/\text{分})(x\,\text{分})=y\,l$

という形のときに定義される.

しかし，この場合「**1あたり量は一定**」という条件がなければいけないが，この条件は一般には保証されない．むしろ極めて特殊な条件であるともいえる．1あたり量が一定でないときは，図3.2の右図のように「いくら分」を適当に分割して，1あたり量を区間毎に一定になるようにすると，全体の量は各部分の積の総和として求められる．

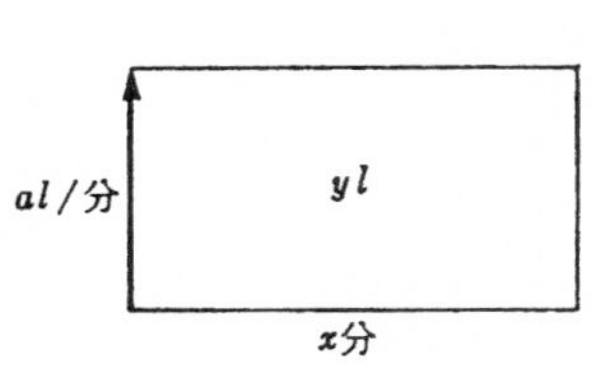

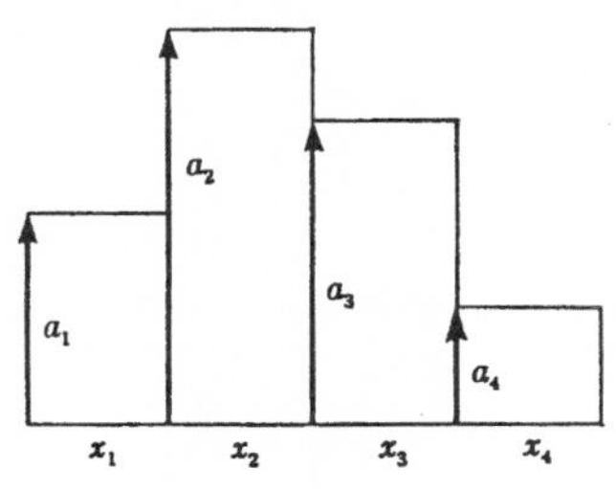

図 3.2

しかし，どんなに細かく分割しても，1あたり量が一定でないときはどうなるか．これが本節のテーマである．

物体を真空中で落す場合を考えよう．加速度が一定の $g\,\text{m/sec}^2$ だから，速度 $v\,\text{m/sec}$ は落ちはじめてからの時間 t 秒に比例し，

$$v=gt \text{ m/sec}$$

である．どんなに短い時間を考えてもそこではもはや等速ではない．この条件で，a 秒間の落下距離を求めてみよう．

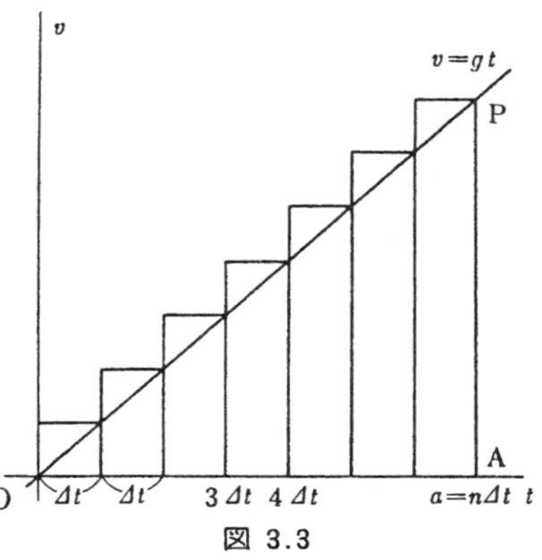

図 3.3

0 と a の間を n 個に分割して，$\dfrac{a}{n}=\Delta t$ とする．各 Δt 秒間では速さは一定でないが，かりにこれを一定とみなし，各 Δt 秒間の最大速度をそれにあてると，はじめの Δt 秒間の速度は $g\Delta t$ m/sec，次の Δt 秒間では $2g\Delta t$ m/sec，さらに次の Δt 秒間では $3g\Delta t$ m/sec，…，最後の Δt 秒間は $ng\Delta t$ m/sec となって，全体としての落下距離は

$$\begin{aligned} S_n &= g(\Delta t)^2+2g(\Delta t)^2+\cdots+ng(\Delta t)^2 \\ &= (1+2+3+\cdots+n)g(\Delta t)^2 \end{aligned}$$

となる．このかっこ内は

$$\begin{array}{rl} & 1+2+3+\cdots\cdots\cdots\cdots\cdots\cdots+n \\ +) & n+(n-1)+(n-2)+\cdots+1 \\ \hline & (n+1)+(n+1)+(n+1)+\cdots+(n+1)=n(n+1) \end{array}$$

より，$\dfrac{1}{2}n(n+1)$ となる．

$$S_n=\frac{n(n+1)}{2}g(\Delta t)^2$$

しかるに，$\Delta t=\dfrac{a}{n}$ だから，

$$S_n=\frac{1}{2}ga^2\left(1+\frac{1}{n}\right)$$

この計算からわかるように，S_n は求める落下距離ではなく，その近似値にすぎないが，n が十分大きいとその値に近いものであろう．そこで $n\to\infty$ とすると，$S_n\to\dfrac{1}{2}ga^2$ という落下距離がえられる．これは図 3.3 の $\triangle$OAP の面

積に等しく，第Ⅰ部,第4章の結果とも一致する．

問 3.10 各 Δt 秒間の速さを，各区間の最小速度とみて S_n を求めよ．次に $n\to\infty$ としたとき結果はどうなるか．

一般に，内包量 $f(x)$ が x の関数であるとき，x の区間 $[a,b]$ に対応する全体の量を求めるには次のようにする．

(1) 区間 $[a,b]$ を n 個の小区間に分割し，分点を

$$a=x_0, x_1, x_2, \cdots, x_{n-1}, x_n=b$$

とし，また

$$\Delta x_i = x_i - x_{i-1} \qquad (i=1,2,\cdots,n)$$

とおく．

(2) 各小区間 $[x_{i-1}, x_i]$ に，任意の点 ξ_i をとり，その区間における内包量を $f(\xi_i)$ とみなす．各区間での量は $f(\xi_i)\Delta x_i$ である．

(3) 部分での量の総和を求めて，全体の量の近似値を求める．すなわち

$$S_n=\sum_{i=1}^{n} f(\xi_i)\Delta x_i \equiv f(\xi_1)\Delta x_1 + f(\xi_2)\Delta x_2 + \cdots + f(\xi_n)\Delta x_n$$

(4) すべての Δx_i が無限小になるように，$n\to\infty$ として極限値を求める．それが全体の量になる．すなわち

$$S=\lim_{n\to\infty}\sum_{i=1}^{n} f(\xi_i)\Delta x_i$$

問題は (4) の極限値で，これが存在するかどうかという一般的保証はない．もし，(4) の極限値が存在するとき，$f(x)$ は区間 $[a,b]$ で**積分可能**といい，この極限値を

$$\int_a^b f(x)dx$$

とかいて，区間 $[a,b]$ における

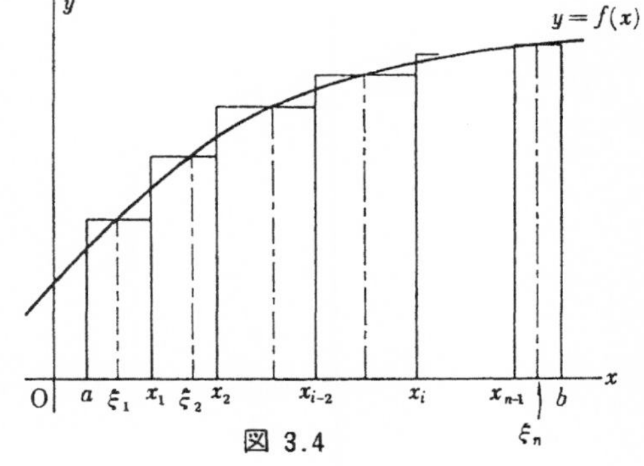

図 3.4

$f(x)$ の**定積分**(defined integral)といい，a を定積分の**下端**(lower limit)，b を**上端**(upper limit)，f を**被積分関数**(integrand)，x を**積分変数**という．

［注意1］ 定積分については次のように考えるとよい．上の手続きで

(1°) 区間 $[a,b]$ を幅が無限小の小区間に分割し，その1つを $[x,x+dx]$ とする．

(2°) 無限小区間 $[x,x+dx]$ では1あたり量一定で，$f(x)$．したがって，そこでの量は $f(x)dx$．

(3°) $f(x)dx$ を全区間 $[a,b]$ にわたって総和したものが $\int_a^b f(x)dx$．

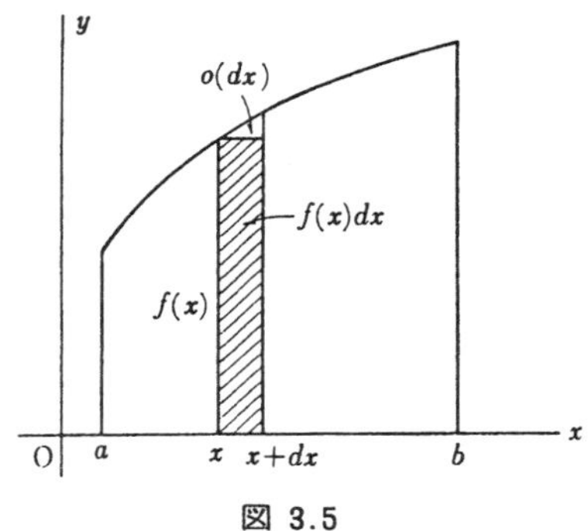

図 3.5

幅が無限小の小区間に分けることは，実際にはできない相談ではあるが，(4) ですべての区間が無限小になるよう，$n\to\infty$ とするのだから，イメージとして考えればよい．実際には区間の幅を Δx として，その区間に対応する量が $f(x)\Delta x+o(\Delta x)$ であればよい．ただし，(4) の極限値の存在，すなわち積分可能が前提であることはいうまでもない．

［注意2］ $f(x)$ をどんな関数と考えるかは議論の分れるところであるが，実際問題としては，連続関数（いくつかの不連続点はあるかもしれない）で十分であろう．最小限度 (2) でえらんだ $f(\xi_i)$ が存在することが，区間 $[a,b]$ のすべての x で保証されねばならない．したがって

$f(x)$ の有界性 （ある k があって，$|f(x)|<k$）

が要求される．

有界でないときは第Ⅲ部,第4章参照.

［注意3］ 積分変数については

$$\int_a^b f(x)dx, \quad \int_a^b f(t)dt$$

も意味内容はかわらない．図3.5で，横軸を x 軸と名づけるか，t 軸と名づけるかの違いである．しかし

$$\int_a^b f(x)dt$$

とかくと，$f(x)$ は t という積分変数を含まない関数とみなければならない．

［注意4］ 定積分は定義から面積で表わされる．つまり $\int_a^b f(x)dx$ は $y=f(x)$ のグ

ラフと x 軸，直線 $x=a$，$x=b$ で囲まれた部分の面積で，これを $f(x)$ のグラフの下の面積と略称する．しかし，この面積は正，負の符号がつく．

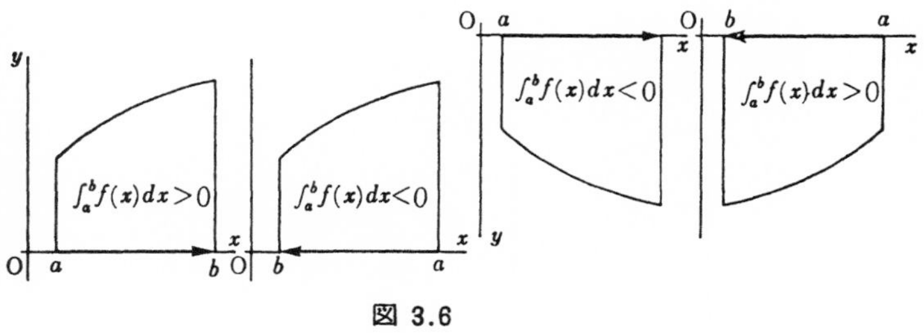

図 3.6

§2. 微積分の基本定理

定積分の値は，関数 $f(x)$ と両端の a,b できまるから，上端を変数 x でおきかえて，関数

$$S(x)=\int_a^x f(t)dt$$

の変化の様子を調べよう．

定理 3.6 $f(x)$ が連続関数のとき，定積分 $\int_a^x f(t)dt$ を上端 x の関数とみて微分すると

$$\frac{d}{dx}\int_a^x f(t)dt=f(x) \tag{1}$$

（証明） $S(x)$ は区間 $[a,x]$ に対応する $f(t)$ のグラフの下の面積だから

$$\Delta S(x)=S(x+\Delta x)-S(x)$$

は区間 $[x,x+\Delta x]$ に対応するグラフの下の面積である．したがって，この区間での $f(t)$ の最大値を $M(\Delta x)$，最小値を $m(\Delta x)$ とすると，$\Delta x>0$ のとき

$$m(\Delta x)\Delta x\leqq\Delta S(x)\leqq M(\Delta x)\Delta x \tag{2}$$

$$m(\Delta x)\leqq\frac{\Delta S(x)}{\Delta x}\leqq M(\Delta x) \tag{3}$$

である．もし $\Delta x<0$ ならば (2) の不等号は逆むきになるが，(3) の不等号はそのままである．

Δx が $(\Delta x)_1, (\Delta x)_2, \cdots$ としだいに0に近づくと，$M(\Delta x), m(\Delta x)$ はしだいに変化する（M は減少し，m は増加する）．$f(t)$ が $t=x$ で連続ならば，

$$M(\Delta x) \to f(x),\quad m(\Delta x) \to f(x)$$

$$\therefore\quad \frac{\Delta S(x)}{\Delta x} \to f(x)$$

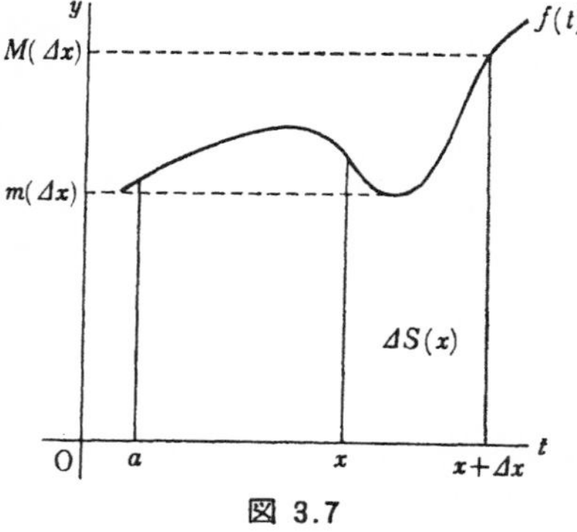

図 3.7

定理 3.7　$f(x)$ が連続関数のとき，$f(x)$ の原始関数の1つを $F(x)$ とすると

$$\int_a^b f(x)dx = F(b) - F(a) \equiv \Big[F(x)\Big]_a^b$$

（微積分の基本定理）

（証明）　先の定理で　$S(x)=\int_a^x f(t)dt$ とおくと

$$\frac{dS(x)}{dx} = f(x)$$

であるから，$S(x)$ は $f(x)$ の原始関数である．そこで

$$S(x) = F(x) + c$$

とおくと

$$\int_a^x f(t)dt = F(x) + c$$

$$\int_a^b f(t)dt = F(b) + c \tag{4}$$

$$0 = \int_a^a f(t)dt = F(a) + c \tag{5}$$

(4)−(5) とするとよい．

例 3.10 次の定積分の値を求めよ.

(1) $\int_0^1 x^3 dx$ (2) $\int_0^\pi \sin x\,dx$ (3) $\int_{-a}^a (a^2-x^2)dx$ (4) $\int_0^1 \frac{dx}{1+x^2}$

(解) (1) $\int_0^1 x^3 dx=\left[\frac{x^3}{4}\right]_0^1=\frac{1}{4}$

(2) $\int_0^\pi \sin x\,dx=\Big[-\cos x\Big]_0^\pi=-\cos\pi+\cos 0=2$

(3) $\int_{-a}^a (a^2-x^2)dx=\left[a^2x-\frac{x^3}{3}\right]_{-a}^a=\frac{2}{3}a^3-\left(-\frac{2}{3}a^3\right)=\frac{4}{3}a^3$

(4) $\int_0^1 \frac{dx}{1+x^2}=\Big[\tan^{-1}x\Big]_0^1=\tan^{-1}1-\tan^{-1}0=\frac{\pi}{4}$

問 3.11 $\int_1^3 (x^2-3x+1)dx$ を求めよ. (大分工大)

問 3.12 $\int_{-1}^1 \left(\frac{1}{3}x^3-2x^2+3x+5\right)dx$ を求めよ. (日大)

問 3.13 $\int_a^b (x-a)(x-b)dx$ を求めよ. (立教大)

問 3.14 $\int_0^{\frac{\pi}{3}} \sin 2x\,dx$ の値を求めよ. (工学院大)

例 3.11 a,b,c は定数にして, $f(x)=ax^2+bx+c$ とおくとき

$$\int_0^1 f(x)dx=\int_0^1 xf(x)dx=0,\qquad \int_0^1 \{f(x)\}^2dx=\frac{1}{5}$$

が成り立つように a,b,c の値を求めよ. (一橋大)

(解) $\int_0^1 f(x)dx=0$ より $\frac{a}{3}+\frac{b}{2}+c=0$ ①

$\int_0^1 xf(x)dx=0$ より $\frac{a}{4}+\frac{b}{3}+\frac{c}{2}=0$ ②

$\int_0^1 \{f(x)\}^2dx=\frac{1}{5}$ より $\frac{a^2}{5}+\frac{ab}{2}+\frac{b^2+2ac}{3}+bc+c^2=\frac{1}{5}$ ③

①②より $a=6c$, $b=-6c$, これらを③に代入すると

$c^2=1$

よって, $a=\pm 6$, $b=\mp 6$, $c=\pm 1$ (複号同順)

問 3.15 $f(x)=ax^2+bx+c$ について

$\int_{-1}^1 f(x)dx=\frac{1}{3}\{f(-1)+4f(0)+f(1)\}$

が成り立つことを示せ. (上智大)

例 3.12 連続関数 $f(t)$ に対して関数 $F_i(x)$ $(i=1,2,3,4)$ を次のように定義する.

(1) $F_1(x)=\int_0^x xf(t)dt$ (2) $F_2(x)=\int_0^x (x-t)f(t)dt$

(3) $F_3(x)=\int_0^x (x-t)^2 f(t)dt$ (4) $F_4(x)=\int_0^x \{\cos(x-t)\}f(t)dt$

これらの導関数を求めよ. (都立大)

(解) (1) $F_1(x)=x\int_0^x f(t)dt$

$$F_1'(x)=\int_0^x f(t)dt+xf(x)$$

(2) $F_2(x)=x\int_0^x f(t)dt-\int_0^x tf(t)dt$

$$F_2'(x)=\int_0^x f(t)dt+xf(x)-xf(x)=\int_0^x f(t)dt$$

(3) $F_3(x)=x^2\int_0^x f(t)dt-2x\int_0^x tf(t)dt+\int_0^x t^2 f(t)dt$

$$F_3'(x)=2x\int_0^x f(t)dt+x^2f(x)-2\int_0^x tf(t)dt-2x^2f(x)+x^2f(x)$$

$$=2x\int_0^x f(t)dt-2\int_0^x tf(t)dt=2\int_0^x (x-t)f(t)dt$$

(4) $F_4(x)=\cos x\int_0^x \cos tf(t)dt+\sin x\int_0^x \sin tf(t)dt$

$$F_4'(x)=-\sin x\int_0^x \cos tf(t)dt+\cos^2 xf(x)+\cos x\int_0^x \sin tf(t)+\sin^2 xf(x)$$

$$=\int_0^x \{\sin(t-x)\}f(t)dt+f(x)$$

問 3.16 すべての実数に対して定義されている連続関数 $f(x)$ が，次の2つの条件をみたしている. $f(x)$ を求めよ.

(a) 任意の実数 a に対して $\int_0^a f(x)dx=af(a)$

(b) $f(0)=1$ (早大)

問 3.17 すべての実数 x に対し

$$\begin{cases} f(x)=1-\int_0^x \{f'(t)-g(t)\}dt \\ g(x)=x^2+x-\int_0^1 \{f(t)+g'(t)\}dt \end{cases}$$

を満足するような関数 $f(x), g(x)$ を求めよ．ただし，$f'(t), g'(t)$ はそれぞれ $f(t)$, $g(t)$ の導関数を表わす． （阪大）

問 3.18 $f(x)$ を x の連続関数とするとき，次の計算をせよ．

(1) $\dfrac{d}{dx}\displaystyle\int_a^{x^2} f(t)dt$ (2) $\dfrac{d}{dx}\displaystyle\int_0^x f(x-t)dt$ （電通大）

§3. 定積分の性質

定積分には次の性質がある．以下本章での関数は考えている区間で連続とする．

> **定理 3.8** (1) $f(x) \geqq 0$, $a \leqq b$ ならば $\displaystyle\int_a^b f(x)dx \geqq 0$
>
> (2) $\displaystyle\int_a^a f(x)dx=0$
>
> (3) $\displaystyle\int_a^b f(x)dx=-\int_b^a f(x)dx$
>
> (4) $\displaystyle\int_a^b f(x)dx+\int_b^c f(x)dx=\int_a^c f(x)dx$ **（区間加法性）**
>
> (5) $\displaystyle\int_a^b \{f(x)+g(x)\}dx=\int_a^b f(x)dx+\int_a^b g(x)dx$
>
> (6) $\displaystyle\int_a^b kf(x)dx=k\int_a^b f(x)dx$ （k は定数）
>
> （(5), (6)：**線型性**）

（証明） (1) 区間 $[a, b]$ で $f(x) \geqq 0$ だから，$[a, b]$ の任意の分割で，$f(\xi_i) \geqq 0$, $\Delta x_i \geqq 0$ となり，$f(\xi_i)\Delta x_i \geqq 0$ $(i=1, 2, \cdots, n)$．したがって

$$\sum_{i=1}^{n} f(\xi_i)\Delta x_i \geqq 0$$

$n \to \infty$ とすると

$$\int_a^b f(x)dx=\lim_{n\to\infty}\sum_{i=1}^{n} f(\xi_i)\Delta x_i \geqq 0$$

(2)　$[a,a]$ なる区間では，$\Delta x_i=0$．　$\sum_{i=1}^{n} f(\xi_i)\Delta x_i=0$

$$\therefore \int_a^a f(x)dx=0$$

(3)　$a<b$ とすると

$$a=x_0<x_1<x_2<\cdots<x_n=b$$

$$\sum_{i=1}^{n} f(\xi_i)\Delta x_i=\sum_{i=1}^{n} f(\xi_i)(x_i-x_{i-1})$$

$$=-\sum_{i=1}^{n} f(\xi_i)(x_{i-1}-x_i)$$

$n\to\infty$ とすると

$$\lim_{n\to\infty}\sum_{i=1}^{n} f(\xi_i)\Delta x_i=\int_a^b f(x)dx$$

$$-\lim_{n\to\infty}\sum_{i=1}^{n} f(\xi_i)(x_{i-1}-x_i)=-\int_b^a f(x)dx$$

左辺同志は相等しいから，右辺も等しい．

(4)　i)　$a\leqq b\leqq c$ のとき，区間 $[a,c]$ の分割で，分点の１つを b に固定してもよい．だから

$$\int_a^b f(x)dx+\int_b^c f(x)dx=\int_a^c f(x)dx$$

ii)　a,b,c が i) の順序に並んでいなくてもこの性質は成立する．たとえば，

$a\leqq c\leqq b$　の場合

$$\int_a^c f(x)dx+\int_c^b f(x)dx=\int_a^b f(x)dx$$

$$\int_a^c f(x)dx-\int_b^c f(x)dx=\int_a^b f(x)dx$$

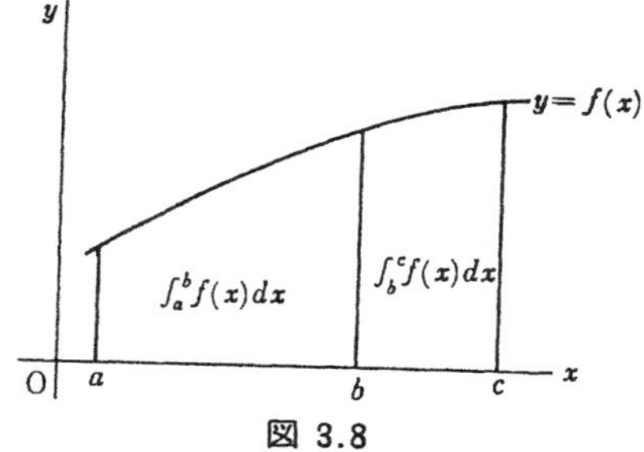

図 3.8

$$\therefore \int_a^c f(x)dx=\int_a^b f(x)dx+\int_b^c f(x)dx$$

他の場合も同様である．

(5)　$\lim_{n\to\infty}\sum_{i=1}^{n}\{f(\xi_i)+g(\xi_i)\}\Delta x_i=\lim_{n\to\infty}\sum_{i=1}^{n} f(\xi_i)\Delta x_i+\lim_{n\to\infty}\sum_{i=1}^{n} g(\xi_i)\Delta x_i$

より明らか．

(6) $\int_a^b kf(x)dx=\lim_{n\to\infty}\sum_{i=1}^n kf(\xi_i)\Delta x_i=k\lim_{n\to\infty}\sum_{i=1}^n f(\xi_i)\Delta x_i$

$$=k\int_a^b f(x)dx$$

問 3.19 $[a,b]$ で $f(x)\geqq g(x)$ のとき，$\int_a^b f(x)dx\geqq\int_a^b g(x)dx$ であることを証明せよ．（**単調性**）

問 3.20 $\{f(x)\lambda+g(x)\}^2\geqq 0$ だから，$\int_a^b\{f(x)\lambda+g(x)\}^2dx\geqq 0$ は λ がどんな値でも成立する．左辺の定積分を λ の 2 次関数とみて，次の不等式を証明せよ．ただし $a<b$ とする

$$\int_a^b\{f(x)\}^2dx\int_a^b\{g(x)\}^2dx\geqq\left\{\int_a^b f(x)g(x)dx\right\}^2$$

(**Schwarz の不等式**)

問 3.21 $a>0$ のとき

(1) $f(x)$ が奇関数ならば $\int_{-a}^a f(x)dx=0$

(2) $f(x)$ が偶関数ならば $\int_{-a}^a f(x)dx=2\int_0^a f(x)dx$

であることを証明せよ．

§4. 置換積分法

定理 3.9 $t=\varphi(x)$ が $[a,b]$ で単調微分可能

$$\varphi(a)=\alpha,\quad \varphi(b)=\beta \text{ ならば}$$

$$\int_\alpha^\beta f(t)dt=\int_a^b f\{\varphi(x)\}\varphi'(x)dx$$

（証明） 第 1 章§3（p. 209）より明らか．

例 3.13 $\int_0^a\sqrt{a^2-t^2}\,dt$ を求めよ．ただし $a>0$ とする．

（解） $t=a\sin x$ とおく．

$t=0$ のとき $0=a\sin x$ より $x=0$

$t=a$ のとき $a=a\sin x$ より $x=\frac{\pi}{2}$

$\left[0, \frac{\pi}{2}\right]$ で $t=a\sin x$ は単調.　$\sqrt{a^2-t^2}=a\cos x$，$dt=a\cos x\,dx$

$$\int_0^a\sqrt{a^2-t^2}\,dt=a^2\int_0^{\frac{\pi}{2}}\cos^2 x\,dx$$

$$=a^2\int_0^{\frac{\pi}{2}}\frac{1+\cos 2x}{2}dx=\frac{a^2}{2}\left[x+\frac{\sin 2x}{2}\right]_0^{\frac{\pi}{2}}=\frac{\pi}{4}a^2$$

［注］ $\int_0^a\sqrt{a^2-t^2}\,dt$ は図3.9の4半円の部分の面積を表わし，$\frac{\pi}{4}a^2$ である．ところが，置換積分法の場合，不用意に上下端を指定すると常識はずれの解をうる．たとえば

$t=0$ のとき，$0=a\sin x$ より $x=\pi$

$t=a$ のとき，$a=a\sin x$ より $x=\frac{\pi}{2}$

とおくと

$$\int_0^a\sqrt{a^2-t^2}\,dt=a^2\int_\pi^{\frac{\pi}{2}}\cos^2 x\,dx$$

$$=\frac{a^2}{2}\left[x+\frac{\sin 2x}{2}\right]_\pi^{\frac{\pi}{2}}=-\frac{\pi}{4}a^2$$

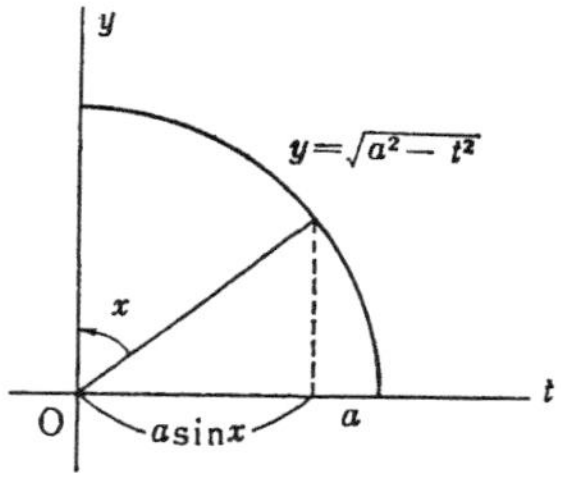

図 3.9

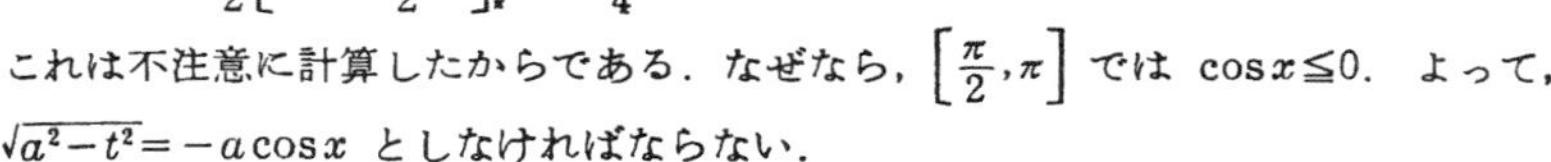

これは不注意に計算したからである．なぜなら，$\left[\frac{\pi}{2}, \pi\right]$ では $\cos x\leqq 0$．よって，$\sqrt{a^2-t^2}=-a\cos x$ としなければならない．

問 3.22 次の計算はどこが間違っているか指摘せよ．

$\int_0^1\frac{dt}{1+t^2}$ で　$t=\tan x$ とおく．　$1+t^2=\sec^2 x$，$dt=\sec^2 x\,dx$，$t=0$ で $x=\pi$，$t=1$ で $x=\frac{\pi}{4}$ だから，$\int_0^1\frac{dt}{1+t^2}=\int_\pi^{\frac{\pi}{4}}dt=-\frac{3}{4}\pi$

例 3.14 $\int_0^{\frac{\pi}{2}}\sin^3 t\,dt$ を求めよ．

（解）$x=\cos t$ とおく

$t=0$ のとき，$x=1$；　$t=\frac{\pi}{2}$ のとき　$x=0$

$$dx=-\sin t\,dt$$

$$\int_0^{\frac{\pi}{2}}\sin^3 t\,dt=\int_0^{\frac{\pi}{2}}(1-\sin^2 t)\sin t\,dt$$

$$=-\int_1^0(1-x^2)dx=\int_0^1(-x^2+1)dx$$

$$=\left[-\frac{x^3}{3}+x\right]_0^1=\frac{2}{3}$$

問 3.23　次の定積分の値を求めよ．

(1) $\int_1^5 \sqrt{x-1}\,dx$　(2) $\int_0^2 x\sqrt{4-x^2}\,dx$　(3) $\int_0^1 xe^{-\frac{x^2}{2}}dx$

(4) $\int_0^a \frac{x}{\sqrt{a^2-x^2}}dx$　(5) $\int_0^1 \frac{x}{1+x^2}dx$　(6) $\int_0^{\frac{\pi}{3}} \tan x\,dx$

(7) $\int_0^\pi \cos^3 x\,dx$　(8) $\int_0^{\frac{\pi}{4}} \sec^4 x\,dx$

問 3.24　$\int_0^a f(a-x)dx=\int_0^a f(x)dx$　であることを証明せよ．

問 3.25　どの自然数 n についても

$$\int_0^2 (x-1)x^n(2-x)^n dx=0$$

であることを置換積分法を使って証明せよ．　(甲南大)

問 3.26　(1)　$\int_0^\pi xf(\sin x)dx=a\int_0^\pi f(\sin x)dx$　が成り立つ定数 a の値を，置換 $\pi-x=t$ を用いて求めよ．ただし，$f(x)$ は連続関数とする．

(2)　$\int_0^\pi \frac{x\sin x}{2-\cos^2 x}dx$　の値を求めよ．　(大阪工大，名工大)

問 3.27　(1)　$a>0$ のとき，$S(a)=\int_0^a \frac{x}{1+x^4}dx$ を $x=\sqrt{\tan t}$ $\left(0\leqq t<\frac{\pi}{2}\right)$ とおいて置換積分し，その値を $a=\sqrt{\tan\theta}$ を満足する鋭角 θ で表わせ．

(2)　$\lim_{a\to\infty} S(a)$　を求めよ．　(関西大)

§5. 部分積分法

定理 3.10

$$\int_a^b f'(x)g(x)dx=\Big[f(x)g(x)\Big]_a^b-\int_a^b f(x)g'(x)dx$$

(証明)　定理 3.5 から明らか．

例 3.15　次の値を求めよ．

(1) $\int_0^{\frac{\pi}{2}} x\cos x\,dx$　(2) $\int_1^e \log_e x\,dx$

(解)　(1)　$\int_0^{\frac{\pi}{2}} x\cos x\,dx=\Big[x\sin x\Big]_0^{\frac{\pi}{2}}-\int_0^{\frac{\pi}{2}}\sin x\,dx$

$$=\frac{\pi}{2}-\Big[-\cos x\Big]_0^{\frac{\pi}{2}}=\frac{\pi}{2}-1$$

(2) $\displaystyle\int_1^e \log_e x\,dx=\Big[x\log_e x\Big]_1^e-\int_1^e dx$

$$=e-(e-1)=1$$

問 3.28 次の値を求めよ.

(1) $\displaystyle\int_0^{\frac{\pi}{2}} x\sin x\,dx$ (2) $\displaystyle\int_0^1 xe^x dx$ (3) $\displaystyle\int_0^1 x^2e^x dx$

(4) $\displaystyle\int_0^1 (x+1)\sqrt{1-x}\,dx$ (5) $\displaystyle\int_1^e x\log_e x\,dx$ (6) $\displaystyle\int_0^1 \sin^{-1}x\,dx$

(7) $\displaystyle\int_0^1 \cos^{-1}x\,dx$ (8) $\displaystyle\int_0^1 \tan^{-1}x\,dx$ (9) $\displaystyle\int_1^2 x\sec^{-1}x\,dx$

例 3.16 n が負でない整数であるとき

$$I_n=\int_0^{\frac{\pi}{2}}\cos^n x\,dx$$

とおく.

(1) $n\geqq 2$ のとき, I_n を I_{n-2} で表わせ.

(2) I_5 および I_6 の値を求めよ. (大阪女子大)

(解) (1) $\displaystyle I_n=\Big[\sin x\cos^{n-1}x\Big]_0^{\frac{\pi}{2}}+(n-1)\int_0^{\frac{\pi}{2}}\sin^2 x\cos^{n-2}x\,dx$

$$=(n-1)\int_0^{\frac{\pi}{2}}(1-\cos^2 x)\cos^{n-2}x\,dx$$

$$=(n-1)I_{n-2}-(n-1)I_n$$

$$nI_n=(n-1)I_{n-2}$$

$$I_n=\frac{n-1}{n}I_{n-2}$$

(2) $\displaystyle I_2=\int_0^{\frac{\pi}{2}}\cos^2 x\,dx=\frac{\pi}{4},\qquad I_1=\int_0^{\frac{\pi}{2}}\cos x\,dx=1$

$$I_3=\frac{2}{3}I_1=\frac{2}{3},\qquad I_5=\frac{4}{5}\cdot I_3=\frac{4}{5}\cdot\frac{2}{3}=\frac{8}{15}$$

$$I_4=\frac{3}{4}I_2=\frac{3}{16}\pi,\qquad I_6=\frac{5}{6}\cdot I_4=\frac{5}{6}\cdot\frac{3}{16}\pi=\frac{5}{32}\pi$$

問 3.29 $\displaystyle I_n=\int_0^{\frac{\pi}{2}}\cos^n x\,dx=\int_0^{\frac{\pi}{2}}\sin^n x\,dx$ であることを示せ.

そして n が偶数のとき

$$I_n=\frac{(n-1)(n-3)\cdots3\cdot1}{n(n-2)(n-4)\cdots2}\frac{\pi}{2}$$

n が奇数のとき

$$I_n=\frac{(n-1)(n-3)\cdots4\cdot2}{n(n-2)\cdots5\cdot3\cdot1}$$

であることを示せ.

例 3.17 n を 0 または自然数とし, $I_n=\int_0^1\frac{x^n}{\sqrt{x^2+1}}dx$ とする.

(1) $\frac{d}{dx}(x^{n-1}\sqrt{x^2+1})=\frac{Ax^n}{\sqrt{x^2+1}}+\frac{Bx^{n-2}}{\sqrt{x^2+1}}$ が x に関して恒等的に成立するとき, A,B を求めよ. ただし, A,B はいずれも, x を含まないで, n を含む式とする.

(2) $n\geqq2$ のとき, $nI_n+(n-1)I_{n-2}$ の値を求めよ.

(3) $n\geqq2$ のとき, $I_n\leqq\frac{\sqrt{2}}{2n-1}$ が成立することを証明せよ.

(鹿児島大)

(解) (1) $\frac{d}{dx}(x^{n-1}\sqrt{x^2+1})=(n-1)x^{n-2}\sqrt{x^2+1}+x^{n-1}\frac{x}{\sqrt{x^2+1}}$

$$=\frac{nx^n+(n-1)x^{n-2}}{\sqrt{x^2+1}}\equiv\frac{Ax^n}{\sqrt{x^2+1}}+\frac{Bx^{n-2}}{\sqrt{x^2+1}}$$

$$A=n,\quad B=n-1$$

(2) $nI_n+(n-1)I_{n-2}=\int_0^1\frac{d}{dx}(x^{n-1}\sqrt{x^2+1})dx=\left[x^{n-1}\sqrt{x^2+1}\right]_0^1=\sqrt{2}$

(3) 区間 $[0,1]$ で $x^n\leqq x^{n-2}$, よって $I_n\leqq I_{n-2}$

$$\sqrt{2}=nI_n+(n-1)I_{n-2}\geqq nI_n+(n-1)I_n=(2n-1)I_n$$

$n\geqq2$ だから, $I_n\leqq\frac{\sqrt{2}}{2n-1}$

問 3.30 $I_n=\int_0^1x^{N-n}(1-x)^ndx$ とおく. ただし $n=0,1,2,\cdots,N$ とする. このとき, 次の問に答えよ.

(1) I_n を I_{n-1} で表わせ, ただし, $n\geqq1$ である.

(2) I_n を求めよ.

(3) $\frac{1}{(N+1)}\left\{\frac{1}{I_0}+\frac{1}{I_1}+\cdots+\frac{1}{I_N}\right\}$ の値を求めよ. (名工大)

（ヒント　$\dfrac{1}{(N+1)I_n}=\dbinom{N}{n}$,　組合せの数，「現代の綜合数学 Ⅲ」参照）

問 3.31　$T_n=\displaystyle\int_0^{\pi}\frac{x^n}{n!}(\sin x+\cos x)dx$　$(n=0,1,2,3,\cdots)$

とするとき，次の問に答えよ．

(1)　T_0 および T_1 の値を求めよ．

(2)　T_n+T_{n+2} の値を求めよ．　（横浜国大）

問 3.32　m は $0\leqq m\leqq 10$ なる整数，$t>0$ として

$$I_m(t)=\int_0^t x^{10-m}(1-x)^m dx$$

とおく．

(1)　t に関する恒等式

$$I_m(t)=at^{11-m}(1-t)^m+bI_{m-1}(t)$$

において，定数 a,b を部分積分法を用いて求めよ．ただし，$m-1\geqq 0$ とする．

(2)　(1) の関係式をくり返し用いると，次の形の等式がえられる．

$$I_3(t)=c_0t^8(1-t)^3+c_1t^9(1-t)^2+c_2t^{10}(1-t)+c_3t^{11}$$

係数　c_i $(i=0,1,2,3)$ を求めよ．　（大阪府大）

問 3.33　n を 0 または正の整数とし，$I_n=\displaystyle\int_0^{\frac{\pi}{4}}\tan^n x\,dx$ とおく．このとき，次のことを証明せよ．

(1)　$0<x<\dfrac{\pi}{4}$ のとき，　$0<\tan x<\dfrac{4}{\pi}x$

(2)　$n>0$ のとき，　$0<I_n<\dfrac{\pi}{4(n+1)}$

(3)　$I_{n+2}+I_n=\dfrac{1}{n+1}$

(4)　$\displaystyle\lim_{n\to\infty}\sum_{k=0}^{n}(-1)^k\frac{1}{2k+1}=\frac{\pi}{4}$　（徳島大）

第3章　不定積分の計算

微分法の場合と異なり，積分の場合は，公式にしたがって形式的に計算すると，自然に結果がでるというものではない．積分の場合，第Ⅳ部で説明するように，ある区間で連続な関数は必ずその区間で原始関数をもつが，それは必ずしも初等的に求められることを意味しない．といっても，実際に積分のできる関数は多い．そこでこの章では，その中の主要な型について述べよう．

§1.　分数関数の積分

分数関数

$$\frac{g(x)}{f(x)} \tag{1}$$

は，もし $g(x)$ が $f(x)$ より高次ならば

$$g(x)=f(x)q(x)+r(x) \tag{2}$$

となるから，

$$\frac{g(x)}{f(x)}=q(x)+\frac{r(x)}{f(x)} \tag{3}$$

と変形でき，$q(x)$ は多項式だから積分可能である．よって，$g(x)$ は $f(x)$ より低次と仮定しても何ら一般性を失わない．

分母 $f(x)$ は n 次多項式とすると，代数学の基本定理により，複素数の範囲で $f(x)$ は必ず零点をもち，

$$f(x)=a(x-\alpha_1)^{n_1}(x-\alpha_2)^{n_2}\cdots(x-\alpha_m)^{n_m} \tag{4}$$

$$\text{ただし}\quad n_1+n_2+\cdots+n_m=n$$

と因数分解できる．もし，$f(x)$ の根がすべて単根の場合は，(4) は

$$f(x)=a(x-\alpha_1)(x-\alpha_2)\cdots(x-\alpha_m) \tag{5}$$

となる．

定理 3.11 $f(x)$ の根がすべて単根の場合

$$\frac{g(x)}{f(x)}=\frac{A_1}{x-\alpha_1}+\frac{A_2}{x-\alpha_2}+\cdots+\frac{A_n}{x-\alpha_n} \tag{6}$$

と変形しうる．ただし，$A_1, A_2, \cdots, A_n$ は一般に複素数の定数で

$$A_i=\frac{g(\alpha_i)}{f'(\alpha_i)}, \qquad (i=1,2,\cdots,n) \tag{7}$$

(6) のような変形を**部分分数** (partially fraction) **分解**という．

（証明） $g(x)$ は $f(x)$ と互に素で，$f(x)$ より低次であるから

$$g(x)=A_1a(x-\alpha_2)(x-\alpha_3)\cdots(x-\alpha_n)+A_2a(x-\alpha_1)(x-\alpha_3)\cdots(x-\alpha_n)$$
$$+\cdots+A_na(x-\alpha_1)(x-\alpha_2)\cdots(x-\alpha_{n-1})$$

とおいてよい．なぜなら

$$g(\alpha_1)=A_1a(\alpha_1-\alpha_2)(\alpha_1-\alpha_3)\cdots(\alpha_1-\alpha_n)\neq 0$$

$$g(\alpha_2)=A_2a(\alpha_2-\alpha_1)(\alpha_2-\alpha_3)\cdots(\alpha_2-\alpha_n)\neq 0$$

……

$$g(\alpha_n)=A_na(\alpha_n-\alpha_1)(\alpha_n-\alpha_2)\cdots(\alpha_{n-1}-\alpha_n)\neq 0$$

となって，$g(x)$ は $f(x)$ と互いに素であることがわかる．一方

$$f'(x)=a(x-\alpha_2)\cdots(x-\alpha_n)+a(x-\alpha_1)(x-\alpha_3)\cdots(x-\alpha_n)$$
$$+\cdots+a(x-\alpha_1)(x-\alpha_2)\cdots(x-\alpha_{n-1})$$

これから

$$A_1=\frac{g(\alpha_1)}{f'(\alpha_1)}, \quad A_2=\frac{g(\alpha_2)}{f'(\alpha_2)}, \quad \cdots\cdots, \quad A_n=\frac{g(\alpha_n)}{f'(\alpha_n)} \qquad \text{(Q. E. D)}$$

定理 3.12 $f(x)$ が重根をもつ場合，$f(x)=(x-\alpha)^n$ としても一般性を失わない．そのときの部分分数分解は

$$\frac{g(x)}{f(x)}=\frac{A_1}{(x-\alpha)^n}+\frac{A_2}{(x-\alpha)^{n-1}}+\cdots+\frac{A_n}{x-\alpha} \tag{8}$$

（証明） $g(x)$ を $x-\alpha$ でベキ展開すると，$g(x)$ は $f(x)$ より低次だから，

$n-1$ 次以下多項式となる.

$$g(x)=A_1+A_2(x-\alpha)+\cdots+A_n(x-\alpha)^{n-1}$$

$$g(\alpha)=A_1,\quad g'(\alpha)=A_2,\quad \cdots\cdots,\quad g^{(n-1)}(\alpha)=A_n$$

$g^{(n-1)}$ は $n-1$ 回 $g(x)$ を微分する記号である. このように $A_1, A_2, \cdots, A_n$ がきまるから, (8) 式をうる.

例 3.18 $\dfrac{x}{(x-1)(x-2)(x-3)}$ を部分分数分解せよ.

(解) $g(x)=x,\quad f(x)=(x-1)(x-2)(x-3)$

$$f'(x)=(x-2)(x-3)+(x-1)(x-3)+(x-1)(x-2)$$

$$A_1=\frac{g(1)}{f'(1)}=\frac{1}{2},\quad A_2=-2,\quad A_3=\frac{3}{2}$$

$$\frac{x}{(x-1)(x-2)(x-3)}=\frac{1}{2(x-1)}-\frac{2}{x-2}+\frac{3}{2(x-3)}$$

例 3.19 $\dfrac{x^3+2x}{x^4+x^2+1}$ を部分分数分解せよ.

(解) $x^4+x^2+1=(x^2-x+1)(x^2+x+1)=0$ とおく. 分母の零点は

$$x=\frac{1\pm\sqrt{3}\,i}{2},\quad \frac{-1\pm\sqrt{3}\,i}{2}$$

$$\left(\frac{1\pm\sqrt{3}\,i}{2}\right)^3=-1,\quad \left(\frac{-1\pm\sqrt{3}\,i}{2}\right)^3=1$$

また, $f'(x)=4x^3+2x$ だから,

$$f'\left(\frac{1\pm\sqrt{3}\,i}{2}\right)=-4+(1\pm\sqrt{3}\,i)=-3\pm\sqrt{3}\,i$$

$$f'\left(\frac{-1\pm\sqrt{3}\,i}{2}\right)=4+(-1\pm\sqrt{3}\,i)=3\pm\sqrt{3}\,i$$

$$g\left(\frac{1\pm\sqrt{3}\,i}{2}\right)=-1+(1\pm\sqrt{3}\,i)=\pm\sqrt{3}\,i$$

$$g\left(\frac{-1\pm\sqrt{3}\,i}{2}\right)=1+(-1\pm\sqrt{3}\,i)=\pm\sqrt{3}\,i$$

$$\frac{g\left(\frac{1\pm\sqrt{3}\,i}{2}\right)}{f'\left(\frac{1\pm\sqrt{3}\,i}{2}\right)}=\frac{\pm\sqrt{3}\,i}{-3\pm\sqrt{3}\,i}=\frac{1\pm\sqrt{3}\,i}{4}$$

$$\frac{g\left(\dfrac{-1\pm\sqrt{3}\,i}{2}\right)}{f'\left(\dfrac{-1\pm\sqrt{3}\,i}{2}\right)}=\frac{\pm\sqrt{3}\,i}{3\pm\sqrt{3}\,i}=\frac{1\pm\sqrt{3}\,i}{4}$$

$$\frac{x^3+2x}{x^4+x^2+1}=\frac{1-\sqrt{3}\,i}{4\left(x-\dfrac{1+\sqrt{3}\,i}{2}\right)}+\frac{1+\sqrt{3}\,i}{4\left(x-\dfrac{1-\sqrt{3}\,i}{2}\right)}$$

$$+\frac{1+\sqrt{3}\,i}{4\left(x-\dfrac{-1+\sqrt{3}\,i}{2}\right)}+\frac{1-\sqrt{3}\,i}{4\left(x-\dfrac{-1-\sqrt{3}\,i}{2}\right)}$$

問 3.34　次の分数関数を部分分数に分解せよ．

(1)　$\dfrac{3}{x^3-1}$　　(2)　$\dfrac{4x}{x^2-x-2}$　　(3)　$\dfrac{4x}{x^4-1}$

問 3.35　ある分数関数を一次分数式に部分分数分解したとき，もし $\dfrac{g(\alpha)}{(x-\alpha)f'(\alpha)}$ なる項が存在すれば，$\dfrac{g(\overline{\alpha})}{(x-\overline{\alpha})f'(\overline{\alpha})}$ なる項（共役項）も存在することを証明せよ．ただし，$\overline{\alpha}$ は α の共役複素数である．

問3.35で　$\alpha=a+bi$，$\dfrac{g(\alpha)}{f'(\alpha)}=p+qi$　とおくと

$$\frac{g(\overline{\alpha})}{f'(\overline{\alpha})}=\overline{\frac{g(\alpha)}{f'(\alpha)}}=p-qi$$

となる．したがって，積分する場合は $\dfrac{g(\alpha)}{(x-\alpha)f'(\alpha)}$ と $\dfrac{g(\overline{\alpha})}{(x-\overline{\alpha})f'(\overline{\alpha})}$ とはペアにして積分すればよい．すなわち

$$\int\left\{\frac{p+qi}{x-(a+bi)}+\frac{p-qi}{x-(a-bi)}\right\}dx=\int\frac{2p(x-a)-2bq}{(x-a)^2-b^2i^2}dx$$

$$=2p\int\frac{x-a}{(x-a)^2+b^2}dx-2bq\int\frac{dx}{(x-a)^2+b^2}$$

$$=p\log_e\{(x-a)^2+b^2\}-2q\tan^{-1}\frac{x-a}{b}+c$$

上式の結果の式は第1項は $(x-a)^2+b^2=t$，第2項は $\dfrac{x-a}{b}=t$ とおけば積分できる．

一方，この積分を次のようにして求めてもよい．

$$\int\left\{\frac{p+qi}{x-a-bi}+\frac{p-qi}{x-a+bi}\right\}dx=p\int\left\{\frac{1}{x-a-bi}+\frac{1}{x-a+bi}\right\}dx$$

$$+qi\int\left\{\frac{1}{x-a-bi}-\frac{1}{x-a+bi}\right\}dx$$

$$=p\{\log(x-a-bi)+\log(x-a+bi)\}$$

$$+qi\{\log(x-a-bi)-\log(x-a+bi)\}+c_1$$

$$=p\log_e\{(x-a)^2+b^2\}+qi\log\frac{x-a-bi}{x-a+bi}+c_1$$

$$=p\log_e\{(x-a)^2+b^2\}-\frac{2q}{2i}\left\{\log\frac{b+(x-a)i}{b-(x-a)i}+\log(-1)\right\}+c_1$$

$$=p\log_e\{(x-a)^2+b^2\}-2q\tan^{-1}\frac{x-a}{b}+(2n+1)\pi q+c_1$$

$$=p\log_e\{(x-a)^2+q^2\}-2q\tan^{-1}\frac{x-a}{b}+c$$

この積分は複素変数に対しても，$(e^z)'=e^z$，この逆関数である対数関数についても $(\log_e z)'=\dfrac{1}{z}$ であるということから，この微分公式を $z=x-\alpha$（α は複素数）に形式的に適用したものであるが，結果は正しい．

定理 3.13 分数関数 $\dfrac{g(x)}{f(x)}$ の不定積分は，$\dfrac{g(x)}{f(x)}$ を部分分数分解すれば

$$\int\frac{A}{x-\alpha}dx=A\log_e|x-\alpha|+c$$

$$\int\frac{A}{(x-\alpha)^k}dx=-\frac{A}{k-1}\cdot\frac{1}{(x-\alpha)^{k-1}}+c \qquad (k\neq 1)$$

$$p\int\left(\frac{1}{x-a-bi}+\frac{1}{x-a+bi}\right)dx=p\log_e\{(x-a)^2+b^2\}+c$$

$$qi\int\left(\frac{1}{x-a-bi}-\frac{1}{x-a+bi}\right)dx=-2q\tan^{-1}\frac{x-a}{b}+c$$

の形のいずれかの和にまとめうる．

例 3.20 例 3.19 の関数の不定積分を求めよ．

$$I=\int\frac{x^3+2x}{x^4+x^2+1}dx=\int\left\{\frac{1+\sqrt{3}\,i}{4\left(x-\dfrac{-1+\sqrt{3}\,i}{2}\right)}+\frac{1-\sqrt{3}\,i}{4\left(x-\dfrac{-1-\sqrt{3}\,i}{2}\right)}\right.$$

$$+\frac{1-\sqrt{3}\,i}{4\left(x-\dfrac{1+\sqrt{3}\,i}{2}\right)}+\frac{1+\sqrt{3}\,i}{4\left(x-\dfrac{1-\sqrt{3}\,i}{2}\right)}\Bigg\}dx$$

$$\frac{1}{4}\int\left\{\frac{1}{x-\dfrac{-1+\sqrt{3}\,i}{2}}+\frac{1}{x-\dfrac{-1-\sqrt{3}\,i}{2}}\right\}dx=\frac{1}{4}\log_e\left\{\left(x+\frac{1}{2}\right)^2+\frac{3}{4}\right\}+c_1$$

$$\frac{1}{4}\int\left\{\frac{1}{x-\dfrac{1+\sqrt{3}\,i}{2}}+\frac{1}{x-\dfrac{1-\sqrt{3}\,i}{2}}\right\}dx=\frac{1}{4}\log_e\left\{\left(x-\frac{1}{2}\right)^2+\frac{3}{4}\right\}+c_2$$

$$\frac{\sqrt{3}}{4}i\int\left\{\frac{1}{x-\dfrac{-1+\sqrt{3}\,i}{2}}-\frac{1}{x-\dfrac{-1-\sqrt{3}\,i}{2}}\right\}dx=-\frac{\sqrt{3}}{2}\tan^{-1}\frac{x+\dfrac{1}{2}}{\dfrac{\sqrt{3}}{2}}+c_3$$

$$-\frac{\sqrt{3}}{4}i\int\left\{\frac{1}{x-\dfrac{1+\sqrt{3}\,i}{2}}-\frac{1}{x-\dfrac{1-\sqrt{3}\,i}{2}}\right\}dx=\frac{\sqrt{3}}{2}\tan^{-1}\frac{x-\dfrac{1}{2}}{\dfrac{\sqrt{3}}{2}}+c_4$$

$$\therefore\ I=\frac{1}{4}\log_e(x^2+x+1)+\frac{1}{4}\log_e(x^2-x+1)$$

$$+\frac{\sqrt{3}}{2}\left\{\tan^{-1}\frac{2x-1}{\sqrt{3}}-\tan^{-1}\frac{2x+1}{\sqrt{3}}\right\}+c$$

$$=\frac{1}{4}\log_e(x^4+x^2+1)+\frac{\sqrt{3}}{2}\left\{\tan^{-1}\frac{2x-1}{\sqrt{3}}-\tan^{-1}\frac{2x+1}{\sqrt{3}}\right\}+c$$

問 3.36　次の不定積分を求めよ．

(1) $\displaystyle\int\frac{3}{x^3-1}dx$　　(2) $\displaystyle\int\frac{4x}{x^2-x-2}dx$　　(3) $\displaystyle\int\frac{4x}{x^4-1}dx$

(4) $\displaystyle\int\frac{2}{x(x^2+1)}dx$　　(5) $\displaystyle\int\frac{4}{x^4+1}dx$　　(6) $\displaystyle\int\frac{6x^2}{x^6-1}dx$

例 3.21　$I=\displaystyle\int\frac{dx}{x^3(x^2+1)^2}$　を計算せよ．

（解）
$$\frac{1}{x^3(x^2+1)^2}=\frac{A_3}{x^3}+\frac{A_2}{x^2}+\frac{A_1}{x}+\frac{B_2}{(x-i)^2}+\frac{B_1}{x-i}$$

$$+\frac{C_2}{(x+i)^2}+\frac{C_1}{x+i}$$

$$1=(A_1x^2+A_2x+A_3)(x^2+1)^2+\{B_1(x-i)+B_2\}x^3(x+i)^2$$

$$+\{C_1(x+i)+C_2\}x^3(x-i)^2$$

$x=0$ とおくと　$A_3=1$

$x=i$ とおくと　$B_2=-\dfrac{i}{4}$,　$x=-i$ とおくと　$C_2=\dfrac{i}{4}$

$$1-(x^2+1)^2+\frac{i}{4}x^3\{(x+i)^2-(x-i)^2\}=(A_1x^2+A_2x)(x^2+1)^2$$
$$+B_1x^3(x-i)(x+i)^2+C_1x^3(x+i)(x-i)^2$$

$$-2x^2(x^2+1)=(A_1x+A_2)x(x^2+1)^2+B_1x^3(x^2+1)(x+i)$$
$$+C_1x^3(x^2+1)(x-1)$$

$$-2x=(A_1x+A_2)(x^2+1)+B_1x^2(x+i)+C_1x^2(x-i)$$

$x=0$ とおくと　$A_2=0$

$x=i$ とおくと　$B_1=1$,　$x=-i$ とおくと　$C_1=1$

これより　$A_1=-2$

$$I=\int\frac{dx}{x^3}-2\int\frac{dx}{x}-\frac{i}{4}\int\frac{dx}{(x-i)^2}+\int\frac{dx}{x-i}$$
$$+\frac{i}{4}\int\frac{dx}{(x+i)^2}+\int\frac{dx}{x+i}$$
$$=-\frac{1}{2x^2}-2\log_e|x|+\frac{i}{4}\left\{\frac{1}{x-i}-\frac{1}{x+i}\right\}+\log(x-i)+\log(x+i)+c$$
$$=-\frac{1}{2x^2}-2\log_e|x|-\frac{1}{2(x^2+1)}+\log_e(x^2+1)+c$$
$$=\log_e\frac{x^2+1}{x^2}-\frac{2x^2+1}{2x^2(x^2+1)}+c$$

問 3.37　次の不定積分を計算せよ．

(1) $\displaystyle\int\frac{dx}{x^2(x^2+1)}$　(2) $\displaystyle\int\frac{dx}{x^2(x^2-1)}$　(3) $\displaystyle\int\frac{x}{(x-1)^2(x^2+1)}dx$

(4) $\displaystyle\int\frac{x+1}{x(x^2+1)^2}dx$　(5) $\displaystyle\int\frac{x^2-x+1}{x(x-1)^3}dx$　(6) $\displaystyle\int\frac{x^2+1}{(x+1)^3}dx$

§2. 無理関数の不定積分

有理関数（分数関数）はつねに積分できるが，その他の関数を積分するには，適当な変数変換で有理関数の積分に帰着させられるかどうかが鍵となる．これを**積分の有理化**という．有理化に成功すると積分ができるし，有理化に成功しないと一般的な解法は望めない．無理関数は一般的には積分ができるわけではないが，それでも積分のできるいくつかの型があり，それらはときに有用であるから知っておくのもよかろう．以下 $F(x,y)$ を x,y の有理関数とする．

（I）$F(x,\sqrt{ax+b})$ 型

$$\sqrt{ax+b}=t$$

とおくと

$$x=\frac{t^2-b}{a},\qquad dx=2\frac{t}{a}dt$$

よって

$$\int F(x,\sqrt{ax+b})dx=\int F\left(\frac{t^2-b}{a},t\right)\frac{2t}{a}dt$$

例 3.22　$\displaystyle\int\frac{\sqrt{2x-1}}{x}dx$　を求めよ．

（解）　$\sqrt{2x-1}=t$ とおくと　$x=\dfrac{t^2+1}{2}$，　$dx=t\,dt$

$$\int\frac{\sqrt{2x-1}}{x}dx=\int\frac{2t}{t^2+1}t\,dt=\int\frac{2(t^2+1)-2}{t^2+1}dt$$

$$=2\int dt-2\int\frac{dt}{t^2+1}=2t-2\tan^{-1}t+c$$

$$=2\sqrt{2x-1}-2\tan^{-1}\sqrt{2x-1}+c$$

問 3.38　次の不定積分を求めよ．

(1)　$\displaystyle\int x\sqrt{2x+1}\,dx$　　(2)　$\displaystyle\int\frac{x^2}{\sqrt{3x-2}}dx$　　(3)　$\displaystyle\int\frac{x+\sqrt{x-1}}{x^2\sqrt{x-1}}dx$

（II）$F(x,\sqrt{ax^2+bx+c})$ 型

$ax^2+bx+c=a\left(x+\dfrac{b}{2a}\right)^2+\dfrac{4ac-b^2}{4a}$　だから，a と $4ac-b^2$ の正負によって，根号内は

$$p^2X^2+q^2,\qquad p^2X^2-q^2,\qquad q^2-p^2X^2$$

のいずれかに帰着する．$\sqrt{-p^2X^2-q^2}$ は実数にならないからはぶく．

$p^2X^2+q^2$ ならば $X=\dfrac{q}{p}\tan t$ とおく．

$$p^2X^2+q^2=q^2\sec^2 t,\quad dX=\frac{q}{p}\sec^2 t\,dt$$

$p^2X^2-q^2$ ならば $X=\dfrac{q}{p}\sec t$,

$$p^2X^2-q^2=q^2\tan^2 t,\quad dX=\frac{q}{p}\sec t\cdot\tan t\,dt$$

$-p^2X^2+q^2$ ならば $X=\dfrac{q}{p}\sin t$,

$$-pX^2+q^2=q^2\cos^2 t,\quad dX=\frac{q}{p}\cos t\,dt$$

となって，§3の円関数の場合に帰着する．

円関数を用いないときは

$\sqrt{p^2X^2\pm q^2}=t-pX$ とおくと

$$X=\frac{t^2\mp q^2}{2pt},\quad \sqrt{p^2X^2\pm q^2}=\frac{t^2\pm q^2}{2t},\quad dX=\frac{t^2\pm q^2}{2pt^2}dt$$

$\sqrt{-p^2X^2+q^2}=tX-q$ とおくと

$$X=\frac{2qt}{t^2+p^2},\quad \sqrt{-p^2X^2+q^2}=\frac{qt^2-p^2q}{t^2+p^2},\quad dX=-\frac{2q(p^2-t^2)}{(t^2+p^2)^2}dt$$

となって有理化できる．

例 3.23 $I=\displaystyle\int\sqrt{x^2+a^2}\,dx$ を求めよ．

（解） $\sqrt{x^2+a^2}=t-x$ とおく．

$$x=\frac{t^2-a^2}{2t},\quad \sqrt{x^2+a^2}=\frac{t^2+a^2}{2t},\quad dx=\frac{t^2+a^2}{2t^2}dt$$

よって，

$$I=\int\frac{(t^2+a^2)^2}{4t^3}dt=\frac{1}{4}\int t\,dt+\frac{a^2}{2}\int\frac{dt}{t}+\frac{a^4}{4}\int\frac{dt}{t^3}$$

$$=\frac{t^2}{8}+\frac{a^2}{2}\log_e|t|-\frac{a^4}{8t^2}+c=\frac{t^4-a^4}{8t^2}+\frac{a^2}{2}\log_e|t|+c$$

$$=\frac{1}{2}\{x\sqrt{x^2+a^2}+a^2\log_e|x+\sqrt{x^2+a^2}|\}+c$$

例 3.24　$I=\int\sqrt{a^2-x^2}dx$　を求めよ.

（解）　$\sqrt{a^2-x^2}=tx-a$　とおくと

$$x=\frac{2at}{t^2+1},\qquad \sqrt{a^2-x^2}=\frac{a(t^2-1)}{t^2+1},\qquad dx=\frac{2a(1-t^2)}{(t^2+1)^2}dt$$

よって,

$$I=-2a^2\int\frac{(t^2-1)^2}{(t^2+1)^3}dt$$

$$\frac{(t^2-1)^2}{(t^2+1)^3}=\frac{A_1}{t-i}+\frac{A_2}{(t-i)^2}+\frac{A_3}{(t-i)^3}+\frac{B_1}{t+i}+\frac{B_2}{(t+i)^2}+\frac{B_3}{(t+i)^3}$$

分母を払って

$$\begin{aligned}(t^2-1)^2=&\{A_1(t+i)+B_1(t-i)\}(t^2+1)^2\\&+\{A_2(t+i)^2+B_2(t-i)^2\}(t^2+1)\\&+\{A_3(t+i)^3+B_3(t-i)^3\}\end{aligned}$$

$t=i$ とおくと　$A_3=\frac{i}{2}$　;　$t=-i$ とおくと　$B_3=-\frac{i}{2}$

これらを代入して整理すると

$$t^2=\{A_1(t+i)+B_1(t-1)\}(t^2+1)+\{A_2(t+i)^2+B_2(t-i)^2\}$$

$t=i$ とおくと　$A_2=\frac{1}{4}$　;　$t=-i$ とおくと　$B_2=\frac{1}{4}$

これらを代入して整理すると

$$\frac{1}{2}=A_1(t+i)+B_1(t-i)$$

$t=i$ とおくと　$A_1=-\frac{i}{4}$　;　$t=-i$ とおくと　$A_2=\frac{i}{4}$

$$\begin{aligned}I=&a^2\int\left\{\frac{i}{2(t-i)}-\frac{i}{2(t+i)}-\frac{1}{2(t-i)^2}-\frac{1}{2(t+i)^2}\right.\\&\left.-\frac{i}{(t-i)^3}+\frac{i}{(t+i)^3}\right\}dt\\=&a^2\left\{\frac{i}{2}\log\frac{t-i}{t+i}+\frac{1}{2(t-i)}+\frac{1}{2(t+i)}+\frac{i}{2(t-i)^2}-\frac{i}{2(t+i)^2}\right\}+c\\=&a^2\left\{\frac{1}{2i}\log\frac{t+i}{t-i}+\frac{t}{t^2+1}-\frac{2t}{(t^2+1)^2}\right\}+c\end{aligned}$$

$$=\frac{a^2t(t^2-1)}{(t^2+1)^2}+a^2\cot^{-1}t+c$$

$$=\frac{1}{2}x\sqrt{a^2-x^2}+a^2\cot^{-1}\frac{\sqrt{a^2-x^2}+a}{x}+c$$

$\cot^{-1}t=\theta$ とおくと　$\cot\theta=t$,　$\sin 2\theta=2\sin\theta\cos\theta=2\sin^2\theta\cot\theta$

$$=\frac{2\cot\theta}{1+\cot^2\theta}=\frac{2t}{1+t^2}=\frac{x}{a}$$

$$\therefore\quad \theta=\frac{1}{2}\sin^{-1}\frac{x}{a}$$

$$\therefore\quad I=\frac{1}{2}\left(x\sqrt{a^2-x^2}+\sin^{-1}\frac{x}{a}\right)+c$$

問 3.39 次の不定積分を求めよ.

(1) $\displaystyle\int\frac{dx}{\sqrt{(x^2+a^2)^3}}$　　(2) $\displaystyle\int\frac{x^2}{\sqrt{(x^2+1)^3}}dx$　　(3) $\displaystyle\int\frac{\sqrt{a^2-x^2}}{x^2}dx$

（Ⅲ）$x^m(ax^n+b)^q$ 型　　（m,n,q は有理数）

$x^n=t$ とおくと，　$x=t^{\frac{1}{n}}$,　$dx=\frac{1}{n}t^{\frac{1}{n}-1}dt$,　より

$$I=\int x^m(ax^n+b)^q dx=\frac{1}{n}\int t^p(at+b)^q dt,\quad \left(p=\frac{m+1}{n}-1\right)$$

この型は p,q または $p+q$ が整数のとき，有理化できる．まず，

1°)　q を整数，$p=\frac{h}{k}$　（h,k は互いに素な整数）とすると

$t=s^k$ とおくと，$dt=ks^{k-1}ds$

で h,k,q はすべて整数だから

$$I=\frac{k}{n}\int s^{h+k-1}(as^k+b)^q ds$$

となって，積分ができる．

2°)　p が整数のとき，

$at+b=s$ とおくと，$t=\frac{s-b}{a}$，$dt=\frac{1}{a}ds$

より

$$I=\frac{1}{a}\int s^q\left(\frac{s-b}{a}\right)^p ds$$

となって，積分ができる.

3°)　$p+q$ が整数のとき

$$t=\frac{1}{s} \quad \text{とおくと} \qquad dt=-\frac{1}{s^2}ds$$

より

$$I=-\int s^{-p}\left(\frac{a}{s}+b\right)^q\frac{ds}{s^2}=-\int s^{-(p+q+2)}(a+bs)^q ds$$

となって，積分ができる.

これらの場合以外は，積分ができないことが証明されてはいる.

例 3.25　$I=\int x^{-4}(x^3-1)^{\frac{2}{3}}dx$　を求めよ.

(解)　$x^3=t$ とおくと，　$3x^2dx=dt$

$$I=\int x^{-4}(x^3-1)^{\frac{2}{3}}dx=\frac{1}{3}\int t^{-2}(t-1)^{\frac{2}{3}}dt$$

$t-1=s^3$ とおくと，　$dt=3s^2ds$ から

$$\frac{1}{3}\int t^{-2}(t-1)^{\frac{2}{3}}dt=\int\frac{s^4}{(s^3+1)^2}ds$$

$$=-\frac{1}{3}\int s^2\left\{\frac{-3s^2}{(s^3+1)^2}\right\}ds=-\frac{1}{3}\int s^2\left\{\frac{1}{s^3+1}\right\}'ds$$

$$=-\frac{s^2}{3(s^3+1)}+\frac{2}{3}\int\frac{s}{s^3+1}ds$$

$$=-\frac{s^2}{3(s^3+1)}+\frac{2}{3}\int\left\{-\frac{1}{3(s+1)}+\frac{s+1}{3(s^2-s+1)}\right\}ds$$

$$=-\frac{s^2}{3(s^3+1)}-\frac{2}{9}\log_e(s+1)+\frac{1}{9}\int\frac{(2s-1)+3}{s^2-s+1}ds$$

$$=-\frac{s^2}{3(s^3+1)}-\frac{1}{9}\log_e(s+1)^2+\frac{1}{9}\log_e(s^2-s+1)+\frac{1}{3}\int\frac{1}{\left(s-\frac{1}{2}\right)^2+\frac{3}{4}}ds$$

$$=-\frac{s^2}{3(s^3+1)}+\frac{1}{9}\log_e\frac{s^2-s+1}{(s+1)^2}+\frac{2}{3\sqrt{3}}\tan^{-1}\frac{2s-1}{\sqrt{3}}+c$$

$$=-\frac{(x^3-1)^{\frac{2}{3}}}{3x^3}+\frac{1}{9}\log_e\frac{x^3}{\{(x^3-1)^{\frac{1}{3}}+1\}^3}+\frac{2}{3\sqrt{3}}\tan\frac{2(x^3-1)^{\frac{1}{3}}-1}{\sqrt{3}}+c$$

問 3.40　次の計算をせよ.

(1) $\int x^5(x^2+a^2)^{\frac{3}{2}}dx$　　　(2) $\int\sqrt{\dfrac{x}{1-x^3}}\,dx$

§3. 円関数の積分

$$\int F(\cos x,\sin x)dx$$

の型の不定積分は，$\tan\dfrac{x}{2}=t$　とおくと有理化できる．すなわち，

$$\cos x=\frac{1-t^2}{1+t^2},\quad \sin x=\frac{2t}{1+t^2},\quad dx=\frac{2dt}{1+t^2}$$

$$\therefore\quad \int F(\cos x,\sin x)dx=\int F\left(\frac{1-t^2}{1+t^2},\frac{2t}{1+t^2}\right)\frac{2dt}{1+t^2}$$

$\tan x,\sec x,\cdots$ などの円関数を含む式も，$\cos x,\sin x$ の複合関数だから，同様の方法で有理化できる．

例 3.26　$I=\displaystyle\int\frac{\tan x}{\sin x+\cos x}dx$　を求めよ．

(解)　　$\tan\dfrac{x}{2}=t$　とおくと

$$I=\int\frac{\dfrac{2t}{1-t^2}}{\dfrac{2t}{1+t^2}+\dfrac{1-t^2}{1+t^2}}\cdot\frac{2}{1+t^2}dt=\int\frac{4t}{(1-t^2)(1+2t-t^2)}dt$$

$$=\int\left\{\frac{1}{t+1}-\frac{1}{t-1}+\frac{1}{t-1-\sqrt{2}}-\frac{1}{t-1+\sqrt{2}}\right\}dt$$

$$=\log_e\left|\frac{t+1}{t-1}\right|+\log_e\left|\frac{t-1-\sqrt{2}}{t-1+\sqrt{2}}\right|+c$$

t を x にもどすと

$$\frac{t+1}{t-1}=\frac{\tan\dfrac{x}{2}+1}{\tan\dfrac{x}{2}-1}=\frac{\sin\dfrac{x}{2}+\cos\dfrac{x}{2}}{\sin\dfrac{x}{2}-\cos\dfrac{x}{2}}$$

$$=\frac{\left(\sin\dfrac{x}{2}+\cos\dfrac{x}{2}\right)^2}{\sin^2\dfrac{x}{2}-\cos^2\dfrac{x}{2}}=\frac{1+\sin x}{-\cos x}$$

$$\frac{t-1+\sqrt{2}}{t-1-\sqrt{2}}=\frac{\tan\frac{x}{2}-1+\sqrt{2}}{\tan\frac{x}{2}-1-\sqrt{2}}=\frac{\sin\frac{x}{2}-(1-\sqrt{2})\cos\frac{x}{2}}{\sin\frac{x}{2}-(1+\sqrt{2})\cos\frac{x}{2}}$$

$$=\frac{2\sin\frac{x}{2}\cos\frac{x}{2}-(1-\sqrt{2})2\cos^2\frac{x}{2}}{2\sin\frac{x}{2}\cos\frac{x}{2}-(1+\sqrt{2})2\cos^2\frac{x}{2}}=\frac{\sin x-(1-\sqrt{2})(1+\cos x)}{\sin x-(1+\sqrt{2})(1+\cos x)}$$

$$\therefore\quad I=\int\frac{\tan x}{\sin x+\cos x}dx=\log_e\left|\frac{1+\sin x}{\cos x}\right|$$

$$+\log_e\left|\frac{\sin x-(1-\sqrt{2})(1+\cos x)}{\sin x-(1+\sqrt{2})(1+\cos x)}\right|+c$$

問 3.41　次の計算をせよ．

(1) $\displaystyle\int\frac{dx}{\sin x}$　(2) $\displaystyle\int\frac{dx}{\cos x}$　(3) $\displaystyle\int\frac{dx}{3\sin x+2\cos x}$

(4) $\displaystyle\int\frac{dx}{5+4\cos^2 x}$　(5) $\displaystyle\int\frac{dx}{a+b\tan x}$

円関数については，この他，特殊な置換を施せば，積分が計算できるものもある．

例 3.27　(1)　$t=\dfrac{1}{1+\sin x}$　$\left(\dfrac{5}{6}\pi\leqq x\leqq\pi\right)$ のとき，$\dfrac{dx}{dt}$ を t で表わせ．

(2)　(1) の置き換えを利用して，定積分 $\displaystyle\int_{\frac{5\pi}{6}}^{\pi}\frac{3dx}{(1+\sin x)^2}$ の値を求めよ．

（北大）

（解）　(1)　$\dfrac{5}{6}\pi\leqq x\leqq\pi$ で　$\dfrac{3}{2}\geqq 1+\sin x\geqq 1,\quad \cos x<0$

$$1+\sin x=\frac{1}{t},\quad \frac{2}{3}\leqq t\leqq 1$$

両辺を x について微分すると

$$\cos x\cdot\frac{dx}{dt}=-\frac{1}{t^2}$$

$$\frac{dx}{dt}=-\frac{1}{t^2\cos x}=\frac{1}{t^2}\cdot\frac{1}{\sqrt{1-\sin^2 x}}=\frac{1}{t\sqrt{2t-1}}$$

(2)　$\displaystyle\int_{\frac{5\pi}{6}}^{\pi}\frac{3}{(1+\sin x)^2}dx=\int_{\frac{2}{3}}^{1}3t^2\cdot\frac{dt}{t\sqrt{2t-1}}$

$$=\int_{\frac{2}{3}}^{1}\frac{3t}{\sqrt{2t-1}}dt=\frac{3}{\sqrt{2}}\int_{\frac{2}{3}}^{1}\frac{t-\frac{1}{2}+\frac{1}{2}}{\sqrt{t-\frac{1}{2}}}dt$$

$$=\frac{3}{\sqrt{2}}\int_{\frac{2}{3}}^{1}\sqrt{t-\frac{1}{2}}\,dt+\frac{3}{2\sqrt{2}}\int\frac{dt}{\sqrt{t-\frac{1}{2}}}$$

$$=\frac{3}{\sqrt{2}}\,\frac{2}{3}\left[\sqrt{\left(t-\frac{1}{2}\right)^3}\right]_{\frac{2}{3}}^{1}+\frac{3}{\sqrt{2}}\left[\sqrt{t-\frac{1}{2}}\right]_{\frac{2}{3}}^{1}$$

$$=\sqrt{2}\left[\frac{1}{2\sqrt{2}}-\frac{1}{6\sqrt{6}}\right]+\frac{3}{\sqrt{2}}\left[\frac{1}{\sqrt{2}}-\frac{1}{\sqrt{6}}\right]=2-\frac{5\sqrt{3}}{9}$$

問 3.42 $\displaystyle\int_0^{\pi}\frac{\sin x}{\sqrt{1-2a\cos x+a^2}}dx$ を求めよ. ($a>0$ とする) (水産大)

問 3.43 $\displaystyle F(x,k)=\int_0^{x}\frac{d\theta}{\sqrt{1-k^2\sin^2\theta}}$ $(0<k<1)$, $K=F\left(\frac{\pi}{2},k\right)$

とする. 次の□の中に適当な文字・数を入れ, そのことを証明せよ.

(1) $F(x,k)$ は, x の関数としたとき, 単調□関数である.

(2) $\displaystyle\int_0^{x}\frac{d\theta}{\sqrt{1+\cos^2\theta}}=$ □ $F(x,$□$)$

(3) $\displaystyle\int_0^{\frac{1}{2}}\frac{dx}{\sqrt{(1-x^2)(1-k^2x^2)}}=F($□$,k)$

(4) $F(x+\pi,k)=F(x,k)+$□K (大阪工大)

$F(x,k)$ を**第1種楕円積分**といい, 初等的には不定積分は計算できない.

§4. $\int f(x)\log_e x\,dx$

$f(x)$ を x の有理関数とするとき, 部分積分法によって

$$\int f(x)\log_e x\,dx=\left[\int f(x)dx\right]\log_e x-\int\frac{\int f(x)dx}{x}dx$$

となって有理関数の不定積分にもってゆける. また,

$$\int f(x)\tan^{-1}x\,dx=\left[\int f(x)dx\right]\tan^{-1}x-\int\frac{\int f(x)dx}{1+x^2}dx$$

となって, これも同様に有理関数の不定積分にもってゆける.

$$\int f(x)\sin^{-1}x\,dx,\qquad \int f(x)\cos^{-1}x\,dx$$

などは直接には有理化できないが

$$\int f(x)\sin^{-1}x\,dx=\left[\int f(x)dx\right]\sin^{-1}x-\int\frac{\int f(x)dx}{\sqrt{1-x^2}}dx$$

で右辺第2式は $\int F(x,\sqrt{1-x^2})dx$ 型である.

例 3.28　次の定積分を求めよ.　$\int_1^e x^2\log_e x\,dx$　　（日大）

（解）

$$\int_1^e x^2\log_e x\,dx=\left[\frac{x^3}{3}\log_e x\right]_1^e-\frac{1}{3}\int_1^e x^3\cdot\frac{1}{x}dx$$

$$=\frac{e^3}{3}-\frac{1}{9}\left[x^3\right]_1^e=\frac{2}{9}e^3+\frac{1}{9}$$

問 3.44　次の値を求めよ.

(1)　$\int_1^e\frac{\sqrt{\log_e x}}{x}dx$　　（東海大）

(2)　$\int_1^{e^{\sqrt{n}}}\frac{\log_e x}{x}dx$　　（青山学院大）

問 3.45　$\frac{1}{3}\int_1^{e^3}x^{-\frac{2}{3}}\log x\,dx$ の値にもっとも近い値は, 次のうちどれか.

（ア）　1　　（イ）　2　　（ウ）　3　　（エ）　4　　（オ）　5

（カ）　6　　（キ）　7　　（ク）　8　　（ケ）　9　　（東京理科大）

第4章　広義の積分

定積分 $\int_a^b f(x)dx$ は第2章で述べた通り，閉区間 $[a,b]$ で $f(x)$ が有界でなければならない．しかし，実際には $[a,b]$ で $f(x)$ が有界でないときにも，定積分を考える必要を生ずるし，また積分区間が $[a,\infty)$ のように無限区間になる必要も生ずる．これらの必要に応ずるためには，定積分の定義を拡張しておく必要がある．

§1．広義の積分

$f(x)$ が $[a,b]$ 内のある点の近くで有界でないとき，たとえば，

$x\to a+0$ のとき，　$|f(x)|\to+\infty$

とすると

$$\int_a^b f(x)dx=\lim_{\varepsilon\to0}\int_{a+\varepsilon}^b f(x)dx$$

で定義する．もちろん，右辺の極限値が存在するときに限り，この定義は有効である．また，

b で有界でないときは

$$\int_a^b f(x)dx=\lim_{\varepsilon\to0}\int_a^{b-\varepsilon} f(x)dx,$$

$a<c<b$ である点 c で有界でないとき

$$\int_a^b f(x)dx=\lim_{\varepsilon\to0}\int_a^{c-\varepsilon} f(x)dx+\lim_{\varepsilon'\to0}\int_{c+\varepsilon'}^b f(x)dx$$

で定義する．

例 3.29　$\displaystyle\int_0^1\frac{dx}{x^n}$　$(n>0)$　の値を求めよ．

（解） $f(x)=\dfrac{1}{x^n}$ $(n>0)$ は $x=0$ で有界でない．つまり $\displaystyle\lim_{x\to 0}\left|\frac{1}{x^n}\right|=\infty$

したがって

$$\int_0^1\frac{dx}{x^n}=\lim_{\varepsilon\to 0}\int_\varepsilon^1\frac{dx}{x^n}=\lim_{\varepsilon\to 0}\frac{1}{1-n}\left(1-\frac{1}{\varepsilon^{n-1}}\right)$$

$$=\begin{cases}+\infty & (n\geqq 1 \text{ のとき})\\ \dfrac{1}{1-n} & (0<n<1 \text{ のとき})\end{cases}$$

$$\int_0^1\frac{dx}{x}=\lim_{\varepsilon\to 0}\int_\varepsilon^1\frac{dx}{x}=\lim_{\varepsilon\to 0}\Big[\log_e x\Big]_\varepsilon^1=-\lim_{\varepsilon\to 0}\log_e\varepsilon=-\infty$$

問 3.46 $\displaystyle\int_a^b\frac{dx}{(x-a)^n}$, $\displaystyle\int_a^b\frac{dx}{(x-b)^n}$ $(n>0)$ の値を求めよ．

積分区間が $[a,\infty)$，$(-\infty,b]$，$(-\infty,+\infty)$ のときは

$$\int_a^\infty f(x)dx=\lim_{b\to\infty}\int_a^b f(x)dx$$

$$\int_{-\infty}^b f(x)dx=\lim_{a\to-\infty}\int_a^b f(x)dx$$

$$\int_{-\infty}^{+\infty} f(x)\lim_{\substack{a\to-\infty\\ b\to+\infty}}\int_a^b f(x)dx$$

で定義する．

例 3.30 $\displaystyle\int_a^\infty\frac{dx}{x^n}$ $(n>0)$ の値を求めよ．

（解） $n\neq 1$ のとき，

$$\int_a^\infty\frac{dx}{x^n}=\lim_{b\to\infty}\int_a^b\frac{dx}{x^n}=\frac{1}{1-n}\lim_{b\to\infty}\left(\frac{1}{b^{n-1}}-\frac{1}{a^{n-1}}\right)$$

$$=\begin{cases}\dfrac{1}{(n-1)a^{n-1}} & (n>1 \text{ のとき})\\ +\infty & (0<n<1 \text{ のとき})\end{cases}$$

$n=1$ のとき

$$\int_a^\infty\frac{dx}{x}=\lim_{b\to\infty}\int_a^b\frac{dx}{x}=\lim_{b\to\infty}(\log_e b-\log_e a)=+\infty$$

例 3.31 次の文において，（ア）が成立することを説明し，（イ）を求めよ．

$\displaystyle\lim_{t\to\infty}\int_1^t\left(\frac{\log_e x}{x}\right)^n dx$ $(n=2,3,\cdots)$ を評価したい．$a>0$ に対して，

(ア) $\underline{\int_1^t\left(\frac{\log_e x}{x}\right)^n dx \geqq a^n\int_{e^a}^t \frac{dx}{x^n} \quad (t>1)}$ が成立し，したがって，

$$\lim_{t\to+\infty}\int_1^t\left(\frac{\log_e x}{x}\right)^n dx \geqq \lim_{t\to+\infty} a^n\int_{e^a}^t \frac{dx}{x^n}$$

この不等式は，任意の正の数 a に対して成り立つから，$\lim_{t\to+\infty}\int_1^t\left(\frac{\log_e x}{x}\right)^n dx$ は，(イ) $\underline{a>0 \text{ の範囲での } \lim_{t\to+\infty} a^n\int_{e^a}^t \frac{dx}{x^n}}$ の最大値以上である．ただし，対数の底は e とする． (奈良県立医大)

(解) (ア) $x>1$ だから $\frac{\log_e x}{x}>0$,　また $a>0$ だから $e^a>1$

$$\therefore \int_1^t\left(\frac{\log_e x}{x}\right)^n dx \geqq \int_{e^a}^t\left(\frac{\log_e x}{x}\right)^n dx \quad ①$$

しかるに，$x>e^a$ ならば $\log_e x>\log_e e^a=a$ だから

$$\int_{e^a}^t \frac{(\log_e x)^n}{x^n}dx \geqq \int_{e^a}^t \frac{a^n}{x^n}dx = a^n\int_{e^a}^t \frac{dx}{x^n} \quad ②$$

①②より(ア)が成立する．

(イ) $\int_{e^a}^t \frac{dx}{x^n} = \left[\frac{x^{1-n}}{1-n}\right]_{e^a}^t = \frac{1}{1-n}\left[t^{1-n}-e^{a(1-n)}\right]$

$$F(a)=\lim_{t\to+\infty} a^n\int_{e^a}^t \frac{dx}{x^n} = \frac{a^n}{n-1}\lim_{t\to\infty}\left[e^{a(1-n)}-\frac{1}{t^{n-1}}\right] = \frac{a^n e^{-(n-1)a}}{n-1}$$

$$F'(a)=\frac{1}{n-1}\{na^{n-1}e^{-(n-1)a}-(n-1)a^n e^{-(n-1)a}\}$$

$$=\frac{a^{n-1}e^{-(n-1)a}}{n-1}\{n-(n-1)a\} = a^{n-1}e^{-(n-1)a}\left\{\frac{n}{n-1}-a\right\}$$

a		$\frac{n}{n-1}$	
$F'(a)$	+	0	−
$F(a)$	↗	最　大	↘

$a=\frac{n}{n-1}$ で $F(a)$ は最大値 $\frac{n^n}{(n-1)^{n+1}e^n}$ をとる．

問 3.47　次の定積分の値を求めよ．もし値が存在しなければその旨を述べよ．

(1) $\int_0^\infty x^n dx$　$(n>0)$　(2) $\int_0^\infty \sin x\,dx$　(3) $\int_{-\infty}^0 e^x dx$

(4) $\int_0^\infty e^{-x} dx$　(5) $\int_1^\infty \frac{dx}{1+x^2}$　(6) $\int_0^1 \frac{dx}{\sqrt{1-x^2}}$

§2. ガウス分布の積分

長さ $x_0$cm のものを測定したとき，測定値 X が x と $x+dx$ の間にある確率は

$$p_r\{x<X<x+dx\}=\frac{1}{\sqrt{2\pi}\,\sigma}e^{-\frac{(x-x_0)^2}{2\sigma^2}}dx$$

であることが知られている．（「現代の綜合数学III」参照）

この場合，積分

$$\int_{-\infty}^{+\infty} e^{-\frac{(x-x_0)^2}{2\sigma^2}}dx$$

の値を求めることが必要になってくる．いま，

$$x-x_0=\sqrt{2}\,\sigma t$$

とおくと，

$$dx=\sqrt{2}\,\sigma\,dt$$

$$\int_{-\infty}^{+\infty} e^{-\frac{(x-x_0)^2}{2\sigma^2}}dx=\sqrt{2}\,\sigma\int_{-\infty}^{+\infty} e^{-t^2}dt=2\sqrt{2}\,\sigma\int_0^\infty e^{-t^2}dt$$

となる．そこで，本節では積分

$$I=\int_0^\infty e^{-x^2}dx$$

の値を求めよう．

定理 3.14　(J. Wallice の公式)

$$\pi=\lim_{n\to\infty}\left[\frac{2n(2n-2)\cdots4\cdot2}{(2n-1)(2n-3)\cdots3\cdot1}\right]^2\frac{1}{n}$$

（証明）　$0\leqq x\leqq\frac{\pi}{2}$　において

$$\sin^{2n+1}x \leqq \sin^{2n}x \leqq \sin^{2n-1}x$$

したがって

$$\int_0^{\frac{\pi}{2}} \sin^{2n+1}x\,dx \leqq \int_0^{\frac{\pi}{2}} \sin^{2n}x\,dx \leqq \int_0^{\frac{\pi}{2}} \sin^{2n-1}x\,dx$$

問 3.29 から

$$\frac{2n(2n-2)\cdots4\cdot2}{(2n+1)(2n-1)\cdots3\cdot1} < \frac{(2n-1)(2n-3)\cdots3\cdot1}{2n(2n-2)\cdots4\cdot2}\frac{\pi}{2} < \frac{(2n-2)\cdots4\cdot2}{(2n-1)(2n-3)\cdots3\cdot1}$$

$$\left[\frac{2n(2n-2)\cdots4\cdot2}{(2n-1)(2n-3)\cdots3\cdot1}\right]^2\frac{1}{2n+1} < \frac{\pi}{2} < \left[\frac{2n(2n-2)\cdots4\cdot2}{(2n-1)(2n-3)\cdots3\cdot1}\right]^2\frac{1}{2n}$$

$$\therefore\quad \frac{\pi}{2} = \left[\frac{2n(2n-2)\cdots4\cdot2}{(2n-1)(2n-3)\cdots3\cdot1}\right]^2\frac{1}{2n+\theta},\qquad 0<\theta<1$$

$$\therefore\quad \pi = \lim_{n\to\infty}\left[\frac{2n(2n-2)\cdots4\cdot2}{(2n-1)(2n-3)\cdots3\cdot1}\right]^2\frac{2n}{2n+\theta}\frac{1}{n}$$

$$= \lim_{n\to\infty}\left[\frac{2n(2n-2)\cdots4\cdot2}{(2n-1)(2n-3)\cdots3\cdot1}\right]^2\frac{1}{n}$$

定理 3.15　$$I = \int_0^\infty e^{-x^2}dx = \frac{\sqrt{\pi}}{2}$$

（証明）　$f(t)=(1+t)e^{-t}$ とおくと

$$f'(t) = -e^{-t}t$$

$t=0$ において，$f(t)$ は最大値 1 をとる．任意の x に対して

$$(1+x^2)e^{-x^2}<1,\qquad (1-x^2)e^{x^2}<1$$

$$1-x^2 < e^{-x^2} < \frac{1}{1+x^2}$$

$0\leqq x\leqq 1$ で $(1-x^2)^n < e^{-nx^2}$，すべての x に対して $e^{-nx^2} < \dfrac{1}{(1+x^2)^n}$

よって

$$\int_0^1 (1-x^2)^n dx \leqq \int_0^1 e^{-nx^2}dx < \int_0^\infty e^{-nx^2}dx \leqq \int_0^\infty \frac{dx}{(1+x^2)^n} \qquad ①$$

しかるに

$$\int_0^1 (1-x^2)^n dx = \int_0^{\frac{\pi}{2}} \cos^{2n+1}z\cdot dz \qquad (x=\sin z \text{ とおけ}) \qquad ②$$

$$\int_0^\infty \frac{dx}{(1+x^2)^n}=\int_0^{\frac{\pi}{2}}\cos^{2n-2}z\,dz \qquad (x=\tan z \text{ とおけ}) \qquad ③$$

これらを用いて①式をかき直すと

$$\frac{(2n)(2n-2)\cdots4\cdot2}{(2n+1)(2n-1)\cdots3\cdot1}<\int_0^\infty e^{-nx^2}dx\leqq\frac{(2n-3)\cdots3\cdot1}{(2n-2)\cdots4\cdot2}\frac{\pi}{2}$$

$$\frac{n}{2n+1}\left[\frac{2n(2n-2)\cdots4\cdot2}{(2n-1)(2n-3)\cdots3\cdot1}\frac{1}{\sqrt{n}}\right]<\sqrt{n}\int_0^\infty e^{-nx^2}dx$$

$$<\frac{\pi}{2}\frac{2n}{2n-1}\left[\frac{(2n-1)\cdots3\cdot1}{2n(2n-2)\cdots4\cdot2}\sqrt{n}\right] \qquad ④$$

④式の真中の積分は $\sqrt{n}x=t$ とおくと，$\int_0^\infty e^{-t^2}dt$ となる．$n\to\infty$ とおくと Wallice の公式より

$$\frac{1}{2}\sqrt{\pi}\leqq\int_0^\infty e^{-t^2}dt\leqq\frac{\pi}{2}\frac{1}{\sqrt{\pi}}$$

$$\therefore\quad \int_0^\infty e^{-x^2}dx=\frac{\sqrt{\pi}}{2}$$

問 3.48　$f(x)=\int_x^{x+h}e^{-\frac{t^2}{2}}dt$ について　(1)　$\lim_{h\to0}\frac{f(0)}{h}$ を求めよ．

(2)　h が正の一定数のとき，$f(x)$ が最大となる x の値を求めよ．　(北大)

第Ⅳ部

差分法

ライプニッツの微分法は，その差分法からの極限移行によって導かれるのであるが，もちろん彼はこの極限移行を厳密に正当化しようとして，心をくだいていたのであろう．そこで彼は，自分のもつ諸原理が差分法にも微分法にも区別なく適用できるという事実をとかく強調しがちである．

（ブルバキ「数学史」）

第1章 差 分 法

微分や積分で取扱った関数 $f: x \longmapsto y$ は，x と y がともに実数であった．しかし，ここでは x は自然数，y は実数の場合にのみ定義されるものについて論ずる．このような関数を分離量関数という．

§1. 差 分 の 定 義

$$\Delta F(x)=F(x+1)-F(x)$$

を，$F(x)$ の x における**差分** (difference) という．$\Delta F(x)$ は x の1あたりの増分に対する $F(x)$ の増分である．そしてそれはまた x の関数になっているので，

$$\Delta F(x)=f(x)$$

とかく．

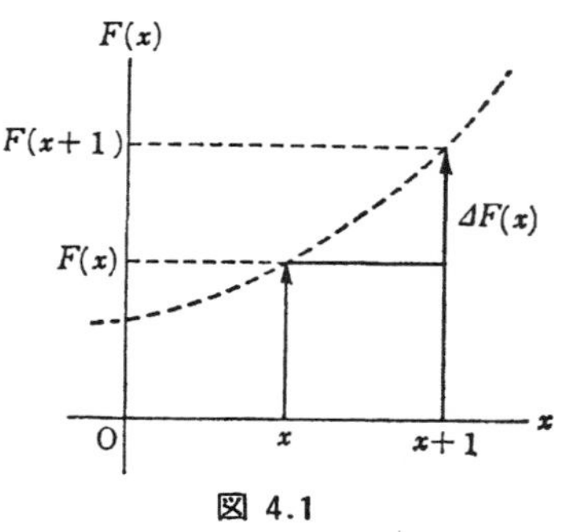

図 4.1

例 4.1 $F(x)=x^2+2x-3$ の差分を求めよ．

(解)
$$\begin{aligned}\Delta F(x)&=F(x+1)-F(x)\\&=(x+1)^2+2(x+1)-3\\&\quad-(x^2+2x-3)\\&=2x+3\end{aligned}$$

問 4.1 次の各関数の差分 $\Delta F(x)$ を求めよ．

(1) $F(x)=x$　　(2) $F(x)=-x+5$

(3) $F(x)=x^2$　　(4) $F(x)=x^3$

(5) $F(x)=\dfrac{1}{x}$　　(6) $F(x)=\dfrac{1}{x(x+1)}$

(7) $F(x)=2^x$　　(8) $F(x)=\left(\dfrac{1}{2}\right)^x$

(9) $F(x)=a^x$　$(a>0, \neq 1)$　　(10) $F(x)=\log_2 x$

定理 4.1 定数関数の差分 $\Delta c=0$

（証明）　$\Delta c=c(x+1)-c(x)=c-c=0$

定理 4.2 $\Delta\{aF(x)+bG(x)\}=a\Delta F(x)+b\Delta G(x)$

ただし，a と b は定数である．（**線型性**）

（証明）　$$\text{左辺}=\{aF(x+1)+bG(x+1)\}-\{aF(x)+bG(x)\}$$
$$=a\{F(x+1)-F(x)\}+b\{G(x+1)-G(x)\}=\text{右辺}$$

§2. 階 乗 関 数

$n>0$ のとき　$x^{(n)}=\underbrace{x(x-1)(x-2)\cdots\cdots(x-n+1)}_{n\text{個}}$

$n=0$ のとき　$x^{(0)}=x^0$

を**階乗関数** (symbolic power function) という．***x* の *n* 階乗**とよむ．

定理 4.3 $n\geqq 0$ のとき
$$\Delta x^{(n)}=nx^{(n-1)}$$

（証明）　(1)　$n>0$ のとき

$$\Delta x^{(n)}=(x+1)^{(n)}-x^{(n)}$$
$$=\underbrace{(x+1)x(x-1)\cdots\cdots(x-n+2)}_{n\text{個}}-\underbrace{x(x-1)\cdots\cdots(x-n+1)}_{n\text{個}}$$
$$=\underbrace{x(x-1)\cdots\cdots(x-n+2)}_{n-1\text{個}}\{(x+1)-(x-n+1)\}$$
$$=nx^{(n-1)}$$

(2)　$n=0$ のとき

$$x^{(0)}=x^0=1,\qquad \Delta x^{(0)}=0$$

一方　$$nx^{(n-1)}=0\cdot x^{(0-1)}=0$$

よって $n \geqq 0$ のとき, $\Delta x^{(n)}=nx^{(n-1)}$

例 4.2 $\Delta\{x^{(3)}+2x^{(2)}+3x^{(1)}+5\}$

$=\Delta x^{(3)}+2\Delta x^{(2)}+3\Delta x^{(1)}+\Delta 5$ (定理4.2より)

$=3x^{(2)}+4x^{(1)}+3x^{(0)}$

$=3x(x-1)+4x+3=3x^2+x+3$

問 4.2 次の計算をせよ.

(1) $\Delta\{x^{(3)}+x\}$ (2) $\Delta\{x^{(2)}+5\}$ (3) $\Delta\{x+a\}$

(4) $\Delta\{x^{(3)}+1\}$ (5) $\Delta\{x^{(3)}-8x^{(2)}+x-4\}$

(6) $\Delta\{\pi x^{(2)}+4\pi x\}$ (7) $\Delta\{x^{(3)}+px+q\}$

例 4.3 $F(x)=x^3-5x+4$ において $\Delta F(x)$ を求めよ.

(解) $F(x)=k_3x(x-1)(x-2)+k_2x(x-1)+k_1x+k_0$

となるような定数 k_0, k_1, k_2, k_3 を求める. それには組立除法を用いる.

1	1	0	-5	$4=k_0$
		1	1	
2	1	1	$-4=k_1$	
		2		
3	1	$3=k_2$		
	$1=k_3$			

$F(x)=x^{(3)}+3x^{(2)}-4x+4$

$\Delta F(x)=3x^{(2)}+6x^{(1)}-4$

$=3x(x-1)+6x-4$

$=3x^2+3x-4$

問 4.3 $\Delta F(x)$ を求めよ.

(1) $F(x)=x^3-2x^2+x-5$

(2) $F(x)=x^3-x^2-4$

(3) $F(x)=2x^4-13x^3+5x^2+25x-7$

(4) $F(x)=2x^4-13x^2+25x+6$

$$\{f(x)\}^{(n)}=\underbrace{f(x)f(x-1)\cdots\cdots f(x-n+1)}_{n\text{個}}$$

を $f(x)$ の n 階乗という.

定理 4.4 a, b を定数とするとき

$$\Delta(ax+b)^{(n)}=na(ax+b)^{(n-1)}$$

（証明）　$\Delta(ax+b)^{(n)}=(ax+a+b)^{(n)}-(ax+b)^{(n)}$

$$=(a(x+1)+b)(ax+b)(a(x-1)+b)\cdots(a(x-n+2)+b)$$
$$-(ax+b)(a(x-1)+b)\cdots(a(x-n+1)+b)$$
$$=[a(x+1)+b-a(x-n+1)-b](ax+b)(a(x-1)+b)\cdots$$
$$\cdots(a(x-n+2)+b)$$
$$=na(ax+b)^{(n-1)}$$

問 4.4　次の計算をせよ．

(1)　$\Delta(x+3)^{(2)}$　　(2)　$\Delta(x-1)^{(5)}$

(3)　$\Delta(2x+1)^{(3)}$　　(4)　$\Delta(3x-1)^{(5)}$

$n<0$ のときの階乗関数は，次のように定義する．

$n=-m$ $(m>0)$ とおくと

$$x^{(n)}=x^{(-m)}=\frac{1}{\underbrace{x(x+1)\cdots(x+m-1)}_{m\text{個}}}$$

定理 4.5　$\Delta x^{(-m)}=-mx^{(-m-1)}$　　$(m>0)$

（証明）　$\Delta x^{(-m)}=(x+1)^{(-m)}-x^{(-m)}$

$$=\frac{1}{\underbrace{(x+1)(x+2)\cdots(x+m-1)(x+m)}_{m\text{個}}}-\frac{1}{\underbrace{x(x+1)\cdots(x+m-1)}_{m\text{個}}}$$

$$=\frac{1}{\underbrace{x(x+1)(x+2)\cdots(x+m)}_{(m+1)\text{個}}}\{x-(x+m)\}$$

$$=-mx^{(-m-1)}$$

$m>0$ のとき

$$\{f(x)\}^{(-m)}=\frac{1}{f(x)f(x+1)\cdots f(x+m-1)}$$

を $f(x)$ の $-m$ 階乗という．

定理 4.6　$\Delta(ax+b)^{(-m)}=-am(ax+b)^{(-m-1)}$

（証明） $\Delta(ax+b)^{(-m)}=\{a(x+1)+b\}^{(-m)}-(ax+b)^{(-m)}$

$$=\frac{1}{\{a(x+1)+b\}\cdots\{a(x+m)+b\}}-\frac{1}{(ax+b)\cdots\{a(x+m-1)+b\}}$$

$$=\frac{1}{\underbrace{(ax+b)\{a(x+1)+b\}\cdots\{a(x+m)+b\}}_{(m+1)\text{個}}}[(ax+b)-\{a(x+m)+b\}]$$

$$=-am(ax+b)^{(-m-1)} \qquad \text{(Q. E. D)}$$

定理 4.3,定理 4.5 から，すべての整数 n に対して

$$\Delta x^{(n)}=nx^{(n-1)}$$

定理 4.4,定理 4.6 から，すべての整数 n に対して

$$\Delta(ax+b)^{(n)}=an(ax+b)^{(n-1)}$$

問 4.5 次の計算をせよ．

(1) $\Delta x^{(-1)}$　(2) $\Delta x^{(-3)}$　(3) $\Delta(x-1)^{(-5)}$

(4) $\Delta\{x^{(3)}+x^{(2)}+x^{(-1)}+x^{(-3)}\}$

(5) $\Delta\{2x^{(2)}-3x^{(-2)}+5x^{(-5)}\}$

(6) $\Delta(2x-1)^{(-3)}$　(7) $\Delta(3x+1)^{(-4)}$

問 4.6 k を定数，n を整数とするとき，

$$(kx)^{(n)}=k^n x^{(n)}$$

であることを証明し，このことを利用して

$$\Delta(kx)^{(n)}=kn(kx)^{(n-1)}$$

であることを証明せよ．

§3. 加 算 記 号

長い関数値の列 $F(1), F(2), F(3), \cdots$ を加えるのに

$$F(1)+F(2)+\cdots+F(n)$$

とかくのは不便である．だから

$$F(1)+F(2)+\cdots+F(n)=\sum_{k=1}^{n}F(k)$$

というように記号 $\sum$ を用いて簡単化する．$\sum$ はギリシヤ文字シグマ(sigma)で加算すること（summation）の頭文字Sに対応するギリシヤ字母である．

例 4.4

$$a_1+a_2+\cdots+a_n=\sum_{k=1}^{n}a_k$$

$$1^2+\frac{1}{2^2}+\frac{1}{3^2}+\cdots+\frac{1}{n^2}=\sum_{k=1}^{n}\frac{1}{k^2}$$

問 4.7　$\sum$ の記号を用いて，次の式を簡単にせよ．

(1)　$1+2+\cdots+n$　　(2)　$1^2+2^2+\cdots+n^2$

(3)　$1^3+2^3+\cdots+n^3$　　(4)　$1\cdot2+2\cdot3+\cdots+n(n+1)$

(5)　$1+\frac{1}{2}+\cdots+\frac{1}{n}$　　(6)　$a+ar+ar^2+\cdots+ar^{n-1}$

問 4.8　次の式を $\sum$ 記号を用いないで表わせ．

(1)　$\sum_{k=1}^{n}(k+1)^3$　　(2)　$\sum_{k=1}^{n+1}(k-1)^2$　　(3)　$\sum_{k=1}^{5}k(k+1)(k+2)$

(4)　$\sum_{k=6}^{8}k^2$　　(5)　$\sum_{k=1}^{1}k(k-1)$　　(6)　$\sum_{k=1}^{n}3$

定理 4.7　$\sum$ には次の性質がある．

(1)　$\sum_{k=1}^{n}\{F(k)+G(k)\}=\sum_{k=1}^{n}F(k)+\sum_{k=1}^{n}G(k)$

(2)　$\sum_{k=1}^{n}aF(k)=a\sum_{k=1}^{n}F(k)$

(3)　$\sum_{k=1}^{n}a=an$

(証明)　(1) のみ証明する．

$$\begin{aligned}\text{左辺}&=\{F(1)+G(1)\}+\{F(2)+G(2)\}+\cdots\cdots+\{F(n)+G(n)\}\\&=\{F(1)+F(2)+\cdots\cdots+F(n)\}+\{G(1)+G(2)+\cdots\cdots+G(n)\}\\&=\text{右辺}\end{aligned}$$

例 4.5　$\sum_{k=1}^{7}a_k=17$,　$\sum_{k=1}^{7}a_k{}^2=13$ が与えられているとき，次の式の値を求めよ．

(1)　$\sum_{k=1}^{7}(a_k-2)$　　(2)　$\sum_{k=1}^{7}(2a_k+1)$　　(3)　$\sum_{k=1}^{7}(a_k+3)^2$

(解)

(1)　$\sum_{k=1}^{7}(a_k-2)=\sum_{k=1}^{7}a_k-2\sum_{k=1}^{7}1=17-2\times7=3$

(2)　$\sum_{k=1}^{7}(2a_k+1)=2\sum_{k=1}^{7}a_k+\sum_{k=1}^{7}1=2\times17+7=41$

(3) $\sum_{k=1}^{7}(a_k+3)^2=\sum_{k=1}^{7}a_k{}^2+6\sum_{k=1}^{7}a_k+9\sum_{k=1}^{7}1=13+6\times17+9\times7=178$

問 4.9 例4.5の仮定のもとに，次の式の値を求めよ．

(1) $\sum_{k=1}^{7}(a_k+a_k{}^2)$　　(2) $\sum_{k=1}^{7}a_k+2\sum_{k=1}^{7}a_k{}^2$

(3) $\sum_{k=1}^{7}(k+a_k)$　　(4) $\sum_{k=1}^{7}(2+a_k)^2$

問 4.10 次の算式を証明せよ．

(1) $\sum_{k=1}^{n}(a+bx_k)=na+b\sum_{k=1}^{n}x_k$

(2) $\sum_{k=1}^{n}(x_k-a)^2=\sum_{k=1}^{n}x_k{}^2-2a\sum_{k=1}^{n}x_k+na^2$

問 4.11 次の関係式は成り立つか．

(1) $\sum_{k=2}^{n+1}k-\sum_{k=1}^{n}k=n$　　(2) $\sum_{k=1}^{3}a_kb_k=(\sum_{k=1}^{3}a_k)(\sum_{k=1}^{3}b_k)$

(3) $\sum_{k=1}^{3}\frac{a_k}{b_k}=\frac{\sum_{k=1}^{3}a_k}{\sum_{k=1}^{3}b_k}$

定理 4.8 $\sum_{x=1}^{n}\Delta F(x)=F(n+1)-F(1)$

右辺を簡単に $\Big[F(x)\Big]_1^{n+1}$ とかく．

（証明）

$$\begin{aligned}\sum_{x=1}^{n}\Delta F(x)&=\Delta F(1)+\Delta F(2)+\cdots+\Delta F(n)\\&=\{F(2)-F(1)\}\\&\quad+\{F(3)-F(2)\}\\&\quad+\cdots\cdots\\&\quad+\{F(n+1)-F(n)\}\\&=F(n+1)-F(1)=\Big[F(x)\Big]_1^{n+1}\end{aligned}$$

この定理は次の図から意味づけがはっきりする．

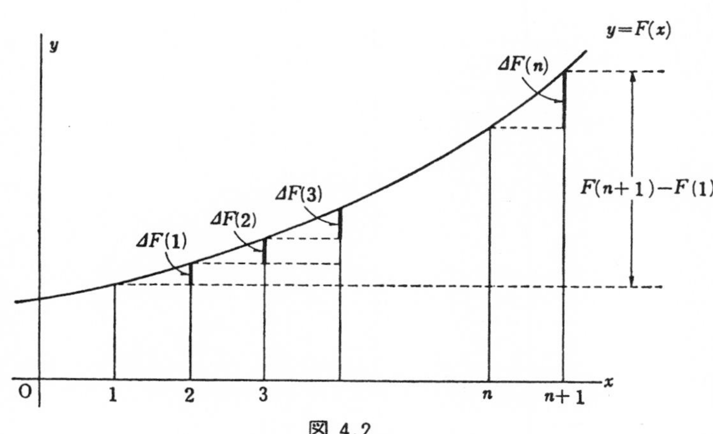

図 4.2

例 4.6　$F(x)=x^2$ のとき，$\sum_{x=1}^{10}\Delta F(x)$ を求めよ．

(解)　$\sum_{x=1}^{10}\Delta F(x)=\Big[F(x)\Big]_1^{11}=\Big[x^2\Big]_1^{11}$

$=11^2-1=120$

問 4.12　$\sum_{x=1}^{n}\Delta F(x)$ を求めよ．

(1)　$F(x)=x$　　(2)　$F(x)=x(x+1)$

(3)　$F(x)=x^2+2x+1$　　(4)　$F(x)=\frac{1}{x}$

(5)　$F(x)=2^x$　　(6)　$F(x)=\log_2 x$

問 4.13　次の空白を埋めよ．

$\Delta f(x)=f(x+1)-f(x)$，ただし $f(x)$ は自然数 x の関数．

$x^{(1)}=x$，　$x^{(2)}=x(x-1)$，　……

$x^{(n)}=x(x-1)\cdots\cdots(x-n+1)$

とすれば

$\Delta x^{(1)}=1$，　$\Delta x^{(2)}=2x^{(1)}$，　……

一般に　$\Delta x^{(n)}=$ ＿＿＿＿．

また　$\sum_{r}^{x-1}\Delta f(x)=f(x)-f(r)$ であるから，$c=f(r)$ ならば

$f(x)=\sum_{r}^{x-1}\Delta f(x)+c$

とくに

$$f(x)=1\cdot 2\cdots n+2\cdot 3\cdots(n+1)+\cdots+x(x+1)\cdots(x+n-1)$$

とおけば

$$\Delta f(x)=\boxed{}$$

ゆえに

$$f(x)=\boxed{}+c$$

そして

$$f(1)=\boxed{}$$

であるから

$$c=\boxed{}$$

ゆえに

$$f(x)=\boxed{}$$

（京都府大）

［まとめ］ ここで差分法と微分法を対比しておこう．

差　分　法	微　分　法
差分 $\Delta F(x)=F(x+1)-F(x)$	微分係数 $Df(x)=\lim_{h\to 0}\dfrac{f(x+h)-f(x)}{h}$
$\Delta c=0$	$Dc=0$
$\Delta x^{(n)}=nx^{(n-1)}$ （n は整数） （$x^{(n)}$ は階乗関数）	$Dx^n=nx^{n-1}$ （n は実数） （x^n はベキ関数）
$\Delta 2^x=2^x$	$De^x=e^x$
$\Delta a^x=(a-1)a^x$	$Da^x=(\log_e a)a^x$
$\Delta aF(x)=a\Delta F(x)$ $\Delta\{F(x)+G(x)\}$ $=\Delta F(x)+\Delta G(x)$ （線型性）	$Daf(x)=aDf(x)$ $D\{f(x)+g(x)\}$ $=Df(x)+Dg(x)$ （線型性）
$\sum_{k=1}^{n}\Delta F(x)=\sum_{k=1}^{n}f(x)=\Big[F(x)\Big]_1^{n+1}$	$\int_a^b f(x)dx=\Big[F(x)\Big]_a^b$

第2章　和　分　法

§1. 不　定　和　分

$\Delta F(x)=f(x)$ のとき，$f(x)$ を $F(x)$ の差分というが，このことと逆に差分すれば $f(x)$ となるもとの関数 $F(x)$ を $f(x)$ の不定和分といい，記号で $\Delta^{-1}f(x)$ とかく．Δ^{-1} はデルタ・インバースと読む．

定理 4.9　$\Delta F(x)=f(x)$ をみたす1つの $F(x)$ がみつかったとしたら，

$$\Delta^{-1}f(x)=F(x)+c$$

（証明）　$\Delta\{F(x)+c\}=\Delta F(x)+\Delta c$

$$=f(x)+0=f(x)$$

よって，$F(x)+c$ も $\Delta^{-1}f(x)$ の1つである．

［注］　周期1の関数を $c(x)$ とおくと

$$\Delta c(x)=c(x+1)-c(x)=0$$

となるから，定理4.9の c は，周期1の関数 $c(x)$ でもよい．しかし，今後取扱う問題では定数 c であってもよい．

定理 4.10　0の不定和分は任意の定数 c，もしくは周期1の関数 $c(x)$ である．すなわち

$$\Delta F(x)=0 \quad ならば \quad F(x)=c$$

（証明）　$\Delta F(1)=F(2)-F(1)=0$

$$\Delta F(2)=F(3)-F(2)=0$$

$$\Delta F(3)=F(4)-F(3)=0$$

………

$$\Delta F(x-1)=F(x)-F(x-1)=0$$

$$\therefore\quad F(1)=F(2)=\cdots=F(x-1)=F(x)$$

この共通の値を c, もしくは $c(x)$ とすると

$$F(x)=c\quad \text{または}\quad c(x)$$

定理 4.11　定数もしくは周期1の関数の差を無視すると

$$\Delta^{-1}\{af(x)+bg(x)\}=a\Delta^{-1}f(x)+b\Delta^{-1}g(x)$$

ただし，a と b は定数である．

（証明）　$\Delta^{-1}f(x)=F(x)+c_1$, $\Delta^{-1}g(x)=G(x)+c_2$ とすると

$$\Delta[a\{F(x)+c_1\}+b\{G(x)+c_2\}]=\Delta\{aF(x)+bG(x)\}$$
$$=af(x)+bg(x)$$

$$\Delta^{-1}\{af(x)+bg(x)\}=a\{F(x)+c_1\}+b\{G(x)+c_2\}=a\Delta^{-1}f(x)+b\Delta^{-1}g(x)$$

定理 4.12

(1)　$\Delta^{-1}x^{(n)}=\dfrac{x^{(n+1)}}{n+1}+c\qquad(n\neq-1)$

(2)　$\Delta^{-1}2^x=2^x+c$

(3)　$\Delta^{-1}a^x=\dfrac{a^x}{a-1}+c\qquad(a\neq1,\ a>0)$

（証明）　右辺の差分をとればよい．

例 4.7　$\Delta^{-1}(x^3-2x^2+x-5)$ を計算せよ．

（解）　多項式 x^3-2x^2+x-5 をまず階乗多項式として表現する．右の計算表からわかるように

1	1	-2	1	$-5=k_0$
		1	-1	
2	1	-1	$0=k_1$	
		2		
	1	$1=k_2$		

$$\Delta^{-1}(x^3-2x^2+x-5)$$
$$=\Delta^{-1}(x^{(3)}+x^{(2)}-5)$$
$$=\Delta^{-1}x^{(3)}+\Delta^{-1}x^{(2)}-\Delta^{-1}5$$
$$=\frac{1}{4}x^{(4)}+\frac{1}{3}x^{(3)}-5x+c$$

定理 4.13　$\Delta^{-1}(ax+b)^{(n)}=\dfrac{(ax+b)^{(n+1)}}{a(n+1)}+c \quad (n\neq -1)$

（証明）
$$\Delta\frac{(ax+b)^{(n+1)}}{a(n+1)}=\frac{a(n+1)}{a(n+1)}(ax+b)^{(n)}=(ax+b)^{(n)}$$
より明らか．

問 4.14　次の計算をせよ．

(1)　$\Delta^{-1}(3x)$　　(2)　$\Delta^{-1}(-x^2)$

(3)　$\Delta^{-1}(2x^3)$　　(4)　$\Delta^{-1}7$

(5)　$\Delta^{-1}(2x^{(2)}+3x^{(1)}-5)$　　(6)　$\Delta^{-1}(4x-7)$

(7)　$\Delta^{-1}(5x^2-6)$　　(8)　$\Delta^{-1}(x^3-4x+2)$

(9)　$\Delta^{-1}(x+3)^{(4)}$　　(10)　$\Delta^{-1}(x-1)^{(-5)}$

例 4.8　$\Delta^{-1}(2x+1)(2x+3)$ を計算せよ．

（解）　$\Delta^{-1}(2x+1)(2x+3)=\Delta^{-1}(2x+3)^{(2)}=\dfrac{1}{6}(2x+3)^{(3)}+c$

と直接定理 4.13 を用いてよい．あるいは次のようにしてもよい．

$$与式=4\Delta^{-1}\left(x+\frac{1}{2}\right)\left(x+\frac{3}{2}\right)=4\Delta^{-1}\left(x+\frac{3}{2}\right)^{(2)}$$
$$=\frac{4}{3}\left(x+\frac{3}{2}\right)^{(3)}+c=\frac{8}{6}\left(x+\frac{3}{2}\right)\left(x+\frac{1}{2}\right)\left(x-\frac{1}{2}\right)+c=\frac{1}{6}(2x+3)^{(3)}+c$$

問 4.15　次の計算をせよ．

(1)　$\Delta^{-1}(2x-1)(2x+1)(2x+3)$

(2)　$\Delta^{-1}(2x+5)(2x+3)(2x+1)(2x-1)$

(3)　$\Delta^{-1}(3x-1)^{(5)}$

§2. 定　和　分

$\Delta^{-1}f(x)=F(x)+c$ であるから，形式的に$\Big[\Delta^{-1}f(x)\Big]_1^{n+1}$ を計算すると，
$$\Big[\Delta^{-1}f(x)\Big]_1^{n+1}=\Big[F(x)+c\Big]_1^{n+1}$$
$$=F(n+1)-F(1)$$
$$=\Big[F(x)\Big]_1^{n+1}$$
しかるに，一方定理 4.8 より

$$\sum_{x=1}^{n} \Delta F(x) = \sum_{x=1}^{n} f(x) = \Big[F(x) \Big]_1^{n+1}$$

よって

定理 4.14　$\displaystyle\sum_{x=1}^{n} f(x) = \Big[\Delta^{-1} f(x) \Big]_1^{n+1}$　　**（定和分の公式）**

関数値の列 $f(1), f(2), \cdots$ を加法の記号＋で結んだ

$$f(1)+f(2)+\cdots+f(n)$$

を**級数**（series）という．また，無限個の関数値の和

$$f(1)+f(2)+\cdots\cdots$$

を**無限級数**（infinite series）という．定理4.14を用いると，いろいろな級数の和が，至極簡単に求められる．

例 4.9

(1)　$1+2+\cdots+n = \dfrac{n(n+1)}{2}$

(2)　$1 \cdot 2 + 2 \cdot 3 + \cdots + n(n+1) = \dfrac{n(n+1)(n+2)}{3}$

であることを証せ．

（解）　(1)　$1+2+\cdots+n = \displaystyle\sum_{x=1}^{n} x = \left[\frac{x^{(2)}}{2} \right]_1^{n+1} = \frac{(n+1)n}{2}$

(2)　$1 \cdot 2 + 2 \cdot 3 + \cdots + n(n+1) = \displaystyle\sum_{x=1}^{n} (x+1)^{(2)} = \left[\frac{(x+1)^{(3)}}{3} \right]_1^{n+1}$

$$= \left[\frac{(x+1)x(x-1)}{3} \right]_1^{n+1} = \frac{(n+2)(n+1)n}{3}$$

例 4.10

(1)　$\displaystyle\sum_{x=1}^{n} x^2 = 1^2+2^2+\cdots+n^2 = \frac{n(n+1)(2n+1)}{6}$

(2)　$\displaystyle\sum_{x=1}^{n} x^3 = 1^3+2^3+\cdots+n^3 = \frac{n^2(n+1)^2}{4}$

であることを証明せよ．

（解）　(1)　$\displaystyle\sum_{x=1}^{n} x^2 = \Big[\Delta^{-1} x^2 \Big]_1^{n+1} = \Big[\Delta^{-1} (x^{(2)} + x) \Big]_1^{n+1}$

$$= \left[\frac{x^{(3)}}{3} + \frac{x^{(2)}}{2} \right]_1^{n+1}$$

$$= \frac{(n+1)n(n-1)}{3} + \frac{n(n+1)}{2} = \frac{(n+1)n(2n+1)}{6}$$

(2) $\displaystyle\sum_{x=1}^{n}x^3=\Big[\Delta^{-1}x^3\Big]_1^{n+1}=\Big[\Delta^{-1}(x^{(3)}+3x^{(2)}+x^{(1)})\Big]_1^{n+1}$

$$=\left[\frac{x^{(4)}}{4}+\frac{3x^{(3)}}{3}+\frac{x^{(2)}}{2}\right]_1^{n+1}$$

$$=\frac{(n+1)n(n-1)(n-2)}{4}+(n+1)n(n-1)+\frac{(n+1)n}{2}$$

$$=\frac{(n+1)n}{4}\{(n-1)(n-2)+4(n-1)+2\}$$

$$=\frac{(n+1)^2n^2}{4}$$

問 4.16 次の級数の和を求めよ．

(1) $1\cdot2\cdot3+2\cdot3\cdot4+\cdots+n(n+1)(n+2)$

(2) $1\cdot2\cdot3\cdot4+2\cdot3\cdot4\cdot5+\cdots+n(n+1)(n+2)(n+3)$

(3) $1\cdot3+2\cdot4+3\cdot5+\cdots+n(n+2)$

(4) $\displaystyle\sum_{k=1}^{n}(k^2-2k)$　　(5) $\displaystyle\sum_{k=1}^{n}(k^3-3k+2)$

(6) $\displaystyle\sum_{k=1}^{n}(6k^2+4k-1)$

(7) $1+(1+2)+(1+2+3)+\cdots+(1+2+\cdots+n)$

例 4.11 $\displaystyle\frac{1}{1\cdot2}+\frac{1}{2\cdot3}+\cdots+\frac{1}{n(n+1)}$

$$=\sum_{x=1}^{n}\frac{1}{x(x+1)}=\sum_{x=1}^{n}x^{(-2)}=\Big[\Delta^{-1}x^{(-2)}\Big]_1^{n+1}$$

$$=\left[\frac{x^{(-2+1)}}{-2+1}\right]_1^{n+1}=\left[-\frac{1}{x}\right]_1^{n+1}=1-\frac{1}{n+1}$$
（東京電機大）

問 4.17 次の級数の和を求めよ．

(1) $\displaystyle\frac{1}{1\cdot2\cdot3}+\frac{1}{2\cdot3\cdot4}+\cdots+\frac{1}{n(n+1)(n+2)}$

(2) $\displaystyle\frac{1}{1\cdot2\cdot3\cdot4}+\frac{1}{2\cdot3\cdot4\cdot5}+\cdots+\frac{1}{n(n+1)(n+2)(n+3)}$　（高知女子大）

問 4.18 次の級数の和を求めよ．

(1) $\displaystyle s_n=\sum_{k=1}^{n}\frac{k}{n}$

(2) $\displaystyle S_n=\left(1+\frac{1}{2}+\frac{1}{3}+\cdots+\frac{1}{n}\right)$

$$+2\left(\frac{1}{2}+\frac{1}{3}+\cdots+\frac{1}{n}\right)+3\left(\frac{1}{3}+\cdots+\frac{1}{n}\right)+\cdots+n\left(\frac{1}{n}\right)$$
（愛知工大）

例 4.12 $3\cdot5+5\cdot7+\cdots+(2n+1)(2n+3)$

$$=\sum_{x=1}^{n}(2x+1)(2x+3)=\sum_{x=1}^{n}(2x+3)^{(2)}$$

$$=\left[\frac{(2x+3)^{(3)}}{6}\right]_1^{n+1}=\left[\frac{(2x+3)(2x+1)(2x-1)}{6}\right]_1^{n+1}$$

$$=\frac{1}{6}(2n+5)(2n+3)(2n+1)-\frac{5}{2}$$

問 4.19 次の級数の和を求めよ.

(1) $1\cdot3+3\cdot5+5\cdot7+\cdots+(2n-1)(2n+1)$

(2) $1\cdot3\cdot5+3\cdot5\cdot7+\cdots+(2n-1)(2n+1)(2n+3)$

(3) $1\cdot4+3\cdot6+5\cdot8+\cdots+(2n-1)(2n+2)$

例 4.13

$$\frac{1}{1\cdot3}+\frac{1}{2\cdot4}+\cdots+\frac{1}{n(n+2)}$$

$$=\sum_{x=1}^{n}\frac{1}{x(x+2)}=\sum_{x=1}^{n}\frac{x+1}{x(x+1)(x+2)}$$

$$=\sum_{x=1}^{n}\frac{1}{(x+1)(x+2)}+\sum_{x=1}^{n}\frac{1}{x(x+1)(x+2)}$$

$$=\left[\Delta^{-1}(x+1)^{(-2)}\right]_1^{n+1}+\left[\Delta^{-1}x^{(-3)}\right]_1^{n+1}$$

$$=\left[-\frac{1}{x+1}\right]_1^{n+1}+\left[-\frac{1}{2x(x+1)}\right]_1^{n+1}$$

$$=\frac{1}{2}-\frac{1}{n+2}+\frac{1}{2\cdot2}-\frac{1}{2(n+1)(n+2)}$$

問 4.20 次の級数の和を求めよ.

(1) $\frac{1}{1\cdot3}+\frac{1}{3\cdot5}+\frac{1}{5\cdot7}+\cdots+\frac{1}{(2n-1)(2n+1)}$

(2) $\frac{2}{1\cdot3\cdot4}+\frac{3}{2\cdot4\cdot5}+\frac{4}{3\cdot5\cdot6}+\cdots+\frac{n+1}{n(n+2)(n+3)}$

(3) $\frac{1}{1\cdot2\cdot4}+\frac{1}{2\cdot3\cdot5}+\frac{1}{3\cdot4\cdot6}+\cdots+\frac{1}{n(n+1)(n+3)}$

(4) $\frac{1\cdot4}{2\cdot3}+\frac{2\cdot5}{3\cdot4}+\frac{3\cdot6}{4\cdot5}+\cdots+\frac{n(n+3)}{(n+1)(n+2)}$

(5) $\frac{5}{1\cdot2\cdot3\cdot4}+\frac{7}{2\cdot3\cdot4\cdot5}+\cdots+\frac{2n+3}{n(n+1)(n+2)(n+3)}$

(6) $1+\frac{1}{1+2}+\frac{1}{1+2+3}+\cdots+\frac{1}{1+2+\cdots+n}$

(7)　$\dfrac{1^3+1^2+1}{1^2+1}+\dfrac{2^3+2^2+1}{2^2+2}+\cdots+\dfrac{n^3+n^2+1}{n^2+n}$

[まとめ]　和分と積分との類似点を列挙しておこう．

不定和分	不定積分
$\Delta^{-1}x^{(n)}=\dfrac{x^{(n+1)}}{n+1}+c\quad(n\neq-1)$	$\displaystyle\int x^n dx=\dfrac{x^{n+1}}{n+1}+c\quad(n\neq-1)$
$\Delta^{-1}2^x=2^x+c$	$\displaystyle\int e^x dx=e^x+c$
$\Delta^{-1}a^x=\dfrac{a^x}{a-1}+c\qquad(a\neq1,a>0)$	$\displaystyle\int a^x dx=\dfrac{a^x}{\log_e a}+c$
$\Delta^{-1}\{af(x)+bg(x)\}$ $=a\Delta^{-1}f(x)+b\Delta^{-1}g(x)$	$\displaystyle\int\{af(x)+bg(x)\}dx$ $\displaystyle=a\int f(x)dx+b\int g(x)dx$
定和分	**定積分**
$\Delta^{-1}f(x)=F(x)+c$ とすると $\displaystyle\sum_{x=m}^{n}f(x)=\Big[F(x)\Big]_m^{n+1}$	$\displaystyle\int f(x)dx=F(x)+c$ とすると $\displaystyle\int_a^b f(x)dx=\Big[F(x)\Big]_a^b$

第3章　等差数列

実数 $a_1, a_2, a_3, \cdots$ が規則的に並んでいるとき，これらを数列 (sequence)といい，略して $\{a_n\}$ とかく．とくに

$$a_n = F(n)$$

とおくと，数列 $\{a_n\}$ は，自然数から実数への関数となる．そこで，とくに変数 n の定義域が必要なときは

$$\{a_n \mid n=1,2,3,\cdots\} = \{a_n \mid n \in \boldsymbol{N}^*\}$$

とか

$$\{a_n \mid n=1,2,\cdots,n_0\}$$

などというようにかく．

さて，数列 $\{a_k\}$ において

$$a_{k+1} - a_k = d \qquad (d \text{ は定数})$$

をみたすとき，$\{a_k\}$ は**等差数列**（**算術数列** arithemetic sequence）をなすといい，a_1を**初項** (initial term)，d を**公差** (difference) という．

定理 4.15　等差数列 $\{a_k\}$ においては

一般項　　$a_n = a_1 + (n-1)d$

n 項までの和　$S_n = a_1 + a_2 + \cdots + a_n$

$$= \frac{n\{2a_1 + (n-1)d\}}{2} = \frac{n(a_1 + a_n)}{2}$$

（証明）　等差数列の定義から

$$\Delta a_n = a_{n+1} - a_n = d$$

$$a_n = \Delta^{-1} d = dn + c$$

とくに $n=1$ とおくと

$$a_1 = d + c$$

$$c=-d+a_1$$

$$\therefore\quad a_n=a_1+(n-1)d$$

一方

$$S_n=\sum_{k=1}^{n}a_k=\sum_{k=1}^{n}\{a_1+(k-1)d\}$$
$$=a_1n+d\Big[\Delta^{-1}(k-1)\Big]_1^{n+1}$$
$$=a_1n+d\Big[\frac{(k-1)^{(2)}}{2}\Big]_1^{n+1}$$
$$=a_1n+d\cdot\frac{n(n-1)}{2}=\frac{n}{2}\{2a_1+(n-1)d\}$$

例 4.14　数列 1,3,5,7,… の一般項と，n 項までの和を求めよ．

（解）　$a_1=1,\quad d=2$

$$a_n=1+(n-1)\times 2=2n-1$$
$$S_n=\frac{n\{1+(2n-1)\}}{2}=n^2$$

問 4.21　次の関係をみたす数列の第 n 項をかけ．

(1)　$a_{k+1}-a_k=5$　　$(k\geqq 1)$,　　$a_1=-4$

(2)　$a_{k+1}-a_k=-2$　　$(k\geqq 1)$,　　$a_1=\frac{1}{2}$

問 4.22　次の等差数列の和を求めよ．

(1)　7，10，13，……　　（第 10 項まで）

(2)　5，−1，−7，……　　（第 n 項まで）

(3)　10，$9\frac{3}{5}$，$9\frac{1}{5}$，……　　（第 n 項まで）

この (3) で n がいくらのとき，S_n ははじめてマイナスになるか．

例 4.15　第 5 項が 35，第 14 項が 107 の等差数列の初項と公差を求めよ．

（解）　$a_5=35$　より　$a_1+4d=35$　　①

$a_{14}=107$　より　$a_1+13d=107$　　②

②−①　　$9d=72$

$$d=8,\quad a_1=3$$

問 4.23　等差数列について，次の問に答えよ．

(1)　$a_{11}=9$,　$a_{23}=3$ のとき，　$a_{39}=?$

(2)　$a_1=14$,　$a_3=32$ のとき，　$a_{104}=?$

(3)　$a_m=\alpha$,　$a_n=\beta$ のとき，　a_{m+n} を m,n,α,β を用いて表わせ．

問 4.24 下の段の米俵の数は n，段数を m とする積上げた米俵の総数はいくらか．ただし，1段ごとに1俵ずつ米俵は減らしていくものとする．

問 4.25 500より小さい正の整数のうち，次のものの和を求めよ．

(1) 3で割り切れる数の和　　(2) 7で割り切れる数の和

(3) 3でも7でも割り切れる数の和

(4) 3または7で割り切れる数の和　　（工学院大）

例 4.16 $\{a_n\}$ が等差数列であるための必要十分条件は

$$2a_n=a_{n-1}+a_{n+1} \qquad (n\geqq 2)$$

であることを証明せよ．

（解）（必要条件）$F(n)=a_n$ とおく．$\{a_n\}$ が等差数列ならば

$$\Delta F(n)=\Delta F(n-1)$$

$$a_{n+1}-a_n=a_n-a_{n-1} \qquad \therefore \quad 2a_n=a_{n-1}+a_{n+1}$$

（十分条件）　$2a_n=a_{n-1}+a_{n+1}$ より

$$a_n-a_{n-1}=a_{n+1}-a_n=\text{一定}=d$$

$\{a_n\}$ は初期値 a_1，公差は d である．

問 4.26 $\dfrac{1}{a}$，$\dfrac{1}{b}$，$\dfrac{1}{c}$ が等差数列をなすとき，a,b,c の関係を求めよ．

例 4.17 初項 a，公差 d の等差数列 $\{a_n\}$ と，数列 $\{S_n\}$ の間に，次の関係がある．

$$S_1=a_1+a_2+\cdots+a_n$$

$$S_2=a_{n+1}+a_{n+2}+\cdots+a_{2n}$$

$$S_3=a_{2n+1}+a_{2n+2}+\cdots+a_{3n}$$

$$\cdots\cdots\cdots$$

このとき，次の問に答えよ．

(1) S_k を上の形で表わせ．

(2) $\{S_k\}$ は等差数列であることを示せ．

(3) $S_1+S_2+\cdots+S_k$ を a,d を用いて表わせ．　（東京電機大）

（解）(1) $S_k=a_{(k-1)n+1}+a_{(k-1)n+2}+\cdots+a_{kn}$

(2) $a_{(k-1)n+1}=a+(k-1)nd$

$$a_{kn}=a+(kn-1)d$$

$$S_k=\frac{n\{a_{(k-1)n+1}+a_{kn}\}}{2}=\frac{n\{2a+(2kn-n-1)d\}}{2}$$

$$S_{k-1}=\frac{n\{2a+(2\overline{k-1}\,n-n-1)d\}}{2}$$

$$\therefore \quad S_k-S_{k-1}=nd=\text{一定}$$

(3) $$\sum_{x=1}^{k}S_x=\sum_{x=1}^{k}\frac{n\{2a+(2xn-n-1)d\}}{2}=ank-\frac{n(n+1)}{2}dk+n^2d\sum_{x=1}^{k}x$$

$$=ank-\frac{n(n+1)}{2}dk+\frac{n^2dk(k+1)}{2}=\frac{kn}{2}\{2a+(kn-1)d\}$$

問 4.27 次の□の中を適当に埋めよ.

自然数 n に対して，$S_n=1+3+5+\cdots+(2n-1)$，$T_n=2+4+6+\cdots+2n$ とおくと，

$S_n=$□，　$T_n=$□，　$S_{n+1}=T_n+$□，　$(T_n)^2=(S_n)^2+$□T_{2n}

また，$(T_n)^2>(S_n)^2+100n$ を満足する自然数 n の値のなかで最小のものは□である．（慶応大）

問 4.28 $\sum_{b=1}^{c}\left\{\sum_{a=1}^{b}\left(\sum_{r=1}^{a}r\right)\right\}$ を c の多項式で表わせ．（東邦大）

定理 4.16 数列 $\{a_n\}$ の n 項までの和 S_n が与えられているとき

$$a_n=S_n-S_{n-1}=\Delta S_{n-1} \qquad (n\geqq 2)$$

$$a_1=S_1$$

（証明）
$$S_n=a_1+a_2+\cdots+a_{n-1}+a_n$$
$$=S_{n-1}+a_n$$
$$S_1=a_1$$

より明らか．

例 4.18 $S_n=an^2+bn+c$ のとき，$\{a_n\}$ はどんな数列か．

（解）
$$S_n=an^{(2)}+(a+b)n+c$$
$$a_{n+1}=\Delta S_n=2an+(a+b)$$
$$\therefore \begin{cases} a_n=2an-a+b \\ a_1=a+b+c \end{cases}$$

$c=0$ のとき　$\{a_n\}$ は等差数列（初項 $a+b$，公差 $2a$）をなす．

$c \neq 0$ のとき　$\{a_n\}$ は等差数列をなさない．

問 4.29　$S_n=5n^2-25n+3$ のとき，a_n はどんな数列か．

問 4.30　数列 $\{a_n\}$ について

$$a_1+2a_2+3a_3+\cdots+na_n=n(n+1)(n+2)$$

がつねに成り立つとき，

(1)　a_n を n で表わせ．

(2)　$\sum_{k=1}^{n} a_k$ を求めよ．　　(3)　$\sum_{k=1}^{n} a_k^2$ を求めよ．　　(関学大)

問 4.31　$S_n=\frac{1}{2}n(n+1)(2n+5)$ のとき，一般項 a_n を n の式で表わせ．任意の自然数 n に対して

$$\frac{1}{a_1}+\frac{1}{a_2}+\cdots+\frac{1}{a_n}<\frac{1}{3}$$

を証明せよ．　　(高知大)

第4章　等比数列

§1. 等比数列

数列 $\{a_n\}$ において

$$\frac{a_{n+1}}{a_n}=r \qquad (r\neq 0, r\neq 1)$$

をみたすものを**等比数列**（**幾何数列** geometric sequence）といい，a_1 を**初項**，r を**公比**（ratio）という．

> **定理 4.17**　初項 a_1，公比 r の等比数列は
>
> 一般項　　$a_n=a_1r^{n-1}$
>
> n 項までの和　$S_n=a_1\dfrac{r^n-1}{r-1}$　$(r\neq 1)$　（和歌山県立医大）

（証明）

$$\begin{aligned} a_{n+1}&=ra_n\\ &=r^2a_{n-1}\\ &=r^3a_{n-2}\\ &\cdots\cdots\\ &=r^na_{n-(n-1)}=r^na_1 \end{aligned}$$

$$\therefore\quad a_n=a_1r^{n-1}$$

$$S_n=\sum_{k=1}^{n}a_k=\Big[\varDelta^{-1}a_k\Big]_1^{n+1}$$

$$=\Big[\frac{a_1}{r}\varDelta^{-1}r^k\Big]_1^{n+1}=\frac{a_1}{r}\cdot\frac{r^{n+1}-r}{r-1}=\frac{a_1(r^n-1)}{r-1}$$

例 4.19　$a_1=3$，$r=2$ の等比数列の第 n 項と，はじめの n 項の和を求めよ．

（解）　$a_n=3\cdot 2^{n-1}$

$$S_n=3\times\frac{2^n-1}{2-1}=3(2^n-1)$$

問 4.32　次の等比数列の指定された項と，初項からその項までの和を求めよ．

(1)　$a_1=3$，$r=-4$ の第 n 項

(2)　$a_1=-\dfrac{1}{2}$，$r=\dfrac{1}{2}$ の第 n 項

(3)　$a_1=1$，$r=-1$ の第10項

(4)　4，$2\sqrt{2}$，2，$\sqrt{2}$，…… の第10項

(4)　x，$\dfrac{x}{1+x}$，$\dfrac{x}{(1+x)^2}$，…… の第 n 項　($x \neq 0$)

例 4.20　公比が実数の等比数列において，第2項が -50，第6項が $-\dfrac{25}{8}$ である．この等比数列の第9項を求めよ．

（解）　この数列の初項を a_1，公比を r とすると

$$a_2=a_1r=-50 \qquad ①$$

$$a_6=a_1r^5=-\frac{25}{8} \qquad ②$$

$$\frac{②}{①} \qquad r^4=\frac{1}{16}$$

r は実数だから，　$r=\pm\dfrac{1}{2}$，(1) から　$a_1=\dfrac{-50}{\pm\dfrac{1}{2}}=\mp 100$

$r=\dfrac{1}{2}$ のとき　　$a_9=-100\times\left(\dfrac{1}{2}\right)^8=-\dfrac{25}{64}$

$r=-\dfrac{1}{2}$ のとき　$a_9=100\times\left(-\dfrac{1}{2}\right)^8=\dfrac{25}{64}$

問 4.33　次の問に答えよ．

(1)　$a_4=6$，$a_6=54$ である等比数列の第10項と，初項から第10項までの和

(2)　$a_3=-100$，$a_6=-100,000$ である等比数列の一般項と第8項（公比は実数）

(3)　$r=\dfrac{2}{\sqrt{3}}$，$a_5=\dfrac{8}{3}$ である等比数列の第8項

問 4.34　初項2，公比3の等比数列の第 n 項から第 N 項までの和が720に等しい．n，N はいくらか．

例 4.21　等比数列がある．その第 p 項から第 q 項までの和がつねに第 $(p-1)$ 項と第 q 項の差に等しいという．この等比数列の公比を求めよ．

ただし，$1<p<q$ とする．　　（名古屋市大）

（解）　$S_q-S_{p-1}=a_{p-1}-a_q$，　$r\neq 1$

に代入すると

$$\frac{a_1(r^q-1)}{r-1}-\frac{a_1(r^{p-1}-1)}{r-1}=a_1r^{p-2}-a_1r^{q-1}$$

$a_1 \fallingdotseq 0$ としても一般性は失わない．

$$r^q-r^{p-1}=(r^{p-2}-r^{q-1})(r-1)$$

$$(2r-1)(r^{p-2}-r^{q-1})=0$$

$$r=\frac{1}{2} \quad \text{または} \quad r^{p-2}=r^{q-1}$$

よって，$r=\dfrac{1}{2}$　または，$q-p+1=$偶数 ならば　$r=-1$

問 4.35　公比 r が 1 でない等比数列 $a, ar, ar^2, \cdots$ のはじめの n 項の和を S，積を P，逆数の和を T とするとき，S, P, T の間にどんな関係式が成り立つか．（東京農大）

問 4.36　初項1，公比 x $(x>0)$ の等比数列がある．この数列のはじめの p 項の平均を M_p，またはじめの q 項の平均を M_q とするとき，M_p と M_q の大小を比べよ．ただし，$p<q$ とする．（三重大）

定理 4.18　$\{a_n\}$ が 等比数列を なすとき， すべての　n $(\geqq 2)$ に対して，

$$a_n{}^2=a_{n-1}\cdot a_{n+1}$$

（証明）

$$\{a_n\}\text{が等比数列をなす} \rightleftarrows \frac{a_{n+1}}{a_n}=\frac{a_n}{a_{n-1}} \qquad \text{(Q. E. D)}$$

a_n を a_{n-1}，a_{n+1} の**等比中項** (geometrical means) という．

例 4.22　いずれも 0 でない 3 つの数 a, b, c が等差数列をなしている．いま，a の値のみを 3 だけ増加させるか，または c の値のみを 9 だけ増加させると等比数列になるとき，a, b, c の値を求めよ．　　　　（慶応大）

（解）　a, b, c は等差数列をなすから

$$2b=a+c \qquad ①$$

a の値を 3 だけ増すと

$$b^2=(a+3)c \qquad ②$$

c の値を 9 だけ増すと

$$b^2=a(c+9) \qquad ③$$

②③から　　　$c=3a$　　　④

これを①に代入　$b=2a$　　　⑤

④⑤を③に代入すると

$$4a^2=a(3a+9)$$

$$a(a-9)=0$$

$a\fallingdotseq 0$ だから，　$a=9,\quad b=18,\quad c=27$

問 4.37 等比数列をなす3つの実数がある．その和は26，積は216である．この3数を求めよ．

§2. 等差・等比数列

例 4.23 数列 $a_1, a_2, a_3, \cdots$ が等差数列であるとき，数列 k^{a_1}, k^{a_2}, $k^{a_3}, \cdots$ は何数列か．(Galois)

(解)
$$\frac{k^{a_{n+1}}}{k^{a_n}}=k^{a_{n+1}-a_n}=k^d$$

ここで，d は $a_1, a_2, \cdots$ の公差である．よって $k^{a_1}, k^{a_2}, k^{a_3}, \cdots$ は等比数列をつくる．

問 4.38 $\log_a x$，$\log_a y$, $\log_a z$ が等差数列をなすとき，x, y, z の満足する関係式を求めよ．ただし，x, y, z は正の数である．(京薬大)

例 4.24 $a_1, a_2, \cdots, a_n$ は等差数列をなし，$b_1, b_2, \cdots, b_n$ はどれも正の数で等比数列をなすという．ただし，$n\geqq 3$ とする． もし，$a_1=b_1$, $a_2=b_2$ ならば，a_n と b_n はどちらが大きいか．(中央大)

(解)　$a_n=a_1+(n-1)d$

$$b_n=b_1r^{n-1}=a_1r^{n-1}$$

しかるに，$a_2=b_2$ より

$$a_1+d=a_1r$$

よって，

$$d=a_1(r-1)$$

$$a_n-b_n=a_1+(n-1)d-a_1r^{n-1}$$
$$=a_1(1-r^{n-1})+a_1(n-1)(r-1)$$
$$=a_1(1-r)\{(1+r+r^2+\cdots+r^{n-2})-(n-1)\}$$

$0<r<1$ のとき　$1-r>0$,　$\underbrace{2+r+r^2+\cdots+r^{n-2}}_{n\text{ 個}}-n<0$

$r>1$　のとき　$1-r<0$,　$2+r+r^2+\cdots+r^{n-2}-n>0$

$r=1$　のとき　$1-r=0$,　$2+r+r^2+\cdots+r^{n-2}-n=0$

$\therefore\ a_n\leqq b_n$　（等号は $r=1$ のときに限る）

問 4.39　公差が0でない等差数列 $a_1,a_2,a_3,\cdots,a_n,\cdots$ および公比が1でない等比数列 $b_1,b_2,b_3,\cdots,b_n,\cdots$ について，$a_1=b_1$，$a_3=b_3$，$a_7=b_5$ であるとする．このとき，どんな m,n に対して $a_n=b_m$ が成り立つか．n を m で表わせ．（広島大）

問 4.40　各項が0でない数列 $a_1,a_2,\cdots,a_n$ が等差数列であって，同時に等比数列であるならば，$a_1=a_2=\cdots=a_n$ であることを証せ．ただし $n\geqq 2$

例 4.25　$a_1=1$,　$a_2=11$,　$a_3=111$,　$a_4=1111$,　……

の一般項 a_n と，はじめの n 項までの和 S_n を求めよ．

（解）　この数列は等差数列でも等比数列でもない．10 進記数法そのものである．

$$a_1=1$$
$$a_2=10+1$$
$$a_3=10^2+10+1$$
$$\cdots\cdots\cdots$$
$$a_n=10^{n-1}+10^{n-2}+\cdots+10+1=\frac{10^n-1}{9}$$

$$\therefore\ S_n=\frac{1}{9}\sum_{k=1}^{n}10^k-\frac{1}{9}\sum_{k=1}^{n}1$$
$$=\frac{1}{9}\left[\frac{10^k}{9}\right]_1^{n+1}-\frac{n}{9}=\frac{10^{n+1}-10}{81}-\frac{n}{9}$$

問 4.41　次の数列の第 n 項 a_n と，n 項までの和 S_n を求めよ．

(1)　$a_1=2$,　$a_2=22$,　$a_3=222$,　$a_4=2222$,　……

(2)　$a_1=9$,　$a_2=99$,　$a_3=999$,　……

(3)　$a_1=2$,　$a_2=20$,　$a_3=202$,　$a_4=2020$,　……

問 4.42　$a_1=1,\quad a_2=11,\quad a_3=111,\quad \cdots\cdots$

$b_1=4,\quad b_2=44,\quad b_3=444,\quad \cdots\cdots$

のとき，$a_{2n}+b_n+1$ はある整数の平方になることを証明せよ．

定理 4.19

$$\Delta[F(x)G(x)]=[\Delta F(x)]G(x+1)+F(x)\Delta G(x)$$

$$\Delta^{-1}[F(x)\Delta G(x)]=F(x)G(x)-\Delta^{-1}[\Delta F(x)G(x+1)]$$

（証明）　$\Delta[F(x)G(x)]=F(x+1)G(x+1)-F(x)G(x)$

$=[F(x+1)G(x+1)-F(x)G(x+1)]+[F(x)G(x+1)-F(x)G(x)]$

$=[\Delta F(x)]G(x+1)+F(x)[\Delta G(x)]$

後半は定数の差を無視して，前半の逆算法になっている．

例 4.26　$\Delta(3x^2+5)(2x-10)$ を計算せよ．

$F(x)=3x^2+5$ とおくと　$\Delta F(x)=6x+3$

$G(x)=2x-10$ とおくと　$\Delta G(x)=2$

$\Delta(3x^2+5)(2x-10)=(6x+3)(2x-8)+(3x^2+5)\cdot 2$

$=18x^2-42x-14$

例 4.27　$\Delta^{-1}(x\cdot 3^x)$ を求めよ．

（解）　$F(x)=x$　ならば　$\Delta F(x)=1$

$\Delta G(x)=3^x$　ならば　$G(x)=\frac{1}{2}\cdot 3^x$

$$\therefore\quad \Delta^{-1}(x3^x)=\frac{x}{2}3^x-\Delta^{-1}\left\{1\cdot\frac{3^{x+1}}{2}\right\}$$

$$=\frac{x}{2}3^x-\frac{3}{2}\Delta^{-1}3^x$$

$$=\frac{x}{2}3^x-\frac{3}{4}3^x+c=\left(\frac{2x-3}{4}\right)3^x+c$$

問 4.43　次の計算をせよ．

(1)　$\Delta(2x-3)(x+5)$　　　(2)　$\Delta(x^2+x+1)^2$

(3)　$\Delta^{-1}\{(x+2)3^x\}$　　　(4)　$\Delta^{-1}\left(\frac{x}{2^x}\right)$

(5) $\Delta^{-1}\left\{\dfrac{2x+5}{2^x}\right\}$　　(6) $\Delta^{-1}\{(3x^2-4x+5)2^x\}$

例 4.28 $x \neq 1$ のとき

$$1+2x+3x^2+\cdots+nx^{n-1}=\frac{nx^{n+1}-(n+1)x^n+1}{(x-1)^2}$$

であることを証明せよ.

(証明) $f(k)=(1+k)x^k$ なる積の関数を考える.

$$\begin{aligned}\Delta^{-1}f(k)&=\Delta^{-1}\{(1+k)x^k\}\\&=\frac{(1+k)}{x-1}x^k-\Delta^{-1}\frac{x^{k+1}}{x-1}\\&=\frac{(1+k)}{x-1}x^k-\frac{x^{k+1}}{(x-1)^2}+c\\&=\frac{kx^{k+1}-(1+k)x^k}{(x-1)^2}+c\end{aligned}$$

$$\begin{aligned}\sum_{k=0}^{n-1}f(k)&=\Big[\Delta^{-1}f(k)\Big]_0^n\\&=\left[\frac{kx^{k+1}-(1+k)x^k}{(x-1)^2}\right]_0^n\\&=\frac{nx^{n+1}-(n+1)x^n+1}{(x-1)^2}\end{aligned}$$

問 4.44 次の級数の値を求めよ.

(1) $x+3x^2+5x^3+\cdots+(2n-1)x^n$

(2) $1+4x+9x^2+16x^3+\cdots+n^2x^{n-1}$

§3. 無限等比級数

無限数列

$$a_1,\ a_2,\ \cdots,\ a_n,\ \cdots$$

に対して, はじめの n 項の和

$$S_n=a_1+a_2+\cdots+a_n$$

をつくり

$$\lim_{n\to\infty}S_n<+\infty \qquad \text{(有限値で確定)}$$

ならば，無限級数

$$a_1+a_2+\cdots+a_n+\cdots=\sum_{k=1}^{\infty}a_k$$

は**収束する**（to converge）といい，この極限値をこの無限級数の和という．収束しない無限級数はすべて**発散する**（to diverge）という．

定理 4.20 無限等比級数 $1+r+r^2+\cdots+r^n+\cdots$ は，$|r|<1$ のとき収束し，$|r|\geqq 1$ のとき発散する．

（証明）

$$S_n=1+r+r^2+\cdots+r^{n-1}=\begin{cases}\dfrac{1-r^n}{1-r} & (r\neq 1)\\ n & (r=1)\end{cases}$$

$|r|<1$ ならば $\lim_{n\to\infty} r^n=0$, $\lim_{n\to\infty} S_n=\dfrac{1}{1-r}$

$|r|>1$ ならば $\lim_{n\to\infty} |r|^n=+\infty$

$r=1$ ならば $\lim_{n\to\infty} S_n=+\infty$

$r=-1$ ならば $S_{2n}=0$, $S_{2n+1}=1$, 極限値は確定しない．

よって，$1+r+r^2+\cdots+r^n+\cdots$ は $|r|<1$ のときのみ収束．

例 4.29 級数 $\dfrac{1}{2}+1+\dfrac{1}{2^3}+\dfrac{1}{2^2}+\dfrac{1}{2^5}+\dfrac{1}{2^4}+\cdots$ の第 n 項までの部分和を S_n とするとき，次の問に答えよ．

(1) S_{2n} および S_{2n+1} を求めよ． (2) $\lim_{n\to\infty} S_n$ を求めよ． （芝浦工大）

（解）

(1) $$S_{2n}=\left(\frac{1}{2}+\frac{1}{2^3}+\cdots+\frac{1}{2^{2n-1}}\right)+\left(1+\frac{1}{2^2}+\frac{1}{2^4}+\cdots+\frac{1}{2^{2(n-1)}}\right)$$

$$=\frac{4}{3}\left\{\frac{1}{2}\left(1-\left(\frac{1}{4}\right)^n\right)\right\}+\frac{4}{3}\left\{1-\left(\frac{1}{4}\right)^n\right\}=2\left\{1-\left(\frac{1}{4}\right)^n\right\}$$

$$S_{2n+1}=S_{2n}+\frac{1}{2^{2n+1}}=2-\frac{3}{2}\left(\frac{1}{4}\right)^n$$

(2) $$\lim_{n\to\infty} S_n=2$$

問 4.45 次の無限級数の和を求めよ．

(1) $\displaystyle\sum_{r=1}^{\infty}\frac{(-2)^r}{3^{r+1}}$ （成蹊大）

(2) $\dfrac{x^2}{1+x^2}+\dfrac{x^2}{(1+x^2)^2}+\dfrac{x^2}{(1+x^2)^3}+\cdots+\dfrac{x^2}{(1+x^2)^n}+\cdots$ （東京電機大）

例 4.30　$\sum_{n=1}^{\infty}\frac{1}{(2n-1)(2n+1)}$ の和を求めよ.　（東洋大）

（解）

$$S_n=\sum_{k=1}^{n}\frac{1}{(2k-1)(2k+1)}=\frac{1}{4}\left[\Delta^{-1}\left(k-\frac{1}{2}\right)^{(-2)}\right]_1^{n+1}$$

$$=\frac{1}{4}\left[\frac{1}{-\left(k-\frac{1}{2}\right)}\right]_1^{n+1}=\frac{1}{4}\left[2-\frac{1}{n+\frac{1}{2}}\right]$$

$$\lim_{n\to\infty}S_n=\lim_{n\to\infty}\frac{1}{2}\left[2-\frac{1}{n+\frac{1}{4}}\right]=\frac{1}{2}$$

問 4.46　次の無限級数の和を求めよ.

(1)　$\frac{x^2}{1+x^2}+\frac{x^2}{(1+x^2)(1+2x^2)}+\frac{x^2}{(1+2x^2)(1+3x^2)}+\cdots\cdots$　（水産大）

(2)　$\frac{1}{(1+a)(1+a^2)}+\frac{a}{(1+a^2)(1+a^3)}+\frac{a^2}{(1+a^3)(1+a^4)}+\cdots\cdots$　（芝浦工大）

問 4.47　数列 $\{a_n\}$ を初項 a, 公差 a の等差数列, 数列 $\{b_n\}$ を初項 b, 公比 r の等比数列とするとき, 次の問に答えよ. ただし, $0<r<1$.

(1)　$S_n=a_1b_1+a_2b_2+\cdots+a_nb_n$ を a,b,r,n で表わせ.

(2)　$r=\frac{1}{1+h}$ とおくことにより, $\lim_{n\to\infty}nr^n=0$ を証明せよ.

(3)　$\lim_{n\to\infty}S_n$ を求めよ.　（岐阜大）

例 4.31　$\sum_{n=1}^{\infty}a_n$ が収束すれば, $\lim_{n\to\infty}a_n=0$ であることを示せ.

（京都府大, 京都薬大）

（解）　$\sum_{n+1}^{\infty}a_n=S$ とおくと, はじめの n 項の和 S_n に対して

$$|S_n-S|<\frac{\varepsilon}{2},\quad \varepsilon\text{は任意}$$

にしうる n が十分大きくとれる.

$$|a_n|=|S_n-S_{n-1}|\leqq|S_n-S|+|S_{n-1}-S|<\varepsilon$$

$$\therefore\quad \lim_{n\to\infty}a_n=0$$

問 4.48　次の命題が成立することを証明せよ.

$\sum_{n=1}^{\infty}a_n$ なる無限級数が収束するとき, $\lim_{n\to\infty}(a_{n+1}+a_{n+2}+\cdots+a_{2n})=0$

（和歌山県医大）

問 4.49　無限級数

$$1+\frac{1}{2}+\frac{1}{3}+\cdots+\frac{1}{n}+\cdots$$

は発散することを前問を用いて証明せよ.　（京都薬大）

例 4.32　無限級数

$$\frac{1}{1^s}+\frac{1}{2^s}+\frac{1}{3^s}+\cdots+\frac{1}{n^s}+\cdots$$

の収束，発散を判定せよ．　　（金沢美工大）

（解）（1）　$s\leqq 1$ のとき

$$\frac{1}{n^s}\geqq\frac{1}{n}$$

$$1+\frac{1}{2^s}+\cdots+\frac{1}{n^s}\geqq 1+\frac{1}{2}+\cdots+\frac{1}{n}\to\infty,\ \text{発散}$$

（2）　$s>1$ のとき

$$\frac{1}{2^s}+\frac{1}{3^s}+\frac{1}{4^s}+\cdots+\frac{1}{n^s}$$

$$<\int_1^n\frac{dx}{x^s}=\left[\frac{x^{-s+1}}{-s+1}\right]_1^n$$

$$=\frac{1}{s-1}\left[1-\frac{1}{n^{s-1}}\right]$$

$$1+\frac{1}{2^s}+\frac{1}{3^s}+\cdots$$

$$\leqq 1+\lim_{n\to\infty}\frac{1}{s-1}\left[1-\left(\frac{1}{n}\right)^{s-1}\right]$$

$$=\frac{s}{s-1}$$

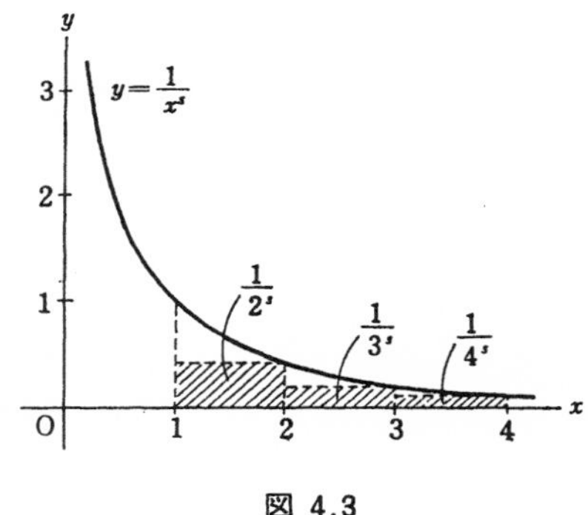

図 4.3

かつ，各項は正だから，和は振動せず，一定値に近づく．

問 4.50　無限等比級数

$(1-a)+\dfrac{(1-a)^2}{a}+\dfrac{(1-a)^3}{a^2}+\cdots+\dfrac{(1-a)^{n+1}}{a^n}+\cdots$　は a がどのような範囲のとき収束し，その和はいくらになるか．（東京理科大）

第V部

微積分の諸定理と応用

数学を利用して技術上の問題を解こうとする人々にとって，問題を改めて数学的に定式化する才能がかなり必要である．

（コルモゴルフ「職業としての数学」）

第1章　連続関数

§1. 連続関数

第Ⅰ部で考察してきた初等関数は（若干の例外的な x を除いて）連続関数であるが，我々が連続関数に興味をもつのは，実在の量の変化の定式化に用いられる有用な関数であるからである．しかし，関数を対応一般に拡げてしまうと，もはや連続関数ばかりとは限らない．たとえば

$$f(x)=\lim_{m\to\infty}\lim_{n\to\infty}[\cos(m!\,\pi x)]^{2n}$$

は，x が有理数ならば $f(x)=1$，x が無理数ならば $f(x)=0$ という関数で，いたるところで連続でない．

この章では，主として連続関数全体としての共通な法則性を探究しよう．

定理 5.1（中間値の定理） 閉区間 $[a,b]$ で連続な関数 f で，$f(a)\neq f(b)$ のとき，$f(a)$ と $f(b)$ の中間の値を c とすると

$$f(\xi)=c,\quad a<\xi<b$$

となる ξ が存在する．

（証明）$g(x)=f(x)-c$ とおくと，c は $f(a)$ と $f(b)$ の中間の値だから

$$g(a)g(b)=\{f(a)-c\}\{f(b)-c\}<0$$

したがって，$g(a)$ と $g(b)$ は異符号である．したがってこの条件で $g(\xi)=0$ となる ξ の存在を証明すればよい．

$g(a)<0$，$g(b)>0$ としても一般性を失わない．

$$x_1=\frac{a+b}{2}\quad とすると$$

$g(x_1)=0$，$g(x_1)>0$，$g(x_1)<0$ の何れかが成り立つ．もし $g(x_1)=0$ なら

ば，$x_1=\xi$ となって本定理は成り立つ．$g(x_1)\neq 0$ のとき，$g(x_1)>0$ と仮定する．次に，

$$x_2=\frac{a+x_1}{2}$$

として $g(x_2)$ を求める．もし $g(x_2)=0$ ならば $x_2=\xi$ である．$g(x_2)\neq 0$ ならば，$g(x_2)<0$ のとき区間 $[x_2, x_1]$ で $g(x_2)g(x_1)<0$；$g(x_2)>0$ のとき区間$[a, x_2]$で $g(a)g(x_2)<0$ したがって $g(x_2)<0$ としても一般性を失わない．さらに

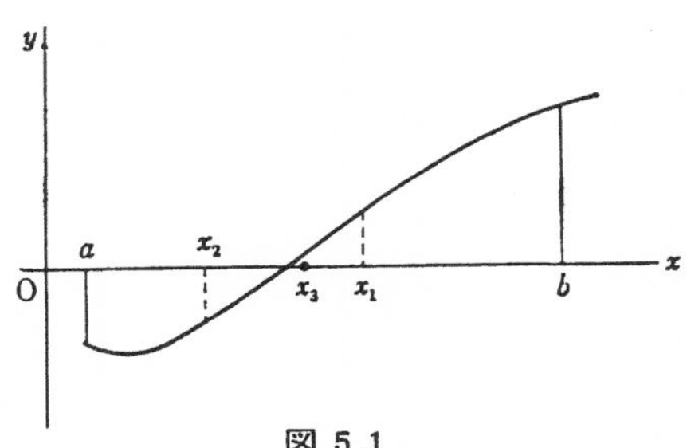

図 5.1

$$x_3=\frac{x_2+x_1}{2}$$

をとる．$g(x_3)=0$ ならば $x_3=\xi$. $g(x_3)\neq 0$ ならば $g(x_3)>0$ のとき区間 $[x_2, x_3]$ で $g(x_2)g(x_3)<0$；$g(x_3)<0$ のとき区間 $[x_3, x_1]$ で $g(x_3)g(x_1)<0$.

以下同様の手続きをくり返してゆくと，各区間 $[x_i, x_j]$ の幅は次第に小さくなり，$x_j-x_i=\dfrac{b-a}{2^n}\to 0$ となる．これらの区間に共通の点 ξ が存在する．この ξ で $g(\xi)=0$ となる．なぜなら，$g(\xi)\neq 0$ とすると，g は $x=\xi$ で連続だから，どんなに小さい正数 ε をとっても，δ を適当に選ぶと

$$|x-\xi|<\delta \text{ となるすべての } x \text{ に対し } |f(x)-f(\xi)|<\varepsilon$$

となるが，$\varepsilon<|g(\xi)|$ にとってもよいので，区間 $(\xi-\delta, \xi+\delta)$ では $g(x)$ は $g(\xi)$ と同符号である．ところが区間 $[x_i, x_j]$ で，n が十分大きくなると，区間幅はいくらでも 0 に近づき，$[x_i, x_j]\subset(\xi-\delta, \xi+\delta)$ で，かつ $g(x_i)g(x_j)<0$ となり，上のことと矛盾する．

$$\therefore\quad g(\xi)=0$$

［注］ この定理で，開区間 (a, b) にすると定理は成立しない．なぜなら，

$$f(x)=[x] \quad (x \text{ を越えない最大整数})$$

とすると，$(0,1)$ 区間で $f(x)$ は連続，$f(0)=0$，$f(1)=1$，しかし $(0,1)$ で $f(\xi)=\dfrac{1}{2}$ とはならない．

定理 5.2 関数 $y=f(x)$ がある区間で，零点も不連続点ももたない

ときは，その区間でつねに一定の符号をとる．

（証明）f の不連続点も零点もない区間に2点 a,b をとり，$f(a)f(b)<0$ とすると，中間値の定理から，$a<\xi<b$ なる ξ に対して $f(\xi)=0$ となり，零点をもたないという仮定に反する．

例 5.1　実数係数の奇数次の代数方程式は少なくとも1つの根をもつことを証明せよ．

（解）　$f(x)=a_0x^{2n+1}+a_1x^{2n}+\cdots+a_{2n}$　とおく．

十分大きな $|x|$ に対して $f(x)$ の符号は a_0x^{2n+1} の符号と一致する．しかも多項式関数はいたるところで連続だから，十分大きな M に対して $x_0>M$ とおくと $f(x_0)f(-x_0)$ の符号は $a_0{}^2x_0{}^{2n+1}\cdot(-x_0)^{2n+1}<0$．$[-x_0,x_0]$ で $f(x)$ は少なくとも1つの零点をもつ．

問 5.1　$\cos x=x$ は $0<x<\frac{\pi}{2}$ で少くとも1つ根をもつことを証明せよ．

問 5.2　a を定数，q を1より小さい正の定数とするとき，方程式

$$x=q\sin x+a$$

はただ1つの実根をもつことを示せ．（神大）

例 5.2　有理関数

$$f(x)=\frac{x^2(x+1)(x-1)^3}{(x+3)^3(x-2)^2(x-3)}$$

のグラフの概形をかけ．また実根の数を求めよ．

（解）　$x=-1,0,1$ で零点．$x=-3,2,3$ で不連続点でこれら以外のあらゆる点で $f(x)$ は連続である．

x		-3		-1		0		1		2		3	
$f(x)$	$+$	不連続	$-$	0	$+$	0	$+$	0	$-$	不連続	$-$	不連続	$+$

$$\lim_{x\to\pm\infty}f(x)=\lim_{x\to\pm\infty}\frac{\left(1+\frac{1}{x}\right)\left(1-\frac{1}{x}\right)^3}{\left(1+\frac{3}{x}\right)^3\left(1-\frac{2}{x}\right)^2\left(1-\frac{3}{x}\right)}=1$$

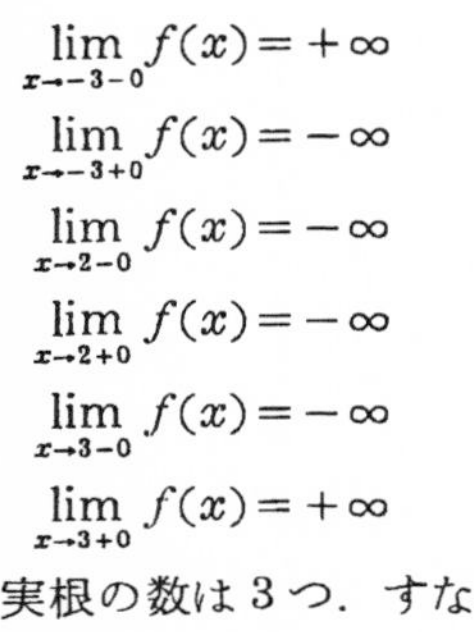

$$\lim_{x\to-3-0} f(x)=+\infty$$
$$\lim_{x\to-3+0} f(x)=-\infty$$
$$\lim_{x\to2-0} f(x)=-\infty$$
$$\lim_{x\to2+0} f(x)=-\infty$$
$$\lim_{x\to3-0} f(x)=-\infty$$
$$\lim_{x\to3+0} f(x)=+\infty$$

実根の数は 3 つ．すなわち $x=-1,0,1$

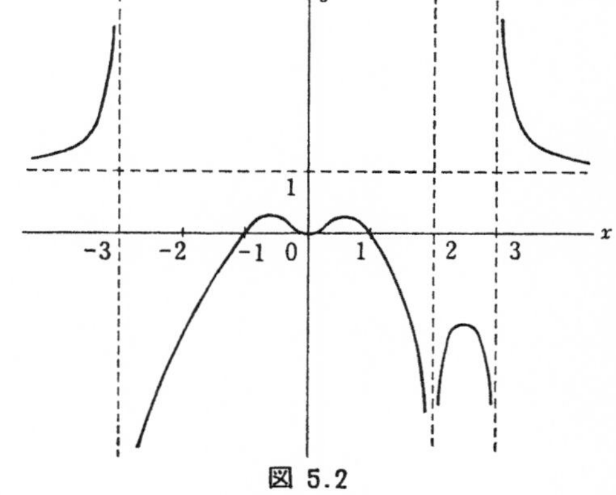

図 5.2

問 5.3 (1) 方程式 $x^3+\tan x=0$ の閉区間 $[-\pi,\pi]$ における実根の数を求めよ．

(2) $f(x)=\int_{-\pi}^{x}(x^3\cos t+6t\cos x-6x\cos t+7\sin t)dt$ を求めよ．

(3) (2) で求めた $f(x)$ に対して，方程式 $f(x)+3\pi^2\cos x+17=0$ を考える． この方程式の閉区間 $[-\pi,\pi]$ における実根の数を求めよ．（東京農工大）

> **定理 5.3 （最大値の定理）** 閉区間 $[a,b]$ で連続な関数は，$[a,b]$ で有界で，最大値および最小値をもつ．

（証明） 関数 f が閉区間 $[a,b]$ で有界でないとしよう．$x_1=\dfrac{a+b}{2}$ とするとき，f は区間 $[a,x_1]$，$[x_1,b]$ の少なくとも一方で有界でないから，$[a,x_1]$ で有界でないとしてもよい．$x_2=\dfrac{a+x_1}{2}$ をとり，区間 $[a,x_1]$ を 2 つに分けると，少なくとも一方で有界でないから，$[x_2,x_1]$ で有界でないとする． 以下この手続きを n 回くり返すと，f が有界でない区間 $[x_i,x_j]$ の幅は $\dfrac{b-a}{2^n}$ となり，$n\to\infty$ のとき，これらの閉区間に共通な点 x_0 が存在する．f は x_0 で連続だから，任意の ε に対して，δ を適当に選ぶと

$$|x-x_0|<\delta \text{ のすべての } x \text{ に対して，} |f(x)-f(x_0)|<\varepsilon$$

となり，$(x_0-\delta,x_0+\delta)$ で f は有界である． ところが，x_0 は区間 $[x_i,x_j]$ に属し，この区間で f は有界でないから，n を十分大きくとると

$$[x_i,x_j]\subset(x_0-\delta,x_0+\delta)$$

で,

$$|f(x)-f(x_0)|>\varepsilon$$

となって矛盾する.

f は $[a,b]$ で有界だから, $a \leqq x \leqq b$ に対して

$$G' \leqq f(x) \leqq G$$

となる G, G' が存在する. G を**上界** (upper bound), G' を**下界** (lower bound) という. このような上界の最小値を G_0 とすると, G_0 はより小さい上界がないことから, どんな小さい正の数 ε をとっても

$$G_0-\varepsilon \leqq f(x) \leqq G_0 \qquad ①$$

となる x が $[a,b]$ の中にある. このような G_0 を**上限** (least upper bound, supremum) という.

いま, ε としてある正数 ε_0 をとり, ① をみたす x の集合を $\boldsymbol{S}_0$ とすると,

$$\boldsymbol{S}_0 \neq \emptyset \quad \text{かつ} \quad \boldsymbol{S}_0 \subset [a,b]$$

次に, ε を $\dfrac{\varepsilon_0}{2}$ にとり, ① をみたす x の集合を $\boldsymbol{S}_1$ とすると

$$\boldsymbol{S}_1 \neq \emptyset \quad \text{かつ} \quad \boldsymbol{S}_1 \subset \boldsymbol{S}_0$$

さらに, ε を $\dfrac{\varepsilon_0}{2^2}$ にとり ① をみたす x の集合を $\boldsymbol{S}_2$ とすると

$$\boldsymbol{S}_2 \neq \emptyset \quad \text{かつ} \quad \boldsymbol{S}_2 \subset \boldsymbol{S}_1$$

このような手続きをくり返してゆくと

$$\boldsymbol{S}_0 \supset \boldsymbol{S}_1 \supset \boldsymbol{S}_2 \supset \cdots \supset \boldsymbol{S}_n \supset \cdots$$

という集合の系列ができる. ① の ε はどんなに小さくてもよいのであるから, すべての $S_n \neq \emptyset$ で, これらに共通に含まれる x が存在する. それを $x=\xi$ とすると

$$f(\xi)=G_0 \qquad ②$$

である. なぜなら, もし $f(\xi) \neq G_0$ とするとき,

$$G_0-f(\xi)>\varepsilon$$

なる ε をとると ① は成立しない. したがって, ② が成立し, $f(x)$ には最大値が存在する.

下界 G' の最大値 G_0'（これを**下限** greatest lower bound, infimum という）を考えても同様だから，f には最小値も存在する．　　　(Q. E. D)

［注］ $f(x)$ が閉区間 (a,b) で連続でも，定理 5.3 は成立しない．たとえば

$$f(x)=\frac{1}{x}$$

は $(0,1]$ で連続だが有界でなく，最大値は存在しない．

問 5.4 $\boldsymbol{M}$ を $\frac{p^2}{q^2}<2$ であるようなすべての有理数の集合，つまり

$$\boldsymbol{M}=\left\{\frac{p}{q}\;\middle|\;\frac{p^2}{q^2}<2\right\}$$

とする．$\boldsymbol{M}$ の上限（$\sup\boldsymbol{M}$ とかく）を求めよ．

問 5.5 $f(x)=\sin x$，$0\leqq x\leqq\pi$ のグラフを考える．区間 $[0,\pi]$ を分点

$$0=x_1<x_2<\cdots<x_i<x_{i+1}<\cdots<x_n=\pi$$

を用いて，任意の仕方で小区間に分けるものとする．おのおのの小区間 $[x_i,x_{i+1}]$ 上に，$[x_i,x_{i+1}]$ を底として，できるだけ高い内接長方形をつくる．s をこれらの長方形の面積の和とする．$\boldsymbol{M}$ をこのようにしてえられるすべての数 s の集合とする．$\sup\boldsymbol{M}$ は何か．

§2. 連続性と微分可能性

定理 5.4 $x=x_0$ で微分可能な関数 $y=f(x)$ は，$x=x_0$ で連続である．

（証明） $f:x\longmapsto y$ が $x=x_0$ で微分可能ならば，$y_0=f(x_0)$ として，

$$y-y_0=f'(x_0)(x-x_0)+o(x-x_0)$$

と変形できる．したがって

$$x\to x_0 \quad ならば \quad y\to y_0$$

例 5.3 連続性は微分可能性の必要条件であって，十分条件ではない．このことを示す例として

$$f(x)=|x|$$

をあげよう．これは $x=0$ で連続であるが，微分可能ではない．

$$\lim_{h\to 0}\frac{f(h)-f(0)}{h}=\lim_{h\to 0}\frac{|h|}{h}$$
$$=\begin{cases}1 & (h>0\ のとき)\\ -1 & (h<0\ のとき)\end{cases}$$

となって，$f'(0)$ はただ1つにきまらない．

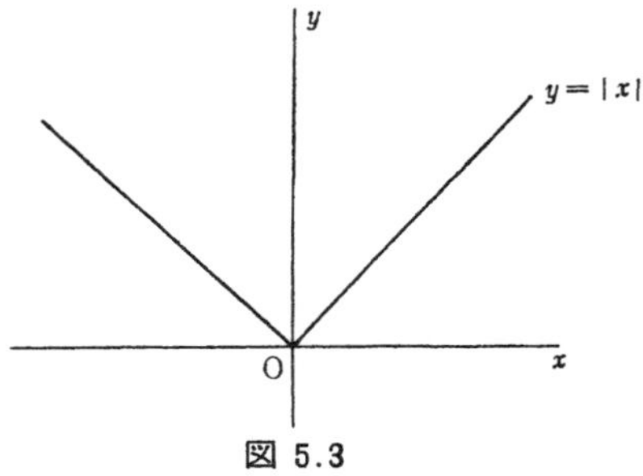

図 5.3

問 5.6　定理5.4において，同じ仮定のもとで，$x=x_0$ で f は Lipschitz 連続であることを示せ．

問 5.7　すべての点 x で定義された関数 $f(x)$ が，x の任意の相異なる値 x_1, x_2 に対して

$$|f(x_1)-f(x_2)|<|x_1-x_2|$$

をつねに満たしているとき，次の問に答えよ．

(1)　$f(x)$ は各点 x で連続であることを示せ．

(2)　$f(x)$ が各点 x で微分可能ならば，$y=f(x)$ のグラフ上の各点における接線の傾きの絶対値は1より大きくないことを示せ．

(3)　微分可能でない点をもつような $f(x)$ の例をあげ，その理由を説明せよ．

（東北工大）

例 5.4　$f(x)=\begin{cases}x\sin\dfrac{\pi}{x} & (x\neq 0\ のとき)\\ 0 & (x=0\ のとき)\end{cases}$

で定義される関数は，$x=0$ で連続であるが，微分可能でないことを示せ．また，この関数のグラフをかけ．

（解）　$|f(x)|\leqq|x|$　($|\sin\frac{\pi}{x}|\leqq 1$ だから)

$x\to 0$ のとき，$f(x)\to 0$．よって $x=0$ で $f(x)$ は連続である．しかし，

$$\lim_{h\to 0}\frac{f(h)-f(0)}{h}=\lim_{h\to 0}\frac{h\sin\frac{\pi}{h}}{h}$$
$$=\lim_{h\to 0}\sin\frac{\pi}{h}=不定$$

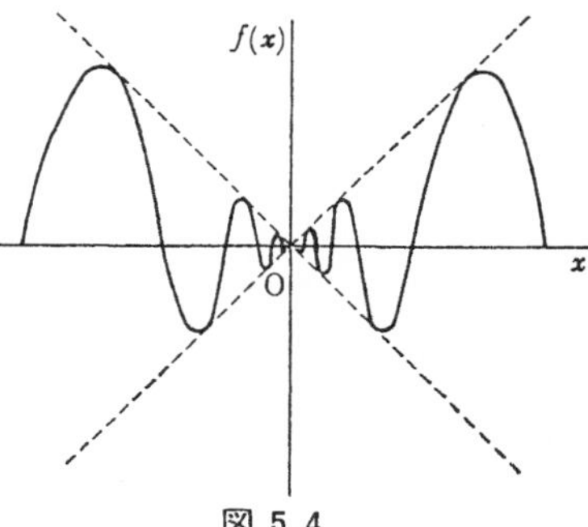

図 5.4

このことから，$f'(0)$ は存在しない．

$$f(-x)=-x\sin\left(-\frac{\pi}{x}\right)=x\sin\frac{\pi}{x}=f(x)$$

だから，$f(x)$ は偶関数である．また

$$\lim_{x\to\pm\infty}x\sin\frac{\pi}{x}=\lim_{y\to 0}\frac{\pi}{y}\sin y=\pi\lim_{y\to 0}\frac{\sin y}{y}=\pi$$

$y=\pi$ は漸近線である．

問 5.8　$f(x)$ は実数全体を定義域とする微分できる関数で，$f(1)=0$ である．このとき

$$g(x)=\begin{cases}\dfrac{f(x)}{x-1} & (x\neq 1 \text{ のとき})\\ f'(1) & (x=1 \text{ のとき})\end{cases}$$

とおけば，$g(x)$ は連続関数であることを証明せよ．（名大）

例 5.5　関数 $f(x)$ の導関数は，$-\infty<x<+\infty$ で連続である．

$$f(x)=\begin{cases}mx & (-\infty<x\leqq 0 \text{ のとき})\\ \dfrac{1}{x} & (1\leqq x<+\infty \text{ のとき})\end{cases}$$

で，$0\leqq x\leqq 1$ では $f(x)$ は 2 次式である．m の値はいくらか．また，その 2 次式を求めよ．そして $y=f(x)$ のグラフをかけ．（大阪工大）

（解）　$f(0)=m\times 0=0$,　$f(1)=\dfrac{1}{1}=1$,　$x=0,1$ で $f(x)$ は微分可能だから，もちろん連続である．そこで $0\leqq x\leqq 1$ で $f(x)=ax^2+bx+c$ とおくと

$$f(0)=c=0 \quad ①$$

$$f(1)=a+b=1 \quad ②$$

一方

$$f'(0)=m=b \quad ③$$

$$f'(1)=-1=2a+b \quad ④$$

②④ より

$$a=-2,\quad b=3,\quad m=3$$

$$\therefore\quad f(x)=-2x^2+3x$$

そのグラフは図 5.5 の通りである．

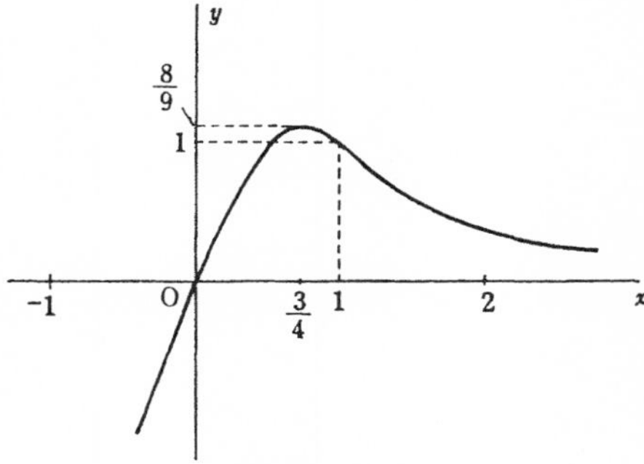

図 5.5

問 5.9　$f(x)=-(x-1)^2+2$,　$g(x)$ を x の2次式または3次式，$h(x)=(x-2)^2+1$

$$F(x)=\begin{cases} f(x) & (0\leqq x<1) \\ g(x) & (1\leqq x<2) \\ h(x) & (2\leqq x<3) \end{cases}$$

とする．

(1)　$g(x)$ を x の3次式として，$F(x)$ が $0<x<3$ で微分可能になるように $g(x)$ を定めよ．

(2)　$g(x)$ を x の2次式，$F(x)$ を $0<x<3$ で連続になるようにすると，$0<x<3$ で $F'(x)$ は存在しないことを示せ．（北見工大）

例 5.6　(1)　$f(x)>0$ で連続である．$\{f(x)\}^2$ が微分可能のとき，定義から $f(x)$ が微分可能であることを証明せよ．

(2)　$f(x)$ が $x\geqq 0$ の範囲で常に正でかつ連続である．条件

$$\{f(x)\}^2=2\int_0^x f(t)dt+1$$

を満足するとき，$f(x)$ を求めよ．（北見工大）

（解）　(1)　$f(x)$ は連続だから，$\lim_{h\to 0} f(x+h)=f(x)$．一方 $\{f(x)\}^2$ は微分可能だから

$$\lim_{h\to 0}\frac{\{f(x+h)\}^2-\{f(x)\}^2}{h}=\lim_{h\to 0}\frac{\{f(x+h)+f(x)\}\{f(x+h)-f(x)\}}{h}$$

$$=2f(x)\lim_{h\to 0}\frac{f(x+h)-f(x)}{h}$$

左辺の極限値が存在するから，右辺の極限値は存在する．

(2)　両辺 x について微分すると　$2f(x)f'(x)=2f(x)$．$f(x)>0$ だから，$f'(x)=1$,　$f(0)=1$ を初期条件とすると，$f(x)=x+1$

以上の説明から

微分可能な関数 $\Longrightarrow$ 連続な関数（Lipschitz 連続でもある）

であった．しかし

連続な関数 $\not\Longrightarrow$ 微分可能な関数

であるし，さらに

微分可能な関数 $\not\Longrightarrow$ 導関数が連続な関数

でもある．そのような例として次の例がある．

例 5.7

$$f(x)=\begin{cases} x^2\sin\dfrac{1}{x} & (x\neq 0 \text{ のとき}) \\ 0 & (x=0 \text{ のとき}) \end{cases}$$

は $x=0$ で微分可能ではあるが，$f'(x)$ は $x=0$ で連続でないことを示せ．

$$\lim_{h\to 0}\frac{f(h)-f(0)}{h}=\lim_{h\to 0}\frac{h^2\sin\dfrac{1}{h}}{h}=\lim_{h\to 0}\frac{\sin\dfrac{1}{h}}{\dfrac{1}{h}}=0$$

$$\therefore\quad f'(0)=0$$

一方

$$f'(x)=2x\sin\frac{1}{x}-\cos\frac{1}{x}$$

$$\lim_{x\to 0}f'(x)=\lim_{x\to 0}\left(2x\sin\frac{1}{x}-\cos\frac{1}{x}\right)=\text{不定}$$

$f'(x)$ は $x=0$ で不連続

§3. ダルブーの定理

閉区間 $[a,b]$ で有界な関数を $f(x)$ とする．f の上限，下限をそれぞれ M, m とすると，明らかに

$$m\leqq f(x)\leqq M$$

である．$[a,b]$ の間に

$$a=x_0<x_1<x_2<\cdots<x_{n-1}<x_n=b \quad ①$$

のように分点をとり，n 個の小区間に分割し，

$$\Delta x_i=x_i-x_{i-1}\quad (i=1,2,\cdots,n)$$

とおく．閉区間 $[x_{i-1},x_i]$ においても，もちろん $f(x)$ は有界だから，$f(x)$ の上限，下限が存在する．それらを M_i, m_i とおくと

$$m\leqq m_i\leqq M_i\leqq M \quad ②$$

となる．① の分割を Δ とかくとき

$$S_\Delta=\sum_{i=1}^{n}M_i\Delta x_i,\qquad s_\Delta=\sum_{i=1}^{n}m_i\Delta x_i \quad ③$$

を考える．② の関係を ③ に代入すると

$$m(b-a)\leqq s_{\Delta}\leqq S_{\Delta}\leqq M(b-a) \qquad ④$$

である．

①の分割 Δ に新たに分点を追加してできる分割を Δ' とする．そして Δ の小区間 $[x_{i-1},x_i]$ が分点の追加によって

$$[x_{i-1},x_i]=[x_{i-1},x_i']\cup[x_i',x_i]$$

に分けられたとし

$$\Delta x_i'=x_i'-x_{i-1},\qquad \Delta x_i''=x_i-x_i' \quad (i=1,2,\cdots,n)$$

とおく．

　$[x_{i-1},x_i']$ での $f(x)$ の上限，下限を M_i', m_i'

　$[x_i',x_i]$ での $f(x)$ の上限，下限を M_i'', m_i''

とすると

$$m_i\leqq m_i', m_i''$$

$$M_i', M_i''\leqq M_i'$$

だから

$$m_i\Delta x_i\leqq m_i'\Delta x_i'+m_i''\Delta x_i''$$

$$\leqq M_i'\Delta x_i'+M_i''\Delta x_i''$$

$$\leqq M_i\Delta x_i$$

各小区間の総和をとると

$$s_{\Delta}\leqq s_{\Delta'}\leqq S_{\Delta'}\leqq S_{\Delta} \qquad ⑤$$

が成り立つ．すなわち分点を追加してゆくと

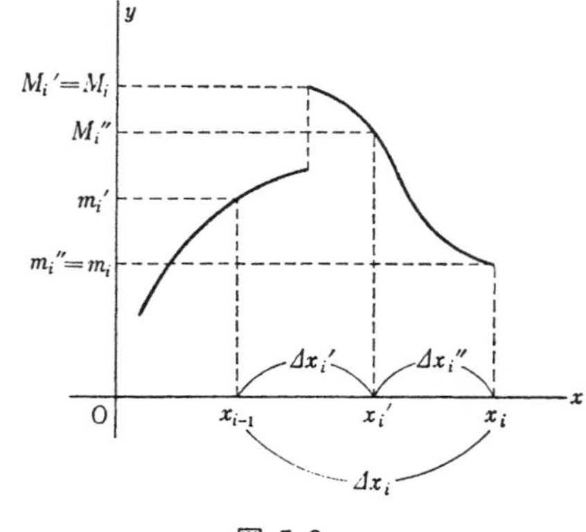

図 5.6

　数列 $\{s_{\Delta}\}$ は　単調増加，上に有界

　数列 $\{S_{\Delta}\}$ は　単調減少，下に有界

である．

　s_{Δ} の上限を $\sup s_{\Delta}\equiv s$，S_{Δ} の下限を $\inf S_{\Delta}\equiv S$

とすると

$$s\leqq S \qquad ⑥$$

であることは明らか.

定理 5.5 (ダルブー (Darboux) の定理) 分割 $\varDelta$ の最大幅を $\max \varDelta x_i=\|\varDelta\|$ とおくと, $\|\varDelta\|\to 0$ のとき

$$s_\varDelta \to s, \quad S_\varDelta \to S$$

(証明) 証明はどちらも同じであるから, $s_\varDelta \to s$ を証明する.

$s=\sup s_\varDelta$ だから, $s_\varDelta \leqq s$ であるが, s より小さい $s_\varDelta$ の上限は存在しないから, ε をどんなに小さい正の数としても

$$s-\varepsilon \leqq s_D \leqq s \qquad ⑦$$

となる分割 D が存在する. $\|D\|>\|\varDelta\|$ をみたす分割 $\varDelta$ をとり, 分割 D と $\varDelta$ を合併して分割 $\varDelta'$ をつくると

$$s_{\varDelta'}-s_D \geqq 0, \quad s_{\varDelta'}-s_\varDelta \geqq 0 \qquad ⑧$$

であるが, $\|\varDelta\|$ を十分小さくすると, $s_{\varDelta'}-s_\varDelta<\varepsilon$ となる. なぜなら,

$$\varDelta x_i<\|D\|$$

だから, $[x_{i-1},x_i]$ 内には高さ1つしか D の分点を含まない. いま D の分点によって

$$[x_{i-1},x_i]=[x_{i-1},x_i']\cup[x_i',x_i]$$

に分割され, 右の各小区間での $f(x)$ の下限を m_i', m_i'' とすると

$$\begin{aligned}&(m_i'\varDelta x_i'+m_i''\varDelta x_i'')-m_i\varDelta x_i\\&=(m_i'-m_i)\varDelta x_i'+(m_i''-m_i)\varDelta x_i''\\&<(M-m)\|\varDelta\|\end{aligned} \qquad ⑨$$

$[x_{i-1},x_i]$ の中で, D の分点によって2つに分配される区間は高々 D の分点の数に等しいから, その数を N とすると

$$s_{\varDelta'}-s_\varDelta \leqq N(M-m)\|\varDelta\|$$

N, M, m は一定だから, $\|\varDelta\|\to 0$ とすると, 任意の ε に対して

$$s_{\varDelta'}-s_\varDelta<\varepsilon$$

としうる.

$$0\leqq s-s_\varDelta=(s-s_D)+(s_D-s_{\varDelta'})+(s_{\varDelta'}-s_\varDelta)$$

$$<(s-s_D)+(s_{\varDelta'}-s_\varDelta)<2\varepsilon$$

$$\therefore \quad s_\varDelta \to s \qquad \text{(Q. E. D)}$$

§4. 連続性と積分可能性

ダルブーの定理から，$\|\varDelta\| \to 0$ のとき，$s_\varDelta \to s$，$S_\varDelta \to S$，かつ

$$s \leqq S$$

であった．

もし，$s=S$ ならば，$f(x)$ は閉区間 $[a,b]$ で積分可能といい

$$s=S=\int_a^b f(x)dx$$

とかく．

定理 5.6 閉区間 $[a,b]$ で連続な関数 $f(x)$ は，$[a,b]$ で積分可能である．

(証明) $f(x)$ が連続だから，どんなに小さい正の数 ε をとっても，δ を適当にえらんで

$$|x_2-x_1|<\delta \text{ のとき，} |f(x_2)-f(x_1)|<\varepsilon$$

である．いま，分割 $\varDelta$ の最大区間幅 $\|\varDelta\|$ を δ より小にすると，もちろん

$$\varDelta x_i<\delta \quad \text{で} \quad M_i-m_i<\varepsilon$$

となるから

$$S_\varDelta-s_\varDelta=\sum_{i=1}^n(M_i-m_i)\varDelta x_i$$
$$<\varepsilon(b-a)$$
$$S-s \leqq S_\varDelta-s_\varDelta$$

より，

$$S-s<\varepsilon(b-a)$$

$$\therefore \quad S=s \qquad \text{(Q. E. D)}$$

定理 5.7 $[a,b]$ で単調な関数は積分可能である．

(証明)　$f(x)$ は $[a,b]$ で単調増加としても一般性を失わない.

分割 Δ の分点を $x_1, x_2, \cdots, x_{n-1}$ とすると, $f(x)$ は単調増加だから

$$f(a) \leqq f(x_1) \leqq f(x_2) \leqq \cdots \leqq f(x_{n-1}) \leqq f(b)$$

したがって,

$$m_i = f(x_{i-1}), \quad M_i = f(x_i) \quad (i = 1, 2, \cdots, n)$$

ただし　$x_0 = a, \quad x_n = b$

である.

$$s_\Delta = f(a)\Delta x_1 + f(x_1)\Delta x_2 + \cdots + f(x_{n-1})\Delta x_n \qquad ①$$

$$S_\Delta = f(x_1)\Delta x_1 + f(x_2)\Delta x_2 + \cdots + f(b)\Delta x_n \qquad ②$$

②−① とすると

$$\begin{aligned} S_\Delta - s_\Delta &= \sum_{i=1}^{n} \{f(x_i) - f(x_{i-1})\} \Delta x_i \\ &\leqq \|\Delta\| \sum_{i=1}^{n} \{f(x_i) - f(x_{i-1})\} \\ &= \|\Delta\| \{f(b) - f(a)\} \end{aligned}$$

$\|\Delta\| \to 0$ とおくと $S - s \leqq S_\Delta - s_\Delta \leqq \|\Delta\| \{f(b) - f(a)\} \to 0$ よって,

$$S = s \qquad \text{(Q.E.D)}$$

$f(x)$ が閉区間 $[a,b]$ で積分可能のとき, 定積分 $\int_a^b f(x)dx$ は存在するが, この定積分で, 下端 a を定数, 上端 b を変数と考えて $b = x$ とおくと

$$F(x) = \int_a^x f(t)dt$$

なる関数をうる. これを f の積分関数という. 積分関数で下端 a を a' にかえても,

$$\int_a^x f(x)dx = \int_a^{a'} f(x)dx + \int_{a'}^x f(x)dx$$

となって, 定数の差しかない. このことがあまり本質的な意味をもたないときは, 単に $\int f(x)dx$ とかいて不定積分という.

$f(x)$ が連続のときは, $\dfrac{d}{dx}F(x) = f(x)$ なる $F(x)$ が存在して, $F(x)$ は $f(x)$ の原始関数である. 原始関数を求めること, つまり不定積分の計算は微分の逆算にあたる.

ところが, 逆に $f(x)$ は連続でなくても,

定理 5.8 積分関数 $F(x)=\int_a^x f(t)dt$ は連続である．

（証明） $F(x+\varDelta x)-F(x)=\int_x^{x+\varDelta x} f(t)dt$

区間 $[x, x+\varDelta x]$ での $f(x)$ の上限，下限をそれぞれ M, m とする．

$$m\varDelta x \leqq \varDelta F(x) \leqq M\varDelta x$$

$\varDelta x \to 0$ とおくと $m\varDelta x \to 0$, $M\varDelta x \to 0$

$$\therefore \quad \varDelta F(x) \to 0 \qquad \text{(Q.E.D)}$$

例 5.8 $\int_0^x f(t)\sin(x-t)dt = x^2$ を満足する連続関数 $f(x)$ は存在するか．存在すればそれを求めよ．（東京水産大）

（解） $\sin x\int_0^x f(t)\cos t dt - \cos x\int_0^x f(t)\sin t dt = x^2$

x について微分すると

$$\cos x\int_0^x f(t)\cos t dt + \sin x\int_0^x f(t)\sin t dt = 2x$$

もう一回 x について微分すると

$$-\sin x\int_0^x f(t)\cos t dt + \cos x\int_0^x f(t)\sin t dt + f(x)[\cos^2 x + \sin^2 x] = 2$$

$$-\int_0^x f(t)\sin(x-t)dt + f(x) = 2$$

$$-x^2 + f(x) = 2$$

$$\therefore \quad f(x) = x^2 + 2$$

問 5.10 すべての実数 x に対して，等式

$$f(x) = \sin x + \int_0^\pi f(t)\sin(x-t)dt$$

が成り立つように，連続な関数 $f(x)$ を求めよ．（室蘭工大）

問 5.11 x について連続な関数 $f(x)$ が，次の関係をみたしている．

$$f(x) = xe^x + \int_0^x f(t)\sin(x-t)dt$$

(1) $f(x)$ を x について2回微分せよ．

(2) $f(x)$ を求めよ．（早大）

問 5.12 1より大きいすべての x に対して

$$\int_1^x (x-t)f(t)dt = x^4 - 2x^2 + 1$$

が成立するように，整式 $f(t)$ を定めよ．（京大）

例 5.9 $f(x)$は$-\infty<x<+\infty$ で連続な関数，$\varphi(x)$は $-\infty<x<+\infty$ で微分可能な関数，aは任意の定数とするとき

$$\frac{d}{dx}\int_a^{\varphi(x)} f(t)dt$$

を求めよ．（東京電機大）

（解）$t=\varphi(z)$ とおく．$t=a$ のとき，$z=\varphi^{-1}(a)$；$t=\varphi(x)$ のとき，$z=x$．$\varphi(z)$ は微分可能だから $dt=\varphi'(z)dz$ よって

$$\frac{d}{dx}\int_a^{\varphi(x)} f(t)dt=\frac{d}{dx}\int_{\varphi^{-1}(a)}^{x} f\{\varphi(z)\}\varphi'(z)dz$$
$$=f\{\varphi(x)\}\varphi'(x)$$

問 5.13 例5.9を用いて $\frac{d}{dx}\int_{3x}^{5x}\cos 3t^2dt$ を求めよ．（東京電機大）

問 5.14 xに無関係な任意の実数aに対して，連続関数 $f(x)$ が次の式を満足するとき，$f(x)$ および定数cを求めよ．ただし $f(1)=2$ とする．

$$\frac{d}{dx}\int_0^{ax} f(t)dt=a^2f(x)+c \qquad \text{（関大）}$$

例 5.10 関数 $y=\delta_n(x)$ のグラフは5点 A$(-1,0)$，B$\left(-\frac{1}{n},0\right)$，C$(0,n)$，D$\left(\frac{1}{n},0\right)$，E$(1,0)$ をこの順序に結ぶ折れ線とする．ただし，$n=1,2,3,\cdots$ とする．$f(x)$ を多項式とするとき，$\lim_{n\to\infty}\int_{-1}^{1}\delta_n(x)f(x)dx=f(0)$ であることを示せ．（明治大）

（解）直線 BC,CD の方程式は，それぞれ

$$n^2x+n, \qquad -n^2x+n$$

である．よって

$$I=\int_{-1}^{1}\delta_n(x)f(x)dx$$
$$=\int_{-\frac{1}{n}}^{0}(n^2x+n)f(x)dx$$
$$+\int_0^{\frac{1}{n}}(-n^2x+n)f(x)dx$$
$$=\int_0^{\frac{1}{n}}(-n^2x+n)\{f(x)+f(-x)\}dx$$

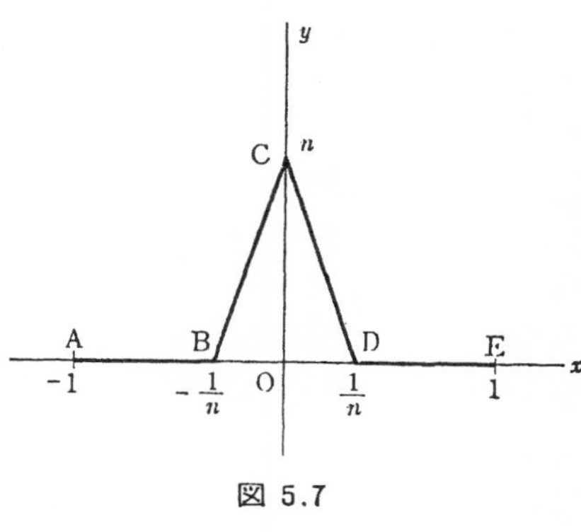

図 5.7

$$f(x)=a_0+a_1x+a_2x^2+\cdots+a_nx^n$$

とおくと，$f(x)+f(-x)$ は偶関数だから

$$f(x)+f(-x)=2a_0+2\sum_{k=1}^{m}a_{2k}x^{2k}$$

$$\therefore\quad I=\int_0^{\frac{1}{n}}2a_0(-n^2x+n)dx+2\sum_{k=1}^{m}\int_0^{\frac{1}{n}}a_{2k}(-n^2x^{2k+1}+nx^{2k})dx$$

$$=2a_0\left[-\frac{n^2}{2}x^2+nx\right]_0^{\frac{1}{n}}+2\sum_{k=1}^{m}a_{2k}\left[-\frac{n^2x^{2k+2}}{2k+2}+\frac{nx^{2k+1}}{2k+1}\right]_0^{\frac{1}{n}}$$

$$=a_0+\sum_{k=0}^{m}\frac{a_{2k}}{(k+1)(2k+1)n^{2k}}$$

$$\lim_{n\to\infty}I=a_0+\sum_{k=0}^{m}\frac{a_{2k}}{(k+1)(2k+1)}\lim_{n\to\infty}\frac{1}{n^{2k}}=a_0=f(0)$$

問 5.15　$f_n(x)$ は区間 $0\leqq x\leqq 1$ で

$$f_n(x)=\begin{cases}1 & \left(\dfrac{2k}{2n}\leqq x\leqq\dfrac{2k+1}{2n}\ \text{のとき}\right)\\ 0 & \left(\dfrac{2k+1}{2n}<x<\dfrac{2k+2}{2n}\ \text{のとき}\right)\end{cases}\qquad (k=0,1,\cdots,n-1)$$

のように定義された関数で，$f_n(1)$ はすべての n に対してつねに0であるとする．たとえば，$n=3$ のとき，$y=f_n(x)$ は図のようなグラフで表わされる．また，$g(x)$ を区間 $0\leqq x\leqq 1$ で定義された連続な関数とし，

$$K_n=\int_0^1 g(x)\cdot f_n(x)dx$$

とおく．このとき，次の問に答えよ．

(1)　$g(x)=x$ のとき K_n はどうなるか．また，$\lim_{n\to\infty}K_n$ はどうなるか．

(2)　$g(x)=e^x$ のとき，K_n はどうなるか．また，$\lim_{n\to\infty}K_n$ はどうなるか．

(3)　一般に，$g(x)$ が連続関数で $\int_0^1 g(x)\,dx=\alpha$ であるとき，$\lim_{n\to\infty}K_n$ はどうなるか．(1) および (2) から類推せよ．

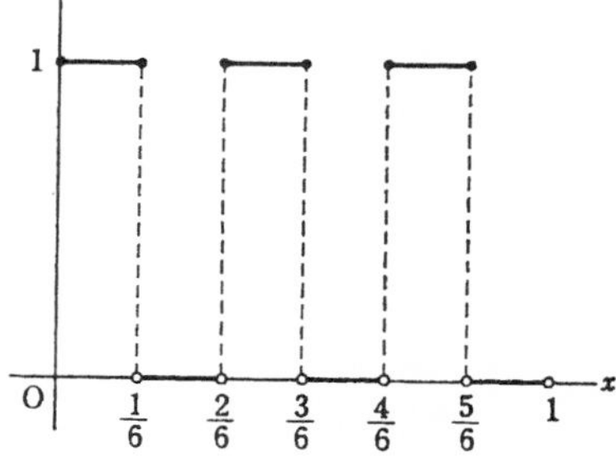

（慶応大）

第2章　平均値の定理

§1. ロールの定理

定理 5.9 （ロールの定理） $f(x)$ が $[a,b]$ で連続，(a,b) で微分可能で，$f(a)=f(b)$ のとき

$$f'(\xi)=0,\quad a<\xi<b$$

となる ξ が少なくとも1つ存在する．

（証明） $f(a)=f(b)=0$ としても一般性は失わない．なぜなら，$f(a)=f(b)=c$ のとき，$f(x)$ の代りに $f(x)-c$ を考えればよいからである．

$[a,b]$ で $f(x)\equiv 0$ ならば，$f'(x)=0$ で定理は成立する．

$f(x)$ が $[a,b]$ で0でない値をとるとして，それを正とする（負の場合も同様である）．$f(x)$ は連続だから必ず $[a,b]$ で最大値が存在する．その最大値を $f(\xi)$ とすると，

$$x<\xi \text{ のとき}\quad \frac{f(x)-f(\xi)}{x-\xi}\geqq 0 \qquad ①$$

$$x>\xi \text{ のとき}\quad \frac{f(x)-f(\xi)}{x-\xi}\leqq 0 \qquad ②$$

$\xi\neq a,b$ ［もし $\xi=a,\xi=b$ ならば $f(x)\equiv 0$ で矛盾］だから，$f(x)$ は $x=\xi$ で微分ができる．

$$x\to\xi-0 \text{ のとき，① より } f'(\xi)\geqq 0 \qquad ③$$

$$x\to\xi+0 \text{ のとき，② より } f'(\xi)\leqq 0 \qquad ④$$

③と④より

$$f'(\xi)=0$$

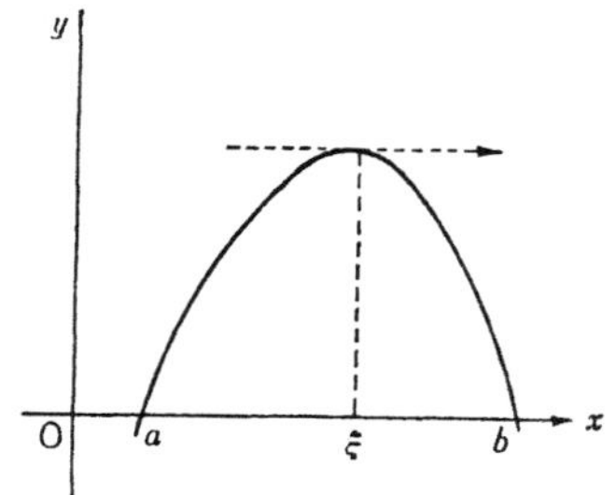

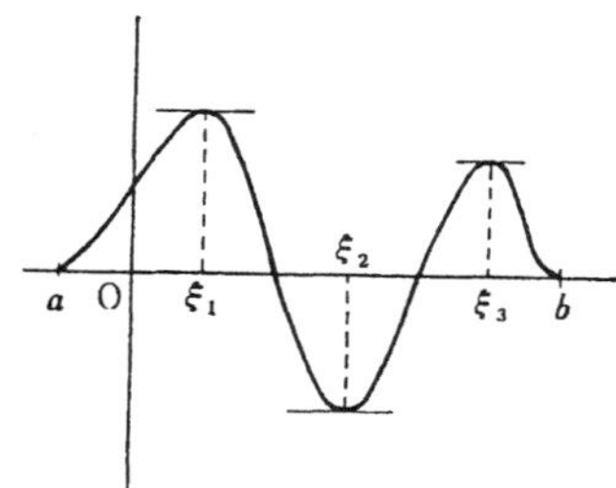

図 5.8

［注］　定理の条件を強めて，$f(x)$ が $[a,b]$ で微分可能としても，この定理は成立する．

§2. 平均値の定理

定理 5.10（平均値の定理） $f(x)$ が $[a,b]$ で連続，(a,b) で微分可能なとき，

$$f'(\xi)=\frac{f(b)-f(a)}{b-a}, \qquad a<\xi<b$$

となる ξ が少なくとも1つ存在する．

この定理はロール (Rolle) の定理の一般化である．すなわち，右辺は図 5.9 の割線 AB の傾きを示し，右辺は AB と同じ方向をもつ微分係数をもつ，つまり AB と平行な接線をひきうる点が曲線上にあることを示している．

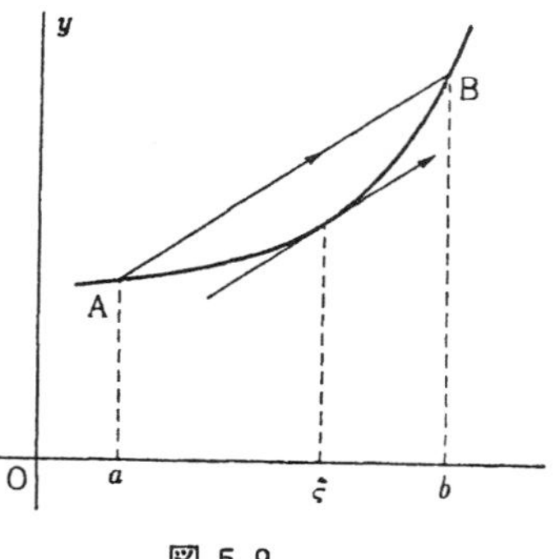

図 5.9

（証明）　$$\frac{f(b)-f(a)}{b-a}=k$$

とおいて，分母を払うと

$$f(b)=f(a)+k(b-a) \qquad ①$$

さて

$$\varphi(x)=f(x)-f(a)-k(x-a) \qquad ②$$

なる関数を考えると

$$\varphi(a)=0, \quad \varphi(b)=0 \qquad ③$$

したがって，ロールの定理から

$$\varphi'(\xi)=0, \qquad a<\xi<b$$

となるξが少なくとも1つ存在する．② より

$$\varphi'(x)=f'(x)-k$$

$$\varphi'(\xi)=f'(\xi)-k=0$$

$$\therefore \quad k=f'(\xi)$$

系　平均値の定理はしばしば次のような形にかける．

$f(x)$ が $[a,b]$ で連続，(a,b) で微分可能ならば

(1)　$f(b)=f(a)+f'(\xi)(b-a)$

(2)　$f(a+h)=f(a)+hf'(a+\theta h)$，　$0<\theta<1$

（証明）(1) は定理 5.10 より直接出てくる．(2) は $b=a+h$ とおく．
$\xi-a=\theta(b-a)=\theta h$，　$0<\theta<1$ より明らか．

例 5.11　$f(x)=x^3$ のとき，公式 $f(a+h)=f(a)+hf'(a+\theta h)$　$(0<\theta<1)$ におけるθは，$h\neq 0$ のとき，$a+\dfrac{h}{3}=2a\theta+\theta^2 h$ を満たすことを示し，次に $\lim_{h\to 0}\theta$ の値を求めよ．　（電通大）

（解）　公式に代入，$(a+h)^3=a^3+h\cdot 3(a+\theta h)^2$

展開すると

$$a^3+3a^2h+3ah^2+h^3=a^3+3h(a^2+2\theta ah+\theta^2h^2)$$

$$3ah^2+h^3=3h^2(2a\theta+\theta^2h)$$

$3h^2\neq 0$ だから

$$a+\frac{h}{3}=2a\theta+\theta^2h$$

$h\to 0$ とすると

$$a=2a\theta \quad (a\neq 0), \qquad \frac{1}{3}=\theta^2 \quad (a=0)$$

$$\therefore \quad \theta=\frac{1}{2}, \quad \frac{\sqrt{3}}{3}$$

問 5.16 $f(x)=Ax^2+Bx+C$ に平均値の定理を適用すると，$\theta=\dfrac{1}{2}$ となることを示せ．

問 5.17 n を正の整数とするとき，関数 $f(x)=\dfrac{1}{x^n}$ について次の問に答えよ．

(1) 不等式 $\dfrac{n}{a^{n+1}}(a-b)<f(b)-f(a)<\dfrac{n}{b^{n+1}}(a-b)$ を証明せよ．

(2) $n=1$ のとき

$$\frac{f(b)-f(a)}{b-a}=f'\{a+\theta(b-a)\}$$

となる θ を求めよ．ただし，θ は $0<\theta<1$ とする．

(3) (2) で求めた θ に対して

$$\int_a^{a+\theta(b-a)}\frac{dx}{x}=\frac{1}{2}\int_a^b\frac{dx}{x}$$

であることを示せ．　(北見工大)

問 5.18 (1) 「平均値の定理」とはどのような定理か．内容を述べ，グラフを用いてその意味を説明せよ．

(2) 平均値の定理を利用して，$x>0$ のとき次の不等式を証明せよ．

$$\frac{1}{x-1}<\log_e(x+1)-\log_e x<\frac{1}{x} \qquad \text{(慶応大)}$$

§3. 平均値の定理から導かれる諸定理

定理 5.11 (コーシーの平均値の定理) $f(x)$ と $g(x)$ は $[a,b]$ でともに微分可能，$g(b)\fallingdotseq g(a)$ とする．

$$\frac{f(b)-f(a)}{g(b)-g(a)}=\frac{f'(\xi)}{g'(\xi)}, \qquad a<\xi<b$$

となる ξ が少なくとも1つ存在する．$f'(x), g'(x)$ は (a,b) で同時に0とはならないものとする．

(証明)

$$\frac{f(b)-f(a)}{g(b)-g(a)}=k$$

とおく．分母を払うと

$$f(b)-f(a)=k\{g(b)-g(a)\} \qquad ①$$

さて，

$$\varphi(x)=f(x)-f(a)-k\{g(x)-g(a)\} \qquad ②$$

とおくと

$$\varphi(a)=0, \quad \varphi(b)=0$$

で Rolle の定理の条件をみたす.

$$\varphi'(x)=f'(x)-kg'(x)$$

$$\varphi'(\xi)=0, \quad a<\xi<b$$

となる ξ が少なくとも 1 つ存在する. $g'(\xi)=0$ とおくと $f'(\xi)=0$ となり仮定に反する. $g'(\xi)\neq 0$ なるゆえ,

$$\therefore \quad k=\frac{f'(\xi)}{g'(\xi)}$$

定理 5.12 $f(x)$ が $x=a$ の付近で, a 以外の点で微分可能のとき, もし $\lim_{x\to a} f'(x)$ が存在すれば, $f'(a)$ も存在し,

$$f'(a)=\lim_{x\to a} f'(x)$$

(証明) $f(x)$ は $x=a$ の付近で微分可能だから, その範囲内に点 x をとると, 平均値の定理から

$$\frac{f(x)-f(a)}{x-a}=f'(\xi) \qquad (a\leqq\xi\leqq x)$$

$x\to a$ のとき, 当然 $\xi\to a$

$$f'(a)=\lim_{\xi\to a} f'(\xi)=\lim_{x\to a}\frac{f(x)-f(a)}{x-a}$$

定理 5.13 ある変域でつねに $f'(x)=0$ ならば, $f(x)=c$ (定数関数) である.

(証明) ある変域内に 2 点 a, x をとると, 平均値の定理から

$$\frac{f(x)-f(a)}{x-a}=f'(\xi)=0 \qquad a<\xi<x$$

$$\therefore \quad f(x)=f(a)$$

これはすべての x に対して成立するから, $f(x)$ は定数関数

例 5.12 $f(x)=x^2-1$ とし, a と b は相異なる正の数とする. そのとき,

$$\frac{f(b)-f(a)}{\log b-\log a}=cf'(c)$$

が成立する c が a と b の間に存在することを示せ．（東北工大）

（解）　$f(x)=x^2-1$，$g(x)=\log x$ とおく．コーシーの平均値の定理より

$$\frac{f(b)-f(a)}{\log b-\log a}=\frac{f(b)-f(a)}{g(b)-g(a)}=\frac{f'(c)}{g'(c)},\quad a<c<b$$

$$g'(c)=\frac{1}{c},\quad f'(c)=2c$$

$$\therefore\quad \frac{f(b)-f(a)}{\log_e b-\log_e a}=\frac{f'(c)}{\frac{1}{c}}=cf'(c)$$

問 5.19　例5.12を用いて

$$\lim_{x\to1}\frac{x^2-1}{\log x}$$

を求めよ．（東北工大）

定理 5.14　（ロピタル L' Hospital の定理）$x=a$ の付近で微分可能な関数を $f(x),g(x)$ とし，$f(a)=g(a)=0$ ならば

$$\lim_{x\to a}\frac{f(x)}{g(x)}=\lim_{x\to a}\frac{f'(x)}{g'(x)}$$

（証明）

$$\frac{f(x)}{g(x)}=\frac{f(x)-f(a)}{g(x)-g(a)}=\frac{f'(\xi)}{g'(\xi)}\qquad(a\leqq\xi\leqq x)$$

$$\lim_{x\to a}\frac{f(x)}{g(x)}=\lim_{x\to a}\frac{f'(\xi)}{g'(\xi)}=\lim_{\xi\to a}\frac{f'(\xi)}{g'(\xi)}$$

§4.　不定形の極限値

$f(a)=g(a)=0$ ならば

$$\lim_{x\to a}\frac{f(x)}{g(x)}$$

は直ちには求められない．これを $\frac{0}{0}$ 型の不定形という．この不定形の極限値を求めると，$f(x)$と $g(x)$ の無限小の比較も可能になる．そこでこの極限値を求めるためにいろいろな工夫がなされるのだが，ロピタルの定理を用いるのが

一番簡明である．

例 5.13 次の極限値を求めよ．

(1) $\lim_{x\to 0}\frac{1-\cos x}{x^2}$ (2) $\lim_{x\to 0}\frac{x-\sin x}{x^4}$

（解） (1) (2) とも $\frac{0}{0}$ 型である．

(1) $\lim_{x\to 0}\frac{1-\cos x}{x^2}=\lim_{x\to 0}\frac{\sin x}{2x}=\frac{1}{2}\lim_{x\to 0}\frac{\sin x}{x}=\frac{1}{2}$

(2) $\lim_{x\to 0}\frac{x-\sin x}{x^4}=\lim_{x\to 0}\frac{1-\cos x}{4x^3}$ …… $\frac{0}{0}$ 型

$=\lim_{x\to 0}\frac{\sin x}{12x^2}=\frac{1}{12}\lim_{x\to 0}\frac{\sin x}{x}\cdot\frac{1}{x}=\frac{1}{12}\times 1\times(\infty)$

$=\pm\infty$ （正号は $x>0$，負号は $x<0$ のとき）

問 5.20 次の極限値を求めよ．

(1) $\lim_{x\to a}\frac{x^3-a^3}{x-a}$ (2) $\lim_{x\to 0}\frac{x}{\sqrt{a+x}-\sqrt{a-x}}$

(3) $\lim_{x\to 0}\frac{a^x-1}{x}$ (4) $\lim_{x\to 0}\frac{e^x-1-x}{x^2}$

(5) $\lim_{x\to 0}\frac{\sin x-\sin(\sin x)}{x-\sin x}$ （福島医大）

(6) $\lim_{x\to 0}\frac{\sin nx}{\sin x}$ （立教大） (7) $\lim_{x\to a}\frac{x\sin a-a\sin x}{x-a}$ （工学院大）

(8) $\lim_{x\to a}\frac{x^2\sin a-a^2\sin x}{x-a}$ （山梨大）

(9) $\lim_{a\to 1}\frac{a^{m+1}-\frac{1}{a^{m+1}}}{a-\frac{1}{a}}$ （ただし，m は正整数） （中央大）

例 5.14 $f(x)=x^2+\frac{1}{x}$ のとき，次の極限値を求めよ．

$$\lim_{h\to 0}\frac{f(x+h)-f(x-h)}{h} \quad \text{（近大）}$$

（解） x を固定して考え，h を変数とみると，求める極限値は $\frac{0}{0}$ 型

$$\lim_{h\to 0}\frac{f(x+h)-f(x-h)}{h}=\lim_{h\to 0}\frac{f'(x+h)+f'(x-h)}{1}$$

$$=2f'(x)=2\left(2x-\frac{1}{x^2}\right)$$

問 5.21　(1)　$\lim_{h\to 0}\dfrac{f(a+3h)-f(a)}{h}$ を $f'(a)$ で表わせ．（福岡教育大）

(2)　$\lim_{h\to 0}\dfrac{f(a+3h)-f(a-2h)}{h}$ を $f'(a)$ で表わせ．（埼玉大）

例 5.15　Oを中心とし，長さ $2a$ の線分 AB を直径とする半円がある．この弧上に2点 P,Q を $\angle BOQ=\dfrac{1}{2}\angle AOP=\theta$ となるようにとり，直線 PQ が AB の延長と交わる点を R とする．$\triangle ORQ$ および扇形 OBQ の面積をそれぞれ S_1, S_2 とするとき

$$\lim_{\theta\to 0}\frac{S_1}{S_2}$$

を求めよ．　（熊本大）

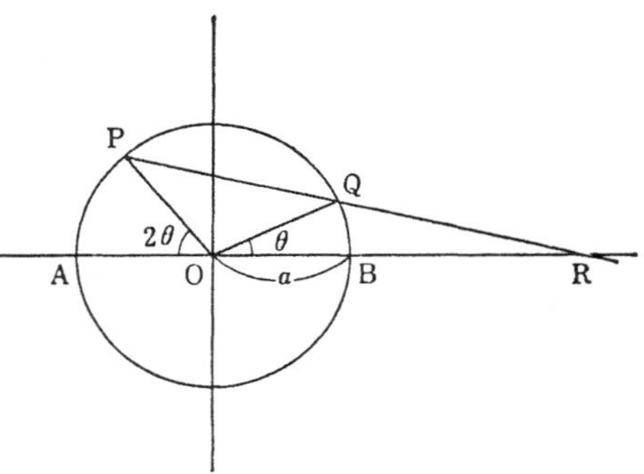

（解）$P(-a\cos 2\theta, a\sin 2\theta)$, $Q(a\cos\theta, a\sin\theta)$ だから，直線 PQ の方程式は

$$\frac{X+a\cos 2\theta}{a\cos\theta+a\cos 2\theta}=\frac{Y-a\sin 2\theta}{a\sin\theta-a\sin 2\theta}$$

$Y=0$ とおくと

$$R\left(-\frac{\cos\theta+\cos 2\theta}{\sin\theta-\sin 2\theta}\times a\sin 2\theta-a\cos 2\theta,\ 0\right)$$

$$S_1=\left\{\frac{-(\cos\theta+\cos 2\theta)a\sin 2\theta}{\sin\theta-\sin 2\theta}-a\cos 2\theta\right\}\times\frac{1}{2}\times a\sin\theta$$

$$S_2=\frac{1}{2}a^2\theta$$

$$\lim_{\theta\to 0}\frac{S_1}{S_2}=\lim_{\theta\to 0}\left[\frac{-(\cos\theta+\cos 2\theta)\sin 2\theta\cdot\sin\theta}{\theta(\sin\theta-\sin 2\theta)}-\frac{\cos 2\theta\cdot\sin\theta}{\theta}\right]$$

$$=\lim_{\theta\to 0}\left[\frac{(\cos\theta+\cos 2\theta)\sin 2\theta}{\theta(2\cos\theta-1)}-\cos 2\theta\cdot\frac{\sin\theta}{\theta}\right]=2\lim_{\theta\to 0}\frac{\sin 2\theta}{\theta}-1$$

$$=2\lim_{\theta\to 0}\frac{2\cos 2\theta}{1}-1=2\times 2-1=3$$

問 5.22　x 軸上の3点を $L(a-h,0)$, $M(a,0)$, $N(a+h,0)$ とし，L,M,N を通る縦線が曲線 $y=\sin x$ と交わる点をそれぞれ P,Q,R とし，直線 PR と縦線 MQ との交点を

Sとするとき，$\lim_{h\to 0}\frac{2\mathrm{QS}}{h^2}$ を求めよ．ただし，QSは点SがQより上にあれば正，下にあれば負とする．（京都府大）

問 5.23　y 軸上に中心をもち，原点と点 $(a, 1-\cos a)$ とを通る円の半径 R を a の式で表わし，$\lim_{a\to 0} R$ を求めよ．（新潟大）

例 5.16　$\lim_{x\to 2}\frac{2x^2+ax+b}{x^2-x-2}=\frac{5}{3}$ が成り立つように，定数 a, b を求めよ．

（東京外大）

（解）　$x\to 2$ のとき，分母 $\to 0$ だから，この極限値は $\frac{0}{0}$ 型である．

$x\to 2$ のとき，$2x^2+ax+b\to 0$，かつ

$\lim_{x\to 2}\frac{2x^2+ax+b}{x^2-x-2}=\lim_{x\to 2}\frac{4x+a}{2x-1}=\frac{5}{3}$　より

$$\begin{cases} 8+a=5 & \text{①} \\ 8+2a+b=0 & \text{②} \end{cases}$$

①②を解いて，　$a=-3,\quad b=-2$

問 5.24　$\lim_{x\to 1}\frac{ax^2+6x+b}{x^2+2x-3}=2$ が成り立つように定数 a, b の値を求めよ．（成城大）

問 5.25　$\lim_{x\to 0}\frac{p+qx-\sqrt{1+x}}{x^2}$ が有限確定であるような定数 p, q の値を求めよ．次にそのときの極限値を求めよ．（近大）

問 5.26　$\lim_{x\to 1}\frac{f(x)}{x-1}=1$，$\lim_{x\to 2}\frac{f(x)}{x-2}=2$，$\lim_{x\to 3}\frac{f(x)}{x-3}=3$　となるような多項式 $f(x)$ のうち，次数の最も低い $f(x)$ を求めよ．（早大）

> **定理 5.15**　$\lim_{x\to a} f(x)=\infty$，　$\lim_{x\to a} g(x)=\infty$，$x=a$ の付近で $f(x)$，$g(x)$ が微分可能ならば
>
> $\lim_{x\to\infty}\frac{f(x)}{g(x)}=\lim_{x\to\infty}\frac{f'(x)}{g'(x)}$，ただし左辺の値は存在するものとする．

（証明）

$\lim_{x\to a} f(x)=\lim_{x\to a} g(x)=\infty$ だから，$\lim_{x\to a}\frac{1}{f(x)}=\lim_{x\to a}\frac{1}{g(x)}=0$ したがって $\frac{\infty}{\infty}$ の型を $\frac{0}{0}$ の型に直すと

$$\lim_{x\to\infty}\frac{f(x)}{g(x)}=\lim_{x\to\infty}\frac{\frac{1}{g(x)}}{\frac{1}{f(x)}}=\lim_{x\to\infty}\frac{-\frac{g'(x)}{g^2(x)}}{-\frac{f'(x)}{f^2(x)}}$$

$$=\lim_{x\to\infty}\frac{g'(x)}{f'(x)}\left(\lim_{x\to a}\frac{f(x)}{g(x)}\right)^2$$

$$\therefore\quad \lim_{x\to\infty}\frac{f(x)}{g(x)}=\lim_{x\to\infty}\frac{f'(x)}{g'(x)}$$

例 5.17　$\lim_{x\to 0}x\log_e x$ を求めよ．

（解）　$$\lim_{x\to 0}x\log_e x=\lim_{x\to 0}\frac{\log_e x}{\frac{1}{x}}$$

$$=\lim_{x\to 0}\frac{\frac{1}{x}}{-\frac{1}{x^2}}=-\lim_{x\to 0}x=0$$

問 5.27　$\lim_{x\to\infty}f(x)=0$, $\lim_{x\to\infty}g(x)=0$ のとき，十分大きい x について，$f(x)$, $g(x)$ がつねに微分可能ならば

$$\lim_{x\to\infty}\frac{f(x)}{g(x)}=\lim_{x\to\infty}\frac{f'(x)}{g'(x)}$$

であることを証明せよ．

問 5.28　$\lim_{x\to+\infty}f(x)=+\infty$, $\lim_{x\to+\infty}g(x)=+\infty$ とする．次の命題のうち，正しいものは証明し，正しくないものについては成立しない例を１つあげよ．ただし，対数は自然対数，e は自然対数の底である．

(1)　$\lim_{x\to+\infty}\frac{g(x)}{f(x)}=0$　ならば　$\lim_{x\to+\infty}\frac{e^{g(x)}}{e^{f(x)}}=0$　である．

(2)　$\lim_{x\to+\infty}\frac{g(x)}{f(x)}=1$　ならば　$\lim_{x\to+\infty}\frac{e^{g(x)}}{e^{f(x)}}=1$　である．

(3)　$\lim_{x\to+\infty}\frac{g(x)}{f(x)}=0$　ならば　$\lim_{x\to+\infty}\frac{\log_e g(x)}{\log_e f(x)}=0$　である．

(4)　$\lim_{x\to+\infty}\frac{g(x)}{f(x)}=1$　ならば　$\lim_{x\to+\infty}\frac{\log_e g(x)}{\log_e f(x)}=1$　である．（早大）

例 5.18　(1)　$f\to\infty$, $g\to\infty$ のとき

$\infty-\infty$ 型の極限値は $f-g=\dfrac{1}{\frac{1}{f}}-\dfrac{1}{\frac{1}{g}}=\dfrac{\frac{1}{g}-\frac{1}{f}}{\frac{1}{g}\frac{1}{f}}$ で $\dfrac{0}{0}$ 型に

(2)　$f\to 0$, $g\to\infty$ のとき

$0\times\infty$ 型は $f\cdot g=\dfrac{f}{\frac{1}{g}}$ で $\dfrac{0}{0}$ 型に

(3) $f \to 1$, $g \to \infty$ のとき

1^∞ 型は $f^g = e^{g\log_e f}$ で $e^{0\times\infty}$ 型

(4) $f \to 0$, $g \to 0$ のとき

0^0 型は $f^g = e^{g\log_e f}$ で $e^{0\times\infty}$ 型

(5) $f \to \infty$, $g \to 0$ のとき

∞^0 型は $f^g = e^{g\log_e f}$ で $e^{0\times\infty}$ 型

にいずれも変形できる.

例 5.19 (1) $\lim_{x\to\infty}\dfrac{x^n}{e^x}$ (n は正整数) (2) $\lim_{x\to 0}(1+kx)^{\frac{1}{x}}$ を求めよ.

(解) (1) $\lim_{x\to\infty}\dfrac{x^n}{e^x} = \lim_{x\to\infty}\dfrac{nx^{n-1}}{e^x} = \lim_{x\to\infty}\dfrac{n(n-1)x^{n-2}}{e^x}$

$$= \cdots = \lim_{x\to\infty}\frac{n!}{e^x} = 0 \qquad \left[\frac{\infty}{\infty}\text{ 型が出てくる}\right]$$

(2) $\lim_{x\to 0}(1+kx)^{\frac{1}{x}} = \lim_{x\to 0} e^{\frac{\log(1+kx)}{x}}$ $\qquad [0^\infty$ 型]

$$= e^{\lim_{x\to 0}\frac{\log(1+kx)}{x}} = e^{\lim_{x\to 0}\frac{1}{1+kx}} = e^k$$

問 5.29 次の極限値を求めよ.

(1) $\lim_{x\to\frac{\pi}{2}}(\pi-2x)\tan x$ (愛知教育大) (2) $\lim_{x\to 0}\left(\dfrac{1}{x}-\dfrac{1}{\sin x}\right)$

(3) $\lim_{x\to 0}\left(\dfrac{1}{x}\right)^{\tan x}$ (4) $\lim_{x\to\infty}\{\sqrt{(x+a)(x+b)}-\sqrt{(x-a)(x-b)}\}$

第3章　高階微分と関数の展開

§1. 高 階 微 分

前章§4の不定形の極限値では,

$$\lim_{x\to 0}\frac{1-\cos x}{x^2} \quad や \quad \lim_{x\to\infty}\frac{x^n}{e^x}$$

のように分母子を1回以上微分して

$1-\cos x$ は x^2 と同位の無限小

e^x は x^n より高位の無限大

であることを知った.

一般に, $f: x \longmapsto y$ の導関数 $f': x \longmapsto \dfrac{dy}{dx}$ がさらに微分可能のとき,

$$f'': x \longmapsto \frac{d}{dx}\left(\frac{dy}{dx}\right)$$

を f の**第2階導関数**といい, 記号で f'', $f''(x)$, $\dfrac{d^2y}{dx^2}$, D^2y などとかく. また, 直接計算するときは

$$f''(x)=\lim_{\Delta x\to 0}\frac{f'(x+\Delta x)-f'(x)}{\Delta x}$$

による.

f'' がさらに微分可能なときは, f'' の導関数を**第3階導関数**といい, 記号で, f''', D^3f, $f'''(x)$, $\dfrac{d^3y}{dx^3}$ などとかく.

このようにして, 一般に第 n 階導関数 $f^{(n)}$, $D^{(n)}f$, $\dfrac{d^ny}{dx^n}$ が帰納的に

$$f^{(n)}(x)=\lim_{\Delta x\to 0}\frac{f^{(n-1)}(x+\Delta x)-f^{(n-1)}(x)}{\Delta x}$$

で定義される.

第2階およびそれ以上の階数の導関数を**高階導関数**, 高階導関数を求めることを**高階微分する**という.

例 5.20 関数 $f(x)=\dfrac{e^{x}-e^{-x}}{2}$ について，$f^{(n)}(x)$ を求めよ．（明治大）

（解）
$$f'(x)=\frac{e^{e}+e^{-x}}{2},\quad f''(x)=\frac{e^{x}-e^{-x}}{2},\quad f'''(x)=\frac{e^{x}+e^{-x}}{2},\quad \cdots\cdots$$

したがって
$$f^{(2m)}(x)=f(x)=\frac{e^{x}-e^{-x}}{2}$$
$$f^{(2m+1)}(x)=f'(x)=\frac{e^{x}+e^{-x}}{2}\qquad (m=1,2,3,\cdots)$$

例 5.21 $\dfrac{d^2}{dx^2}\{e^{x\cos\alpha}\cos(x\sin\alpha)\}$ の $x=0$ における値を求めよ．ただし，α は定数とする．（早大）

（解） $f(x)=e^{x\cos\alpha}\cos(x\sin\alpha)$ とおく．
$$\log f(x)=x\cos\alpha+\log\cos(x\sin\alpha)$$
$$\frac{f'(x)}{f(x)}=\cos\alpha-\frac{\sin(x\sin\alpha)}{\cos(x\sin\alpha)}\sin\alpha$$
$$f'(x)=[\cos\alpha-\tan(x\sin\alpha)\cdot\sin\alpha]f(x)$$

再び x について微分すると
$$f''(x)=[-\sec^2(x\sin\alpha)\sin^2\alpha]f(x)+[\cos\alpha-\tan(x\sin\alpha)\sin\alpha]f'(x)$$
$$f(0)=e^0\cos 0=1$$
$$f'(0)=\cos\alpha\cdot f(0)=\cos\alpha$$
$$\therefore\quad f''(0)=-\sec^2 0\cdot\sin^2\alpha\cdot f(0)+\cos\alpha f'(0)$$
$$=-\sin^2\alpha+\cos^2\alpha=\cos 2\alpha$$

問 5.30 次の関数の第 3 階導関数を求めよ．

(1) $f(x)=x^3-7x^2+6x+5$　　(2) $f(x)=e^{kx}$

(3) $f(x)=x\sin x$　　(4) $f(x)=\sqrt{1-x^2}$

定理 5.16 （主な素関数の第 n 階導関数）

(1) $\dfrac{d^n}{dx^n}x^{\alpha}=\alpha(\alpha-1)\cdots(\alpha-n+1)x^{\alpha-n}$，$\alpha$ は実数

(2) $\dfrac{d^n}{dx^n}e^{x}=e^{x}$

(3)　$$\frac{d^n}{dx^n}\log_e x=(-1)^{n-1}\frac{(n-1)!}{x^n}$$

(4)　$$\frac{d^n}{dx^n}\begin{bmatrix}\cos x\\ \sin x\end{bmatrix}=\begin{bmatrix}\cos\left(x+n\frac{\pi}{2}\right)\\ \sin\left(x+n\frac{\pi}{2}\right)\end{bmatrix}$$

（証明）　証明は容易であるから省略する．

§2.　高階微分の性質

定理 5.17　a, b を定数とするとき

$$\{af(x)+bg(x)\}^{(n)}=af^{(n)}(x)+bg^{(n)}(x)$$

（n は正の整数）

（証明）　1°）　$n=1$ のときは，すでに成立

2°）　$n=k$ のとき

$$\{af(x)+bg(x)\}^{(k)}=af^{(k)}(x)+bg^{(k)}(x)$$

が成立しているとすれば

$$\{af(x)+bg(x)\}^{(k+1)}=\frac{d}{dx}\{af^{(k)}(x)+bg^{(k)}(x)\}$$

$$=a\frac{d}{dx}f^{(k)}(x)+b\frac{d}{dx}g^{(k)}(x)=af^{(k+1)}(x)+bg^{(k+1)}(x)$$

となって，$n=k+1$ のとき成立する．

定理 5.18　（ライプニッツの公式）

$$\{f(x)g(x)\}^{(n)}=\sum_{k=0}^{n}\binom{n}{k}f^{(n-k)}(x)g^{(k)}(x)$$

（証明）　$(f\cdot g)'=f'g+fg'$

$$(f\cdot g)''=(f'g)'+(fg')'$$

$$=f''g+2f'g'+fg''$$

$$(f\cdot g)'''=(f''g)'+(2f'g')'+(fg'')'$$

$$=f'''g+3f''g'+3f'g''+fg'''$$

$n=m$ のとき与式が成立しているとすると

$$(f\cdot g)^{(m+1)}=\sum_{k=0}^{m}\binom{m}{k}[f^{(m-k)}g^{(k)}]'$$

$$=\sum_{k=0}^{m}\binom{m}{k}[f^{(m-k+1)}g^{(k)}+f^{(m-k)}g^{(k+1)}]$$

$$=\binom{m}{0}f^{(m+1)}g+\sum_{k=1}^{m}\binom{m}{k}f^{(m-k+1)}g^{(k)}$$

$$+\sum_{k=0}^{m-1}\binom{m}{k}f^{(m-k)}g^{(k+1)}+\binom{m}{m}fg^{(m+1)}$$

$$=\binom{m+1}{0}f^{(m+1)}g+\sum_{k=1}^{m}\left\{\binom{m}{k}+\binom{m}{k-1}\right\}f^{(m-k+1)}g^{(k)}+\binom{m+1}{m+1}fg^{(m+1)}$$

$$=\binom{m+1}{0}f^{(m+1)}g+\sum_{k=1}^{m}\binom{m+1}{k}f^{(m+1-k)}g^{(k)}+\binom{m+1}{m+1}fg^{(m+1)}$$

$$=\sum_{k=0}^{m+1}\binom{m+1}{k}f^{(m+1-k)}g^{(k)}$$ となって，$n=m+1$ のときも成立

例 5.22 ライプニッツの公式を用いて，x^2e^x の第 n 階導関数を求めよ．

(解) $f(x)=e^x$，$g(x)=x^2$ とおくと

$$(f\cdot g)^{(n)}=f^{(n)}g+\binom{n}{1}f^{(n-1)}g'+\binom{n}{2}f^{(n-2)}g''+\cdots\cdots$$

$$=e^x\cdot x^2+\binom{n}{1}e^x\cdot 2x+\binom{n}{2}e^x\cdot 2$$

$$=e^x\{x^2+2nx+n(n-1)\}$$

例 5.23 $f(x)=\tan^{-1}x$ において，$f^{(n)}(0)$ を求めよ．

(解) $f(x)=\tan^{-1}x$ を微分すると

$$f'(x)=\frac{1}{1+x^2},\quad (1+x^2)f'=1 \qquad ①$$

$$(1+x^2)f''+2xf'=0 \qquad ②$$

②を $(n+1)$ 回微分すると

$$(1+x^2)f^{(n+2)}+\binom{n+1}{1}2xf^{(n+1)}+\binom{n+1}{2}2f^{(n)}=0$$

$$(1+x^2)f^{(n+2)}+2(n+1)xf^{(n+1)}+n(n+1)f^{(n)}=0$$

$x=0$ とおくと

$$f^{(n+2)}(x)=-n(n+1)f^{(n)}(x)$$

しかるに，　$f'(0)=1$，　$f''(0)=0$

よって

$$f^{(2m)}(0)=0, \qquad f^{(2m+1)}(0)=(-1)^m(2m)!$$

問 5.31 $f(x)=\sin^{-1}x$ において，$f^{(n)}(0)$ を求めよ．

例 5.24 $e^{ax}\cos bx$，$e^{ax}\sin bx$ の n 階導関数を求めよ．

（解）

$$\begin{aligned} f(x)&=e^{ax}\cos bx+ie^{ax}\sin bx=e^{ax}e^{ibx}\\ &=e^{(a+ib)x}\\ f^{(n)}(x)&=(a+ib)^n e^{(a+ib)x}\\ &=(\sqrt{a^2+b^2})^n e^{i\theta}e^{(a+ib)x}, \end{aligned}$$

ただし $\cos\theta=\dfrac{a}{\sqrt{a^2+b^2}}$，$\sin\theta=\dfrac{b}{\sqrt{a^2+b^2}}$

$$=(\sqrt{a^2+b^2})^n e^{ax}e^{i(bx+\theta)}$$

実部，虚部はそれぞれ $(e^{ax}\cos bx)$，$(e^{ax}\sin bx)$ の n 階導関数だから

$$(e^{ax}\cos bx)^{(n)}=(\sqrt{a^2+b^2})^n e^{ax}\cos(bx+\theta)$$

$$(e^{ax}\sin bx)^{(n)}=(\sqrt{a^2+b^2})^n e^{ax}\sin(bx+\theta)$$

§3. ベキ展開と高階微分

定理 5.19 n 次多項式関数 $f(x)$ を $x=x_0$ でベキ展開すると

$$f(x)=\sum_{k=0}^{n}\frac{f^{(k)}(x_0)}{k!}(x-x_0)^k$$

（証明） $f(x)=a_n+a_{n-1}(x-x_0)+a_{n-2}(x-x_0)^2+\cdots+a_0(x-x_0)^n$ ①

とおく．

$$f(x_0)=a_n$$

①を微分すると

$$f'(x)=a_{n-1}+2a_{n-2}(x-x_0)+\cdots+na_0(x-x_0)^{n-1} \quad ②$$

$$f'(x_0)=a_{n-1}$$

②を微分すると

$$f''(x)=2!\,a_{n-2}+3\cdot 2a_{n-3}(x-x_0)+\cdots+n(n-1)a_0(x-x_0)^{n-2} \quad ③$$

$$f''(x_0)=2!\,a_{n-2}$$

以下同様の手続きをくり返すと

$$f^{(k)}(x_0)=k!\,a_{n-k}$$

よって

$$a_n=\frac{f^{(0)}(x_0)}{0!},\quad a_{n-1}=\frac{f'(x_0)}{1!},\quad a_{n-2}=\frac{f''(x_0)}{2!},\quad \cdots,\quad a_0=\frac{f^{(n)}(x_0)}{n!}$$

例 5.25 $f(x)=x^3-7x^2+13x-5$ を $x=2$ でベキ展開せよ．

（解）
$$f'(x)=3x^2-14x+13$$
$$f''(x)=6x-14$$
$$f'''(x)=6$$
$$a_3=f(2)=1,\quad a_2=f'(2)=-3,\quad a_1=-1,\quad a_0=1$$
$$\therefore\quad f(x)=1-3(x-2)-(x-2)^2+(x-2)^3$$

問 5.32 次の多項式関数を微分して $f'(x), f''(x), \cdots$ を求め，それを用いて $x=2$ および $x=-3$ でベキ展開せよ．そして組立除法で求めた方法と比較せよ．

(1) $f(x)=x^3+2x^2-5x-1$　　(2) $f(x)=x^4-9x^3+4x$

問 5.33 $f(x)=(1+x)^n$　　x は正整数

を $x=0$ でベキ展開すると，次の式で表わされることを証明せよ．

$$f(x)=\sum_{k=0}^{n}\binom{n}{k}x^k,\qquad ただし\quad \binom{n}{k}=\frac{x^{(k)}}{k!}$$

§4. テーラーの定理

定理 5.20 $f(x)$ が $x=x_0$ を含むある範囲で，n 階微分可能ならば

$$f(x)=f(x_0)+f'(x_0)(x-x_0)+\frac{f''(x_0)}{2!}(x-x_0)^2+\cdots$$
$$+\frac{f^{(n-1)}(x_0)}{(n-1)!}(x-x_0)^{n-1}+\frac{f^{(n)}(\xi)}{n!}(x-x_0)^n$$

ただし，　$x_0\leqq\xi\leqq x$　**（テーラーの定理）**

（証明）
$$F(x)=f(x)-f(x_0)-f'(x_0)(x-x_0)-\frac{f''(x_0)}{2!}(x-x_0)^2\cdots$$
$$-\frac{f^{(n-1)}(x_0)}{(n-1)!}(x-x_0)^{n-1}$$

とおく．計算して確かめると容易にわかるように

$$F(x_0)=F'(x_0)=F''(x_0)=\cdots=F^{(n-1)}(x_0)=0,$$
$$F^{(n)}(x)=f^{(n)}(x)$$

一方，

$$G(x)=(x-x_0)^n$$

とおくと

$$G(x_0)=G'(x_0)=G''(x_0)=\cdots=G^{(n-1)}(x_0)=0,$$
$$G^{(n)}(x)=n$$

コーシーの平均値の定理 5.11 より

$$\frac{F(x)}{G(x)}=\frac{F(x)-F(x_0)}{G(x)-G(x_0)}=\frac{F'(x_1)}{G'(x_1)}, \qquad x_0\leqq x_1\leqq x$$

$$=\frac{F'(x_1)-F'(x_0)}{G'(x_1)-G'(x_0)}=\frac{F''(x_2)}{G''(x_2)}, \qquad x_0\leqq x_2\leqq x_1$$

$$=\cdots\cdots$$

$$=\frac{F^{(n-1)}(x_{n-1})}{G^{(n-1)}(x_{n-1})}, \qquad x_0\leqq x_{n-1}\leqq x_{n-2}$$

$$=\frac{F^{(n-1)}(x_{n-1})-F^{(n-1)}(x_0)}{G^{(n-1)}(x_{n-1})-G^{(n-1)}(x_0)}=\frac{F^{(n)}(\xi)}{G^{(n)}(\xi)}, \qquad x_0\leqq \xi\leqq x_{n-1}$$

$$=\frac{1}{n!}f^{(n)}(\xi)$$

$$\therefore \quad F(x)=\frac{f^{(n)}(\xi)}{n!}G(x)=\frac{f^{(n)}(\xi)}{n!}(x-x_0)^n \qquad \text{(Q. E. D)}$$

最後の項を剰余項といい，R_n とかく．

系 1 （マクローリンの定理） $f(x)$ が $x=0$ の付近で n 階微分可能のとき

$$f(x)=f(0)+f'(0)x+\frac{f''(0)}{2!}x^2+\cdots+\frac{f^{(n-1)}(0)}{(n-1)!}x^{n-1}+R_n$$

$$R_n=\frac{f^{(n)}(\xi)}{n!}x^n, \qquad \text{ただし}\quad 0\leqq\xi\leqq x$$

（証明） テーラーの定理で $x_0=0$ とおけ． (Q. E. D)

系 2 （剰余項の表現）

(1) $R_n=\dfrac{f^{(n)}(x_0+\theta\varDelta x)}{n!}\varDelta x^n,\quad 0<\theta<1,\ \varDelta x=x-x_0$

(2) $R_n=(-1)^{n-1}\displaystyle\int_{x_0}^{x}\frac{(t-x)^{n-1}}{(n-1)!}f^{(n)}(t)dt$

（証明） (1) テーラーの定理で，$x-x_0=\varDelta x$， $\xi=x_0+\theta(x-x_0)$ を代入すればよい．

(2) $$\begin{aligned}f(x)-f(x_0)&=\int_{x_0}^{x}f'(t)dt\\&=\Big[(t-x)f'(t)\Big]_{x_0}^{x}-\int_{x_0}^{x}(t-x)f''(t)dt\\&=f'(x_0)(x-x_0)-\left[\frac{(t-x)^2}{2!}f''(t)\right]_{x_0}^{x}+\int_{x_0}^{x}\frac{(t-x)^2}{2!}f'''(t)dt\\&=f'(x_0)(x-x_0)+\frac{f''(x_0)}{2!}(x-x_0)^2+\left[\frac{(t-x)^3}{3!}f'''(t)\right]_{x_0}^{x}\\&\qquad-\int_{x_0}^{x}\frac{(t-x)^3}{3!}f^{(4)}(t)dt\\&=\cdots\cdots\\&=f'(x_0)(x-x_0)+\frac{f''(x_0)}{2!}(x-x_0)^2+\cdots+\frac{f^{(n-1)}(x_0)}{(n-1)!}(x-x_0)^{n-1}\\&\quad+(-1)^{n-1}\int_{x_0}^{x}\frac{(t-x)^{n-1}}{(n-1)!}f^{(n)}(t)dt\end{aligned}$$ (Q. E. D)

次に問題となるのは系 2 の (1) と (2) で表現された剰余項が一致するかどうかの問題である．それについては，次の定理が必要になる．

定理 5.21 （積分の平均値の定理）

$[a,b]$ において $f(x)$ は連続，$g(x)\geqq 0$ かつ積分可能とするとき

$$\int_a^b f(x)g(x)dx=f(\xi)\int_a^b g(x)dx$$

となる ξ が $a<\xi<b$ に存在する．

（証明） $f(x)$ は $[a,b]$ で連続だから，最大値の定理により，$[a,b]$ において $f(x)$ は最大値，最小値をもつ．それらを M,m とする．$g(x)\geqq 0$ だから

$$mg(x)\leqq f(x)g(x)\leqq Mg(x)$$

$$\therefore \quad m\int_a^b g(x)dx \leqq \int_a^b f(x)g(x)dx \leqq M\int_a^b g(x)dx$$

さて,

$$\int_a^b f(x)g(x)dx = k\int_a^b g(x)dx$$

とすると

$$m \leqq k \leqq M$$

である．等号は$f(x)$が$[a,b]$で定数のときに限るが，その場合は定理ははじめから成立している．定数でなければ

$$m < k < M$$

であるから，中間値の定理より

$$f(\xi) = k, \quad a < \xi < b$$

となるξが存在する．よって

$$\int_a^b f(x)g(x)dx = f(\xi)\int_a^b g(x)dx, \quad a < \xi < b$$

系　定理 5.20 の 系 2 の 2つの剰余項は一致する.

（証明）

$$(-1)^{n-1}\int_{x_0}^{x}\frac{(t-x)^{n-1}}{(n-1)!}f^{(n)}(t)dt$$

$$= f^{(n)}(\xi)\int_{x_0}^{x}\frac{(-1)^{n-1}(t-x)^{n-1}}{(n-1)!}dt \qquad \text{[定理 5.21 による]}$$

$$= f^{(n)}(\xi)\left[\frac{(-1)^{n-1}(t-x)^n}{n!}\right]_{x_0}^{x} = f^{(n)}(\xi)\frac{(x-x_0)^n}{n!}$$

$$(x_0 \leqq \xi \leqq x)$$

問 5.34　$f(x)$ が $[a,b]$ で連続なとき

$$\int_a^b f(x)dx = f(\xi)(b-a)$$

となるξが $a<\xi<b$ に存在することを証明せよ.

§5. 関数の展開

テーラーの定理で，もし $n \to \infty$ のとき，$R_n \to 0$ となるならば，

$$f(x)=f(x_0)+f'(x_0)(x-x_0)+\frac{f''(x_0)}{2!}(x-x_0)^2+\cdots+\frac{f^{(n)}(x_0)}{n!}(x-x_0)^n+\cdots$$

$$=\sum_{n=0}^{\infty}\frac{f^{(n)}(x_0)}{n!}(x-x_0)^n$$

となる．これを $f(x)$ の**テーラー展開** (Taylor's expansion) という．とくに $x_0=0$ とおくと

$$f(x)=f(0)+f'(0)x+\frac{f''(0)}{2!}x^2+\cdots+\frac{f^{(n)}(0)}{n!}x^n+\cdots$$

$$=\sum_{n=0}^{\infty}\frac{f^{(n)}(0)}{n!}x^n$$

となる．これを $f(x)$ の**マクローリン展開** (Maclaurin's expansion) という．

次に主な関数の展開をあげよう．

例 5.26 $f(x)=e^x$

$$f'(x)=f''(x)=\cdots=f^{(n)}(x)=e^x$$

だから，

$$e^x=e^{x_0}+e^{x_0}(x-x_0)+\frac{e^{x_0}}{2!}(x-x_0)^2+\cdots+\frac{e^{x_0}}{(n-1)!}(x-x_0)^{n-1}+R_n$$

$$R_n=\frac{e^{\xi}}{n!}(x-x_0)^n, \qquad (x_0\leqq\xi\leqq x)$$

$$a_n=\frac{(x-x_0)^n}{n!}$$

とおくと

$$\frac{a_{n+1}}{a_n}=\frac{x-x_0}{n}$$

十分大きな N に対して $n>N$ なる n をとると，$\dfrac{a_{n+1}}{a_n}<r<1$ としうる．

$$a_{N+1}+a_{N+2}+\cdots<a_Nr+a_Nr^2+\cdots=\frac{a_N}{1-r}$$

$$a_1+a_2+\cdots+a_N=\text{有限}$$

$\left\{\displaystyle\sum_{k=1}^{n}\frac{(x-x_0)^k}{k!}\right\}$ は単調増加，上に有界だから，$\displaystyle\sum_{k=1}^{\infty}\frac{(x-x_0)^k}{k!}$ は収束する．

例 4.31 より，$\dfrac{(x-x_0)^n}{n!}$ は x が何であっても 0 に近づく．よって，$n\to\infty$ のとき $R_n\to 0$

e^x のテーラー展開は

$$e^x=e^{x_0}\sum_{n=0}^{\infty}\frac{(x-x_0)^n}{n\,!}$$

とくに，$x_0=0$ とおくと，e^x のマクローリン展開

$$e^x=\sum_{n=0}^{\infty}\frac{x^n}{n\,!}=1+x+\frac{x^2}{2\,!}+\frac{x^3}{3\,!}+\cdots+\frac{x^n}{n\,!}+\cdots$$

をうる．この式で $x=1$ とおくと

$$e=\sum_{n=0}^{\infty}\frac{1}{n\,!}=1+1+\frac{1}{2\,!}+\frac{1}{3\,!}+\frac{1}{4\,!}+\cdots+\frac{1}{n\,!}+\cdots$$

この式を利用すると，e の値が計算できる．

$$1=1$$

$$1=1$$

$$\frac{1}{2\,!}=0.500000000000\cdots\cdots$$ 小数第12位以下切捨

$$\frac{1}{3\,!}=0.16666666666\cdots\cdots$$

$$\frac{1}{4\,!}=0.04166666666\cdots\cdots$$

$$\frac{1}{5\,!}=0.00833333333\cdots\cdots$$

$$\frac{1}{6\,!}=0.00138888888\cdots\cdots$$

$$\frac{1}{7\,!}=0.00019841268\cdots\cdots$$

$$\frac{1}{8\,!}=0.00002480158\cdots\cdots$$

$$\frac{1}{9\,!}=0.00000275573\cdots\cdots$$

$$\frac{1}{10\,!}=0.00000027557\cdots\cdots$$

$$\frac{1}{11\,!}=0.00000002505\cdots\cdots$$

$$\frac{1}{12\,!}=0.00000000208\cdots\cdots$$

$$\frac{1}{13\,!}=0.00000000016\cdots\cdots$$

$$+)\ \frac{1}{14\,!}=0.00000000001\cdots\cdots$$

$$2.71828182839$$

ここまで正しい

例 5.27　e が無理数であることを証明せよ．

もしも

$$e=\frac{m}{n} \text{ とおくと，} e=1+1+\frac{1}{2!}+\frac{1}{3!}+\cdots+\frac{1}{n!}+\frac{e^{\theta}}{(n+1)!}, \quad 0<\theta<1$$

両辺に $n!$ をかけると，$\dfrac{e^{\theta}}{n+1}$ は自然数となる筈．$0<\theta<1$ より，$1<e^{\theta}<e<3$.

よって $e^{\theta}=2$. $\dfrac{e^{\theta}}{n+1}=\dfrac{2}{n+1}$ が自然数であるためには $n=1$. これは矛盾．

例 5.28　$f(x)=\sin x$ とおくと

$$f^{(n)}(x)=\sin\left(x+n\frac{\pi}{2}\right)$$

$$f^{(4m)}(0)=f^{(4m+2)}(0)=0, \quad f^{(4m+1)}(0)=1, \quad f^{(4m+3)}(0)=-1$$

ただし，$0,1,2,3,4,\cdots$

$$R_{2n+1}=\frac{x^{2n+1}}{(2n+1)!}\sin\left\{\theta x+(2n+1)\frac{\pi}{2}\right\}$$

$$=(-1)^n\cos\theta x\frac{x^{2n+1}}{(2n+1)!} \qquad 0<\theta<1$$

どんな x であっても，$n\to\infty$ のとき，$\dfrac{x^{2n+1}}{(2n+1)!}\to 0$ だから

$$|R_{2n+1}|\to 0$$

よって，どんな x に対しても

$$\sin x=x-\frac{x^3}{3!}+\frac{x^5}{5!}-\frac{x^7}{7!}+\cdots+(-1)^{n-1}\frac{x^{2n-1}}{(2n-1)!}+\cdots$$

問 5.35　$f(x)=\cos x$ のマクローリン展開をかけ．

問 5.36　e^x のマクローリン展開において，$x=i\theta$ とおくと

$$e^{i\theta}=1+i\theta+\frac{(i\theta)^2}{2!}+\frac{(i\theta)^3}{3!}+\cdots+\frac{(i\theta)^n}{n!}+\cdots$$

となる．これを実部と虚部に分けてオイレルの公式を導け．

例 5.29　$-1<x\leqq 1$ のとき

$$\frac{1}{1+t}=1-t+t^2-t^3+\cdots+(-1)^{n-1}t^{n-1}+(-1)^n\frac{t^n}{1+t}$$

$$\int_0^x\frac{dt}{1+t}=\int_0^x(1-t+t^2-\cdots+(-1)^{n-1}t^{n-1})dt+(-1)^n\int_0^x\frac{t^n}{1+t}dt$$

$$\log_e(1+x)=x-\frac{x^2}{2}+\frac{x^3}{3}-\cdots+(-1)^{n-1}\frac{x^n}{n}+R_n$$

ただし　$R_n=(-1)^n\displaystyle\int_0^x\frac{t^n}{1+t}dt$

i) $0 \leqq x \leqq 1$ のとき $0 \leqq t \leqq x$ だから

$$0 \leqq \frac{t^n}{1+t} \leqq t^n$$

$$|R_n| \leqq \int_0^x t^n dt = \frac{x^{n+1}}{n+1} \leqq \frac{1}{n+1} \to 0 \qquad (n \to \infty)$$

ii) $-1 < x < 0$ のとき，$x \leqq t \leqq 0$ だから

$$\frac{1}{1+t} \leqq \frac{1}{1+x}$$

$$|R_n| \leqq \left|\int_0^x \frac{t^n}{1+x} dt\right| \leqq \frac{1}{1+x} \frac{|x|^{n+1}}{n+1} \to 0 \qquad (n \to \infty)$$

$$\therefore \quad \log_e(1+x) = x - \frac{x^2}{2} + \frac{x^3}{3} - \cdots + (-1)^{n-1}\frac{x^n}{n} + \cdots$$

もしも x の代りに $-x$ とおくと

$$\log_e(1-x) = -x - \frac{x^2}{2} - \frac{x^3}{3} - \cdots - \frac{x^n}{n} - \cdots$$

$$\therefore \quad \log_e \frac{1+x}{1-x} = 2\left(x + \frac{x^3}{3} + \cdots + \frac{x^{2n+1}}{2n+1} + \cdots\right)$$

問 5.37 $\log_e 2$ の値を小数点以下5位まで正しく求めよ．

例 5.30 $-1 \leqq x \leqq 1$ のとき

$$\frac{1}{1+t^2} = 1 - t^2 + t^4 - \cdots + (-1)^{n-1}t^{2n-2} + (-1)^n \frac{t^{2n}}{1+t^2}$$

0から x まで積分すると

$$\tan^{-1}x = x - \frac{x^3}{3} + \frac{x^5}{5} - \cdots + (-1)^{n-1}\frac{x^{2n-1}}{2n-1} + R_n$$

$$R_n = (-1)^n \int_0^x \frac{t^{2n}}{1+t^2} dt$$

$$|R_n| = \left|\int_0^x \frac{t^{2n}}{1+t^2} dt\right| \leqq \int_0^{|x|} t^{2n} dt = \frac{|x|^{2n+1}}{2n+1} \to 0 \qquad (n \to \infty)$$

$$\therefore \quad \tan^{-1}x = x - \frac{x^3}{3} + \frac{x^5}{5} - \cdots + (-1)^{n-1}\frac{x^{2n-1}}{2n-1} + \cdots$$

問 5.38 $\dfrac{\pi}{4} = \tan^{-1}\dfrac{1}{2} + \tan^{-1}\dfrac{1}{3}$ であることを利用して，$\dfrac{\pi}{4}$ の値を小数点以下5位まで正しく求めよ．

§6.　第2階導関数の空間的意味

関数　$f: x \longmapsto y=f(x)$ を $x=x_0$ の近くで

$$f(x)=f(x_0)+f'(x_0)(x-x_0)+o(x-x_0)$$

と展開する．

$f'(x_0)>0$ ならば　　$\dfrac{f(x)-f(x_0)}{x-x_0}>0$

$x>x_0$ ならば　　$f(x)>f(x_0)$

$x<x_0$ ならば　　$f(x_0)>f(x)$

で，$x=x_0$ で**増加の状態**にある．同様にして

$f'(x_0)<0$ ならば，$x=x_0$ で**減少の状態**にある．

また，

$$f(x)=f(x_0)+f'(x_0)(x-x_0)+\frac{f''(x_0)}{2!}(x-x_0)^2+o(x-x_0)^2$$

と展開する．

$$Y=f(x_0)+f'(x_0)(x-x_0)$$

は $x=x_0$ における $y=f(x)$ の近似1次関数（接線の式）である．そこで

$f''(x_0)>0$ ならば，$f(x)>f(x_0)+f'(x_0)(x-x_0)$ となって，関数のグラフは接線の上にある．

$f''(x_0)<0$ ならば，$f(x)<f(x_0)+f'(x_0)(x-x_0)$ となって，関数のグラフの接線の下にある．

つまり，図5.10から判断できるように，

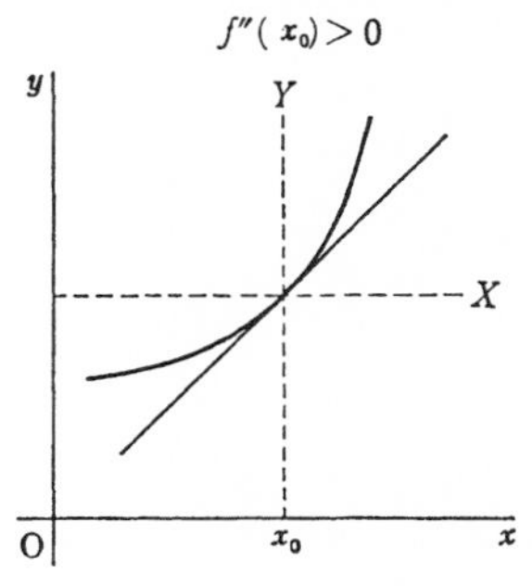

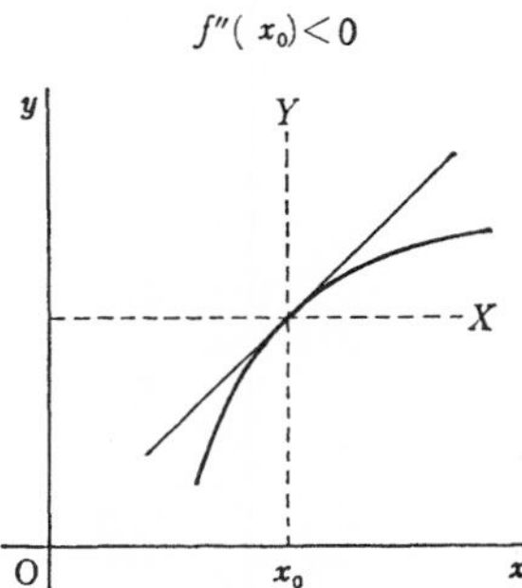

図 5.10

$f''(x_0)>0$ ならば $x=x_0$ で関数は**下に凸**

$f''(x_0)<0$ ならば $x=x_0$ で関数は**上に凸**

である．

$f'(x_0)=0$ となる点 $x=x_0$ は凸性の方向が変わる点で，変曲点という．

例 5.31 (1) $y=\dfrac{\log_e x}{x^3}$ $(x>0)$ の増減を調べ，グラフの概形をかけ．

(2) $\displaystyle\int_1^t \frac{\log x}{x^3}dx$ を求め，$t\to\infty$ のときの極限値を求めよ．（名大）

（解） (1) $f(x)=y=\dfrac{\log_e x}{x^3}$ とおく．

$$f'(x)=\frac{1-3\log_e x}{x^4},\qquad f''(x)=\frac{12\log_e x-7}{x^5}$$

$f'(x)=0$ とおくと $x=\sqrt[3]{e}$，$f''(x)=0$ とおくと $x=\sqrt[12]{e^7}$

x	0		$\sqrt[3]{e}$		$\sqrt[12]{e^7}$	
$f'(x)$		+	0	−	−	−
$f''(x)$		−	−	−	0	+
$f(x)$		↗	極大 $\dfrac{1}{3e}$	↘	変曲点 $\dfrac{7}{12\sqrt[4]{e^9}}$	↘

$$\lim_{x\to+0}\frac{\log_e x}{x^3}=-\infty,\qquad \lim_{x\to+\infty}\frac{\log_e x}{x^3}=\lim_{x\to\infty}\frac{\frac{1}{x}}{3x^2}=0$$

漸近線 $x=0$, $y=0$

(2) $\displaystyle\int_1^t \frac{\log x}{x^3}dx$

$$=\left[-\frac{\log x}{2x^2}\right]_1^t+\int_1^t\frac{dx}{2x^3}$$

$$=-\frac{\log t}{2t^2}+\left[-\frac{1}{4x^2}\right]_1^t$$

$$=\frac{1}{4}-\frac{1}{4t^2}-\frac{\log t}{2t^2}$$

$$\therefore\ \lim_{t\to\infty}\int_1^t\frac{\log x}{x^3}dx=\frac{1}{4}$$

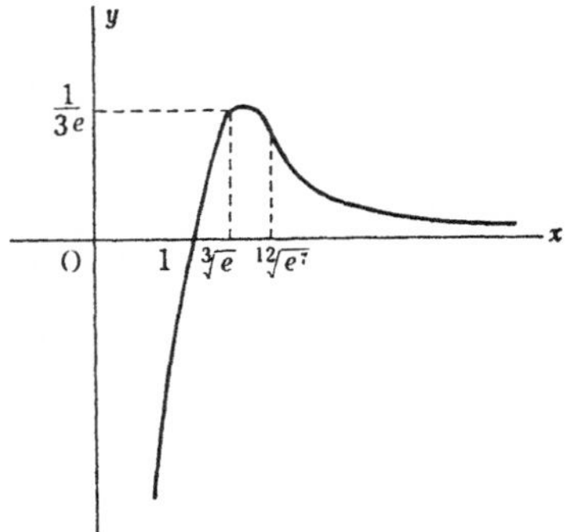

図 5.11

問 5.39 $0<x<\pi$ における関数 $f(x)=\dfrac{\sin x}{x}$ の増減を調べよ.

（東京教育大，京都府大）

問 5.40 $f(x)=\dfrac{1}{\sqrt{2\pi}\sigma}e^{\frac{(x-\mu)^2}{2\sigma^2}}$ $(-\infty<x<+\infty)$ の凹凸を調べ，変曲点を求めよ．ただし，μ および σ は定数で，$\sigma>0$ とする．（小樽商大）

例 5.32 関数 $f(x)=e^{-x}\sin x$ が，$x\geqq 0$ の範囲においてとる極大値をすべて求めよ．またこれらの極大値を大きいものから小さいものへと大きさの順にならべて数列をつくるとき，この数列の各項を項とする級数の和を求めよ．

（奈良女子大）

（解）$f(x)=e^{-x}\sin x$,　　$-e^{-x}\leqq f(x)\leqq e^{-x}$

$f'(x)=e^{-x}(\cos x-\sin x)$,　　$f''(x)=-2e^{-x}\cos x$

$f(x)=0$ となるのは $x=n\pi$ $(n=0,1,2,\cdots)$

$f'(x)=0$ となるのは $\cos x=\sin x$,　$x=n\pi+\dfrac{\pi}{4}$ $(n=0,1,2,\cdots)$

$f''(x)=0$ となるのは $x=n\pi+\dfrac{\pi}{2}$ $(n=0,1,2,\cdots)$

x	0		$\frac{\pi}{4}$		$\frac{\pi}{2}$		$\frac{5}{4}\pi$		$\frac{3}{2}\pi$		2π
$f'(x)$	$+$	$+$	0	$-$	$-$	$-$	0	$+$	$+$	$+$	$+$
$f''(x)$	$-$	$-$	$-$	$-$	0	$+$	$+$	$+$	0	$-$	$-$
$f(x)$		↗	極大	↘	変曲	↘	極小	↗	変曲	↗	

x が 2π 以上は極大，変曲，極小，変曲の曲り方については周期性をもつ．

$x=2n\pi+\dfrac{\pi}{4}$ のとき，$f(x)$ は極大値 $\dfrac{1}{\sqrt{2}}e^{-2n\pi-\frac{\pi}{4}}$ をとる．

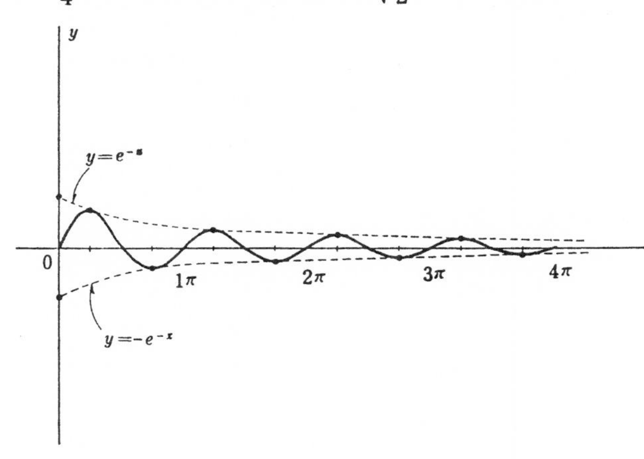

求める級数の和
$$S=\frac{1}{\sqrt{2}}e^{-\frac{\pi}{4}}(1+e^{-2\pi}+e^{-4\pi}+\cdots)$$
$$=\frac{e^{-\frac{\pi}{4}}}{\sqrt{2}(1-e^{-2\pi})}=\frac{e^{\frac{7}{4}\pi}}{\sqrt{2}(e^{2\pi}-1)}$$

問 5.41　$y=e^{ax}(\sin bx+c)$ のグラフが変曲点をもつための必要十分条件を求めよ．ただし，a,b,c は定数で，$a\neq 0$，$b\neq 0$ とする．（東京商船大）

例 5.33　関数 $f(x)$ は $x\geqq 0$ で微分係数をもち，そのグラフは原点を通り，下方に凸である．このとき $g(x)=\dfrac{f(x)}{x}$ は $x>0$ で，x とともに増加するといえるか．（京都府大）

（解）　仮定より $f(0)=0$，　$f''(x)>0$（$x\geqq 0$ のとき）
$$g'(x)=\frac{xf'(x)-f(x)}{x^2}\qquad (x>0)$$
だから，分母 $x^2>0$．よって分子の符号を調べればよい．
$$\frac{f(x)}{x}=\frac{f(x)-f(0)}{x-0}=f'(\xi),\qquad (0<\xi<x)$$
となる ξ が存在する．$f''(x)>0$ より，$x>0$ において $f'(x)$ は単調増加である．そこで
$$0<\xi<x\quad ならば\quad f'(\xi)<f'(x)$$
$$\therefore\quad \frac{f(x)}{x}<f'(x)$$
$x>0$ だから，　$xf'(x)-f(x)>0$
$$\therefore\quad g'(x)>0$$

問 5.42　すべての実数 x に対して定義された関数 $f(x)$ の第2次導関数 $f''(x)$ が常に $f''(x)>0$ を満足するとする．このとき，次の命題を証明せよ．

(1)　c を定数とするとき，すべての x に対して $f(x)-f(c)\geqq f'(c)(x-c)$ が成立する．

(2)　任意の実数 p,q,r に対して
$$3f(p+q+r)\leqq f(3p)+f(3q)+f(3r)$$

(3)　$0<a<b$ のとき，任意の実数 p,q,r に対して
$$(a^{p+q+r}+b^{p+q+r})^3\leqq(a^{3p}+b^{3p})(a^{3q}+b^{3q})(a^{3r}+b^{3r})$$
が成立する．（慶応大）

例 5.34　θ を媒介変数とするとき

$$x=a\cos\theta,\quad y=b\sin\theta \qquad (a>0,\ b>0)$$

について，次の問に答えよ．

(1)　$\dfrac{dy}{dx}$ を θ で表わせ．　　(2)　$\dfrac{d^2y}{dx^2}$ を θ で表わせ．

(3)　θ の関数　$F(\theta)=\dfrac{\dfrac{d^2y}{dx^2}}{\left\{1+\left(\dfrac{dy}{dx}\right)^2\right\}^{\frac{3}{2}}}$ が常に一定であるための a,b の満足すべき条件を求めよ．（東海大）

（解）(1)　$\dfrac{dy}{d\theta}=b\cos\theta,\qquad \dfrac{dx}{d\theta}=-a\sin\theta$

$$\therefore\quad \frac{dy}{dx}=-\frac{b}{a}\cot\theta$$

(2)　$$\frac{d^2y}{dx^2}=\frac{d}{dx}\left(\frac{dy}{dx}\right)=\frac{d}{d\theta}\left(\frac{dy}{dx}\right)\frac{d\theta}{dx}$$

$$=\frac{b}{a}\mathrm{cosec}^2\theta\left(-\frac{1}{a\sin\theta}\right)=-\frac{b}{a^2}\mathrm{cosec}^3\theta$$

(3)　$$F(\theta)=\frac{\dfrac{d^2y}{dx^2}}{\left\{1+\left(\dfrac{dy}{dx}\right)^2\right\}^{\frac{3}{2}}}=\frac{-\dfrac{b}{a^2}\mathrm{cosec}^3\theta}{\left\{1+\dfrac{b^2}{a^2}\cot^2\theta\right\}^{\frac{3}{2}}}\equiv k\ \text{（一定）}$$

分母を払って平方すると

$$\frac{b^2}{a^4}\mathrm{cosec}^6\theta=k^2\left(1+\frac{b^2}{a^2}\cot^2\theta\right)^3$$

$$\frac{b^2}{a^4}(1+\cot^2\theta)^3=k^2\left(1+\frac{b^2}{a^2}\cot^2\theta\right)^3$$

これがすべての θ に対して成り立つには

$$k^2=\frac{b^2}{a^4},\qquad \frac{b^2}{a^2}=1$$

$a,b>0$ だから，　$a=b$

［注］　曲線 $y=f(x)$ 上の2点 $\mathrm{P}(x,y)$，$\mathrm{Q}(x+\Delta x,\ y+\Delta y)$ をとり，P，Qにおける切線と x 軸とのなす角を $\theta,\theta+\Delta\theta$ とする．$\widehat{\mathrm{PQ}}=\Delta s$ とするとき

$$\lim_{\Delta s\to 0}\frac{\Delta Q}{\Delta s}=k$$

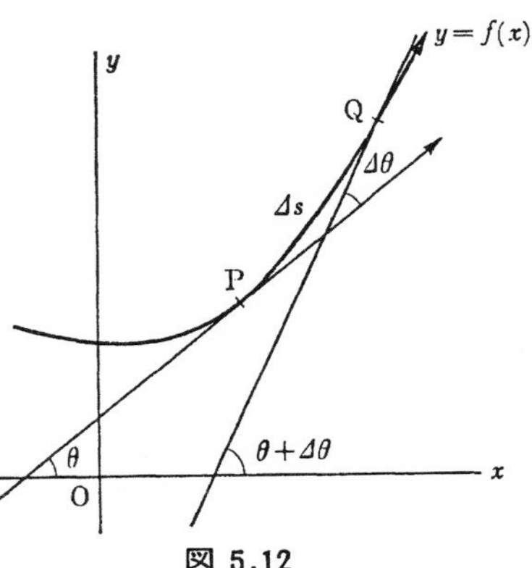

図 5.12

を，Pにおける曲り方の度合……**曲率**（curvature）という．

$$f'(x)=\tan\theta$$
$$f'(x+\Delta x)=\tan(\theta+\Delta\theta)$$

だから

$$\Delta\theta=\tan^{-1}\{f'(x+\Delta x)\}-\tan^{-1}\{f'(x)\}$$

である．$\Delta s=\widehat{\mathrm{PQ}}:\mathrm{PQ}\to 1$ だから

$$\lim_{\Delta s\to 0}\frac{\Delta\theta}{\Delta s}=\lim_{\Delta s\to 0}\frac{\tan^{-1}\{f'(x+\Delta x)\}-\tan^{-1}\{f'(x)\}}{\sqrt{\Delta x^2+\Delta y^2}}$$

$$=\lim_{\Delta s\to 0}\frac{\tan^{-1}\{f'(x+\Delta x)\}-\tan^{-1}\{f'(x)\}}{\Delta x}\frac{1}{\sqrt{1+\left(\frac{\Delta y}{\Delta x}\right)^2}}$$

$$=\frac{1}{\sqrt{1+\{f'(x)\}^2}}\frac{d\tan^{-1}\{f'(x)\}}{dx}$$

$$=\frac{f''(x)}{\{\sqrt{1+\{f'(x)\}^2}\}^3}$$

さて，この例で，$a=b=r$ とおくと

$$\begin{cases}x=r\cos\theta\\ y=r\sin\theta\end{cases}$$

で，与えられた曲線は原点中心，半径 r の円になる．そのとき

$$k=\frac{-\frac{1}{r}\operatorname{cosec}^3\theta}{(1+\cot^2\theta)^{\frac{3}{2}}}=-\frac{1}{r}$$

$$\therefore\quad |k|=\frac{1}{r}$$

曲率の絶対値の逆数を，**曲率半径**といい，記号で ρ とかく．

問 5.43　$y=\frac{a}{2}(e^{\frac{x}{a}}+e^{-\frac{x}{a}})$ 上の点 $(0,a)$ における曲率半径を求めよ．

第4章　極値問題

§1.　関数値の変化と極値

第3章，§6の結論によって関数値の変化の状態と極値を求めることができる．つまり

> **定理 5.22**　$y=f(x)$ において，$f'(a)=0$ かつ
>
> $f''(a)>0$ ならば $x=a$ で極小
>
> $f''(a)<0$ ならば $x=a$ で極大

例 5.35　関数 $y=x^3+3ax^2+3bx+c$ は極大値4，極小値0をもち，その1つを $x=0$ のときとるという．a,b,c を決定せよ．（山口大）

（解）　$f(x)=x^3+3ax^2+3bx+c$

$$f'(x)=3x^2+6ax+3b$$

$$f''(x)=6x+6a$$

$f'(a)=0$ より $b=0$

$$f'(x)=3x(x+2a)$$

i)　$a>0$ のとき

$$f''(0)>0,\quad f''(-2a)=-6a<0$$

$x=-2a$ で極大値　$f(-2a)=4a^3+c=4$

$x=0$ で極小値　　$f(0)=c=0$

$$\therefore\quad a=1,\quad b=c=0$$

ii)　$a<0$ のとき

$$f''(0)<0,\quad f''(-2a)=-6a>0$$

$x=0$ で極大値　$f(0)=c=4$

$x=-2a$ で極小値　$f(-2a)=4a^3+4=0$

$$\therefore\quad a=-1,\quad b=0,\quad c=4$$

問 5.44　(1)　x^3+ax^2+bx+2 が x^2-3x+2 で割り切れるならば，$a=($　　$)$，$b=$ $($　　$)$ である．

(2)　x の3次関数 $f(x)=-x^3+3x^2+9x$ は $x=($　　$)$ で極小になり，極小値は $($　　$)$ である．

問 5.45　3次関数 $f(x)=x^3+ax^2+bx+c$ は，$x=-1$ で極大値をもち，$x=3$ で極小値をもち，かつ $f(1)=0$ であるという．この関数を決定してその極大値と極小値を求めよ．（法政大）

例 5.36　係数 a,b,c,d が実数である x の3次関数 $y=ax^3+bx^2+cx+d$ が極大値と極小値をとり，かつこの関数の表わすグラフ上の 極大値・極小値 を与える点が原点に関して対称ならば，このグラフは原点に関して対称であることを証明せよ．（九大）

（解）　$f(x)=ax^3+bx^2+cx+d$

$$f'(x)=3ax^2+2bx+c=0 \qquad ①$$

の相異なる2実根を α,β とすると，$f(\alpha)$，$f(\beta)$ が原点について対称であるから，

$$\alpha+\beta=-\frac{2b}{3a}=0,\qquad b=0 \qquad ②$$

$$f(\alpha)+f(\beta)=0$$

より

$$a(\alpha^3+\beta^3)+b(\alpha^2+\beta^2)+c(\alpha+\beta)+2d=0$$

$$\therefore\quad d=0 \qquad ③$$

よって，与えられた3次関数は，$f(x)=ax^3+cx$ となる．

$$f(x)+f(-x)=(ax^3+cx)+(-ax^3-cx)=0$$

よって，このグラフは原点について対称である．

問 5.46　x の関数 $y=x^3+ax^2+bx+1$ が区間 $-1<x<1$ において，極大値と極小値をとるとき，a,b はどんな条件をみたすか．その条件をみたすような点 (a,b) の存在範囲を図示せよ．（津田塾大）

問 5.47　$y=x^3+3x^2$ のグラフを利用して，方程式

$$x^3+3x^2-a=0$$

の実根の数を，a の値によって分類せよ．

例 5.37 関数 $f(x)=2x^4+ax^2+bx+7$ は $x=-\dfrac{1}{2}$ で極値をとり，そのグラフ上の異なる2点 $(1,f(1))$，$(c,f(c))$ における接線は同一の直線であるという．定数 a,b,c の値を求めよ．（国際経大）

（解）　$f'(x)=8x^3+2ax+b$

$$f'\left(-\frac{1}{2}\right)=-1-a+b=0 \quad ①$$

$f'(1)=f'(c)$　より

$$8+2a+b=8c^3+2ac+b \quad ②$$

$f(1)-f'(1)=f(c)-cf'(c)$　より

$$-6-a=-6c^4-ac^2 \quad ③$$

①②③を解くと　$c=-1$，$a=-4$，$b=-3$

問 5.48 関数 $y=x^4+x^3-x^2-x+1$ の極大値および極小値を求めよ．（明治大）

問 5.49 $f(x)=x^4+ax^3+bx^2+1$ が極大値をもつとき，点 (a,b) の存在する範囲を図示せよ．（京都産大）

問 5.50 x の関数 x^4+2ax^3-ax が極大値をもつように a の範囲を定めよ．(津田塾大)

例 5.38 (1) 関数 $y=x+a+\dfrac{b}{x}$ の極大値が0となるための a と b との関係を求めよ．

(2) (1) の場合において，$a=2$ のときの上の関数のグラフをかけ．

（弘前大）

（解） (1) $y=x+a+\dfrac{b}{x}$ は $x=0$ で不連続である．

$$y'=1-\frac{b}{x^2},\qquad y''=\frac{2b}{x^3}$$

より，$b<0$ とすると $y'>0$ となって y は単調増加関数となるから，極大値をもたない．よって

$$b>0$$

$y'=0$ とおくと，$x=\pm\sqrt{b}$

$$[y'']_{x=-\sqrt{b}}=-\frac{2}{\sqrt{b}}<0,\qquad [y'']_{x=\sqrt{b}}=\frac{2}{\sqrt{b}}>0$$

$x=-\sqrt{b}$ のとき，y は極大値をもつ.

$$[y]_{x=-\sqrt{b}}=-\sqrt{b}+a-\sqrt{b}=0$$

$$\therefore\quad a=2\sqrt{b}$$

(2)　$a=2$ のとき

$$y=x+2+\frac{1}{x}$$

は図 5.13 の通りである.

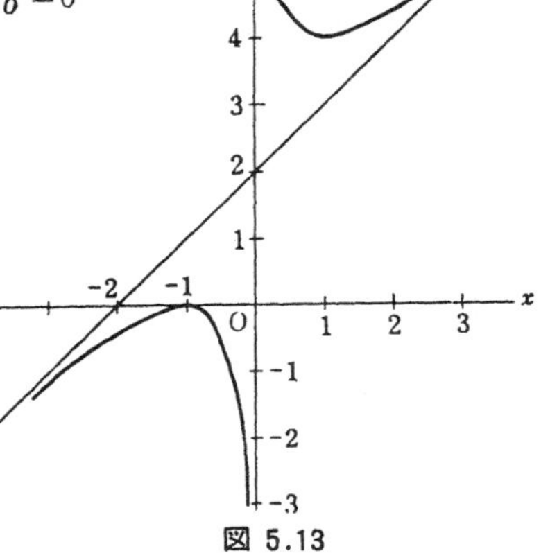

図 5.13

問 5.51　関数 $f(x)=\dfrac{\sqrt[3]{x^2}}{1+x^2}$ がある.

(1)　$f(x)$ の極大，極小を求めよ.

(2)　$f(x)$ のグラフをかけ.

(工学院大)

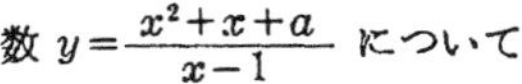

問 5.52　関数 $y=\dfrac{x^2+x+a}{x-1}$ について次の問に答えよ.

(1)　この関数のグラフは，どんな a の値に対しても，点 $(1,3)$ に関して対称であることを証明せよ.

(2)　導関数 y' を求めよ.

(3)　関数が $x=-1$ で極値をとるときの a の値を求めよ．また，そのとき，極大値と極小値を求めよ．(鹿児島大)

例 5.39　(1)　関数

$$f(x)=\begin{cases}\dfrac{1}{x-1}\log_e x & (x\neq 1)\\ c & (x=1)\end{cases}$$

が $x>0$ で連続であるように c の値を定め，$f(x)$ の増減の状態を調べよ.

(2)　$0<x<1<y$ のとき，x^{y-1} と y^{x-1} との大小を比較せよ.(東京教育大)

(解)　(1)

$$\lim_{x\to 1}f(x)=\lim_{x\to 1}\frac{\log_e x}{x-1}=\lim_{x\to 1}\frac{1}{x}=1$$

$$\therefore\quad f(1)=c=1$$

$$f'(x)=\frac{x-1-x\log_e x}{x(x-1)^2}$$

$$分子\equiv g(x)=x-1-x\log_e x$$

$$g'(x)=-\log_e x$$

$$g''(x)=-\frac{1}{x}<0\qquad (x>0)$$

$$\lim_{x\to 0} g(x) = -1 - \lim_{x\to 0} x\log_e x$$

$$= -1 - \lim_{x\to 0}\frac{\log_e x}{\frac{1}{x}} = -1$$

x	0		1		$+\infty$
$f'(x)$	$-\infty$	$-$	0	$-$	
$f(x)$	$+\infty$	↘	1	↘	0

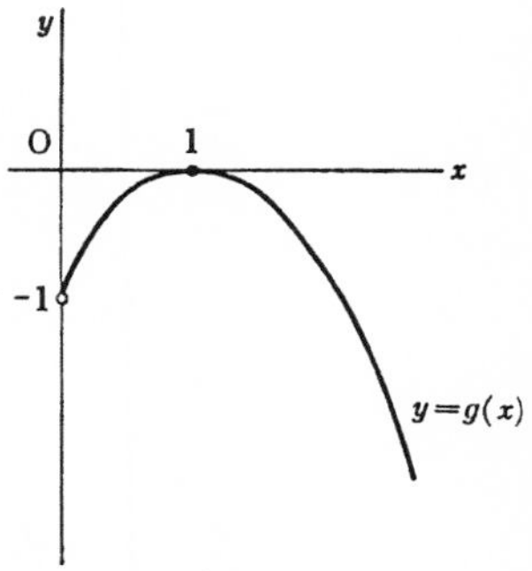

$y=f(x)$ は単調減少である．

(2)　$y=f(x)=\dfrac{1}{x-1}\log_e x$ は単調減少だから

$0<x<1<y$　ならば　$\dfrac{\log_e x}{x-1}<\dfrac{\log_e y}{y-1}$

$(x-1)(y-1)<0$　だから，$(y-1)\log_e x>(x-1)\log_e y$，　∴　$x^{y-1}>y^{x-1}$

図 5.14

問 5.53　$f(x)=\dfrac{x}{\log_e x}$ のグラフをかけ．（帯広畜大）

§2.　最大・最小問題

例 5.40　関数 $f(x)=x^3-3ax$ が $-1\leqq x\leqq 1$ でとる値の最大値と最小値を求めよ．ただし $a>0$．（静岡大）

（解）　$f'(x)=3x^2-3a=3(x+\sqrt{a})(x-\sqrt{a})$

$f''(x)=6x$

$f''(\sqrt{a})=6\sqrt{a}>0$，　$f''(-\sqrt{a})=-6\sqrt{a}<0$

であるから，$x=\sqrt{a}$ で極小値 $-2a\sqrt{a}$，$x=-\sqrt{a}$ で極大値 $2a\sqrt{a}$ をとる．$f(x)$ のグラフは原点に対して対称であることを考慮して，グラフの状態は次の3つに分類される．

(1) の場合，$a\geqq 1$ で，最大値 $f(-1)=3a-1$，最小値 $f(1)=1-3a$

(2) の場合，$f(1)-f(\sqrt{a})\geqq 0$，$f(1)-f(-\sqrt{a})\leqq 0$ を解いて，$\dfrac{1}{4}\leqq a<1$

最大値 $f(-\sqrt{a})=-2a\sqrt{a}$，最小値 $f(-\sqrt{a})=+2a\sqrt{a}$

(3) の場合，$0<a<\dfrac{1}{4}$ で，最大値 $f(1)=1-3a$，最小値 $f(1)=1-3a$

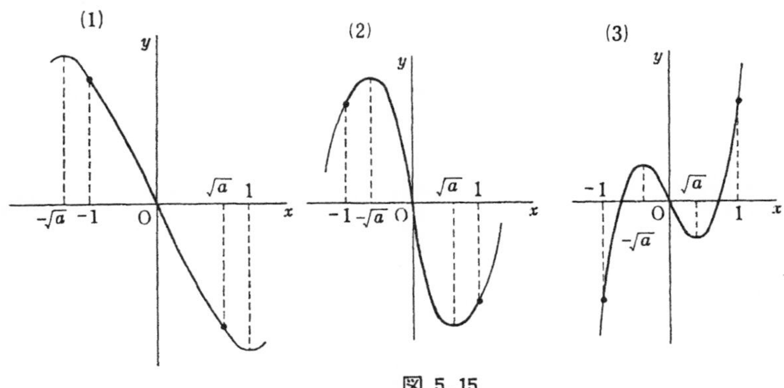

図 5.15

問 5.54　$f(x)=3x^4-8x^3-6x^2+24x$ の $0\leqq x\leqq a$ における最大値および最小値を求めよ．（日本歯大）

問 5.55　(1)　関数 $f(x)=x^4+4x+2$ の，$0\leqq x\leqq 1$ における最大値と最小値を求めよ．

(2)　不等式 $|t^2-2t|\leqq x^4+4x+2\leqq t^2+2$ が $0\leqq x\leqq 1$ を満足するすべての x に対して成り立つための実数 t についての必要十分条件を求めよ．（長崎大）

例 5.41　物体を毎秒 V m の速度で地面から θ の角度 $\left(0\leqq\theta\leqq\frac{\pi}{2}\right)$ で投げ出すとき，t 秒後の水平方向の距離 x m と高さ y m は（空気の抵抗を無視して）次の式で与えられる．

$$x=Vt\cos\theta$$

$$y=Vt\sin\theta-\frac{g}{2}t^2 \qquad (g\text{ は重力加速度})$$

これを用いて，次の問に答えよ．

(1)　到達距離（発射地点と同じ高さとする）を最大とする θ を求めよ．

(2)　$V=100$ m/sec，$g=9.8$ m/sec^2 として，次の値を整数値（四捨五入して）求めよ．

(i) 最大到達距離　　(ii) その所要時間　　(iii) その場合の最大の高さ

（東京経大）

（解）(1)　$y=0$ とおくと　$t\left(V\sin\theta-\frac{g}{2}t\right)=0$

$$t=0 \quad \text{または} \quad \frac{2V\sin\theta}{g}$$

後者の根の場合　　$x=\dfrac{V^2(2\sin\theta\cos\theta)}{g}=\dfrac{V^2\sin 2\theta}{g}$

$\sin 2\theta$ の最大値は1．そのとき $\theta=\dfrac{\pi}{4}$

(2)　$V=100\,\text{m/sec}$，$g=9.8\,\text{m/sec}^2$，$\theta=\dfrac{\pi}{4}$ とおくと

最大到達距離　$x=\dfrac{V^2}{g}=\dfrac{10000\,\text{m}^2/\text{sec}^2}{9.8\,\text{m/sec}^2}\fallingdotseq 1020\,\text{m}$

所要時間　$t=\dfrac{2V\sin\dfrac{\pi}{4}}{g}=\dfrac{\sqrt{2}\times 100\text{m/sec}}{9.8\text{m/sec}^2}\fallingdotseq 14\,\text{sec}$

最高の高さ　$\dfrac{dy}{dx}=\dfrac{dy}{dt}\div\dfrac{dx}{dt}=\dfrac{V\sin\theta-gt}{V\cos\theta}=0$　となる t において，最高の位置に達する．つまり　$t=\dfrac{V\sin\theta}{g}$．このとき

$$y=\frac{V^2\sin^2\theta}{g}-\frac{V^2\sin^2\theta}{2g}=\frac{V^2\sin^2\theta}{2g}$$

$$=\frac{10000\,\text{m}^2/\text{sec}^2}{4\times 9.8\text{m/sec}^2}\fallingdotseq 255\,\text{m}$$

問 5.56　座標平面上に定点 A(10,5) と動点 P がある．P は原点 O を初速度 0 で出発し，x 軸に沿って等加速度運動をし，速度の大きさが 5 になった点 M から，ただちに線分 MA に沿って初速度 4 の等加速度運動に移り，速度 0 で点 A に到着するものとする．この条件のもとで，点 P が原点 O から M を通って A に達するまでの最短所要時間を求めよ．（電通大）

問 5.57　角 XOY の辺 OX 上に点 A が与えられている．P は A を出発して t 秒後の速さ $2t$ cm/sec で，OX 上を O に向って動き，同時に Q は O を出発して t 秒後の速さ $\dfrac{20t}{(t^2+1)^2}$ cm/sec で OY 上を O より遠ざかる向きに動くものとする．ここに $\angle\text{XOY}=\dfrac{5}{12}\pi$，OA=3 cm とする．

(1)　P が O に着いた時刻における O と Q との距離を求めよ．

(2)　P が A を出発し，O に着くまでの間にできる △POQ の面積の最大値を小数第 2 位まで正しく求めよ．（徳島大）

問 5.58　ある車が時速 v km のときに，毎時 $ae^{v^2/3200}\,l$ の割合で燃料を消費する．（a は定数，e は自然対数の底）　この車で，k km を等速で行くのに要する燃料の最少消費量を求めよ．車の最高時速は 60 km とする．（宮城教育大）

例 5.42　a が 1 に等しくない正数で，p, q が 0 でない実数のとき，x の方程式 $pa^x-qa^{-x}=0$……① について，次の問に答えよ．

(1)　① が実根をもつための条件とその根を求めよ.

(2)　① の根を α とするとき，$pa^{\alpha}+qa^{-\alpha}$ の値を p,q で表わせ.

(3)　$p>0,\ q>0$ のとき，関数 $f(x)=pa^{x}+qa^{-x}$ の最小値を p,q で表わせ.

（長崎大）

（解）(1)　$a^x=X>0$ とおくと ①は

$$pX^2-q=0,\quad X^2=\frac{q}{p}>0$$

よって実根をもつ条件は $pq>0$，実根は $X=\sqrt{\dfrac{q}{p}}$，すなわち

$$x=\log_a\sqrt{\frac{q}{p}}$$

(2)　$a^{\alpha}=X=\sqrt{\dfrac{q}{p}}$ だから，$pa^{\alpha}+qa^{-\alpha}=\dfrac{pa^{2\alpha}+q}{a^{\alpha}}$

$$=\frac{2q}{\sqrt{\dfrac{q}{p}}}=\begin{cases}2\sqrt{pq} & (p>0,\ q>0\text{ のとき})\\ -2\sqrt{pq} & (p<0,\ q<0\text{ のとき})\end{cases}$$

(3)　$a^x=X>0$ とおくと ① は $g(X)=pX+\dfrac{q}{X}$ となる.

$$g'(X)=p-\frac{q}{X^2},\qquad g''=\frac{2a}{X^3}>0$$

$g'(X)=0$ とおくときの X の値，$X=\sqrt{\dfrac{q}{p}}$ のとき，$g(X)$ は最小になる.
つまり，$x=\alpha$ のとき，最小値　$2\sqrt{pq}$

問 5.59　x の関数 $f(x)=x(1+x^2)^p$ について，次の問に答えよ.

(1)　$\lim\limits_{x\to\infty}f(x)=0$ となるような p の範囲を求めよ.

(2)　$f(x)$ の最大値を p の式で表わせ．ただし，p は (1) の範囲内にあるものとする.

（芝浦工大）

問 5.60　関数 $f(x)=(px-q)^ke^{-ax}$ において，a,p は正の数，q は負でない実数，k は正の整数とする．次の問に答えよ.

(1)　$f(x)$ を極大にする x の値を求めよ.

(2)　$k=1$ および $k=2$ のときの $y=f(x)$ のグラフをそれぞれかけ.

(3)　$a=-\log_e r$ のときの $f(x)$ を考えて，関数 $g(x)=x^kr^x\ (x\geqq 0)$ の最大値を求めよ．ただし $0<r<1$ とする.（横浜国大）

例 5.43 (1) aを与えられた正の定数とするとき，$f(x)=\dfrac{a-x}{x}+\log_e x$ の最小値を求めよ．

(2) n 個の関数 $f_1(x), f_2(x), \cdots, f_n(x)$ とそれらの和 $\sum_{k=1}^{n} f_k(x)$ がいずれも最小値をもつとき，これらの最小値をそれぞれ $m_1, m_2, \cdots, m_n, M$ とすると，$m_1+m_2+\cdots+m_n \leqq M$ となることを示せ．

(3) 上の結果を利用して，n 個の正の数 $a_1, a_2, \cdots, a_n$ に関する不等式

$$\sqrt[n]{a_1 a_2 \cdots a_n} \leqq \frac{a_1+a_2+\cdots+a_n}{n}$$

を証明せよ．またこの不等式で等号が成立する場合を吟味せよ．（慶応大）

（解） (1) $f'(x)=\dfrac{-a}{x^2}+\dfrac{1}{x}=\dfrac{x-a}{x^2}$,　　$f''(x)=\dfrac{2a}{x^3}-\dfrac{1}{x^2}$

x	0	a		$2a$	
$f'(x)$	$-$	0	$+$	$+$	$+$
$f''(x)$	$+$	$+$	$+$	0	$-$
$f(x)$	↘	最小	↗		↗

$x=a$ のとき，最小値 $\log a$

(2) もしも $m_1+m_2+\cdots+m_n>M$ とすると

$$\forall k,\ f_k(x) \geqq m_k,\ \text{よって}\ \sum_{k=1}^{n} f_k(x) \geqq \sum_{k=1}^{n} m_k > M$$

となって，M は $\sum_{k=1}^{n} f_k(x)$ の最小値よりさらに小さい．これは M が $\sum_{k=1}^{n} f_k(x)$ の最小値であることに矛盾する．

$$\therefore\quad m_1+m_2+\cdots+m_n \leqq M$$

(3) $f_k(x)=\dfrac{a_k-x}{x}+\log x \geqq \log a_k$

$$\sum_{k=1}^{n} f_k(x)=\sum_{k=1}^{n}\frac{a_k-x}{x}+n\log x$$

$$=n\left\{\frac{\frac{1}{n}\sum_{k=1}^{n} a_k - x}{x}+\log x\right\} \geqq n\log\left(\frac{1}{n}\sum_{k=1}^{n} a_k\right)$$

(2) より

$$\sum_{k=1}^{n} \log a_k \leqq n\log\left(\frac{1}{n}\sum_{k=1}^{n} a_k\right)$$

$$\frac{1}{n}\log(a_1, a_2, \cdots, a_n) \leqq \log\frac{a_1+a_2+\cdots+a_n}{n}$$

$\log x$ は単調増加関数だから

$$\sqrt[n]{a_1a_2\cdots a_n} \leqq \frac{a_1+a_2+\cdots+a_n}{n}$$

等号は $a_1=a_2=\cdots=a_n$ のときに限る．

問 5.61 p, q が $0<p<1$, $\dfrac{1}{p}+\dfrac{1}{q}=1$ であるとき，次の問に答えよ．

(1) $x \geqq 0$ ならば，$x \geqq \dfrac{1}{p}x^p+\dfrac{1}{q}$ であることを証明せよ．また，等号が成立するときの値を求めよ．

(2) a, b を任意の正の実数とするとき，$ab \geqq \dfrac{1}{p}a^p+\dfrac{1}{q}b^q$ であることを証明せよ．また，等号が成立するとき，a と b の間の関係式を求めよ．

[注] これを **Young** 不等式という．（北見工大）

問 5.62 (1) $x>0$ のとき，$\log_e x \leqq x-1$ を証明せよ．

(2) $p_1, p_2, \cdots, p_n, q_1, q_2, \cdots, q_n$ を $p_1+p_2+\cdots+p_n=q_1+q_2+\cdots+q_n=1$ をみたす $2n$ 個の正の数とするとき，次の (i) (ii) を証明せよ．

(i) $p_1\log p_1+p_2\log p_2+\cdots+p_n\log p_n$

$\geqq p_1\log q_1+p_2\log q_2+\cdots+p_n\log q_n$

(ii) $p_1\log p_1+p_2\log p_2+\cdots+p_n\log p_n \geqq -\log n$

ただし，対数はいずれも e を底とする．（名古屋市大）

第5章　量の計算

§1. 面　　　　積

第Ⅲ部,第2章,§1で学んだように，定積分はその区間における被積分関数のグラフと x 軸の間の面積を求めることに外ならない．しかし，それは単純な面積ではなく，正負の符号をもった面積であった．区間 $[a,b]$ において

$$f(x)\geqq 0 \quad \text{ならば} \quad \int_a^b f(x)dx\geqq 0$$

$$f(x)\leqq 0 \quad \text{ならば} \quad \int_a^b f(x)dx\leqq 0$$

であったし，さらに a,b の大小関係によって，積分値と面積との正負の関係が

$$\int_a^b f(x)dx=-\int_b^a f(x)dx$$

によって規定されたのである．俗にいう面積を定積分で求めるときはこの点に注意しなければならない．

例 5.44　$y=x^3-4x^2+3x$ と x 軸の2つのグラフで生ずる囲まれた部分の総面積を求めよ．（高崎経大）

（解）　$y'=3x^2-8x+3=3\left(x-\dfrac{4+\sqrt{7}}{3}\right)\left(x-\dfrac{4-\sqrt{7}}{3}\right)$

$y''=6x-8$

x		$\frac{4-\sqrt{7}}{3}$		$\frac{3}{4}$		$\frac{4+\sqrt{7}}{3}$	
y'	+	0	−	−	−	0	+
y''	−	−	−	0	+	+	+
y	↗	極大	↘		↘	極小	↗

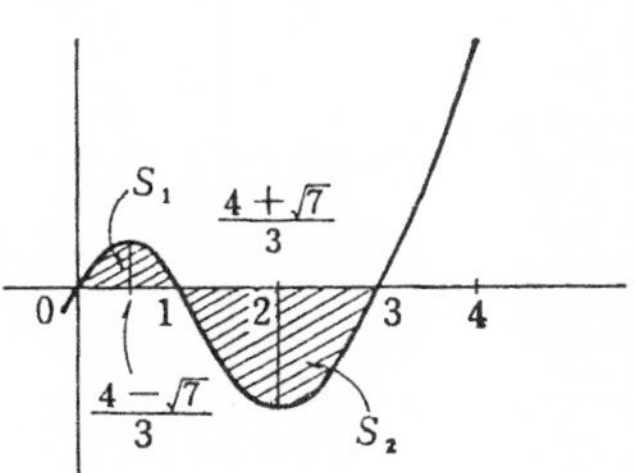

図 5.16

$$\int_0^1 (x^3-4x^2+3x)dx=\left[\frac{x^4}{4}-\frac{4}{3}x^3+\frac{3}{2}x^2\right]_0^1=\frac{5}{12}$$

$$\int_1^3 (x^3-4x^2+3x)dx=\left[\frac{x^4}{4}-\frac{4}{3}x^3+\frac{3}{2}x^2\right]_1^3=-\frac{9}{4}-\frac{5}{12}$$

$$S_1=\frac{5}{12},\qquad S_2=\frac{9}{4}+\frac{5}{12}$$

$$\therefore\quad S=S_1+S_2=\frac{37}{12}$$

問 5.63 放物線 $y=ax^2+bx+c$ と x 軸とで囲まれた部分の面積を求めよ．

区間 $[a,b]$ において，$y=f(x)$ と $y=g(x)$ のグラフにはさまれた部分の面積は，$[a,b]$ 内に幅 dx の微小区間 $[x,x+dx]$ をとると，この区間に属する微小面積 $\varDelta S$ は

$$\varDelta S=|f(x)-g(x)|dx+o(dx)$$

となる．したがって求める面積は

$$S=\int_a^b |f(x)-g(x)|dx$$

である．

$$|f(x)-g(x)|dx$$

を面積要素(area element)とよぶ．

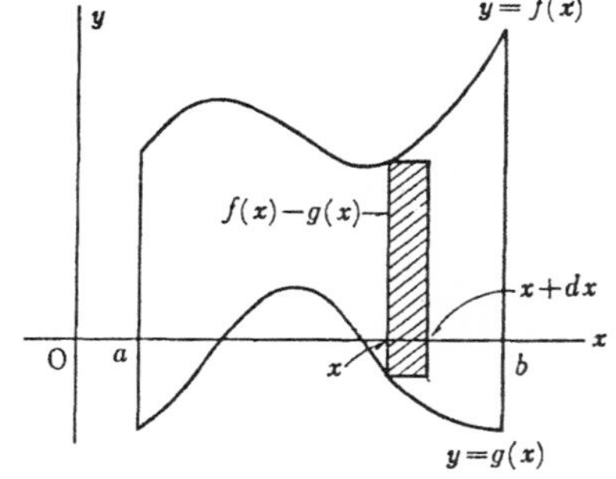

図 5.17

例 5.45 放物線 $y=x^2$ と直線 $y=ax+b$ の相異なる2つの交点を A, B とする．この放物線と線分 AB で囲まれる図形の面積を S とし，点 A, B の x 座標をそれぞれ α,β $(\alpha>\beta)$ とするとき，$\dfrac{S}{\alpha-\beta}$ を a,b で表わせ．

（一橋大）

（解）　面積要素は

$$(ax+b-x^2)dx$$

したがって，

$$S=\int_\beta^\alpha (ax+b-x^2)dx$$

$$=\left[-\frac{x^3}{3}+\frac{a}{2}x^2+bx\right]_\beta^\alpha$$

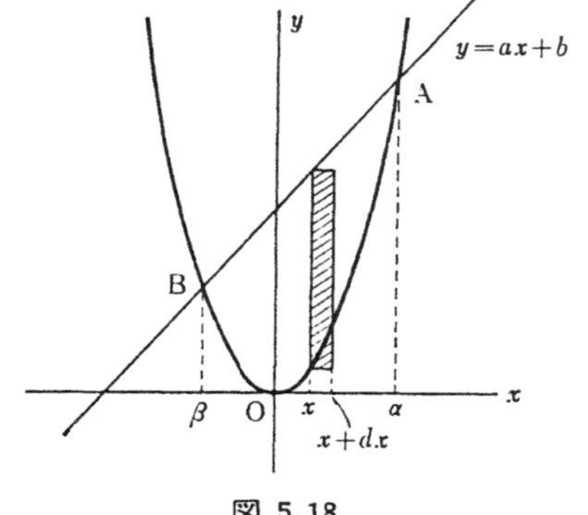

図 5.18

$$= -\frac{(\alpha^3-\beta^3)}{3} + \frac{a}{2}(\alpha^2-\beta^2) + b(\alpha-\beta)$$

$$\frac{S}{\alpha-\beta} = -\frac{\alpha^2+\alpha\beta+\beta^2}{3} + \frac{a(\alpha+\beta)}{2} + b \qquad ①$$

しかるに α, β は 2 次方程式

$$x^2-ax-b=0$$

の 2 根であるから，

$$\alpha+\beta=a, \quad \alpha\beta=-b$$

$$\alpha^2+\alpha\beta+\beta^2=(\alpha+\beta)^2-\alpha\beta=a^2+b$$

これを ① に代入して

$$\frac{S}{\alpha-\beta} = -\frac{a^2+b}{3} + \frac{a^2}{2} + b = \frac{1}{6}(a^2+4b)$$

問 5.64　曲線 $y=x^3$ の上に，相異なる 2 点 $P(a, a^3)$ $(a>0)$ および $Q(b, b^3)$ をとり，Q における接線が P を通るようにする．

(1)　b を a で表わせ．

(2)　接線 QP と曲線で囲まれる部分の面積を a で表わせ．（大阪市大）

問 5.65　曲線 $y=x^4-2a^2x^2+bx+c$ $(a>0)$……① について次の問に答えよ．

(1)　x 座標が a であるような曲線 ① 上の点を P，P における接線を l とするとき，l は ① と P 以外の点で再び接することを示せ．

(2)　l と曲線 ① とによって囲まれた部分の面積を求めよ．（慶応大）

例 5.46　(1)　関数 $y=x(\log x-1)^2$ の極値を求めよ．

(2)　連立不等式 $\begin{cases} y \geqq x(\log x-1)^2 \\ y \leqq x \end{cases}$

で表わされる領域の面積を求めよ．対数の底は e とする．（関西大）

（解）　(1)　$y=f(x)=x(\log x-1)^2$，　$(x>0)$

$$f'(x)=(\log x-1)^2+2(\log x-1)$$

$$=(\log x-1)(\log x+1)$$

$$f''(x)=\frac{2\log x}{x}$$

$$\lim_{x\to 0} x(\log x-1)^2 = \lim_{x\to 0}\frac{(\log x-1)^2}{\frac{1}{x}} = \lim_{x\to 0}\frac{2(\log x-1)\frac{1}{x}}{-\frac{1}{x^2}}$$

$$=\lim_{x\to 0}\frac{2\log x-2}{-\dfrac{1}{x}}=\lim_{x\to 0}\frac{\dfrac{2}{x}}{\dfrac{1}{x^2}}=0$$

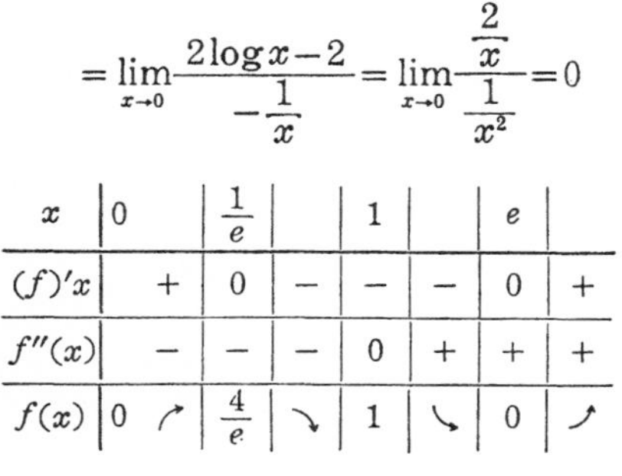

x	0		$\frac{1}{e}$		1		e	
$(f)'x$		+	0	−	−	−	0	+
$f''(x)$		−	−	−	0	+	+	+
$f(x)$	0	↗	$\frac{4}{e}$	↘	1	↘	0	↗

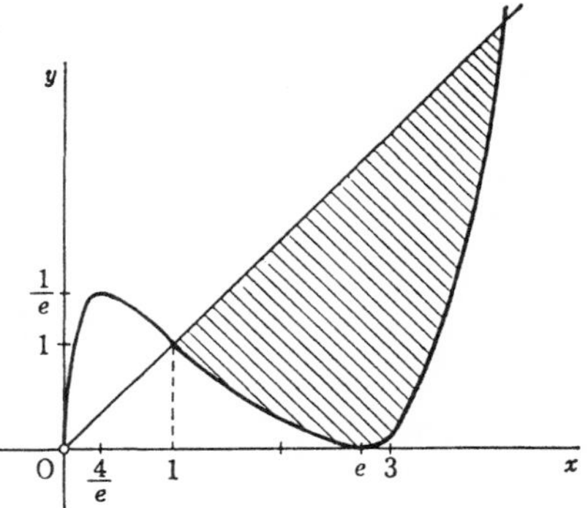

図 5.19

(2)　$x=x(\log x-1)^2$ を解くと

$$x(\log x)(\log x-2)=0,\qquad x=0,1,e^2$$

$$S=\int_1^{e^2}\{x-x(\log x-1)^2\}dx=\int_1^{e^2}\{2x\log x-x(\log x)^2\}dx$$

$$=2\int_1^{e^2}x\log x\,dx-\left\{\left[\frac{x^2}{3}(\log x)^2\right]_1^{e^2}-\int_1^{e^2}x\log x\,dx\right\}$$

$$=3\int_1^{e^2}x\log x\,dx-(2e^4)=\frac{3}{2}\Big[x^2\log x-x\Big]_1^{e^2}-2e^4$$

$$=e^4-\frac{3}{2}e^2+\frac{3}{2}$$

問 5.66　2点 $(-1,e^{-1})$，$(1,e)$ を通る直線の方程式を $y=ax+b$ とする．このとき

(1)　a,b の値を求めよ．

(2)　$-<x<1$ のとき，不等式 $ax+b>e^x$ が成り立つことを示せ．

(3)　直線 $y=ax+b$ と曲線 $y=e^x$ とで囲まれる図形の面積を求めよ．（九大）

問 5.67　(1)　$0<x\leqq\frac{\pi}{2}$ のとき，$x\sin x<2(1-\cos x)$ を証明せよ．

(2)　$0\leqq x\leqq\frac{\pi}{2}$ の範囲で，2曲線 $y=x\sin x$ と，$y=2(1-\cos x)$ と直線 $x=\frac{\pi}{2}$ で囲む部分の面積を求めよ．（名古屋市大）

例 5.47　曲線 $y=e^x$ に原点Oからひいた接線の接点を $\mathrm{T}_1(a_1,b_1)$，点 $\mathrm{A}_1(a_1,0)$ からひいた接線の接点を $\mathrm{T}_2(a_2,b_2)$，点 $\mathrm{A}_2(a_2,0)$ からひいた接線の接点を $\mathrm{T}_3(a_3,b_3)$，というように同様な操作を繰り返す．

(1)　n 番目の接点 T_n の座標 (a_n,b_n) を求めよ．

(2)　2直線 $\mathrm{A}_{n-1}\mathrm{T}_{n-1}$，$\mathrm{A}_{n-1}\mathrm{T}_n$ および曲線 $y=e^x$ で囲まれた領域の面積 S_n を求めよ．ただし，A_0 は原点，T_0 は点 $(0,1)$ とする．

(3) 極限値 $L=\lim_{N\to\infty}\dfrac{\sum_{n=1}^{N}S_n}{e^N}$ を求めよ. （東京理科大）

（解） (1) $y=e^x$ 上の点 (a_n, b_n) における接線の方程式は

$$Y-b_n=e^{a_n}(X-a_n),\qquad e^{a_n}=b_n \qquad ①$$

①は点 $\mathrm{A}_{n-1}(a_{n-1}, 0)$ を通るから

$$0-b_n=e^{a_n}(a_{n-1}-a_n)$$

$$\therefore\quad a_n-a_{n-1}=1 \qquad ②$$

①において $a_n=a_1$ とおくと，そのときは原点を通るから，$a_1=1$

よって　$\Delta a_n=1$, $a_1=1$ より $a_n=n$, $b_n=e^n$

(2) $\mathrm{A}_{n-1}\mathrm{T}_{n-1}$ の方程式は $x=n-1$, $\mathrm{A}_{n-1}\mathrm{T}_n$ の方程式は

$$Y-e^n=e^n(X-n)$$

これらと $y=e^x$ で囲まれた領域の面積は，面積要素は

$$(e^x-e^n-e^nx+ne^n)dx$$

$$S_n=\int_{n-1}^{n}(e^x-e^n-e^nx+ne^n)dx$$

$$=(n-1)e^n+\left[e^x-\frac{e^n}{2}x^2\right]_{n-1}^{n}$$

$$=(n-1)e^n+e^n-e^{n-1}-\frac{e^n}{2}(2n-1)$$

$$=\frac{e^n}{2}-e^{n-1}$$

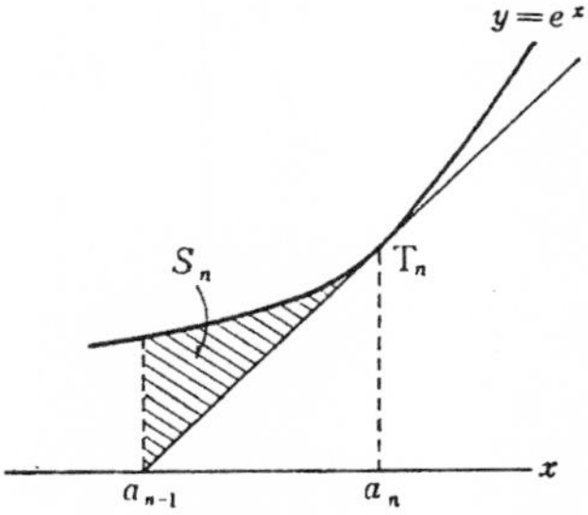

図 5.20

(3) $\sum_{n=1}^{N}S_n=\frac{1}{2}\sum_{n=1}^{N}e^n-\frac{1}{e}\sum_{n=1}^{N}e^n$

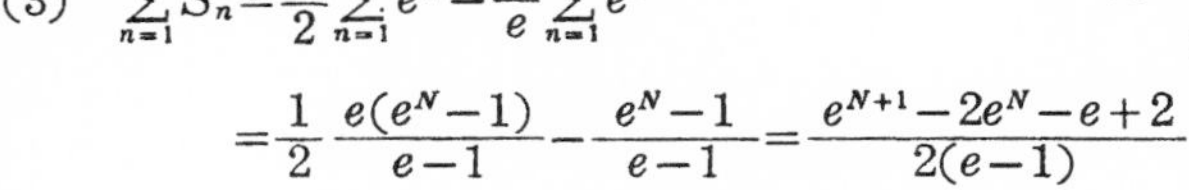

$$=\frac{1}{2}\frac{e(e^N-1)}{e-1}-\frac{e^N-1}{e-1}=\frac{e^{N+1}-2e^N-e+2}{2(e-1)}$$

$$L=\lim_{N\to\infty}\frac{\sum_{n=1}^{N}S_n}{e^N}=\lim_{N\to\infty}\left\{\frac{(e-2)}{2(e-1)}-\frac{e-2}{2(e-1)e^N}\right\}=\frac{e-2}{2(e-1)}$$

問 5.68 曲線 $xy=1$ を L とし，曲線 L 上に2点 $\mathrm{P}_1(a_1, b_1)$, $\mathrm{P}_2(a_2, b_2)$ （ただし，$0<a_1<a_2$ とする）をとり，原点をOとするとき，次の問に答えよ.

(1) 2線分 $\mathrm{OP}_1, \mathrm{OP}_2$ および曲線 L によって囲まれた図形の面積 S を求めよ.

(2) さらに，曲線 L 上に点 $\mathrm{P}_3(a_3, b_3)$ （ただし，$a_2<a_3$ とする）をとって，2線分

OP_2, OP_3 および曲線 L によって囲まれた図形の面積が (1) の S に等しくなるようにし，以下同様にして点 $P_4(a_4, b_4)$，点 $P_5(a_5, b_5)$，…… を曲線 L 上にとるとき

（i） $a_1, a_2, \cdots, a_n, \cdots$ はどのような数列となるか．

（ii） $\sum_{n=1}^{\infty} b_n$ を求めよ．　　（神戸商船大）

問 5.69　関数 $f(x)=e^{-x}|\sin^m x|$，$x \geqq 0$（m はある自然数）のグラフと x 軸とで囲まれる図形は無限個の部分からなっている．原点から x 軸の正の向きに数えて，第 n 番目の部分の面積を I_n とする．

(1)　I_n を定積分で表わせ．

(2)　I_n を I_1 で表わせ．

(3)　$S_n=\sum_{k=1}^{n} I_k$ を I_1 で表わせ．

(4)　$S=\lim_{n \to \infty} S_n$ がもしあれば，I_1 で表わせ．（明治大）

§2. 体　　積

立体の体積を求めるには，x 軸上の点 x において x 軸に垂直な平面での立体の切口の面積 $S(x)$ を既知のものとする．

立体の表面の x 座標の最小値を a，最大値を b とし，x 軸上の区間 $[a, b]$ 内に任意に微小区間 $[x, x+dx]$ をとり，x および $x+dx$ において x 軸に垂直な平行平面をつくり，その平面によってはさまれる立体の体積を ΔV とすると

$$\Delta V=S(x)dx+o(dx)$$

と考えられるから，体積 V は

$$V=\int_a^b S(x)dx$$

でえられる．$S(x)dx$ を**体積要素** (volume element) という．

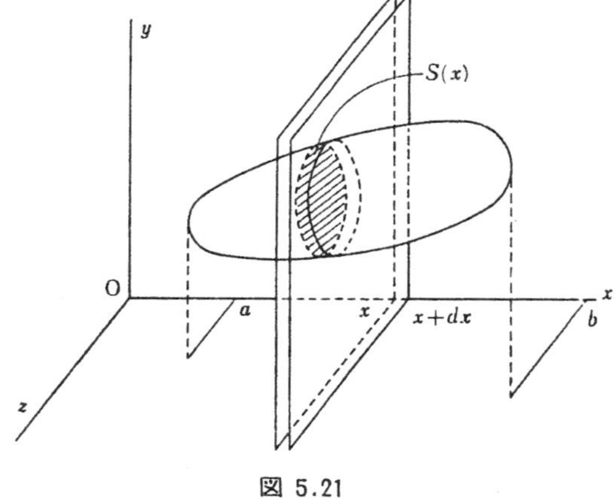

図 5.21

$S(x)$ を容易に求められるものに**回転体** (body of rotation) がある．曲線 $y=f(x)$ を，x 軸のまわりに回転してえられる立体を，x 軸上の点 x において，x 軸に垂直な平面で切ると，切り口は半径 $f(x)$ の円となるから

$$S(x)=\pi f^2(x)$$

である．［円の面積は，次の例5.46をみよ．］したがってこの立体の体積は

$$V=\pi\int_a^b f^2(x)dx$$

である．

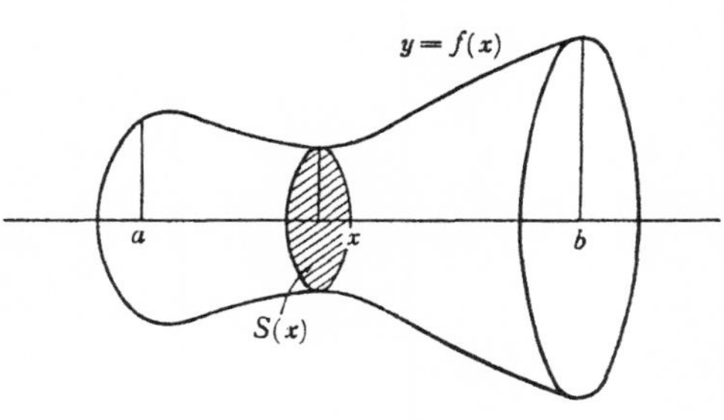

図 5.22

例 5.48　半径 r の球の体積を，定積分を用いて求めよ．（東京女子大）

（解）(1)　半径 r の円の面積をまず求めよう．

$$S=2\int_{-r}^{r}\sqrt{r^2-x^2}\,dx=4\int_0^r\sqrt{r^2-x^2}\,dx$$

$x=r\sin\theta$ とおくと

$x=0$ のとき，$\theta=0$

$x=r$ のとき，$\theta=\dfrac{\pi}{2}$　　$dx=r\cos\theta\,d\theta$

$$\therefore\quad S=4\int_0^{\frac{\pi}{2}}r^2\cos^2\theta\,d\theta=4r^2\int_0^{\frac{\pi}{2}}\frac{1+\cos 2\theta}{2}d\theta$$

$$=4r^2\left[\frac{\theta+\frac{1}{2}\sin 2\theta}{2}\right]_0^{\frac{\pi}{2}}=\pi r^2$$

(2)　半径 r の球は，半径 r の半円 $y=\sqrt{r^2-x^2}$ を x 軸のまわりに回転してえられる．したがって，

$$S(x)=\pi(r^2-x^2)$$

$$V=\int_{-r}^{r}\pi(r^2-x^2)dx$$

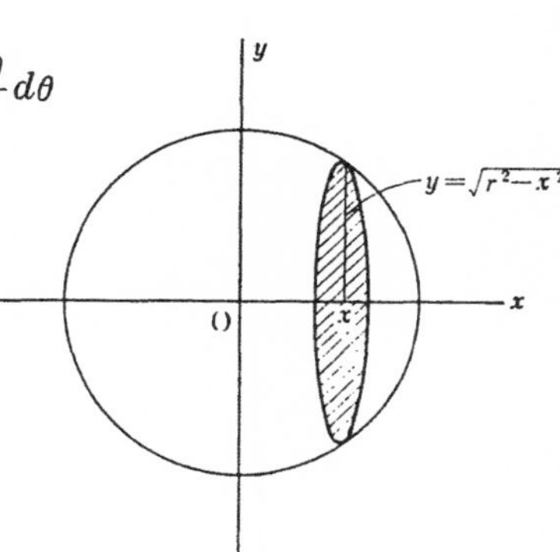

図 5.23

$$=2\pi\int_0^r(r^2-x^2)dx=2\pi\left[r^2x-\frac{x^3}{3}\right]_0^r=\frac{4}{3}\pi r^3$$

問 5.70　(1)　だ円 $\dfrac{x^2}{a^2}+\dfrac{y^2}{b^2}=1$ $(a>0,\ b>0)$ を x 軸のまわりに回転して生じる立体の体積を求めよ．（回転楕円体の体積）

(2)　$a+b=k$（一定）のとき，上の体積の最大値を求めよ．（島根大，東邦大）

問 5.71　球面 $x^2+y^2+z^2=R^2$ と2つの平面 $x=a, x=b$ で囲まれた部分の体積を求めよ．ただし，$R>a>b>0$ とする．（東京芸大）

（この体積を球台の体積という）

問 5.72　底の半径 r，高さ h の直円錐の体積を求めよ．

例 5.49　(1)　$b\geqq r>0$ のとき，円 $(x-a)^2+(y-b)^2=r^2$ を x 軸のまわりに回転してえられる回転体の体積を求めよ．（円環体の体積）

(2)　$x^2+y^2=r^2$ で与えられる円Oの外部に定点 $A(\alpha,\beta)$ がある．Aを通る直線 g を軸として，円Oを回転してえられる回転体の体積が最大になるように，g の方程式を求めよ．（g は円Oに交わらない）（金沢大）

（解）　(1)　図5.24において

$$RH=b+\sqrt{r^2-(x-a)^2}$$

$$SH=b-\sqrt{r^2-(x-a)^2}$$

RSを x 軸のまわりに回転してできるドーナツ板の面積は

$$S(x)=\pi RH^2-\pi SH^2$$

$$=\pi(RH+SH)(RH-SH)$$

$$=4\pi b\sqrt{r^2-(x-a)^2}$$

$$V=4\pi b\int_{a-r}^{a+r}\sqrt{r^2-(x-a)^2}\,dx$$

$x-a=z$ とおくと

$x=a-r$ のとき，$z=-r$

$x=a+r$ のとき，$z=r$

$$V=4\pi b\int_{-r}^{r}\sqrt{r^2-z^2}\,dz$$

$=4\pi b$（半径 r の半円の面積）

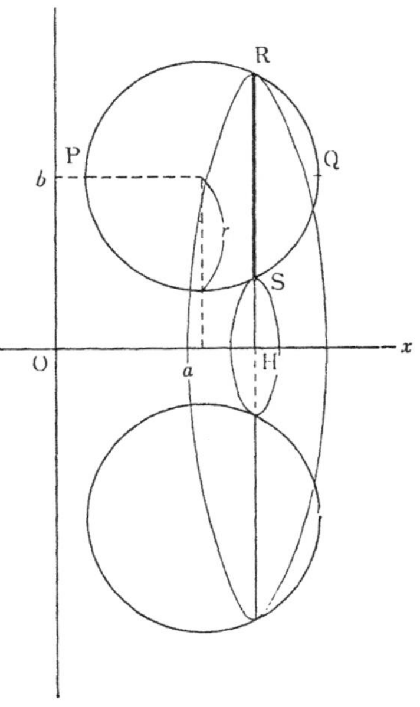

図 5.24

$$=2\pi^2 b r^2$$

(2)　直線 g の方程式は

$$y-\beta=m(x-\alpha)$$

円の中心Oから g へ垂線 OH を下すと

$$\mathrm{OH}=\frac{|m\alpha-\beta|}{\sqrt{1+m^2}}$$

g のまわりに円Oを回転してできる立体の体積は

$$V=2\pi^2 r^2\cdot\frac{|m\alpha-\beta|}{\sqrt{1+m^2}}$$

$$\frac{dV}{dm}=2\pi^2 r^2\frac{\left|\beta\left(m+\dfrac{\alpha}{\beta}\right)\right|}{\sqrt{(1+m^2)^3}}$$

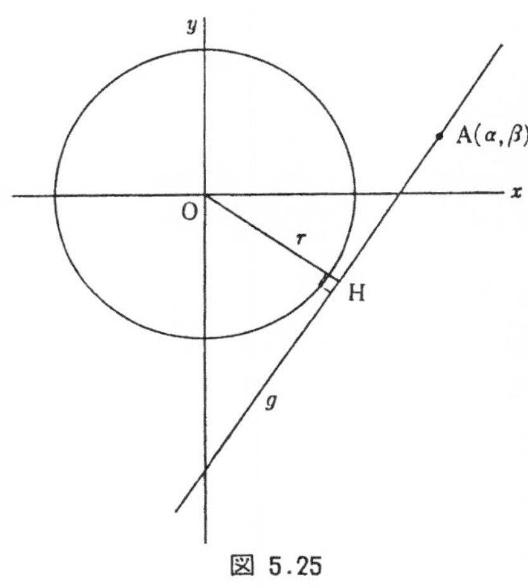

図 5.25

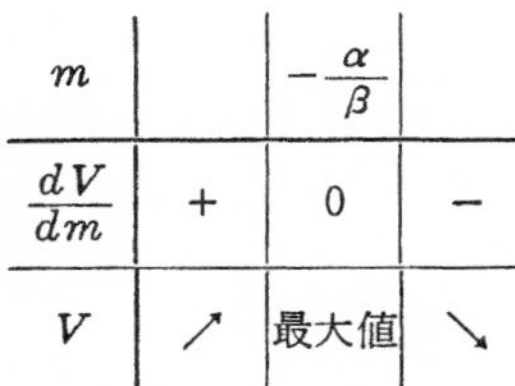

m		$-\dfrac{\alpha}{\beta}$	
$\dfrac{dV}{dm}$	+	0	−
V	↗	最大値	↘

$m=-\dfrac{\alpha}{\beta}$ のとき，V は最大値をとる．

よって，g の方程式は

$$\alpha x+\beta y=\alpha^2+\beta^2$$

問 5.73　次の□の中を正しくうめよ．

区間 $0\leqq x\leqq 1$ で曲線　$y=\sin\pi x-a(x^2-x)$ と x 軸とで囲まれた部分を，x 軸のまわりに回転してえられる立体の体積を計算すると

$$\square a^2+\square a+\square$$

となる．したがって，$a=\square$ のとき，上の立体の体積は最小になる．（慶応大）

問 5.74　(1)　2つの放物線 $y^2=ax$，$x^2=by$ $(a>0, b>0)$ によって囲まる，部分を x 軸のまわりに回転してできる立体の体積 V を a, b を用いて表わせ．

(2)　$a=\sin^3\theta$，$b=\cos^3\theta$ とするとき，V を最大にする $\cos\theta$ を求めよ．（富山大）

問 5.75　曲線 $y=\sqrt{8x-x^2}$ の上の2点 P, Q の x 座標がそれぞれ $a, a+1$ であるとき，次の問に答えよ．

(1)　この曲線と2直線 OP, OQ で囲まれる図形を，x 軸のまわりに回転してできる立体の体積 $V(a)$ を求めよ．

(2)　(1) で求めた $V(a)$ を最大にする a の値と，$V(a)$ の最大値を求めよ．

（横浜国大）

§3. 曲線の長さ

地図の上で曲った道路の長さを測るときは，デバイダーの幅を適当に小さくして，それがいくつとれるかを数え，地図の縮尺を利用して換算するのが普通である．

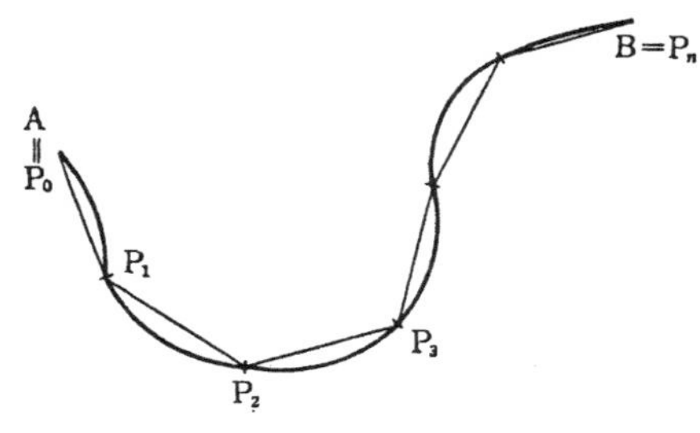

図 5.26

曲線の長さも，この原理に基づいて求める．すなわち，曲線 AB 上に $P_1, P_2, \cdots, P_{n-1}$ をとって，n 個の小さい曲線弧に分割し，折れ線

$$AP_1P_2\cdots\cdots P_{n-1}B$$

の長さを測って，その近似値とする．このとき，分点の数を大きくすればする程，よい近似値がえられることは明らかである．そこで曲線に沿う n 個の微小線分

$$AP_1,\ P_1P_2,\ P_2P_3,\ \cdots\cdots,\ P_{n-1}B$$

の中で最大のものを δ とするとき，$\delta \to 0$ のときの折れ線 $AP_1P_2\cdots\cdots P_{n-1}B$ の長さが，一定の極限値に近づくとき，それをもって曲線弧 AB の長さと定義する．

いま，曲線の式が $y=f(x)$ で与えられ，$A(a,f(a))$，$B(b,f(b))$ とする．曲線弧 AB の長さを求めよう．

区間 $[a,b]$ を n 個の小区間に分割し，分点

$$a=x_0, x_1, x_2, \cdots, x_{n-1}, x_n=b$$

$$\varDelta x_k = x_k - x_{k-1}$$

$$(k=1,2,\cdots,n)$$

とする． この分割で区間 $[x_{k-1}, x_k]$ に対応する曲線の長さ $\varDelta_k$ は

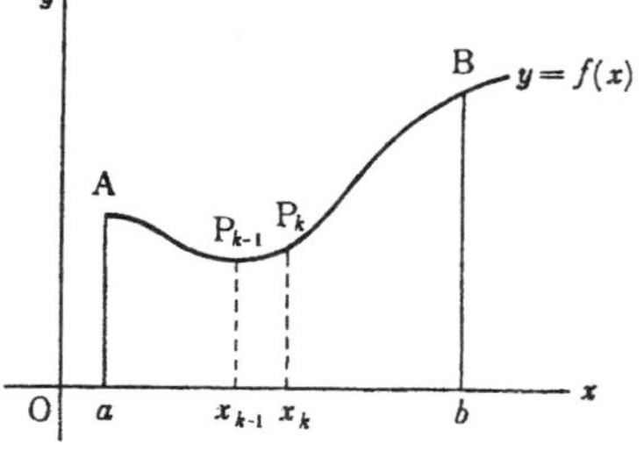

図 5.27

$$\varDelta s_k \fallingdotseq \sqrt{\varDelta x_k{}^2 + \varDelta y_k{}^2}$$

で近似される．

$$\Delta y_k = f(x_k) - f(x_{k-1})$$
$$\fallingdotseq f'(\xi_k)\Delta x_k, \quad \text{ただし} \quad x_{k-1} < \xi_k < x_k$$

となる ξ_k が存在するから

$$\Delta s_k \fallingdotseq \sqrt{1+\{f'(\xi_k)\}^2}\,\Delta x_k$$

よって，AB 間の長さ s は

$$s = \sum_{k=1}^{n} \Delta s_k \fallingdotseq \sum_{k=1}^{n} \sqrt{1+\{f'(\xi_k)\}^2}\,\Delta x_k$$

$\max_{1\leq k\leq n}(\Delta x_k) = \delta$，$\delta \to 0$ のとき，$n \to \infty$ だから

$$s = \lim_{\delta\to 0} \sum_{k=1}^{n} \Delta s_k = \int_a^b \sqrt{1+\{f'(x)\}^2}\,dx$$
$$= \int_a^b \sqrt{1+\left(\frac{dy}{dx}\right)^2}\,dx$$
$$= \int_\alpha^\beta \sqrt{\left(\frac{dx}{dt}\right)^2 + \left(\frac{dy}{dt}\right)^2}\,dt \qquad \text{ただし} \quad a = x(\alpha), \; b = y(b)$$

ともかける．しかし，一般的に s の計算は面倒である．

例 5.50 半径 r の円の周の長さを求めよ．

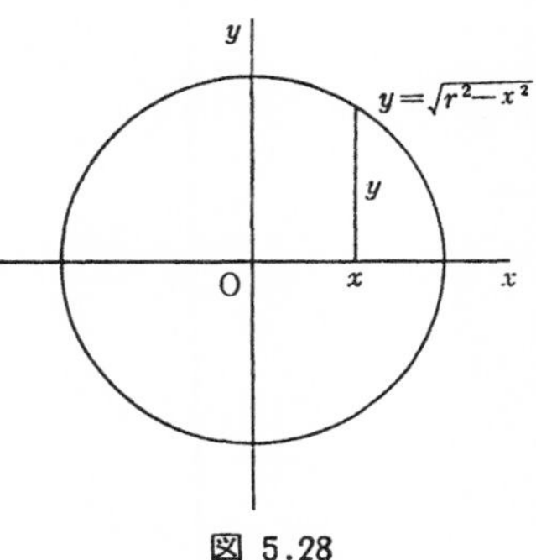

図 5.28

（解） (1) 4 分円の円弧を求める．曲線の方程式は，

$$y = \sqrt{r^2 - x^2}, \qquad \frac{dy}{dx} = -\frac{x}{\sqrt{r^2 - x^2}}$$

周の長さ $\quad l = 4\int_0^r \sqrt{1+\frac{x^2}{r^2-x^2}}\,dx$

$$= 4r\int_0^r \frac{dx}{\sqrt{r^2-x^2}} = 4r\left[\sin^{-1}\frac{x}{r}\right]_0^r$$
$$= 4r \times \frac{\pi}{2} = 2\pi r$$

(2) 円の方程式をパラメーター表示して

$$x = r\cos\theta, \qquad y = r\sin\theta$$
$$dx = -r\sin\theta\,d\theta, \qquad dy = r\cos\theta\cdot d\theta$$
$$l = \int_0^{2\pi} \sqrt{\left(\frac{dx}{d\theta}\right)^2 + \left(\frac{dy}{d\theta}\right)^2}\,d\theta = r\int_0^{2\pi} d\theta = 2\pi r$$

問 5.76　平面上の動点 $P(x,y)$ の時刻 t における位置が

$$x=\cos(2t^3-9t^2+12t),\quad y=\sin(2t^3-9t^2+12t)$$

で与えられるとき，$t=0$ から $t=3$ までの間に動いた道のりを求めよ．（横浜市大）

問 5.77　原点Oを始点とするベクトル

$$\overrightarrow{\mathrm{OP}}=\begin{pmatrix} e^{\sqrt{3}t}\cos t \\ e^{\sqrt{3}t}\sin t \end{pmatrix}$$

の終点Pの運動を考える．ただし t は時刻を表わす変数，e は自然対数の底とする．いま，時刻 t におけるPの速度ベクトルを $\boldsymbol{v}$ とするとき．

(1)　$\boldsymbol{v}$ の大きさを求めよ．

(2)　$\boldsymbol{v}$ と $\overrightarrow{\mathrm{OP}}$ のなす角を求めよ．

(3)　$t=0$ から $t=2\pi$ までPの動いた道のりを求めよ．（北大）

例 5.51　(1)　f,g はともに t の関数で，X が任意の実数のとき，X の2次関数

$$(\sqrt{f^2+g^2}+|f|)X^2-2|g|X+(\sqrt{f^2+g^2}-|f|)$$

は負にならないことを証明せよ．

(2)　$a<b$ のとき，(1) を用いて

$$S=\left(\int_a^b\sqrt{f^2+g^2}\,dt\right)^2,\quad T=\left(\int_a^b f\,dt\right)^2+\left(\int_a^b g\,dt\right)^2$$

の値の大小を比較せよ．

(3)　$x=F(t),\quad y=G(t)\quad (a\leqq t\leqq b)$

で表わされる曲線の弧ABがある．このとき (2) において

$$f=F'(t),\quad g=G'(t)$$

とすれば，S,T は幾何学的に何を表わすか．（横浜国大）

（解）(1)　与式$=f(X)$ とおく．

$$f'(X)=2(\sqrt{f^2+g^2}+|f|)X-2|g|$$

$\sqrt{f^2+g^2}+|f|>0$ だから，$f'(X)=0$ となる X，つまり

$$X=\frac{|g|}{\sqrt{f^2+g^2}+|f|}=\frac{\sqrt{f^2+g^2}-|f|}{|g|}$$

で最小値をとる．その値は0である．

$$\therefore\quad f(X)\geqq 0$$

(2)　(1) 式を t について積分すると

$$\left(\int_a^b \sqrt{f^2+g^2}\,dt+\int_a^b |f|dt\right)X^2-2\left(\int_a^b |g|dt\right)X+\left(\int_a^b \sqrt{f^2+g^2}\,dt-\int_a^b |f|dt\right)\geqq 0$$

判別式

$$\left(\int_a^b |g|dt\right)^2 \leqq \left(\int_a^b \sqrt{f^2+g^2}\,dt\right)^2-\left(\int_a^b |f|dt\right)^2$$

$$\therefore\quad \left(\int_a^b |f|dt\right)^2+\left(\int_a^b |g|dt\right)^2 \leqq \left(\int_a^b \sqrt{f^2+g^2}\,dt\right)^2$$

さて,

$$-|f| \leqq f \leqq |f|$$

より

$$-\int_a^b |f|dt \leqq \int_a^b f\,dt \leqq \int_a^b |f|dt$$

$$\left|\int_a^b f\,dt\right| \leqq \int_a^b |f|dt$$

よって,

$$T=\left(\int_a^b f\,dt\right)^2+\left(\int_a^b g\,dt\right)^2$$

$$\leqq \left(\int_a^b |f|dt\right)^2+\left(\int_a^b |g|dt\right)^2 \leqq S$$

(3) $S=\int_a^b \sqrt{\left(\frac{dF}{dt}\right)^2+\left(\frac{dG}{dt}\right)^2}\,dt=$ 曲線弧 AB の長さ

$$T=\left(\int_a^b dF\right)^2+\left(\int_a^b dG\right)^2=\overline{\mathrm{AB}}$$

§4. 回転体の側面積

$y=f(x)$, $f(x)>0$, $a \leqq x \leqq b$ を x 軸のまわりに回転してできる立体の側面積を求めよう.

区間 $[a, b]$ を

$$a=x_0<x_1<x_2<\cdots<x_{n-1}<x_n=b$$

$$x_{k-1}<\xi_k<x_k$$

に分割する. $x=\xi_k$ において $y=f(x)$ にひいた接線と, 2 直線

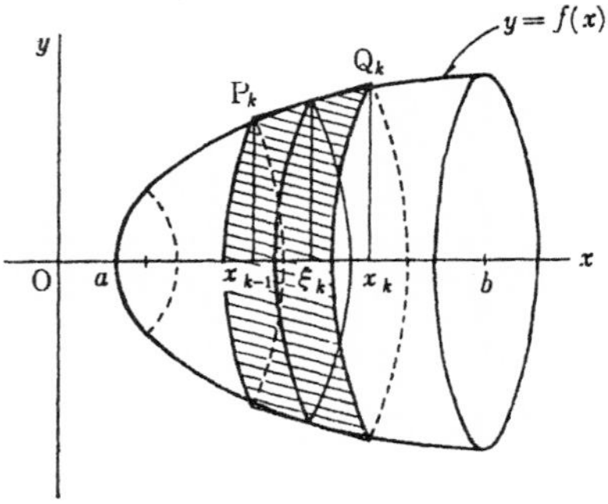

$x=x_{k-1}$,　$x=x_k$

との交点を P_k, Q_k とすると

$$P_kQ_k=\sqrt{1+f'(\xi_k)^2}(x_k-x_{k-1})$$

P_iQ_i を x 軸のまわりに回転してえられる円錐台の側面積は

$$2\pi f(\xi_k)P_kQ_k$$

$$(i=1,2,\cdots,n)$$

$\max(x_k-x_{k-1})=\delta\to 0$ のとき，$n\to\infty$ となりその極限値は

$$S=2\pi\int_a^b f(x)\sqrt{1+f'(x)^2}dx$$

で与えられる．これを $y=f(x)$ $(a\leqq x\leqq b)$ を x 軸のまわりに回転した回転体の側面積と定義する．

例 5.52　半径 r の球の表面積を求めよ．

（解）　$f(x)=\sqrt{r^2-x^2}$,　　$f'(x)=-\dfrac{x}{\sqrt{r^2-x^2}}$

$$S=2\pi\int_{-r}^{r}\sqrt{r^2-x^2}\sqrt{1+\frac{x^2}{r^2-x^2}}\,dx$$

$$=2\pi r\int_{-r}^{r}dx=4\pi r^2$$

問 5.78　円 $(x-a)^2+(y-b)^2=r^2$ $(b>r>0)$ を x 軸のまわりに回転してできる回転体の表面積を求めよ．

第VI部

関数方程式

ナポレオンは帝国を創った．ラプラスは宇宙全体に関する整合な力学像を創り上げた．その力学像の中では，巨大な機構が永遠に定められた通りの運動を行うのだ．ラプラスの宇宙は決定論的である．…過去に何が生起し，将来何が起こるかは，現在の状態とそれを支配する法則とによって決定される，というのだ…．世界が決定的な法則によって統べられている，という誇らかな認識と傲慢さが科学の王国を支配した．

（インフェルト「神々の愛でし人」）

第1章　関数方程式序説

§1.　微分方程式の初期値問題

未知関数 $x(t)$，$y(t)$，…… について

$$x'(t),\ y'(t),\ x''(t),\ y''(t),\ \cdots\cdots$$

などを用いて示される法則を**微分方程式** (differential equation) という．

たとえば，その法則が

$$\left(\frac{d^2x}{dt^2}\right)^3+x^2=t^2 \qquad ①$$

とか

$$\frac{d^2y}{dt^2}+P\frac{dy}{dt}=Q \qquad ②$$

であってよい．未知関数の関係する独立変数は，t 1つにとどめるとき，その場合の微分方程式を**常微分方程式** (ordinary differential equation) という．そして未知関数の導関数の最高階数を**階数** (order)，最高階の次数を**次数** (degree) という．

①は　2階3次常微分方程式

②は　2階1次(線型)常微分方程式

という．

決定問題の解決，つまり

(A)　現状はこうである　……**初期条件，初期値**という．

(B)　ある種の法則を仮定すると（定立すると）…**法則**という．

(C)　未来はこうなるのであろう　……**解**という．

という問題解法に，微分方程式は重要な役割を果す．まず，例題から始めよう．

例 6.1 (A) 初期値　時刻 $t=0$ で，速さ $v(0)=v_0$

(B) 局所法則　$dv=gdt$,　g は定数

(C) 解　$v=\int gdt=gt+c$

$t=0$ とおくと　$v_0=c$

$\therefore \quad v(t)=gt+v_0$

また，

(A) 初期値　時刻 $t=0$ で，距離 $x(0)=x_0$

(B) 局所法則　$dx=vdt=(gt+v_0)dt$

(C) 解　$x=\int(gt+v_0)dt=\frac{1}{2}gt^2+v_0t+c$

$t=0$ のとき，$x_0=c$;　$x=\frac{1}{2}gt^2+v_0t+x_0$

問 6.1 $f'(x)=3x^2-12x+9$, $f(1)=1$ を満足する関数 $f(x)$ がある．

(1) $f(x)$ を求めよ．

(2) 関数 $y=f(x)$ の極大値および極小値を求めよ．

(3) 曲線 $y=f(x)$ と直線 $y=f(\alpha)$ (α は定数)が，相異なる3点で交わるような α の値の範囲を求めよ．（鹿児島大）

例 6.2 $y=e^{-x}(c_1\cos x+c_2\sin x)$ が解であるような定数 c_1, c_2 を含まない微分方程式を導け．（静岡大）

(解) 与えられた関数を

$$e^x y=c_1\cos x+c_2\sin x \qquad ①$$

とおく．

$$e^x(y'+y)=-c_1\sin x+c_2\cos x \qquad ②$$

さらに微分すると

$$e^x(y''+2y'+y)=-c_1\cos x-c_2\sin x \qquad ③$$

①+③

$$e^x(y''+2y'+2y)=0$$

$e^x\neq 0$　だから

$$y''+2y'+2y=0$$

つまり，この方程式は $y=e^{-x}(c_1\cos x+c_2\sin x)$ なる曲線群の特性を表わすものである．

問 6.2 次の□内を埋めよ．

$y=\dfrac{1}{ax+b}$ $(ab\neq0)$ と，その導関数 y' および y'' から a,b を消去すると，次の関係式が成立する．

$$(y')^2-\square\, yy''=0$$ （東北学院大）

n 個の任意定数 $c_1,c_2,\cdots,c_n$ を含む x の関数

$$y=f(x\,;\,c_1,c_2,\cdots,c_n)$$

を x について微分して

$$y'=f'(x\,;\,c_1,c_2,\cdots,c_n)$$

$$y''=f''(x\,;\,c_1,c_2,\cdots,c_n)$$

……

$$y^{(n)}=f^{(n)}(x\,;\,c_1,c_2,\cdots,c_n)$$

をえる．これらから $c_1,c_2,c_3,\cdots,c_n$ を消去して

$$g(x\,;\,y,y_1,y'',\cdots,y^{(n)})=0 \qquad \text{(A)}$$

という式をえたとする．例 6.2 では

$$y=f(x\,;\,c_1,c_2)=e^{-x}(c_1\cos x+c_2\sin x)$$

であった．これから c_1,c_2 を消去して

$$g(x\,;\,y,y',y'')=y''+2y'+y=0$$

をえた．このように (A) は n 階常微分方程式になっている．

(A) で n 個の任意の定数を含む解（方程式をみたす $y=f(x)$）を**一般解** (general solution)，任意の定数に特定の値を代入してえられる解を**特殊解** (special solution)，任意定数にどんな値を代入してもえられない解を**特異解** (singuler solution) という．

例 6.3 関数 $y=e^{mx}$（m は実数の定数）が常微分方程式

$$y''+2y'-3y=0$$

をみたすように m を定めよ．（東京電機大）

（解）　$y=e^{mx}$,　$y'=me^{mx}$,　$y''=m^2e^{mx}$

$$e^{mx}(m^2+2m-3)=0$$

$e^{mx}\neq 0$　だから

$$(m+3)(m-1)=0$$

$$\therefore\quad m=1\quad または\quad -3$$

$$y=c_1e^x,\qquad y=c_2e^{-3x}\qquad もしくは$$

$$y=c_1e^x+c_2e^{-3x}$$

は与えられた方程式の一般解であり，

$$y=e^x+2e^{-3x}$$

などは特殊解である．

例 6.4　$\dfrac{dx}{dt}=3x^{\frac{2}{3}}$ なる微分方程式で $\dfrac{dt}{dx}=\dfrac{1}{3}x^{-\frac{2}{3}}$ とすると

$$t=x^{\frac{1}{3}}+c$$

$$x=(t-c)^3$$

これは一般解である．

$$x=t^3$$

は特殊解（$c=0$ とおく）．その他

$$x=0$$

も明らかに，もとの方程式をみたす．これは特異解である．

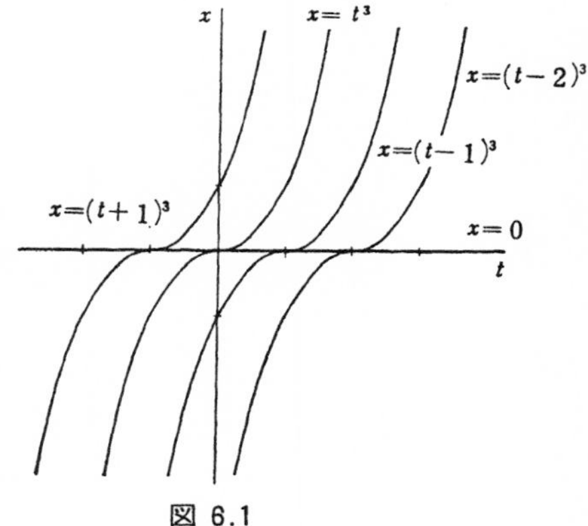

図 6.1

§2. 差分方程式の初期値問題

数列のように，定義域が自然数の集合である分離量関数に対しても，決定問題は同様にして解ける．

例 6.5　数列 $x_1,x_2,x_3,\cdots$ において

$$x_{n+1}-x_n=4n-1\qquad (n=1,2,\cdots)$$

の関係があるとき

(1)　一般項 x_n を，x_1 と n の式で表わせ．

(2)　$\sum_{n=1}^{11} x_n=0$ が成り立つように x_1 の値を求めよ．　（日大）

（解）(1)　$x_{n+1}-x_n\equiv\Delta x_n=4n-1$　(B)

$$x_n=\Delta^{-1}(4n-1)$$

$$=2n^{(2)}-n+c$$

初期条件は　$n=1$ のとき，x_1　(A)

$$x_1=2\cdot1\cdot0-1+c$$

$$c=x_1+1$$

$$\therefore\ x_n=2n(n-1)-n+1+x_1 \quad (C)$$

(2)　$\sum_{n=1}^{11} x_n=\sum_{n=1}^{11}\{2n^{(2)}-n+1+x_1\}$

$$=\left[\frac{2}{3}n^{(3)}-\frac{1}{2}n^{(2)}+n+x_1n\right]_1^{12}$$

$$=\frac{2}{3}\cdot12^{(3)}-\frac{1}{2}\cdot12^{(2)}+12(x_1+1)-(x_1+1)=0$$

$$11(x_1+1)=-\frac{2}{3}\times12^{(3)}+\frac{1}{2}\times12^{(2)}$$

$$x_1+1=-80+6$$

$$x_1=-75$$

問 6.3　数列 $a_1,a_2,\cdots,a_n,\cdots$ がある．$a_1=1$ で，$a_{n+1}=a_n+(n+1)$　$(n=1,2,3,\cdots)$ であるとき，次の問に答えよ．

(1)　a_n を n で表わす式を求めよ．

(2)　$\sum_{k=1}^{n}\frac{1}{a_k}$ を求めよ．　(3)　$\sum_{k=1}^{\infty}\frac{1}{a_k}$ を求めよ．　（佐賀大）

問 6.4　数列 $\{a_n\}$ は $a_1=0$，$n\geqq2$ のとき，$(n^2+4n+3)\times(a_n-a_{n-1})=2$ をみたしている．

(1)　一般項 a_n を求めよ．　(2)　$\lim_{n\to\infty}a_n$ を求めよ．　（静岡大）

例 6.6　数列 1,2,4,7,11,16,22,29,… について次の問に答えよ．

(1)　第 n 項を求めよ．

(2)　第 $4m$ 項までにあらわれる奇数の和を求めよ．　（横浜市大）

(解)　(1)　1　2　4　7　11　16　22 …

差　1　2　3　4　5　6

$$a_{n+1}-a_n=n$$

(B)　法則　$\Delta a_n=n$

(A)　初期値　$a_1=1$

(C)　$a_n=\frac{1}{2}n^{(2)}+c$

$n=1$ とおくと　$1=c$

$$\therefore\ a_n=\frac{1}{2}n^{(2)}+1=\frac{n^2-n+2}{2}$$

(2)　$n=4m-3$ のとき　$a_n=(4m-3)(2m-2)+1$　奇数

$n=4m-2$ のとき　$a_n=(2m-1)(4m-3)+1$　偶数

$n=4m-1$ のとき　$a_n=(4m-1)(2m-1)+1$　偶数

$n=4m$　のとき　$a_n=2m(4m-1)+1$　奇数

$$\sum_{k=1}^{m}(a_{4k-3}+a_{4k})$$

$$=\sum_{k=1}^{m}\{(4k-3)(2k-2)+1+2k(4k-1)+1\}$$

$$=\sum_{k=1}^{m}\{16k^2-16k+8\}=\sum_{k=1}^{m}16k^{(2)}+8m$$

$$=\left[\frac{16}{3}k^{(3)}\right]_1^{m+1}+8m=\frac{8}{3}m(2m^2+1)$$

問 6.5　(1)　数列 1,3,5,7,9,… の初項，第3項，第6項，第10項，第15項，…を順に並べてつくった数列 1,5,11,19,29,…… の第 n 項 a_n を求めよ．

(2)　さらにこの数列 $\{a_n\}$ から (1) と全く同様な方法でつくった数列の第 n 項 b_n を求めよ．

(3)　(2) でつくった数列の第 n 項 b_n が 10^4 にもっとも近い値をとるような n の値を求めよ．　(福島医大)

問 6.6　$(n+1)a_n=na_{n+1}+2a_1$ のとき，数列 $\{a_n\}$ の一般項と，あわせて $\lim_{n\to\infty}\frac{a_n}{n}$ を求めよ．　(東京工大)

例 6.7　$x_1=1,\ y_1=0$ で $n\geqq 1$ のとき

$$x_{n+1}=ax_n+by_n$$
$$y_{n+1}=bx_n+ay_n$$

をみたす2つの数列 $\{x_n\}$, $\{y_n\}$ がある．このとき，次の問に答えよ．

(1)　$n\geqq 2$ のとき x_n+y_n, x_n-y_n を a,b,n で表わせ．

(2)　$n\geqq 2$ のとき x_n, y_n を a,b,n で表わせ．

(3)　2つの数列 $\{x_n\}$, $\{y_n\}$ が収束するような a,b の値を座標にもつ点 (a,b) の存在範囲を図示せよ．　（神奈川大）

（解）(1)
$$\begin{cases} x_{n+1}=ax_n+by_n & ① \\ y_{n+1}=bx_n+ay_n & ② \end{cases}$$

①＋②　$x_{n+1}+y_{n+1}=(a+b)(x_n+y_n)$

①－②　$x_{n+1}-y_{n+1}=(a-b)(x_n-y_n)$

したがって

$$\frac{x_{n+1}+y_{n+1}}{x_n+y_n}=a+b=\text{一定} \qquad ③$$

$$\frac{x_{n+1}-y_{n+1}}{x_n-y_n}=a-b=\text{一定} \qquad ④$$

③④を逐次代入法で求めると

$$x_n+y_n=(a+b)^{n-1}(x_1+y_1)=(a+b)^{n-1} \qquad ⑤$$
$$x_n-y_n=(a-b)^{n-1}(x_1-y_1)=(a-b)^{n-1} \qquad ⑥$$

(2)　$\dfrac{⑤+⑥}{2}$　$x_n=\dfrac{1}{2}\{(a+b)^{n-1}+(a-b)^{n-1}\}$

$\dfrac{⑤-⑥}{2}$　$y_n=\dfrac{1}{2}\{(a+b)^{n-1}-(a-b)^{n-1}\}$

(3)　$\lim_{n\to\infty}(a\pm b)^n$ が有限確定であるためには

$$-1<a+b\leqq 1,\quad -1<a-b\leqq 1$$

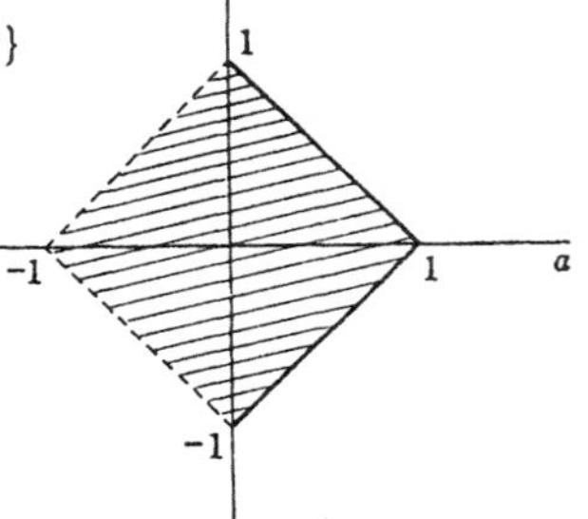

問 6.7　平面上に点列 $P_0, P_1, P_2, \cdots, P_n$ があって，点 P_n の座標 (x_n, y_n) と，点 P_{n+1} (x_{n+1}, y_{n+1}) の間に

$$x_{n+1}=\frac{2}{3}x_n+\frac{1}{3}y_n$$
$$(n=0,1,2,\cdots)$$
$$y_{n+1}=\frac{1}{3}x_n+\frac{2}{3}y_n$$

という関係があったとする．n が限りなく増すとき点 P_n はどのような点に近づくか．この点を x_0, y_0 で表わせ． （東大）

§3. 解 の 存 在

差分方程式にせよ，微分方程式にせよ，その解を求めることは大変むつかしいし，また実際に差分をとったり，和分をとったり，積分したりという方法では解けないものもある．

それでも，何らかの現実の現象をもとにして立てられた微分方程式であるならば，そこに解が存在するはずである．そんな場合，ごくおおざっぱに解の状態を調べるにはどうすればよいか．それについて説明しよう．

例 6.8 $\dfrac{dy}{dx}=2x$ の解の状態を調べよ．

$x=0$ のとき，$\dfrac{dy}{dx}=0$

$x=1$ のとき，$\dfrac{dy}{dx}=2$

$x=2$ のとき，$\dfrac{dy}{dx}=4$

$x=-1$ のとき，$\dfrac{dy}{dx}=-2$

………

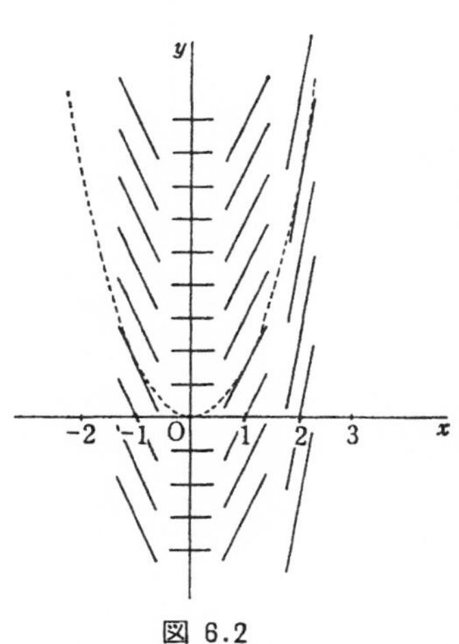

図 6.2

直線 $x=k$ 上に，傾きが $2k$ であるような線分を並べてゆくと，それらの線分から解の様子がわかる．

この例では放物線らしい変化状態が感知される．事実

$$\int\frac{dy}{dx}dx=2\int x\,dx$$

$$y=x^2+c$$

で一般解は放物線群になる.

問 6.8 次の微分方程式の解の状態を示す図を例6.8にならってつくれ.

(1) $\dfrac{dy}{dx}=2$ (2) $\dfrac{dy}{dx}=y$ (3) $\dfrac{dy}{dx}=-\dfrac{x}{y}$

§4. 変数分離型

方程式を変形したり，変数変換したり，不定積分を有限回くり返して解の関数を求めることを**求積法** (quadrature) という. 本節ではもっとも簡単な求積法である変数分離型について説明しよう.

$$\frac{dy}{dx}=\frac{g(x)}{f(y)}$$

の型は

$$f(y)dy=g(x)dx$$

と直すと初期条件は

$$x=x_0 \text{ のとき，} y=y_0$$

とする. すると

$$\int_{y_0}^{y}f(y)dy=\int_{x_0}^{x}g(x)dx$$

となる.

例 6.9 空気中を速度に比例する抵抗を受けながら，落下する物体の時刻 t における速度を求めよ. ただし初速度は0とする.

(解) (A) $t=0$ のとき，$v=0$

(B) $m\dfrac{dv}{dt}=mg-kv$

$$\frac{dv}{g-\dfrac{k}{m}v}=dt$$

(C) $\int_0^v \frac{dv}{g-\frac{k}{m}v}=\int_0^t dt$

$$-\frac{m}{k}\left[\log_e\left|g-\frac{k}{m}v\right|\right]_0^v=t$$

$$\log_e\frac{g-\frac{k}{m}v}{g}=-\frac{k}{m}t$$

$$1-\frac{k}{mg}v=e^{-\frac{k}{m}t}$$

$$\therefore\quad v=\frac{mg}{k}\left(1-e^{-\frac{k}{m}t}\right)$$

$\lim_{t\to\infty} v=\frac{mg}{k}$ を v の最終速度という.

問 6.9 微分方程式 $y\frac{dy}{dx}=-\frac{1}{2x^2}$ $(0<x<1,\ y>0)$ を満足し, $x=\frac{1}{2}$ のとき $y=1$ となる x の関数 y を求め, このグラフをかけ. (同志社大)

問 6.10 x の関数 y が微分方程式 $\frac{dy}{dx}=y-1$ をみたし, かつ, $x=0$ のとき $y=a$ となる. このとき, 積分 $\int_0^1(y-x-1)^2dx$ を最小にする a を定めよ. (早大)

問 6.11 関数 $y=f(x)$ は微分方程式 $\frac{dy}{dx}=y+1$ を満足し, そのグラフは点 $(0,1)$ を通るという.

(1) $f(x)$ を求めよ.

(2) この曲線と両座標軸で囲まれる部分の面積を求めよ. (東京理大)

問 6.12 (1) $\frac{df(x)}{dx}=af(x)$, $f(0)=2$ であるような関数 $y=f(x)$ を求めよ. ただし, a は0でない定数とする.

(2) (1)で求めた関数 $y=f(x)$ が, さらに $f(1)=\frac{2}{e}$ をみたすとき, 定数 a の値を求めよ.

(3) (2)で求めた関数 $y=f(x)$ に対して, $a_i=f(i)$ $(i=0,1,2,\cdots,n,\cdots)$ とするとき, 無限級数 $a_0+a_1+a_2+\cdots+a_n+\cdots$ の和を求めよ. (東京電機大)

例 6.10 ある工業都市上空の大気中へある有害物質がはき出されている. この物質は大気中において, 毎時3%ずつ自然に分解して消滅する. 時刻 t における地表の面積 $1\,\mathrm{m}^2$ 当りの大気中のこの有害物質の総量 $x(t)$ が 30 mg 以下の場合は, 毎時 $1.50\,\mathrm{mg/m^2}$ の割合ではき出されているが, $x(t)$ が 30 mg をこえると，警報を発して毎時 0.15 mg/m^2 に制限し，$x(t)$ が 20 mg に下ると警報は解除されて，毎時 1.50 mg/m^2 にもどる．警報の継続している時間 T_1 と解除されている時間 T_2 とを求めよ．ただし，$\log_e 2=0.693$，$\log_e 3=1.099$，$\log_e 5=1.609$ とする． （岐阜大）

（解） (1) 警報が継続しているとき，

(B) 有害物質の増加率は $\dfrac{dx(t)}{dt}=0.15-0.03x(t)$

(A) $t=0$ のとき，$x=30$

(C) $\displaystyle\int_{30}^{x}\frac{dx}{0.15-0.03x}=\int_0^t dt$

$$-\frac{1}{0.03}\Big[\log_e|x-5|\Big]_{30}^{x}=t$$

$$t=\frac{100}{3}\log_e\frac{25}{|x-5|}$$

$x(t)=20$ mg/m^2 になると警報は解除されるから，

$$T_1=\frac{100}{3}\log_e\frac{25}{15}=\frac{100}{3}\log_e\frac{5}{3}$$

$$=\frac{100}{3}(\log_e 5-\log_e 3)=\frac{100}{3}(1.609-1.099)=17 \text{ 時間}$$

(2) 警報が解除されている間の有害物質の増加率は

(B) $\dfrac{dx(t)}{dt}=1.50-0.03x(t)$

(A) $t=0$ のとき，$x(t)=20$

(C) $\displaystyle\int_{20}^{x}\frac{dx}{1.5-0.03x}=\int_0^t dt$

$$t=\frac{100}{3}\{\log_e 30-\log_e|50-x|\}$$

$x=30$ となると警報が発せられるから，

$$T_2=\frac{100}{3}(\log_e 30-\log_e 20)=\frac{100}{3}(\log_e 3-\log_e 2)\doteqdot 13.53$$

問 6.13 ある放射性物質の $t=0$ における放射能の強さを N_0，時刻 t における強さを N で表わす．放射能の強さの減少する速さ dN/dt は，そのときの強さ N に比例する．

このとき，次の問に答えよ．

(1)　N を t の関数で表わせ．

(2)　5年後に最初の強さ N_0 の $\frac{1}{10}$ になったとすると，強さが $\frac{N_0}{2}$ になるのは，何年後か．ただし $\log_{10} 2=0.3010$ とする．　（立教大）

例 6.11　図のような半径 R の半球形のタンクに，水を1杯満たしてある．このタンクの底に半径 r の小さな穴をあけて，重力の作用のもとに排水をする．排水を始めてから，t 秒後の水の深さ y を与える式をつくって，タンクの内の水が流出し終わるまでの時間を求めよ．

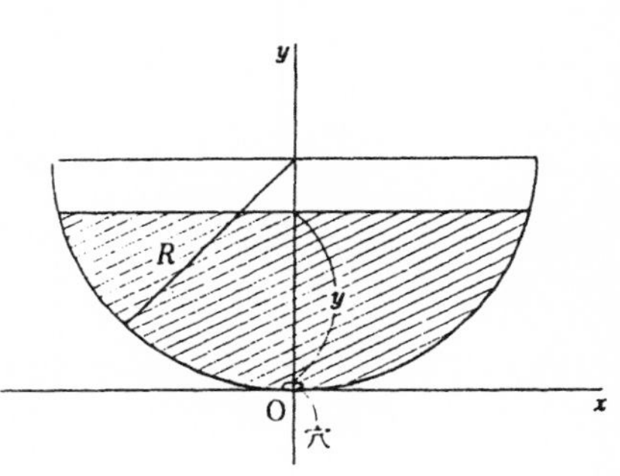

ただし，トリチェリーの法則から，水面の高さが y のときの水の流出する速度は $v=\sqrt{2gy}$ （g は出力の加速度，すべて，c.g.s 単位）であるとする．

（上智大）

（解）　時間 dt の間にタンクの水位が dy cm だけ下ったすると，下った水量は

$$dV=-\pi[R^2-(R-y)^2]\,dy$$

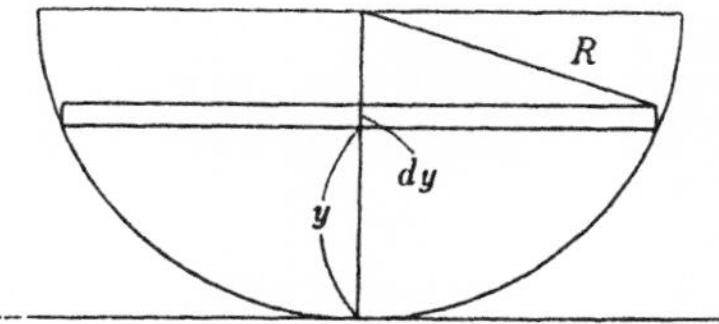

一方，トリチェリーの法則から

$$dV=\pi r^2 v dt$$
$$=\pi r^2\sqrt{2gy}\,dt$$

$$\therefore\ -[R^2-(R-y)^2]\,dy=r^2\sqrt{2gy}\,dt$$

(B)　$-(2R\sqrt{y}-\sqrt{y^3})dy=\sqrt{2g}\,r^2\,dt$

(A)　$t=0$ のとき，$y=R$ とおく．

(C)　$-\int_R^y(2R\sqrt{y}-\sqrt{y^3})dy=\sqrt{2g}\,r^2\int_0^t dt$

$$-\left[\frac{4}{3}R\sqrt{y^3}-\frac{2}{5}\sqrt{y^5}\right]_R^y=\sqrt{2g}\,r^2 t$$

$$\frac{14}{15}\sqrt{R^5}-\frac{4}{3}R\sqrt{y^3}+\frac{2}{5}\sqrt{y^5}=\sqrt{2g}\,r^2t$$

$y=0$ とおくと，タンクの水は完全に流出してしまうから

$$t=\frac{14\sqrt{R^5}}{15\sqrt{2g}\,r^2}\text{ 秒}$$

問 6.14　曲線 $x=f(y)$ (x, y の単位は cm) は y 軸と原点だけで交わり，第1象限にある．この曲線を y 軸のまわりに回転してできる回転面を内面とする空の容器がある．この容器に $v\,\mathrm{cm}^3$/秒 の割合で水を注ぎ始めてから t 秒後の水の深さを $h(t)$ cm とすると

$$\frac{dh}{dt}=\frac{1}{\sqrt{t}}$$

が成り立つ．曲線 $x=f(y)$ の方程式を求めよ．　　　　(岡山大)

例 6.12　$f(x)$ は $x>0$ で定義された正の値をとる微分可能な関数で

$$\{f(x)\}^2=x+1+\int_1^x\{f(t)\}^2dt$$

をみたすものとする．

(1)　$y=f(x)$ のみたす1階微分方程式を求めよ．

(2)　$y=f(x)$ を任意定数を含まない形で求めよ．　　　　(北大)

(解)　(1)　与えられた方程式を x について微分すると

$$2f(x)f'(x)=1+f^2(x)$$

$f(x)=y$ とおくと

$$\frac{2y}{1+y^2}dy=dx \qquad \text{(B)}$$

(2)　$x=1$ とおくと

$$f^2(1)=2 \qquad \text{(A)}$$

よって

$$\log_e(1+y^2)=x+c \qquad \text{(C)}$$

$x=1$ のとき，$y^2=f(1)=2$

$$\therefore\quad c=\log_e 3-1=\log_e\frac{3}{e}$$

これを (C) に代入すると

$$\log_e\frac{(1+y^2)e}{3}=x$$

$$1+y^2=\frac{3}{e}e^x$$

$y>0$ だから

$$y=\sqrt{3e^{x-1}-1}$$

問 6.15 関数 $y=f(x)$ は $0\leqq x<1$ において，次の等式をみたすものとする．

$$f(x)=1+xf(x)-\int_0^x t^2f(t)\,dt \qquad ①$$

このとき，この関数は微分方程式

$$\frac{dy}{dx}=(1+x)y \qquad ②$$

をみたすことを証明せよ．また②を解いて①をみたす $f(x)$ を求めよ．（福井大）

問 6.16 関数 $f(x)$ が導関数 $f'(x)$ をもち，かつ次の関係を満足するものとする．

$$f(a)f(x)=f(a+x),\quad f(a)>0,\ f'(0)=1$$

(1) この両辺を x について微分せよ．

(2) (1) でえられた式において，$x=0$ とおくと，その結果は a を変数とする関数 $f(a)$ の微分方程式とみなすことができる．この微分方程式を解け．

(3) (2) の解において，条件 $f'(0)=1$ を満足するように積分定数を定めよ．

（関学大）

問 6.17 $f(x)$ は $-\frac{\pi}{2}<x<\frac{\pi}{2}$ で定義された微分可能な関数とする．この区間で関数 $y=f(x)\cos x$ が，微分方程式

$$\frac{dy}{dx}=(k-\tan x)y \qquad (k\text{ は定数})$$

をみたしている．$f(0)=1$ であるとき，$f(x)$ を求めよ．（大阪市大）

例 6.13 $f(x)$ は任意の実数 x で微分可能な関数であって，$f'(0)=1$ を満足し，さらに任意の実数 x, y に対して

$$f(x+y)=\frac{f(x)+f(y)}{1+f(x)f(y)}$$

を満足する．

(1) $f(0)$ の値を求めよ．

(2) $f'(x)=1-\{f(x)\}^2$ を導け．

(3) 上の微分方程式を解いて，$f(x)$ を決定せよ．（東京理大）

（解） (1) $x=y=0$ とおくと

$$f(0)=\frac{2f(0)}{1+f^2(0)}$$

$$f^3(0)-f(0)=0$$

$f(0)=0$ または ±1（不適当なことは (2) で分る）

(2)　$$f'(x)=\lim_{h\to0}\frac{f(x+h)-f(x)}{h}$$

$$=\lim_{h\to0}\frac{1}{h}\left\{\frac{f(x)+f(h)}{1+f(x)f(h)}-f(x)\right\}$$

$$=\lim_{h\to0}\frac{f(h)}{h\{1+f(x)f(h)\}}\{1-f^2(x)\}$$

$\lim_{h\to0}\frac{f(h)}{h}$ が有限確定値をもつには $f(h)\to0$ でなければならないから，$f(0)=\pm1$ は不適．$f(0)=0$ のとき，$\lim_{h\to0}\frac{f(h)}{h}=\lim_{h\to0}f'(h)=1$

$$f'(x)=\{1-f^2(x)\}\lim_{h\to0}\frac{f(h)}{h}\cdot\lim_{h\to0}\frac{1}{1+f(x)f(h)}=1-f^2(x)$$

(3)　$$\int_0^y\frac{dy}{1-y^2}=\int_0^x dx$$

$$2x=\int_0^y\frac{dy}{1-y}+\int_0^y\frac{dy}{1+y}$$

$$=\left[\log_e\frac{1+y}{1-y}\right]_0^y=\log_e\frac{1+y}{1-y}$$

$$\therefore\ \frac{1+y}{1-y}=e^{2x}$$

$$y=\frac{e^{2x}-1}{e^{2x}+1}$$

問 6.18　$x>0$ で定義され，そこで微分可能な関数 $f(x)$ が

$$f(xy)=f(x)+f(y)$$

をみたし，微分係数 $f'(1)=a$ とする．

(1)　$f(1)$ を求めよ．

(2)　導関数 $f'(x)$ を求めよ．

(3)　$f(x)$ を求めよ．　（島根大）

問 6.19　すべての実数 x に対して，0でない関数 $f(x)$ があり，任意の x_1, x_2 に対して $f(x_1+x_2)=f(x_1)\cdot f(x_2)$ を満足する．次の問に答えよ．

(1) $f(0)=1$ であることを示せ.

(2) $f'(0)=2$ のとき, $f'(x)=2f(x)$ であることを示せ.

(3) 任意の x に対して, $f(x)>0$ であることを示せ.

(4) (2) でえられた微分方程式から $f(x)$ を求めよ. (佐賀大)

問 6.20 $f(x)$ はすべての実数 x について定義された微分可能な関数で

$$f(x)+f(y)=f\left(\frac{x+y}{1-xy}\right), \qquad f'(0)=1$$

を満足するものとする. このとき, 次の問に答えよ.

(1) $f(-x)=-f(x)$

(2) $f(x)=\int_0^x \frac{dy}{1+y^2}$ (東京水産大)

例 6.14 連続関数 $f(x)$ が負でないすべての実数 x に対して

$$x+\int_0^x f(t)\,dt=\int_0^x (x-t)f(t)\,dt$$

をみたす. この関数 $f(x)$ を求めよ. (阪大)

(解) 与えられた方程式は

$$x+\int_0^x f(t)\,dt=x\int_0^x f(t)\,dt-\int_0^x tf(t)\,dt \qquad ①$$

両辺を x で微分すると

$$1+f(x)=\int_0^x f(t)\,dt+xf(x)-xf(x) \qquad ②$$

② において, $x=0$ とおくと

(A) $f(0)=-1$

② を再び x について微分すると

(B) $f'(x)=f(x)$

(C) $\log_e f(x)=x+c$

$f(x)=ke^x$

(A) を代入すると, $k=-1$. $f(x)=-e^x$

問 6.21 $x>0$ で

$$2x\int_1^x f(t)dt-\int_1^x tf(t)dt=x-1$$

に適する $f(x)$ $(x>0)$ を求めよ. ただし, $f(x)$ は微分できる関数とする.

(同志社大)

例 6.15　関係式

$$\int_0^x e^t(f(t)+f'(t))dt=f(x)f'(x)-2$$

を満足する関数 $f(x)$ を求めよ．ただし，$f(x)>0$，$f(0)=2$ とする．

（熊本大）

（解）　$\int_0^x e^t f(t)\,dt+\int_0^x e^t f'(t)\,dt$

$$=\int_0^x e^t f(t)\,dt+\Big[e^t f(t)\Big]_0^x-\int_0^x e^t f(t)\,dt=f(x)f'(x)-2$$

$$e^x f(x)=f(x)f'(x)$$

$f(x)>0$ より

$$f'(x)=e^x$$

$$f(x)=e^x+c$$

初期値を入れると，　$c=1$；　　$f(x)=e^x+1$

問 6.22　$f(x)$ が

$$f(x)=\sin x\cos x+\int_0^x f(t)\cos 2t\,dt$$

をみたしているとき，次の問に答えよ．

(1)　$f(0)$ を求めよ．

(2)　$f(x)$ のみたす微分方程式を求めよ．

(3)　(2) の微分方程式を解いて $f(x)$ を求めよ．　　（東京電機大）

第2章　線型関数方程式

§1.　線型1階微分方程式

定理 6.1　$\dfrac{dy}{dx}+P(x)y=Q(x)$

を線型1階微分方程式という．この一般解は

$$y=e^{-\int P(x)dx}\left[\int Q(x)e^{\int P(x)dx}dx+c\right]$$

（証明）　$\dfrac{dy}{dx}+P(x)y=Q(x)$　　①

の両辺に $e^{\int P(x)dx}$ をかける．

$$\frac{dy}{dx}e^{\int P(x)dx}+yP(x)e^{\int P(x)dx}=Q(x)e^{\int P(x)dx}$$

$$\frac{d}{dx}[ye^{\int P(x)dx}]=Q(x)e^{\int P(x)dx}$$

$$ye^{\int P(x)dx}=\int Q(x)e^{\int P(x)dx}dx+c$$

$$\therefore\ y=e^{-\int P(x)dx}\left[\int Q(x)e^{\int P(x)dx}dx+c\right]$$

例 6.16　$\dfrac{df(x)}{dx}=4xf(x)-x$,　$f(1)=0$ をみたす関数 $y=f(x)$ を求めよ．

（宮城教育大）

（解）　$\dfrac{df(x)}{dx}-4xf(x)=-x$

だから，与えられた方程式は線型1階微分方程式である．

$$f(x)=e^{\int 4xdx}\left[-\int xe^{-\int 4xdx}dx+c\right]$$

$$=e^{2x^2}\left[-\int xe^{-2x^2}dx+c\right]$$

$$=e^{2x^2}\left[\frac{1}{4}e^{-2x^2}+c\right]=\frac{1}{4}+ce^{2x^2}$$

しかるに

$$f(1)=0=\frac{1}{4}+ce^2, \qquad c=-\frac{1}{4e^2}$$

$$\therefore \quad f(x)=\frac{1}{4}-\frac{e^{2x^2}}{4e^2}$$

問 6.23　次の微分方程式の一般解を求めよ．

(1)　$\dfrac{dy}{dx}+y=x^2$　　(2)　$\dfrac{dy}{dx}+y=x$

(3)　$2x\dfrac{dy}{dx}=2x^2-y$　　(4)　$\dfrac{dy}{dx}-y=\sin x$

(5)　$\dfrac{dy}{dx}+2(\tan x)\cdot y=\sin x$　　(6)　$x\dfrac{dy}{dx}+y=x\log_e x$

例 6.17　(1)　$\dfrac{dy}{dx}+P(x)y=0$　を変数分離形で解くと，一般解は

$$y=Ae^{-\int P(x)dx}$$

であることを証明せよ．

(2)　(1) における A が x の関数であるとして，(1) の解を x について微分して，

$$\frac{dy}{dx}+P(x)y=Q(x)$$

をみたす一般解を求めよ．（これをラグランジュの**定数変化法** (variation of constants) という．）

(解)　(1)　$\dfrac{dy}{y}=-P(x)\,dx$

$$\log_e y=-\int P(x)\,dx+k$$

$$y=e^ke^{-\int P(x)dx}\equiv Ae^{-\int P(x)dx} \qquad ①$$

(2) ①を x について微分すると

$$\frac{dy}{dx}=\frac{dA}{dx}e^{-\int P(x)dx}-AP(x)e^{-\int P(x)dx} \qquad ②$$

②を

$$\frac{dy}{dx}+P(x)y=Q(x)$$

に代入すると

$$\frac{dA}{dx}e^{-\int P(x)dx}-AP(x)e^{-\int P(x)dx}+AP(x)e^{-\int P(x)dx}=Q(x)$$

$$\frac{dA}{dx}=e^{\int P(x)dx}\cdot Q(x)$$

$$A=\int Q(x)e^{\int P(x)dx}dx+c \qquad ③$$

③を①に代入すれば，求める一般解をうる．

問 6.24 x の関数 y に関する微分方程式①について，次の問に答えよ．

$$3y'-2y=e^x \qquad ①$$

(1) $y=e^{mx}$ が $3y'-2y=0$ をみたすように定数 m を求めよ．

(2) (1)で求めた m に対して，$y=e^{mx}u(x)$ が①をみたすように，$u(x)$ を求めよ．

(3) $x=0$ のとき，$y=10$ をみたすような①の解を求めよ． (東工大)

問 6.25 $F(x)$ が $f(x)$ のある不定積分で，両者の間に

$$(x^3-1)f(x)+3x^2F(x)=2x+1$$

という関係がある．$F(2)=1$ となるように，$F(x)$ を定めよ． (中央大)

問 6.26 微分方程式

$$\frac{dv}{dx}+2v=x$$

を $v(0)=0$ なる条件のもとに，$v(x)=A(x)e^{-2x}$ とおいて解け． (愛知教育大)

§2. 線型1階差分方程式

$$f(x+1)-af(x)=R(x)$$

($R(x)$ は既知の関数) を**線型1階差分方程式**という.

定理 6.2 $f(x+1)-af(x)=R(x)$

の一般解は

$$f(x)=a^{x-1}\Delta^{-1}\frac{R(x)}{a^x}+ca^x$$

である. ここで c は定数であってもよいし, 周期1の関数であってもよい.

(証明) 両辺を a^{x+1} で割ると

$$\frac{f(x+1)}{a^{x+1}}-\frac{f(x)}{a^x}=\frac{R(x)}{a^{x+1}}$$

$\dfrac{f(x)}{a^x}=G(x)$ とおくと

$$\Delta G(x)=\frac{1}{a}\ \frac{R(x)}{a^x}$$

$$G(x)=\frac{1}{a}\Delta^{-1}\frac{R(x)}{a^x}+c$$

$$\therefore\ \ f(x)=a^{x-1}\Delta^{-1}\frac{R(x)}{a^x}+ca^x$$

例 6.18 数列 $\{x_n\}$ において, $x_1=a$

$$x_{n+1}=2a+\frac{1}{a}x_n \qquad (n=1,2,\cdots)$$

の関数があるとき

(1) x_n を a と n で表わせ.

(2) $\{x_n\}$ は a がどんな範囲の値で収束するか. (岐阜大)

(解) (1) (i) $a\fallingdotseq 1$ とおく.

(A) $x_1=a$

(B) $x_{n+1}-\dfrac{1}{a}x_n=2a$

(C) $x_n=\left(\dfrac{1}{a}\right)^{n-1}\Delta^{-1}\dfrac{2a}{\left(\dfrac{1}{a}\right)^n}+c\left(\dfrac{1}{a}\right)^n$

$$=2a\left(\frac{1}{a}\right)^{n-1}\Delta^{-1}a^n+c\left(\frac{1}{a}\right)^n$$

$$=\frac{2a}{a^{n-1}}\ \frac{a^n}{a-1}+\frac{c}{a^n}=\frac{2a^2}{a-1}+\frac{c}{a^n}$$

(A) を代入して

$$a=\frac{2a^2}{a-1}+\frac{c}{a}$$

$$c=a^2-\frac{2a^3}{a-1}=\frac{-(a+1)a^2}{a-1}$$

$$\therefore\quad x_n=\frac{2a^2}{a-1}-\frac{a+1}{a-1}\ \frac{1}{a^{n-2}}$$

(ii)　$a=1$ のとき

(B)　$\Delta x_n=2$,　　　　(A)　$x_1=1$

(C)　$x_n=2n+c$

$\therefore$　$1=2+c$,　　$c=-1$

$\therefore$　$x_n=2n-1$

(2)　$\lim_{n\to\infty}\left|\frac{1}{a^n}\right|=0$ のとき $\{x_n\}$ は収束するから,

$$|a|>1$$

問 6.27　数列 $\{x_n\}$ において，$x_1=a$，$x_{n+1}=a+\frac{1}{a}x_n$ $(n=1,2,3,\cdots)$ の関係がある．ただし，a は 0 でない定数とする．

(1)　x_n を a と n の式で表わせ．

(2)　$n\to\infty$ のとき，$\{x_n\}$ が収束するための a の値の範囲，および $\lim_{n\to\infty}x_n$ を求めよ．

（東京学大）

問 6.28　数列 $a_1,a_2,\cdots,a_n,\cdots$ において，$a_1=1$,

$$2a_{n+1}=a_n+(-1)^{n+1}\qquad(n\geqq 1)$$

のとき

(1)　一般項 a_n を求めよ．

(2)　極限値　$\lim_{n\to\infty}\sum_{k=1}^{2n}a_k$　の値を求めよ．

(3)　極限値　$\lim_{n\to\infty}\sum_{k=1}^{2n+1}a_k$　の値を求めよ．　　　　（千葉大）

例 6.19　無限数列 $a_1, a_2, \cdots, a_n, \cdots$ に次の関係がある．

$$a_1=1, \qquad a_{n+1}=3a_n+4 \qquad (n\geqq 1)$$

(1)　a_n を n の式で表わせ．

(2)　$S_n=\sum_{k=1}^{n}\dfrac{1}{\log(a_k+2)\log(a_{k+1}+2)}$ とおくとき，$\lim_{n\to\infty}S_n$ を求めよ．

（底は別に指定しないので省く）　　（金沢美工大）

（解）　(1)　(A)　$a_1=1$

(B)　$a_{n+1}-3a_n=4$

(C)　$a_n=3^{n-1}\Delta^{-1}\dfrac{4}{3^n}+c3^n$

$$=4\cdot 3^{n-1}\frac{1}{\frac{1}{3}-1}\left(\frac{1}{3}\right)^n+c\cdot 3^n$$

$$=-2+c\cdot 3^n$$

$$a_1=1=-2+c\cdot 3, \qquad c=1$$

$$\therefore \quad a_n=-2+3^n$$

(2)　$S_n=\sum_{k=1}^{n}\dfrac{1}{(\log 3)^2}\dfrac{1}{k(k+1)}=\dfrac{1}{(\log 3)^2}\Big[\Delta^{-1}k^{(-2)}\Big]_1^{n+1}$

$$=\frac{1}{(\log 3)^2}\left[-\frac{1}{k}\right]_1^{n+1}=\frac{1}{(\log 3)^2}\left(1-\frac{1}{n+1}\right)$$

$$\lim_{n\to\infty}S_n=\frac{1}{(\log 3)^2}$$

問 6.29　$\{a_n\}$ において，$a_1=2$，$a_{n+1}=2a_n+1$ $(n\geqq 1)$ という関係がある．

(1)　a_n を n の式で表わせ．

(2)　$S_n=\sum_{k=1}^{n}\dfrac{1}{\log(a_k+1)\log(a_{k+1}+1)}$ とおくとき，$\lim_{n\to\infty}S_n$ を求めよ．

（名城大）

例 6.20　正数からなる無限数列 $a_1, a_2, \cdots, a_n, \cdots$ が

$$2a_n^3=a_{n-1}^4 \qquad (n=2,3,\cdots)$$

をみたすとき，

(1)　a_n を n と a_1 で表わせ．

(2)　$n\to\infty$ のとき，数列 $\{a_n\}$ が収束するような a_1 の範囲を求めよ．

(3) 数列 $\{a_n\}$ が収束するとき，その極限値を求めよ．　（神大）

（解）(1) $2a_n{}^3=a_{n-1}{}^4$ の両辺の対数をとると（底は何でもよい）

$$3\log a_n+\log 2=4\log a_{n-1}$$

$\log a_n=f(n)$ とおくと

$$f(n)-\frac{4}{3}f(n-1)=-\frac{1}{3}\log 2$$

$$f(n)=\left(\frac{4}{3}\right)^{n-1}\Delta^{-1}\frac{-\frac{1}{3}\log 2}{\left(\frac{4}{3}\right)^n}+c\left(\frac{4}{3}\right)^n$$

$$=-\frac{1}{3}\log 2\left(\frac{4}{3}\right)^{n-1}\Delta^{-1}\left(\frac{3}{4}\right)^n+c\left(\frac{4}{3}\right)^n$$

$$=\log 2+c\left(\frac{4}{3}\right)^n$$

$$f(2)=\log a_2=\frac{4}{3}\log a_1-\frac{1}{3}\log 2=\log 2+c\left(\frac{4}{3}\right)^2$$

$$\therefore\quad c=\frac{3}{4}\log\frac{a_1}{2}$$

$$\therefore\quad f(n)=\log a_n=\log 2+\frac{3}{4}\left(\log\frac{a_1}{2}\right)\left(\frac{4}{3}\right)^n$$

$$=\log 2+\log\left(\frac{a_1}{2}\right)^{\left(\frac{4}{3}\right)^{n-1}}$$

$$\therefore\quad a_n=2\left(\frac{a_1}{2}\right)^{\left(\frac{4}{3}\right)^{n-1}}$$

(2) $\lim_{n\to\infty}\left(\frac{4}{3}\right)^{n-1}=+\infty$．したがって a_n が $n\to\infty$ のとき極限値をもつには $\left|\frac{a_1}{2}\right|\leqq 1$，$a_1>0$ だから，求める条件は $0<a_1\leqq 2$

(3) $0<a_1<2$ のとき $\lim_{n\to\infty}a_n=0$．$a_1=2$ のとき，$\lim_{n\to\infty}a_n=\lim_{n\to\infty}2\cdot 1^{\left(\frac{4}{3}\right)^{n-1}}=2$

問 6.30 $a_1=a$，$a_{n+1}=\sqrt{a_n}$ のとき，数列 $\{a_n\}$ の一般項を求めよ．　（福岡大）

§3. 線型2階微分方程式

$$\frac{d^2y}{dx^2}+a\frac{dy}{dx}+by=f(x)$$

を**線型2階微分方程式**という．これは次の定理によって，連立線型1階微分方程式に直すことができる．

定理 6.3 $\alpha+\beta=-a$

$$\alpha\beta=b$$

となる数 α,β をとると

$$\frac{d^2y}{dx^2}+a\frac{dy}{dx}+by=f(x)$$

は，2つの微分方程式

$$\begin{cases}\dfrac{dz}{dx}-\alpha z=f(x)\\[2ex]\dfrac{dy}{dx}-\beta y=z\end{cases}$$

を連立させてうることができる．

（証明）

$$\begin{cases}\dfrac{dz}{dx}-\alpha z=f(x) & ①\\[2ex]\dfrac{dy}{dx}-\beta y=z & ②\end{cases}$$

② を x について微分すると

$$\frac{d^2y}{dx^2}-\beta\frac{dy}{dx}=\frac{dz}{dx}$$

これに ① を代入すると

$$\frac{d^2y}{dx^2}-\beta\frac{dy}{dx}=\alpha z+f(x)=\alpha\left[\frac{dy}{dx}-\beta y\right]+f(x)$$

$$\therefore\quad \frac{d^2y}{dx^2}-(\alpha+\beta)\frac{dy}{dx}+\alpha\beta y=f(x)$$

$$\therefore\quad \frac{d^2y}{dx^2}+a\frac{dy}{dx}+by=f(x)$$

逆に a と b を α,β に分解すると，上の連立1階微分方程式をうる．(Q. E. D)

α,β は $\lambda^2+a\lambda+b=0$ なる2次方程式をみたす．これを**特性方程式**という．

定理 6.4 $\dfrac{d^2y}{dx^2}+a\dfrac{dy}{dx}+by=0$

の一般解は

i) $\alpha\fallingdotseq\beta$ ならば $y=c_1e^{\alpha x}+c_2e^{\beta x}$

ii) $\alpha=\beta$ ならば $y=e^{\alpha x}(c_1x+c_2)$

である．ただし，$\alpha+\beta=-a$，$\alpha\beta=b$ である．

(証明) 与えられた微分方程式を

$$\begin{cases}\dfrac{dz}{dx}-\alpha z=0 & ①\\[2ex] \dfrac{dy}{dx}-\beta y=z & ②\end{cases}$$

① より $z=e^{\alpha x}\left[\int 0e^{-\alpha x}dx+c_1'\right]=c_1'e^{\alpha x}$

② より $y=e^{\beta x}\left[\int ze^{-\beta x}dx+c_2\right]$

$$=e^{\beta x}\left[c_1'\int e^{(\alpha-\beta)x}dx+c_2\right]$$

$$=\begin{cases}e^{\beta x}\left[c_1'\dfrac{1}{\alpha-\beta}e^{(\alpha-\beta)x}+c_2\right] & (\alpha\fallingdotseq\beta\ のとき)\\[2ex] e^{\beta x}\left[c_1'\int dx+c_2\right] & (\alpha=\beta\ のとき)\end{cases}$$

$$=\begin{cases}c_1e^{\alpha x}+c_2e^{\beta x} & (\alpha\fallingdotseq\beta\ のとき)\\ e^{\alpha x}(c_1x+c_2) & (\alpha=\beta\ のとき)\end{cases}$$

例 6.21 次の微分方程式の一般解を求めよ．

(1) $\dfrac{d^2y}{dx^2}+3\dfrac{dy}{dx}+2y=0$ (2) $\dfrac{d^2y}{dx^2}-2\dfrac{dy}{dx}+y=0$

(3)　$\dfrac{d^2y}{dx^2}-4\dfrac{dy}{dx}+13y=0$

（解）（1）　$\alpha+\beta=-3,\ \alpha\beta=2$　を解いて　$\alpha=-2,\ \beta=-1$

$$y=c_1e^{-2x}+c_2e^{-x}$$

(2)　$\alpha+\beta=2,\ \alpha\beta=1$　より　$\alpha=\beta=1$

$$y=e^x(c_1x+c_2)$$

(3)　$\alpha+\beta=4,\ \alpha\beta=13$　より　$\alpha=2+3i,\ \beta=2-3i$

$$y=c_1e^{(2+3i)x}+c_2e^{(2-3i)x}$$
$$=e^{2x}(A\cos 3x+B\sin 3x)$$

例 6.22　$\dfrac{d^2y}{dx^2}-3\dfrac{dy}{dx}+2y=x$　の一般解を求めよ．

（解）　定理6.3より

$$\begin{cases}\dfrac{dz}{dx}-2z=x & ①\\ \dfrac{dy}{dx}-y=z & ②\end{cases}$$

①より　　$z=e^{2x}\left[\int xe^{-2x}dx+c_1\right]$　　③

②より　　$y=e^{x}\left[\int ze^{-x}dx+c_2\right]$　　④

③を④に代入

$$z=-\frac{1}{2}x-\frac{1}{4}+c_1e^{2x}$$

$$y=e^x\left\{\int\left[\left(-\frac{x}{2}-\frac{1}{4}\right)e^{-x}+c_1e^x\right]dx+c_2\right\}$$
$$=e^x\left\{\left(\frac{x}{2}+\frac{1}{4}\right)e^{-x}-\frac{1}{2}\int e^{-x}dx+c_1e^x+c_2\right\}$$
$$=\frac{x}{2}+\frac{3}{4}+c_1e^{2x}+c_2e^x$$

問 6.31　次の微分方程式の一般解を求めよ．

(1)　$y''-25y=0$

(2)　$y''+2y'+y=0$

(3)　$y''-2y'+3y=0$

(4)　$y''-5y'+4y=x^2$

(5)　$y''-2y'+y=2e^{2x}$

(6)　$y''+4y=x^2$

問 6.32　x の連続関数 $f(x)$ が

$$f(x)-1=\sin x\int_0^x f(t)\cos t\,dt-\cos x\int_0^x f(t)\sin t\,dt$$

の関係を満足している．次の問に答えよ．

(1)　$f''(x)$ を求めると，A,B を定数として $f''(x)$ は

$$f''(x)=Af(x)+B$$

の形に表わされる．A,B の値を求めよ．

(2)　(1) と $f(0),f'(0)$ の値を用いて，$f(x)$ を求めよ．　（横浜国大）

問 6.33　$\dfrac{d^2y}{dx^2}+2x=a$　（a は定数）を解け．　（弘前大）

例 6.23　$u(x)$ を x の関数とする．y が微分方程式

$$\frac{d^2y}{dx^2}+2\frac{dy}{dx}+10y=0$$

をみたすとき，$y=u(x)e^{-x}$ とおくと，$u(x)$ はどのような微分方程式をみたすか．　（東海大）

（解）　$$\frac{dy}{dx}=\frac{du}{dx}e^{-x}-ue^{-x}$$

$$\frac{d^2y}{dx^2}=\frac{d^2u}{dx^2}e^{-x}-2\frac{du}{dx}e^{-x}+ue^{-x}$$

これらを元の方程式に代入すると

$$\left(\frac{d^2u}{dx^2}-2\frac{du}{dx}+u\right)e^{-x}+2\left(\frac{du}{dx}-u\right)e^{-x}+10ue^{-x}=0$$

$e^{-x}\neq 0$ だから

$$\frac{d^2u}{dx^2}+9u=0$$

[注]　これを解くと　$\alpha=3i$，　$\beta=-3i$

$$u=c_1e^{3it}+c_2e^{-3it}$$
$$=(c_1+c_2)\cos 3t+i(c_1-c_2)\sin 3t$$

したがって，もとの方程式の解は

$$y=e^{-x}(k_1\cos 3t+k_2\sin 3t)$$

問 6.34 整式 $f(x)$ について

$$xf''(x)+(1-x)f'(x)+3f(x)=0,\quad f(0)=1$$

が成り立つとき

(1) $f(x)$ の次数を定めよ．

(2) $f(x)$ を求めよ． （東工大）

問 6.35 x の関数 y が微分方程式 $y''-y=2\sin x$ を満足するものとする．

(1) $y=e^x u-\sin x$ とおくとき，関数 u が満足する微分方程式を求めよ．

(2) $y(0)=3$，$y'(0)=0$ であるとき，y を求めよ． （早大）

例 6.24 $\dfrac{d}{dx}f(x)=g(x)$，$\dfrac{d}{dx}g(x)=f(x)$，$f(0)=1$，および $g(0)=0$ が成立している．

(1) $f(x), g(x)$ を求めよ．

(2) 曲線 $f(x)$ が y 軸を切る点より，点 $(1, f(1))$ までの曲線の長さを求めよ．

（解） (1) $\dfrac{d^2f}{dx^2}=\dfrac{dg}{dx}=f$，$\dfrac{d^2f}{dx^2}-f=0$

より，$\alpha=1$，$\beta=-1$

$$f(x)=c_1e^x+c_2e^{-x} \qquad ①$$

$$\frac{df}{dx}=g(x)=c_1e^x-c_2e^{-x} \qquad ②$$

$$f(0)=c_1+c_2=1$$

$$g(0)=c_1-c_2=0$$

$$\therefore\quad c_1=\frac{1}{2},\qquad c_2=\frac{1}{2}$$

$$f(x)=\frac{e^x+e^{-x}}{2},\qquad g(x)=\frac{e^x-e^{-x}}{2}$$

(2) $$l=\int_0^1\sqrt{\left(\frac{df}{dx}\right)^2+1}\,dx=\int_0^1\sqrt{g^2(x)+1}\,dx$$

$$=\int_0^1\sqrt{f^2(x)}\,dx=\int_0^1 f(x)dx$$

$$=\left[\frac{e^x-e^{-x}}{2}\right]_0^1=\frac{e^2-1}{2e}$$

問 6.36　xy 平面上で，ある物体を運動させる．その位置を (x, y) とするとき，はじめ x, y が微分方程式

$$\text{(A)} \qquad \frac{dx}{dt}=y, \qquad \frac{dy}{dt}=-1$$

をみたすように運動させて，ある時間ののち，微分方程式

$$\text{(B)} \qquad \frac{dx}{dt}=y, \qquad \frac{dy}{dt}=1$$

をみたすような運動にきりかえることにする．ただし，t は時間を表わす変数で，単位は秒とする．

この物体が，点 $(2, 2)$ を出発して，点 $(-12, 0)$ に到達するためには，出発後何秒たって (A) の運動から (B) の運動にきりかえればよいか．また，この物体は到達するまでにどんな曲線上を運動するか．図示せよ．　（広大）

§4.　線型2階差分方程式

$$F(x+2)+aF(x+1)+bF(x)=R(x) \qquad \text{(A)}$$

$R(x)$ は既知の関数

という方程式を**2階線型同次差分方程式**という．2階とはシフト（ズラスの意）演算子 $EF(x)=F(x+1)$ を2回

$$E\{EF(x)\}=E^2F(x)=F(x+2)$$

を用いて最高階の関数がつくられているからである．

定理 6.5　$F(x+2)+aF(x+1)+bF(x)=R(x) \qquad \text{(A)}$

は，

$$\lambda^2+a\lambda+b=0 \quad \cdots\cdots \quad \text{特性方程式}$$

の2根を α, β とすれば，2つの1階差分方程式

$$\begin{cases} u(x+1)-\alpha u(x)=R(x) & \text{①} \\ F(x+1)-\beta F(x)=u(x) & \text{②} \end{cases}$$

で連立させることと同値である．

（証明）　② より　$F(x+2)-\beta F(x+1)=u(x+1)$　③

③に①，②に①を代入すると

$$F(x+2)-\beta F(x+1)=\alpha u(x)+R(x)$$
$$=\alpha\{F(x+1)-\beta F(x)\}+R(x)$$
$$\therefore\quad F(x+2)-(\alpha+\beta)F(x+1)+\alpha\beta F(x)=R(x)$$

根と関数の関係より

$$\alpha+\beta=-a,\qquad \alpha\beta=b$$
$$\therefore\quad F(x+2)+aF(x+1)+bF(x)=R(x)$$

定理 6.6 $F(x+2)+aF(x+1)+bF(x)=0$ (H)

の一般解は，$\lambda^2+a\lambda+b=0$ の２根を α,β とすると

i) $\alpha\neq\beta$ ならば $F(x)=c_1\alpha^x+c_2\beta^x$

ii) $\alpha=\beta$ ならば $F(x)=\alpha^x(c_1x+c_2)$

（証明）（H）は

$$\begin{cases} u(x+1)-\alpha u(x)=0 & ④ \\ F(x+1)-\beta F(x)=u(x) & ⑤ \end{cases}$$

④より $u(x)=\alpha^x u(0)$ ⑥

⑤より $F(x)=\beta^{x-1}\Delta^{-1}\dfrac{u(x)}{\beta^x}+c\beta^x$ ⑦

⑦に⑥を代入すると

$$F(x)=\beta^{x-1}u(0)\Delta^{-1}\left(\frac{\alpha}{\beta}\right)^x+c\beta^x$$

i) $\alpha\neq\beta$ ならば

$$F(x)=\frac{u(0)}{\alpha-\beta}\alpha^x+c\beta^x$$

$\dfrac{u(0)}{\alpha-\beta}=c_1,\quad c=c_2$ とおくと

$$F(x)=c_1\alpha^x+c_2\beta^x$$

ii) $\alpha=\beta$ ならば

$$F(x)=\beta^{x-1}u(0)\Delta^{-1}1+c\beta^x$$

$$=\beta^{x-1}u(0)x+c\beta^x$$

$$=\alpha^x\left\{\frac{u(0)}{\alpha}x+c\right\}$$

$\dfrac{u(0)}{\alpha}=c_1,\quad c=c_2$　とおくと

$$F(x)=\alpha^x(c_1x+c_2)$$

例 6.25　$a_1=0,\quad a_2=1$ のとき

$$a_{n+2}=\frac{a_{n+1}+a_n}{2}$$

をみたす数列 $\{a_n\}$ の一般項を求めよ.

(解)　$a_n=F(n)$ とおくと. 与えられた方程式は

$$F(n+2)-\frac{1}{2}F(n+1)-\frac{1}{2}F(n)=0$$

特性方程式は

$$\lambda^2-\frac{1}{2}\lambda-\frac{1}{2}=0$$

$$2\lambda^2-\lambda-1=0$$

$$\lambda=-\frac{1}{2}\quad \text{または}\quad 1$$

$$F(n)=a_n=c_1\left(-\frac{1}{2}\right)^n+c_2$$

初期条件を入れて

$$\begin{cases} -\dfrac{c_1}{2}+c_2=0 \\ \dfrac{c_1}{4}+c_2=1 \end{cases}$$

$$c_1=\frac{4}{3},\qquad c_2=\frac{2}{3}$$

よって

$$a_n=\frac{2}{3}\left\{1-2\left(-\frac{1}{2}\right)^n\right\}$$

問 6.37　$a_1=0,\ a_2=1,\ a_k=\dfrac{2a_{k-1}+3a_{k+1}}{5}$　$(k=2,3,\cdots)$ によって定められた数列

$\{a_n\}$ について

(1) この数列の一般項 a_n を求めよ．

(2) $\lim_{n\to\infty} a_n$ の値を求めよ．（岩手大）

問 6.38　$a_1=0$，$a_2=1$ で $n\geqq 2$ ならば

$$2a_{n+1}=3a_n-a_{n-1}$$

なる関係式によって定められた数列 $\{a_n\}$ の極限値を求めよ．（立教大）

例 6.26　$a_1=1$，$a_2=2$，$n\geqq 3$ のとき

$$(p+q)a_n=pa_{n-1}+qa_{n-2}$$

をみたす数列を $\{a_n\}$ とする．ただし，$p+q\neq 0$ とする．

(1) 一般項 a_n を求めよ．

(2) $\lim_{n\to\infty} a_n=\frac{7}{4}$ のとき，p と q の間の関係を求めよ．（静岡大）

（解）(1) 特性方程式は

$$(p+q)\lambda^2-p\lambda-q=0$$

$$\lambda=1 \quad \text{または} \quad -\frac{q}{p+q}$$

i) $-\frac{q}{p+q}\neq 1$ のとき，$p+2q\neq 0$

$$a_n=c_1\left(-\frac{q}{p+q}\right)^n+c_2$$

初期条件を入れると

$$\begin{cases} -\dfrac{q}{p+q}c_1+c_2=1 \\ \dfrac{q^2}{(p+q)^2}c_1+c_2=2 \end{cases}$$

これを解いて

$$c_1=\frac{(p+q)^2}{q(p+2q)}, \qquad c_2=\frac{p+q}{p+2q}+1$$

$$\therefore \quad a_n=1+\frac{p+q}{p+2q}\left\{1+\left(-\frac{q}{p+q}\right)^{n-1}\right\}$$

ii) $-\frac{q}{p+q}=1$ のとき，$p+2q=0$

$$a_n=c_1n+c_2$$

初期条件を入れて

$$\begin{cases} c_1+c_2=1 \\ 2c_1+c_2=0 \end{cases}$$

これを解いて

$$c_1=1, \quad c_2=0$$

$$\therefore \quad a_n=n$$

(2) $\lim_{n\to\infty} a_n=\frac{7}{4}$ だから，(1) の (i) の場合が適用される．

$$\begin{cases} -1<-\dfrac{q}{p+q}<1 \\ 1+\dfrac{p+q}{p+2q}=\dfrac{7}{4} \end{cases}$$

後者の式から

$$p=2q \quad (p\neq 0)$$

$p=2q$ のとき，これは明らかに上の不等式の関係をみたす．

問 6.39 数列 $\{a_n\}$ において，$a_{n+2}+pa_n=(p+1)a_{n+1}$ $(n=1,2,3,\cdots)$，$a_1=a$，$a_2=b$ で，a と b は定数，p は実数であるとき，

(1) a_n を求めよ．

(2) 数列 $\{a_n\}$ が収束するための p のみたす条件を求め，このときの数列の極限値を求めよ．（島根大）

問 6.40 a は $-1,0,1$ のいずれでもない実数とする．このとき

$$x_1=a, \quad x_2=b, \quad x_{n+2}=\left(a+\frac{1}{a}\right)x_{n+1}-x_n$$

$$(n=1,2,3,\cdots)$$

で定められた数列 $\{x_n\}$ について

(1) x_n を a,b で表わせ．

(2) この数列が収束するために，a,b がみたすべき条件を求めよ．（室蘭工大）

例 6.27 数列 $\{a_n\}$ において，$a_1=3$，$a_2=\frac{5}{3}$，

$$a_n=\frac{1}{3}(4a_{n-1}-a_{n-2}) \quad (n\geqq 3)$$

という関係がある．次の問に答えよ．

(1) a_n を n の式で表わせ．

(2) $S_n=\sum_{k=1}^{n}\frac{1}{\log(a_k-1)\log(a_{k+1}-1)}$ とおくとき，$\lim_{n\to\infty}S_n$ を求めよ．ただし，対数は10を底とする． （北大）

（解） (1) 特性方程式は

$$3\lambda^2-4\lambda+1=0$$

$$\lambda=\frac{1}{3} \quad \text{または} \quad 1$$

$$\therefore \quad a_n=c_1\left(\frac{1}{3}\right)^n+c_2$$

初期条件を入れると

$$\begin{cases} \dfrac{c_1}{3}+c_2=3 \\ \dfrac{c_1}{9}+c_2=\dfrac{5}{3} \end{cases}$$

これを解いて

$$c_1=6, \quad c_2=1$$

$$\therefore \quad a_n=6\left(\frac{1}{3}\right)^n+1$$

(2) $a_k-1=6\left(\frac{1}{3}\right)^k, \qquad a_{k+1}-1=6\left(\frac{1}{3}\right)^{k+1}$

$$\frac{1}{\log(a_k-1)\log(a_{k+1}-1)}=\frac{1}{(\log 6-k\log 3)(\log 6-(k+1)\log 3)}$$

$$=\frac{1}{(\log 3)^2}\,\frac{1}{\left(k-\dfrac{\log 6}{\log 3}\right)\left(k+1-\dfrac{\log 6}{\log 3}\right)}$$

$$=\frac{1}{(\log 3)^2}\left(k-\frac{\log 6}{\log 3}\right)^{(-2)}$$

$$S_n=\frac{1}{(\log 3)^2}\left[-\left(k-\frac{\log 6}{\log 3}\right)^{-1}\right]_1^{n+1}$$

$$=\frac{1}{(\log 3)^2}\left[\frac{1}{1-\dfrac{\log 6}{\log 3}}-\frac{1}{n+1-\dfrac{\log 6}{\log 3}}\right]\to-\frac{1}{\log 3\log 2}$$

例 6.28 $(a_n)^2(a_{n-2})=(a_{n-1})^3$ という規則でつくられた正数の数列がある. $a_1=1$, $a_2=10$ とするとき

(1) a_n を n で表わせ.

(2) $\lim_{n\to\infty} a_n$ はどうか. （慶応大）

（解） 与えられた方程式は線型ではないが,

$$\log_{10}a_n=F(n)$$

とおくと

$$2F(n)-3F(n-1)+F(n)=0$$

で線型差分方程式になる. 特性方程式は

$$2\lambda^2-3\lambda+1=0$$

$$\lambda=\frac{1}{2} \quad \text{または} \quad 1$$

$$F(n)=c_1\left(\frac{1}{2}\right)^n+c_2$$

初期条件 $F(1)=\log_{10}1=0$, $F(2)=\log_{10}10=1$ を代入すると

$$\begin{cases} \dfrac{c_1}{2}+c_2=0 \\ \dfrac{c_1}{4}+c_2=1 \end{cases}$$

これを解いて, $c_1=-4$, $c_2=2$

$$\therefore \quad F(n)=-4\left(\frac{1}{2}\right)^n+2=-2^{-n+2}+2$$

$$a_n=10^{-2^{-n+2}+2}$$

(2) $\lim_{n\to\infty} F(n)=2$ より $\lim_{n\to\infty} a_n=10^2$

問 6.41 $a_1=1$, $a_2=8$, $a_n=\sqrt{a_{n-1}a_{n-2}}$ $(n\geqq3)$ なる数列で, a_n を求めよ.

（理科大）

例 6.29 数列 $a_1, a_2, \cdots, a_n, \cdots$ の各項間に

$$a_1=1, \quad a_2=\frac{5}{12}, \quad 2a_{n+2}-3a_{n+1}+a_n+2r^{n+1}-r^n=0$$

なる関係がある. ここで r は $|r|<1$ なる定数である. 次の問に答えよ.

(1) $A_n = a_{n+1} - a_n + r^n$ を r で表わせ.

(2) 一般項 a_n を r で表わせ.

(3) $S_n = a_1 + a_2 + \cdots + a_n$ を求めよ.

(4) $\{S_n\}$ が収束するような r の値を求めよ. （東京農工大）

（解） (1) $2A_{n+1} - A_n = 0$

$$A_n = \frac{1}{2}A_{n-1} = \cdots = \left(\frac{1}{2}\right)^{n-1} A_1 = \left(\frac{1}{2}\right)^{n-1}(a_2 - a_1 + r) = \left(\frac{1}{2}\right)^{n-1}\left(r - \frac{7}{12}\right)$$

(2) $\Delta a_n + r^n = \left(\frac{1}{2}\right)^{n-1}\left(r - \frac{7}{12}\right)$

$$a_n = \left(2r - \frac{7}{6}\right)\Delta^{-1}\left(\frac{1}{2}\right)^n + \Delta^{-1} r^n = -\left(2r - \frac{7}{6}\right)\left(\frac{1}{2}\right)^{n-1} + \frac{r^n}{1-r} + c$$

初期条件 $a_1 = 1$ を入れると

$$a_1 = 1 = -\left(2r - \frac{7}{6}\right) + \frac{r}{1-r} + c \qquad c = 2r - \frac{1}{6} - \frac{r}{1-r}$$

$$\therefore \quad a_n = 2r - \frac{1}{6} - \frac{r}{1-r} - \left(2r - \frac{7}{6}\right)\left(\frac{1}{2}\right)^{n-1} + \frac{r^n}{1-r}$$

(3) $S_n = \left(2r - \frac{1}{6} - \frac{r}{1-r}\right)n - \left(4r - \frac{7}{3}\right)\left\{1 - \left(\frac{1}{2}\right)^n\right\} + \frac{r(1-r^n)}{(1-r)^2}$

(4) $|r| < 1$ より $r^n \to 0$

$$\lim_{n\to\infty} S_n < +\infty \quad \text{であるためには} \quad 2r - \frac{1}{6} - \frac{r}{1-r} = 0$$

$$12r^2 - 7r + 1 = 0 \qquad r = \frac{1}{3} \quad \text{または} \quad \frac{1}{4}$$

［注］ (2) の問だけでは

$$\begin{cases} u(n+1) - u(n) = (1-2r)r^n \\ F(n+1) - \frac{1}{2}F(n) = u(n), \qquad F(n) = a_n \end{cases}$$

とおいて解いてもよい.

問 6.42 $a_1 = a_2 = 1$, $\dfrac{a_{n+1} + a_{n+2} + 2n + 1}{a_n + a_{n+1} + 2n - 1} = 2$ $(n = 1, 2, 3, \cdots)$ をみたす数列 $\{a_n\}$ がある.

(1) $b_n = a_n + a_{n+1} + 2n - 1$ $(n = 1, 2, 3, \cdots)$ とおくとき, 数列 $\{b_n\}$ の一般項を求めよ.

(2) 数列 $\{a_n\}$ の一般項を求めよ. （神戸商大）

問　題　解　答

＜第 I 部＞

1.1　対等（各集合の要素の間に1対1の対応がつく）

1.2　$30-1=29$　　　**1.3**　いずれも 150 g

1.4　（I）　①　978 cal.　　②　5400 g　　③　2.5 mm

（II）　①　$\rho=\dfrac{as}{100-100s+as}$　　②　$x=\dfrac{1000b}{100\rho-b(\rho-1)}$

1.7　①　$5+\dfrac{1}{4+\dfrac{1}{2}}$　　②　$2+\dfrac{1}{7+\dfrac{1}{4}}$　　③　$1+\frac{1}{5}+\frac{1}{3}+\frac{1}{2}$　　④　$8+\frac{1}{1}+\frac{1}{1}+\frac{1}{2}$

1.8　①　$\dfrac{267}{77}$　　②　$\dfrac{161}{130}$

1.9　$y_4=x-1$

1.11　$1+\frac{1}{1}+\frac{1}{2}+\frac{1}{1}+\frac{1}{2}+\cdots\cdots$

1.12　$3+\frac{1}{7}+\frac{1}{15}+\frac{1}{1}+\frac{1}{292}+\frac{1}{1}+\frac{1}{1}+\cdots\cdots$

1.13　$\dfrac{1}{7}=0.\dot{1}4285\dot{7}$,　$\dfrac{8}{11}=0.\dot{7}\dot{2}$.　$\dfrac{13}{27}=0.\dot{4}8\dot{1}$,　$\dfrac{20}{41}=0.\dot{4}878\dot{0}$,　$\dfrac{6}{13}=0.\dot{4}6153\dot{8}$

1.14　$0.\dot{9}=\dfrac{1}{1}$,　$0.\dot{2}6\dot{7}=\dfrac{89}{333}$,　$3.\dot{5}\dot{4}=\dfrac{39}{11}$,　$0.32\dot{4}3\dot{7}=\dfrac{6481}{19980}$

1.15　(1)　$a=\sqrt{2}$, $b=-\sqrt{2}$　　(2)　$a=\sqrt[3]{4}$, $b=\sqrt[3]{2}$ など

1.17　$2^{\frac{1}{n}}=\dfrac{q}{p}$（$p,q$ は互に素なる正整数）とすると，$2p^n=q^n$ となり，p と q は偶数（矛盾）

1.18　$a=3m$, $b=3n\pm1$, および $a=3m\pm1$, $b=3n$ の場合に分けて考えよ．

1.19

加法

a＼b	0	1	2	3	4
0	0	1	2	3	4
1	1	2	3	4	0
2	2	3	4	0	1
3	3	4	0	1	2
4	4	0	1	2	3

乗法

a＼b	0	1	2	3	4
0	0	0	0	0	0
1	0	1	2	3	4
2	0	2	4	1	3
3	0	3	1	4	2
4	0	4	3	2	1

1.21　論理的に証明しようとすれば難しいかもしれない．

$$\boldsymbol{X}^*=\{y \mid x\leqq y,\ \forall x\in\boldsymbol{X}\subset\boldsymbol{R}\}$$

であるが，$\boldsymbol{A},\boldsymbol{B},\boldsymbol{A}^*,\boldsymbol{B}^*$ の関係を図示すると

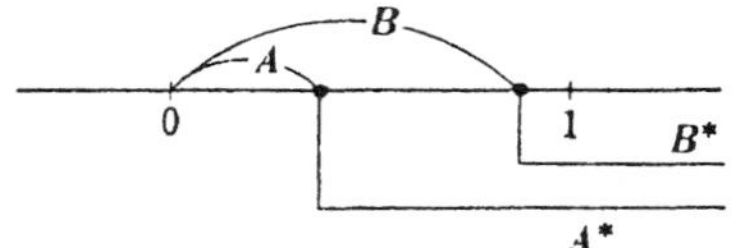

となる．

(1)　正しい．（図からも分る）$\boldsymbol{A}\subset\boldsymbol{B}$ より，$\forall a\in\boldsymbol{A}$ ならば $a\in\boldsymbol{B}$.

さて，$b^*\in\boldsymbol{B}^*$ とすると，$\boldsymbol{B}^*$ の定義より $a\leqq b^*$　$\therefore$ $b^*\in\boldsymbol{A}^*$　よって，$\boldsymbol{B}^*\subset\boldsymbol{A}^*$

(2)　$\boldsymbol{A}=[0,p)$，$\boldsymbol{B}=[0,p)$，$p<1$ と仮定すると，$p\in\boldsymbol{A}^*$，$p\notin\boldsymbol{B}$

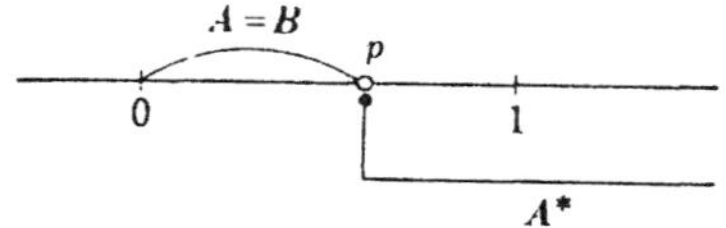

(3)　$\boldsymbol{A}=[0,p]$，$\boldsymbol{B}=[0,p]$，$p<1$ と仮定すると $p\in\boldsymbol{A}$，$p\in\boldsymbol{B}^*$

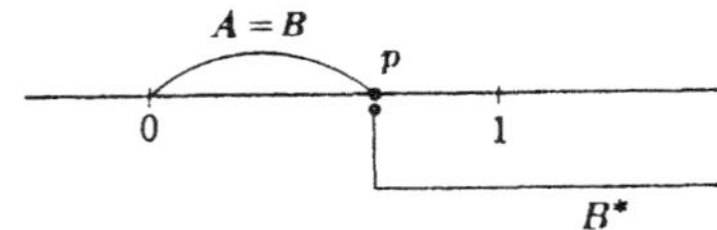

(4)　正しい．$a^*\in\boldsymbol{A}^*$ とすると，$0\leqq a^*$，一方 $1\in\boldsymbol{B}^*$　$\therefore$　$1\leqq a^*+1\in\boldsymbol{B}^*$

だから，$k=1$ とおけばよい．一般に $k\geqq1$ ならばつねにいえる．はじめの図を参考にせよ．

1.22　(1)　$x\neq0$　(2)　$x\neq\pm2$　(3)　$x\leqq-1$ または $x\geqq3$　(4)　$0<x<4$

1.23　(1)　$[b,c]$　(2)　(b,c)　(3)　$[a,d]$　(4)　(a,d)

1.24　有限区間（閉区間と仮定する．他も同様）$[a,b]$ において，

任意の実数 $\varepsilon_1,\varepsilon_2>0$ をとっても $a-\varepsilon_2>-\infty$，$b+\varepsilon_1<+\infty$

$\therefore$　$[a,b]\subset(a-\varepsilon_2,\ b+\varepsilon_1)$

1.26

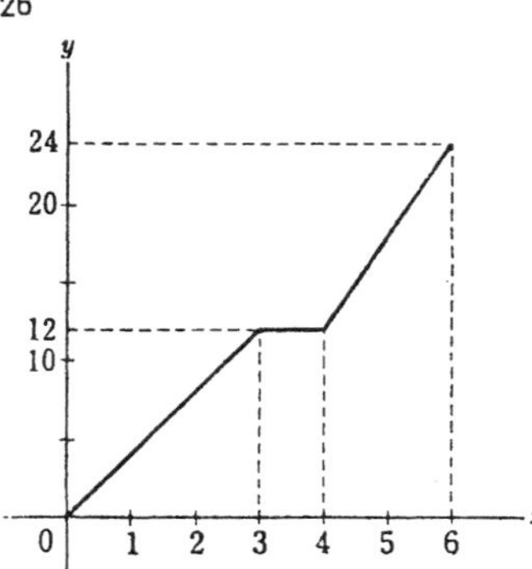

1.27

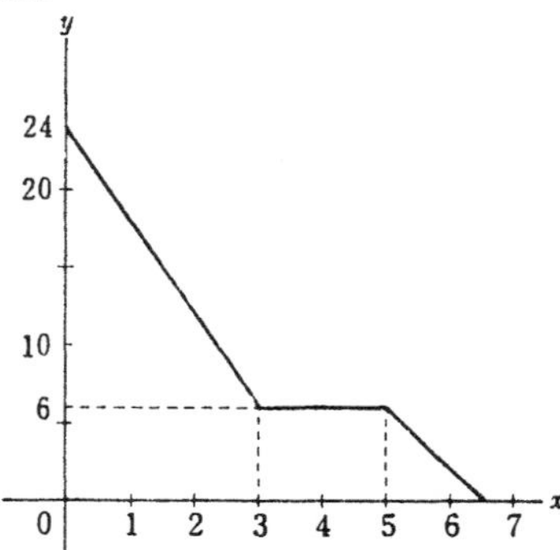

1.28　$f(0)=f(1)=0$

(1)　(a)式で $u+v=0$ とおけ.　(2)　(b)式で $uv=1$, $v=\frac{1}{u}$ とおくと,

$f(1)=uf\left(\frac{1}{u}\right)+\frac{1}{u}f(u)$,　$f\left(\frac{1}{u}\right)=-\frac{f(u)}{u^2}$.　一方　$f\left(\frac{v}{u}\right)=\frac{1}{u}f(v)+vf\left(\frac{1}{u}\right)$

1.29　線密度 3 g/m を示す.

1.30　$y=2x$

1.31　長針　$y=6x$,　短針　$y=\frac{1}{2}x$

1.36　$y=-0.125x+1013$

1.37　$y=\frac{13}{3}x-\frac{22}{3}$　　1.38　$\frac{24}{5}$ km/H

1.39

$$y=\begin{cases}0.5x & (0\leqq x\leqq 5)\\ 2.5+0.8(x-5) & (5<x\leqq 8)\\ 4.9+1.5(x-8) & (8<x\leqq 48)\end{cases}$$

平均速度　81.1 km/H

1.40　平均速度は はつかり 2 号 88.6 km/H, はつかり 3 号 89.2 km/H

1.41　A から C へ 200 トン, B から C へ 100 トン, B から D へ 300 トン輸送すれば, 輸送費最小 (320 万円)

1.43　相似の位置にあり, 相似比は $-\frac{1}{a}$

1.44　速さ $v=gt$, 落下距離 $y=\frac{1}{2}gt^2$ のグラフ

1.45　$a\neq 0$ と仮定, $\left(-\frac{b}{2a},\ -\frac{b^2}{4a}\right)$

1.46　$0<t_0<\frac{2v_0}{g}$

1.47　$0\leqq p\leqq 1$ のとき, $M=p^2-4$, $p>1$ のとき $M=2p-5$, $p<0$ のとき $M=-4$

1.48　$a>0$ のとき, $y\geqq -\frac{b^2-4ac}{4a}$, $a<0$ のとき, $y\leqq -\frac{b^2-4ac}{4a}$

1.49　$-1<\alpha<7$, $\alpha=2$ のとき最大値 $f(2)=9$

1.50　(1)　$a>0$, $b\leqq 0$, $c\geqq 0$ または $a>0$, $b^2-4ac\leqq 0$

(2)　$a<0$, $b^2-4ac+4ak<0$

1.51　(1)　$y=4(x-3)^2+18(x-3)+21=4(x+2)^2-22(x+2)+31$

(2)　$y=(x-3)^2+6(x-3)+9=(x+2)^2-4(x+2)+4$

(3)　$y=-5(x-3)^2-24(x-3)-31=-5(x+2)^2+26(x+2)-36$

1.52　①　$y=0$, $y=2(x-1)+1$, $y=-4(x+2)+4$, $y=6(x-3)+9$

②　$y=3-x$, $y=-3(x-1)+1$, $y=3(x+2)+1$, $y=-7(x-3)-9$

③　$y=-5x+6$, $y=-(x-1)+3$, $y=-13(x+2)+24$, $y=7(x-3)+9$

1.53　$y=2+3x$

1.56　①　(1,0)　　②　$\left(-\frac{1}{2},\ 3\right)$　　③　(2,8)

1.57　①　I型　　②　III型　　③　II型

1.59　$a\leqq\frac{4-3\sqrt{2}}{2}$　または　$a\geqq\frac{4+3\sqrt{2}}{2}$

1.60　$a=0$ かつ $b<0$　；　$a(a+4)>0$ かつ $b=2a^2-4a$

1.61　①　$y=24(x+3)-18$，$y=2$，$y=9(x-2)+2$，$y=45(x-4)+52$

②　$y=40(x+3)-52$，　$y=8(x+1)-8$，　$y=5(x-2)-2$，　$y=33(x-4)+32$

③　$y=-157(x+3)+120$，　$y=-5(x+1)-2$，　$y=13(x-2)+10$，

$y=165(x-4)+148$

1.62　(1)　　(2)

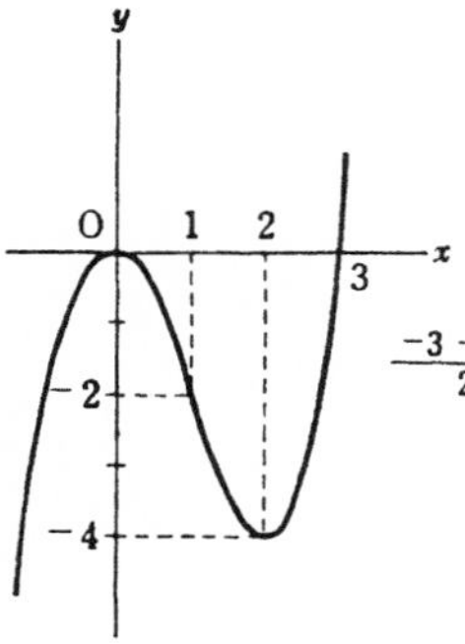

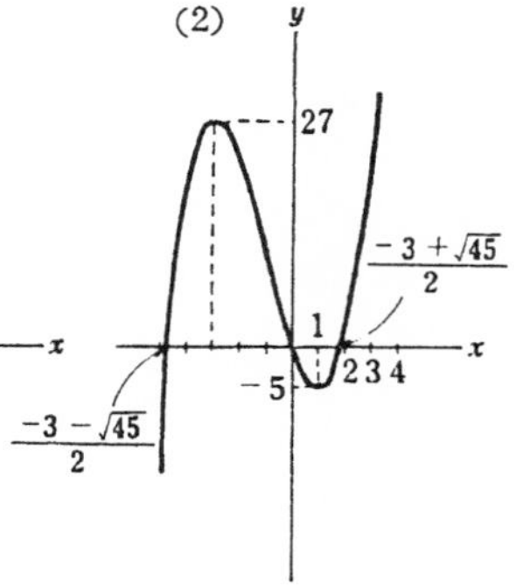

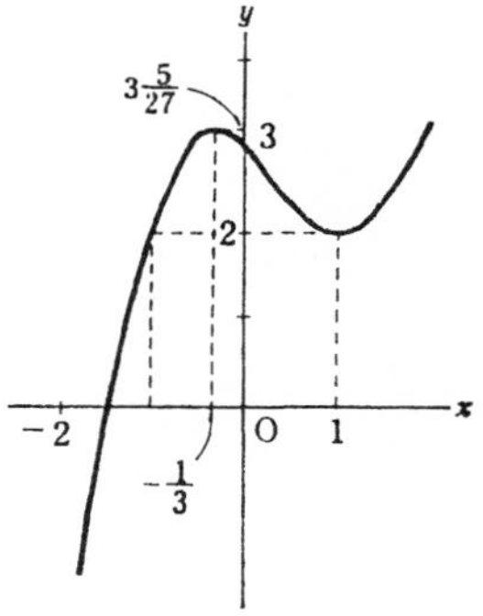

1.63　$a=-6$，$b=9$

1.64　底の半径 $\frac{\sqrt{6}}{3}R$，高さ $\frac{2\sqrt{3}}{3}R$ のとき，$V_1=\frac{4\sqrt{3}\pi}{9}R^3$，$V=\frac{4}{3}\pi R^3$．したがって

$V=\sqrt{3}\,V_1$

1.65　底の半径$=\frac{2\sqrt{2}}{3}R$，　高さ$=\frac{4}{3}R$

1.66　表面積 $S=2\pi r^2+2\pi r\frac{R-r}{R}H$　$\left(0<\frac{HR}{2(H-R)}<R\right)$

$H>2R$ のとき，$r=\frac{HR}{2(H-R)}$，$h=\frac{H(H-2R)}{2(H-R)}$

1.67　体積 V，底の半径を x とすると

$V=\frac{1}{2}x(S-2\pi x^2)$ の最大値は，$x=$高さのときとる．

1.68

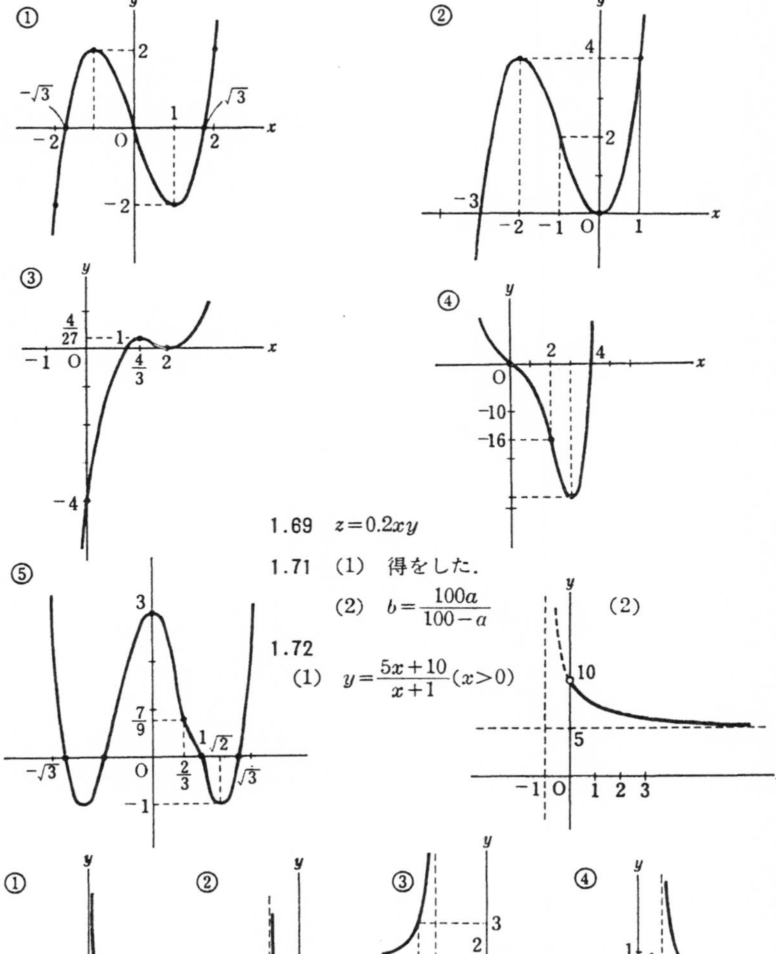

1.69 $z=0.2xy$

1.71 (1) 得をした.

(2) $b=\dfrac{100a}{100-a}$

1.72

(1) $y=\dfrac{5x+10}{x+1}(x>0)$

1.70 ① ② ③ ④

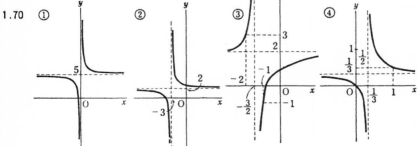

1.73 $\mathrm{PQ}\cdot\mathrm{RS}-\mathrm{PS}\cdot\mathrm{QR}=2(qs+pr)-(p+r)(q+s)=0$

ただし $sq=\dfrac{a(q+s)+b}{c}$, かつ $cx^2+(d-a)x-b=0$ の2根が p, r

1.74

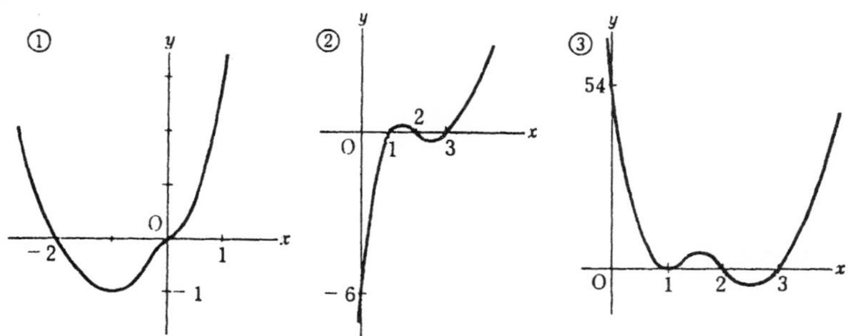

1.75

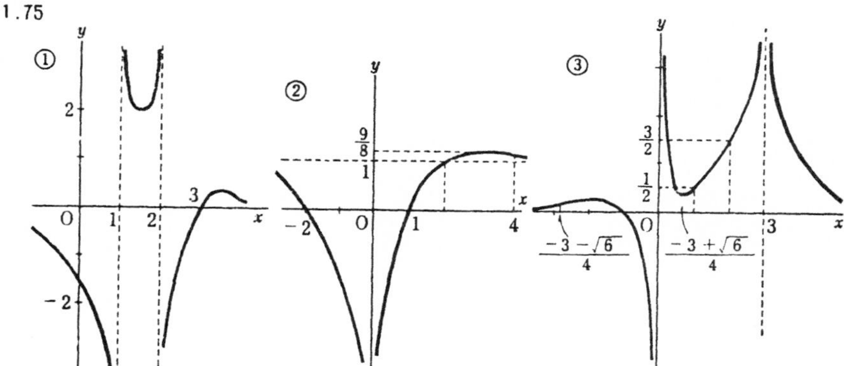

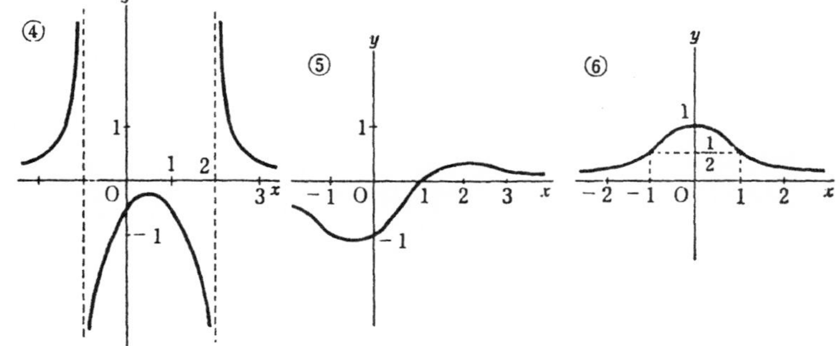

1.76　2光源を結ぶ直線上で60燭光の方から6 m と34 m はなれたところで立てた垂線と与えられた直線との交点

1.77　止まるまでの距離を y km，時速 v km/H，総重量 w kg とすると，$y=kv^2w$，

$k=\dfrac{1}{125w_0}$，　$\dfrac{v^2 2w_0}{125w_0}\leqq 15-\dfrac{1000v}{3600}$ を解いて　$v\leqq 23$ km/H

1.78　はじめの括弧から順に

3，2，$f(0)=0$ と定義すると真である，偽である，真である

1.79　0，$\dfrac{\pi}{12}$，$\dfrac{\pi}{6}$，$\dfrac{\pi}{4}$，$\dfrac{\pi}{3}$，$\dfrac{2}{3}\pi$，$\dfrac{5}{6}\pi$，$\dfrac{3}{2}\pi$

1.80　36°，18°，135°，75°，70°，270°，255°

1.81　$\left(\sqrt{3}-\dfrac{\pi}{2}\right)r^2$，　$2(3\sqrt{3}-\pi)r^2$

1.82　Ⅱ，Ⅰ，Ⅲ，Ⅳ，Ⅱ，Ⅲ，Ⅳ，Ⅳ象限

1.83　$\dfrac{\pi}{2}+2n\pi<\theta<(2n+1)\pi$，　$(2n+1)\pi<\theta<\dfrac{3}{2}\pi+2n\pi$，　$-\dfrac{3}{2}\pi+2n\pi<\theta<2n\pi$

1.84　$2n\pi<\theta<2n\pi+\dfrac{\pi}{2}$ より $n\pi<\dfrac{\theta}{2}<n\pi+\dfrac{\pi}{4}$．よって，第Ⅰ象限もしくは第Ⅲ象限

1.85　$\theta=\dfrac{2\pi}{T}t$　（正比例関数）

1.86
$$\begin{cases}\cos\left(\dfrac{3\pi}{2}-\theta\right)=-\sin\theta\\ \sin\left(\dfrac{3\pi}{2}-\theta\right)=-\cos\theta\end{cases}\qquad\begin{cases}\cos\left(\dfrac{3\pi}{2}+\theta\right)=\sin\theta\\ \sin\left(\dfrac{3\pi}{2}+\theta\right)=-\cos\theta\end{cases}$$

1.87　(1)　2　　(2)　0　　　1.88　$\dfrac{5}{13}$

1.89　$x^2=1+2y$

1.91　(1)　$\dfrac{2}{\sin\theta}$　　(2)　$\dfrac{2}{\sin\theta}$　　(3)　$2(1+\tan\theta)$

1.92　$\cos 3540°=\dfrac{1}{2}$，　$\tan 3465°=1$，　$\cot(-7320°)=\dfrac{1}{\sqrt{3}}$，　$\sec(-7335°)=-\sqrt{2}$

1.93　$\mathrm{P}\left(6,\ \dfrac{5}{4}\pi\right)$，$\mathrm{Q}\left(4,\ \dfrac{\pi}{3}\right)$

1.94　$\mathrm{B}\left(\dfrac{3}{2}a,\ \dfrac{\sqrt{3}}{2}a\right)$，　$\mathrm{C}(a,\ \sqrt{3}a)$，　$\mathrm{D}(0,\ \sqrt{3}a)$，　$\mathrm{E}\left(-\dfrac{a}{2},\ \dfrac{\sqrt{3}}{2}a\right)$

1.95　$\tan(\alpha-\beta)=\dfrac{\tan\alpha-\tan\beta}{1+\tan\alpha\tan\beta}$

1.96　$\cos(\alpha+\beta)=\dfrac{20+3\sqrt{119}}{60}$ のとき $\sin(\alpha+\beta)=\dfrac{\mp 15\pm 4\sqrt{19}}{60}$（復号同順）

$\cos(\alpha+\beta)=\dfrac{20-3\sqrt{119}}{60}$ のとき $\sin(\alpha+\beta)=\dfrac{15\pm 4\sqrt{19}}{60}$

1.97　(1)　$\dfrac{a^2+b^2-2}{2}$　　(2)　$\dfrac{a^2-b^2}{a^2+b^2}$

1.99　$\tan(\alpha+\beta+\gamma)=1$,　$\gamma<\beta<\alpha<\dfrac{\pi}{6}$ より $\tan(\alpha+\beta)=\dfrac{7}{9}$,　$\alpha+\beta+\gamma=\dfrac{\pi}{4}$

1.100　(1)　5　　(2)　1

1.102　(2)　(1)の対偶をとれ.　　(3)　無理点$\left(\dfrac{1}{2},\ \dfrac{\sqrt{3}}{2}\right)$, 有理点$\left(\dfrac{3}{5},\ \dfrac{4}{5}\right)$

1.103

θ \ $T(\theta)$	$\sin\theta$	$\cos\theta$	$\tan\theta$
$\dfrac{\pi}{8}$	$\dfrac{\sqrt{2-\sqrt{2}}}{2}$	$\dfrac{\sqrt{2+\sqrt{2}}}{2}$	$\sqrt{2}-1$
$\dfrac{\pi}{12}$	$\dfrac{\sqrt{6}-\sqrt{2}}{4}$	$\dfrac{\sqrt{6}+\sqrt{2}}{4}$	$2-\sqrt{3}$

1.104　(1)　$\dfrac{1\pm\sqrt{1-t^2}}{t}$

(2)　$\dfrac{-1\pm\sqrt{1+t^2}}{t}$

(3)　$-m$

1.105　2

1.06　(1)　略　　(4)　略

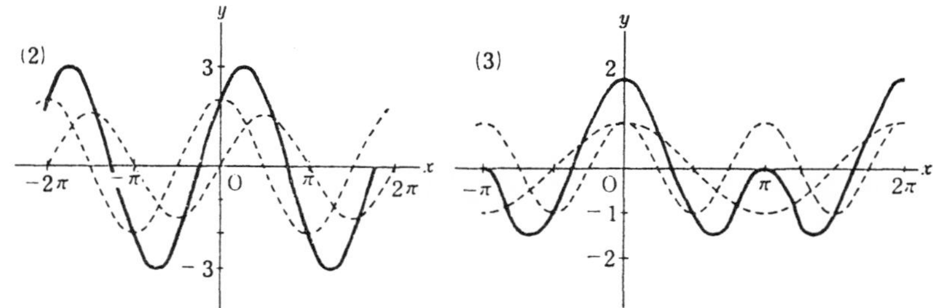

1.107　$A\left(\dfrac{\pi}{4},\ \dfrac{1}{2}\right)$,　$B\left(\dfrac{\pi}{2},\ 0\right)$,　$C(\pi,\ 1)$　　　　1.108　π

1.109　$x_1+x_2=\sqrt{a^2+b^2}\cos(\omega t+\alpha)$,　ただし α は $\cos\alpha=\dfrac{a}{\sqrt{a^2+b^2}}$,　$\sin\alpha=\dfrac{b}{\sqrt{a^2+b^2}}$
をみたす.

1.110

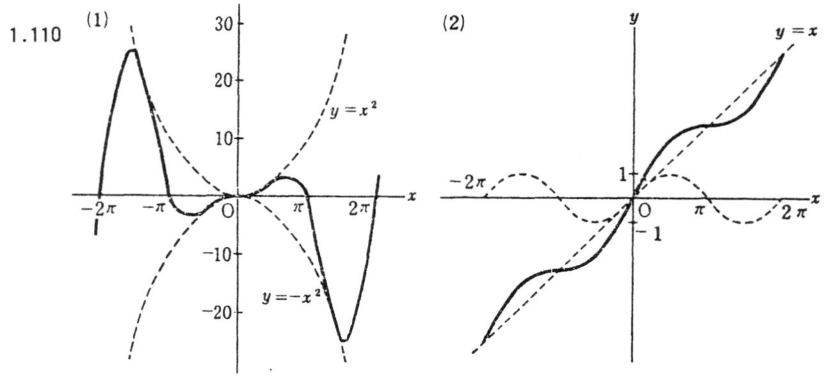

(3) 略　(4)

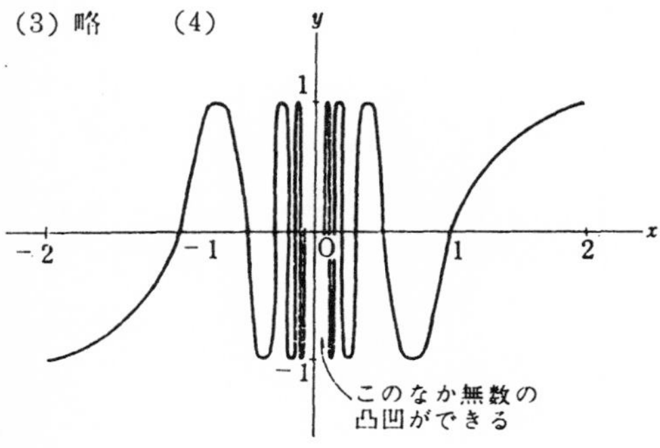

[数学的補註]　(112頁以下)

問2　(1)　$2:(\sqrt{3}+1):\sqrt{6}$

(2)　$A=\frac{\pi}{4}$,　$C=\frac{\pi}{3}$

問5　条件より $b=\frac{a\sin B}{\sin A}$,

$c=\frac{a\sin(A+B)}{\sin A}$ を

$b^2+c^2-2bc\cos A$ に代入せよ．

問6　$A=\frac{2}{3}\pi$

問9　(1)　$C=\frac{\pi}{2}$ または $a=b$

(2)　$A=\frac{\pi}{2}$

1.112　$a^{-\frac{m}{n}}=\frac{1}{\sqrt[n]{a^m}}$

1.113　(1)　$\sqrt[3]{a}$　(2)　$\sqrt[3]{a^2}$　(3)　$\frac{1}{\sqrt[4]{a}}$　(4)　$\frac{1}{\sqrt[5]{a^2}}$

1.114　(1)　$a^{\frac{3}{2}}$　(2)　$a^{\frac{2}{3}}$　(3)　a^{-3}　(4)　a^{-5}　(5)　$a^{-\frac{1}{2}}$　(6)　$a^{-\frac{4}{3}}$

1.115　(1)　2　(2)　9　(3)　$\frac{1}{32}$　(4)　$\frac{1}{128}$　(5)　8　(6)　125

1.116　$y=3^x$　　1.117　$y=\left(\frac{1}{\sqrt[7]{2}}\right)^x$

1.118　(1)　$\left(\frac{b+c}{2},\ \frac{a^b+a^c}{2}\right)$　(2)　$\frac{a^b+a^c}{2}>a^{\frac{b+c}{2}}$

1.119　(1)　$\sqrt[6]{a}$　(2)　$\sqrt[6]{a^7}$　(3)　$\sqrt[3]{a}$　(4)　$\sqrt[6]{a}$

1.120　(1)　$a^0=1$　(2)　1

1.121　四角のなか，はじめから順に

n 個の a の積，$n+m$，n，n，nm，a^{n-m}，1，$\frac{1}{a^{m-n}}$，1，$\frac{1}{a^n}$，B，$a^n\div a^n=1$，

$a^0\div a^n=\frac{1}{a^n}$，$\sqrt{a}$，$\sqrt[3]{a^2}$，$\sqrt[p]{a^q}$，B，$\pi$ の n 桁までの近似値を $\pi(n)$ とすると $\lim_{n\to\infty}a^{\pi(n)}$

1.122　$y=100(1+0.1)^x$ 万人

1.123　$y=0.9^{\frac{x}{3}}$

1.124　(1)　$x=\frac{y}{3}$　(2)　$x=\frac{3}{2}(y-5)$

(3)　$[0,\infty)$ で $x=\sqrt{\frac{y}{2}}$,　$(-\infty,0]$ で $x=-\sqrt{\frac{y}{2}}$

(4)　$[1,\infty)$ で $x=1+\sqrt{1+y}$,　$(-\infty,1]$ で $x=1-\sqrt{1+y}$　(5)　$x=\sqrt[3]{2y}$

1.126　$(f^{-1})^{-1}=f$

1.127　$a=5$，$b=4$，$c=6$，$d=6$

1.128 (1) $y=4+x^2$ $(x \geqq 0)$ (2) $y=x^2-1$ $(x \geqq 0)$ (3) $y=-x^2$ $(x \geqq 0)$
(4) $y=1-x^2$ $(x \geqq 0)$ (グラフは略)

1.129 y が x に反比例すれば，x は y に反比例する．

1.130 (1) $\frac{1}{x}$，$-x$，3^x (2) $2^{x-1}+1$ (3) 原点

1.131 (1) $x=\log_2 y$ (2) $3=\log_2 8$ (3) $\frac{1}{2}=\log_2\sqrt{2}$ (4) $-4=\log_2\frac{1}{16}$
(5) $-\frac{1}{3}=\log_2\frac{1}{\sqrt[3]{2}}$

1.132 (1) 4 (2) 1 (3) 0 (4) -2 (5) $\frac{5}{2}$

1.133 $\log_{10}2=\frac{b}{a}$ とおけ． $10^{\frac{b}{a}}=2$ より $5^b=2^{a-b}$ から矛盾をみちびけ．

1.134 $\log_{10}N=\frac{b}{a}$ $(a>0,\ b\geqq 0)$ とおく．$N^a=5^b2^b$ から N は10の整数ベキであることを導け．

1.135 (1) $p+q+r$ (2) $p+q-r$ (3) $3p+2q$ (4) $-p+3q-\frac{1}{2}r$

1.136 (1) 1 (2) 2 (3) $\frac{1}{4}$ (4) 1

1.137 $\log_{10}a$ 1.138 (1) イ (2) イ (3) ア (4) イ

<第 II 部>

2.2 無限小は(2)(3)(5)(6) 2.4 $\mathrm{PT}=r-r\cos x \to 0$

2.5 $f(x)=\dfrac{2\pi r\sin\frac{x}{2}}{1+\sin\frac{x}{2}} \to 0$ (r は扇形の半径)

2.6 (1) 1 (2) 2 (3) 1 (4) 2 (5) $\frac{1}{2\sqrt{2}}$ (6) 3
(7) 2 (8) 1 (9) $-\frac{1}{2}$

2.8 正の無限大になるのは $\frac{1}{x^2}$，負の無限大になるのは $-\frac{5}{x^2}$，$-\frac{3}{x^4}$
正または負の無限大になるのは $\frac{3}{x}$，$-\frac{2}{x}$，$\frac{1}{x^3}$，$x\to+0$ のときのみ $\frac{1}{\sqrt{x}}\to\infty$

2.9 (1) 1 (2) 0 (3) 1 (4) 0 (5) $\frac{1}{2}$

2.10 (1) $3x$ (2) $\frac{x^2}{2a}$ (3) x (4) $3x$

2.12 (1) 3位 (2) 2位 (3) 1位 (4) 2位

2.13 (1) $\mathrm{AH}=a\sin 2\theta$，$\mathrm{PH}=2a\sin^2\theta$ (2) 0 (3) $\frac{1}{2a}$

2.14　(1)　2位　$\frac{1}{x^2}$　　(2)　1位　$\frac{1}{x}$　　(3)　1位　$\frac{1}{x}$　　(4)　1位　$\frac{1}{x}$

(5)　2位　$\frac{2}{x^2}$

2.15　n 位で主要部は a_0x^n

2.16

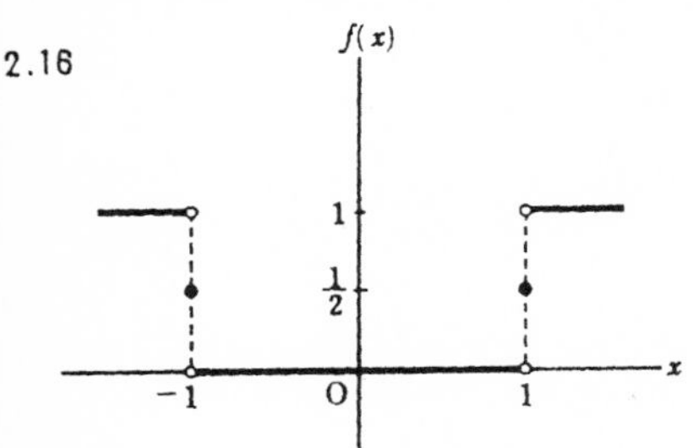

2.17

$$f(x)=\begin{cases} -\frac{1}{2} & (x=-1) \\ \sin \pi x & (-1<x<0) \\ x & (0\leqq x<1) \\ \frac{1}{2} & (x=1) \end{cases}$$

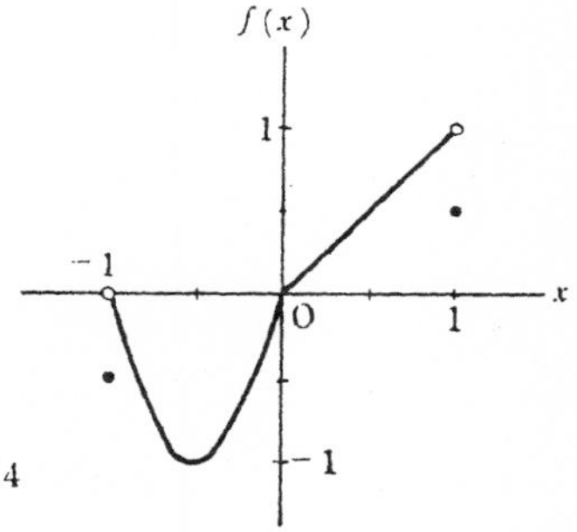

2.18　(1)　連続　　(2)　連続

(3)　$x=\pm 1$　　(4)　$x=1$

(5)　連続

2.19　$\lim_{x_1\to x_2}|f(x_1)-f(x_2)|\leqq\lim_{x_1\to x_2}|x_1-x_2|=0$

2.21　(1)　3　　(2)　−9　　(3)　7　　(4)　−14

2.22　1

2.23　(1)　719　　(2)　24

2.24　(1)　$(n-1)2^n+1$　　(2)　$n=9$

2.25　(1)　2　　(2)　$\frac{1}{2}$　　(3)　$-\frac{1}{2}$　　(4)　$-\frac{1}{2}$

2.26　(1)　$y=-7x-3$,　$y=-x$,　$y=3x-8$

(2)　$y=12x+16$,　$y=3x-2$,　$y=27x-54$

(3)　$y=-\frac{x}{4}-1$,　$y=x+2$,　$y=-\frac{1}{9}x+\frac{2}{3}$

(4)　$x=-2$ では接線なし,　$y=\frac{1}{2}x+\frac{1}{2}$,　$y=\frac{x}{2\sqrt{3}}+\frac{\sqrt{3}}{2}$

2.27　(2,10)　　　2.28　$a=1$,　$\frac{-5\pm 3\sqrt{3}}{4}$

2.29　任意の点 t における接線は　$y-(at^3+3bt^2+ct+d)=(3at^2+6bt+c)(x-t)$

これが原点を通るから $x=y=0$ とおくと　$2at^3+3bt^2-d=0$

これが3実根をもつための条件を求めると,　$d(d-\frac{b^3}{a^2})<0$

2.31　(1)　$6x$　　(2)　$6x^2$　　(3)　$4x^3$　　(4)　$2x-5$　　(5)　$3x^2-6x$

(6)　$3x^2-14x+9$

2.32　たとえば流水算

2.34 (1) $2x-5$ (2) $4x-3$ (3) $3x^2-10x+7$ (4) $3x^2+12x+4$
(5) $3x^2-4x-8$

2.35 (1) $a_k=\dfrac{1}{k!}$ (2) $a_k=(-1)^k$

2.37 x

2.38 $A=a^2+bc$, $B=ab+bd$, $C=ac+cd$, $D=bc+d^2$

2.39 (1) $6(2x+1)^2$ (2) $2nx(x^2+1)^{n-1}$ (3) $n(2x-1)(x^2-x+1)^{n-1}$
(4) $an(ax+b)^{n-1}$

2.40 (1) $\dfrac{dh}{dt}=\dfrac{5}{36\pi}$ $(8\leqq h\leqq 10)$ (2) $\dfrac{dh}{dt}=\dfrac{80}{9\pi h^2}$ $(0\leqq h\leqq 8)$

2.41 $\dfrac{dv}{dt}=\dfrac{B}{2}$

2.42 (1) $f'(x)=(x-1)(x^2-x+1)^2(-4x^2+7x-1)$
(2) $f'(x)=\dfrac{x+3}{\sqrt{x^2-1}}\left(\dfrac{1}{x+3}-\dfrac{x}{x^2-1}\right)$ (3) $f'(x)=\dfrac{1}{\sqrt{x^2-1}}$ (4) $f'(x)=2xe^{x^2}$

2.43 (1) $(x-2)(x-3)+(x-1)(x-3)+(x-1)(x-2)=3x^2-12x+11$
(2) $(x^2+1)(5x^2-4x+1)$

2.45 (1) $9(3x-2)^2$ (2) $6x(x^2-1)^2$ (3) $2(2x-2)(x^2-2x-1)$

2.46 (1) $\dfrac{1}{(x-1)^2}$ (2) $\dfrac{1-x^2}{(x^2+1)^2}$

2.47 $f_{k+1}(x)=(1-x+x^2)f_k(x)$ の両辺を微分せよ.

2.48
(1) $\dfrac{d\boldsymbol{x}}{dt}=\begin{bmatrix} a \\ 2bt \end{bmatrix}$, $v=\sqrt{a^2+4b^2t^2}$, $\dfrac{dy}{dx}=\dfrac{2bt}{a}$

(2) $\dfrac{d\boldsymbol{x}}{dt}=\begin{bmatrix} 1 \\ -\dfrac{1}{t^2} \end{bmatrix}$, $v=\sqrt{1+\dfrac{1}{t^4}}$, $\dfrac{dy}{dx}=-\dfrac{1}{t^2}$

(3) $\dfrac{d\boldsymbol{x}}{dt}=\begin{bmatrix} -\dfrac{1}{t^2} \\ \dfrac{1}{t^2} \end{bmatrix}$, $v=\dfrac{\sqrt{2}}{t^2}$, $\dfrac{dy}{dx}=-1$

2.49 (1) $\sin 2x$ (2) $-\sin 2x$ (3) $2\sin 2x$ (4) $\cot x$ (5) $-\tan x$
(6) $e^x(\cos x-\sin x)$ (7) $e^x(\sin x+\cos x)$ (8) $e^x(\tan x+\sec^2 x)$
(9) $\sec^2 x\, e^{\tan x}\log_e x+\dfrac{1}{x}e^{\tan x}$ (10) $x^{\sin x}\left(\cos x\log_e x+\dfrac{\sin x}{x}\right)$

2.50 (1) 1 (2) 1

2.54 $\dfrac{1}{1+x^4}$ 2.55 $8\left(\cos\dfrac{5}{6}\pi+i\sin\dfrac{5}{6}\pi\right)$

2.56 $\dfrac{\sqrt{3}}{2}+\dfrac{3}{2}i$

2.57 $\left(2\pm\frac{3\sqrt{3}}{2}\right)+\left(\frac{3}{2}\mp2\sqrt{3}\right)i$ （複号同順）

2.58 $-z$ は B，$-\bar{z}$ は D，iz は H，$i\bar{z}$ は E，$-iz$ は G

2.59 (1) i (2) -64 **2.60** $a=-2^{19}$，$b=2^{19}\sqrt{3}$

2.61 i **2.62** 120

2.63 $e^{i\pi}=-1$，$e^{i\frac{\pi}{2}}=i$，$e^{-i\frac{\pi}{2}}=-i$，$e^{i\frac{\pi}{3}}=\frac{1}{2}+\frac{\sqrt{3}}{2}i$，$e^{i\frac{3}{4}\pi}=-\frac{1}{\sqrt{2}}+\frac{i}{\sqrt{2}}$

$e^{i\frac{7}{6}\pi}=-\frac{\sqrt{3}}{2}-\frac{i}{2}$，$e^{i2\pi}=1$

2.66 $\log 1=2n\pi i$，$\log(-1)=(2n+1)\pi i$，$\log i=\left(2n\pi+\frac{\pi}{2}\right)i$

$\log(-i)=\left(2n\pi-\frac{\pi}{2}\right)i$，$\log(1+i)=\log_e\sqrt{2}+\left(2n\pi+\frac{\pi}{4}\right)i$

$\log(3+4i)=\log_e 5+(2n\pi+\theta)i$，ただし $\cos\theta=\frac{3}{5}$，$\sin\theta=\frac{4}{5}$，$\log e=1+2n\pi i$

2.67 $\cos(x+iy)=\cos x\frac{e^y+e^{-y}}{2}-i\sin x\frac{e^y-e^{-y}}{2}$

$\sin(x+iy)=\sin x\frac{e^y+e^{-y}}{2}+i\cos x\frac{e^y-e^{-y}}{2}$

2.68

$$\tan(x+iy)=\frac{\sin 2x+i\frac{e^{2y}-e^{-2y}}{2}}{\cos 2x+\frac{e^{2y}+e^{-2y}}{2}}$$

2.69 $\cos(i\log_{10}2)=\frac{e^{\alpha}+e^{-\alpha}}{2}$ $(\alpha=\log_{10}2)$

$\sin\left(\frac{1+i}{\sqrt{2}}\right)=\sin\frac{1}{\sqrt{2}}\left(\frac{e^{\frac{1}{\sqrt{2}}}+e^{-\frac{1}{\sqrt{2}}}}{2}\right)+i\cos\frac{1}{\sqrt{2}}\left(\frac{e^{\frac{1}{\sqrt{2}}}-e^{-\frac{1}{\sqrt{2}}}}{2}\right)$

$\tan i=i\frac{e-e^{-1}}{e+e^{-1}}$

2.72 $\sin^{-1}0=n\pi$，$\cos^{-1}0=n\pi+\frac{\pi}{2}$，$\tan^{-1}0=n\pi$，$\sin^{-1}1=2n\pi+\frac{\pi}{2}$，$\cos^{-1}1=2n\pi$

2.73 (1) $\sin^{-1}z=\frac{1}{i}\log(iz\pm\sqrt{1-z^2})=-i\log(iz\pm\sqrt{1-z^2})=i\log\frac{1}{iz\pm\sqrt{1-z^2}}$

$=i\log(-iz\pm\sqrt{1-z^2})$

2.76 $\coth^{-1}y=\frac{1}{2}\log_e\frac{y+1}{y-1}$ $(|y|>1)$，

$\mathrm{sech}^{-1}y=\log_e\left(\frac{1}{y}+\sqrt{\frac{1}{y^2}-1}\right)$ $(0<y<1)$，$\mathrm{cosech}^{-1}y=\log_e\left(\frac{1}{y}+\sqrt{\frac{1}{y^2}+1}\right)$

2.79 $(\coth^{-1}y)'=-\frac{1}{y^2-1}$，$(\mathrm{sech}^{-1}y)'=-\frac{1}{y\sqrt{1-y^2}}$ $(0<y<1)$

$(\mathrm{cosech}^{-1}y)'=-\frac{1}{|y|\sqrt{1+y^2}}$

＜第 III 部＞

3.1 $f(x)=x^2-x+1$

3.2 $f'(1)=a^2=-2a+8$ より $a=2,-4$

$a=2$ の場合.

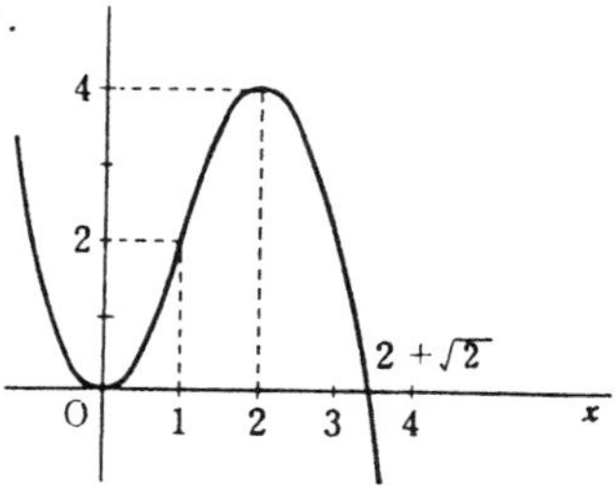

3.3 (1) $\dfrac{x^3}{3}-x^2+5x+c$

(2) $\dfrac{x^4}{4}-x^3+3x^2+c$

(3) $\dfrac{2}{3}\sqrt{x^3}+c$

(4) $2\sqrt{x}+\dfrac{3}{4}\sqrt[3]{x^4}+c$

(5) $\dfrac{x^2}{2}+\log_e|x|+c$　　(6) $x-\tan^{-1}x+c$

(7) $x-\log_e|x|+\dfrac{1}{x}+c$　　(8) $3\sin x-5\cos x+c$

(9) $\tan x-x+c$　　(10) $\dfrac{x}{2}-\dfrac{\sin x}{2}+c$

3.4 (1) $\dfrac{2}{3}\sqrt{(1-x)^3}-2\sqrt{1-x}+c$　　(2) $\log_2=\sqrt{1+x^2}+c$

(3) $\sqrt{x^2+a^2}+c$　　(4) $\dfrac{1}{6}\sqrt{(2x-1)^3}+\dfrac{1}{10}\sqrt{(2x-1)^5}+c$

(5) $\dfrac{\sin^3 x}{3}+c$　　(6) $\log_e|\sin x|+c$　　(7) $-\dfrac{1}{2}e^{-x^2}+c$　　(8) $\log_e\left|\tan\dfrac{x}{2}\right|+c$

3.6 (1) xe^x-e^x+c　　(2) $x\sin x+\cos x+c$

(3) $\dfrac{x(ax+b)^{n+1}}{a(n+1)}-\dfrac{(ax+b)^{n+2}}{a^2(n+1)(n+2)}+c$　$(n\neq-1)$,

$\dfrac{x}{a}-\dfrac{b}{a^2}\log_e\left|x+\dfrac{b}{a}\right|+c$　$(n=-1)$　　(4) $x^2e^x-2xe^x+2e^x+c$

(5) $\dfrac{x^2}{2}\log_e x-\dfrac{x^2}{4}+c$　　(6) $x\sin^{-1}x+\sqrt{1-x^2}+c$

(7) $x\tan^{-1}x-\log\sqrt{1+x^2}+c$　　(8) $x\log(1+x^2)-2x+2\tan^{-1}x+c$

3.7 (1) $\dfrac{1}{2}e^x(\sin x+\cos x)+c$　　(2) $\dfrac{1}{2}e^x(\sin x-\cos x)+c$

3.8 (2) $f_1(x)=\dfrac{1}{2}e^x(\cos x+\sin x)+\dfrac{1}{2}$,　$f_2(x)=\dfrac{1}{2}e^x\sin x+\dfrac{x}{2}+1$

3.10 $S_n=g(\Delta t)^2+2g(\Delta t)^2+\cdots+(n-1)g(\Delta t)^2=\dfrac{n(n-1)}{2}g(\Delta t)^2$

$=\dfrac{1}{2}ga^2\left(1-\dfrac{1}{n}\right)\to\dfrac{1}{2}ga^2$

3.11 $-\dfrac{4}{3}$　　3.12 $\dfrac{26}{3}$　　3.13 $-\dfrac{1}{6}(b-a)^3$　　3.14 $\dfrac{3}{4}$

3.16 a で両辺を微分し, $f'(a)=0$,　$f(x)=1$

3.17　$f(0)=1$，　$g(x)=x^2+x-c$ とおける．はじめの式を x について微分し，
$f'(x)=\frac{1}{2}(x^2+x-c)$ を出す．　$f(x)=\frac{x^3}{6}+\frac{x^2}{4}-\frac{5}{4}x+1$，　$g(x)=x^2+x-\frac{5}{2}$

3.18　(1)　$x^2=z$ とおけ．$2xf(x^2)$　　(2)　$x-t=y$ とおけ．$f(x)$

3.22　$\left[\frac{\pi}{4},\pi\right]$ で，$t=\tan x$ は不連続点 $t=\frac{\pi}{2}$ をもつ．

3.23　(1)　$\frac{16}{3}$　　(2)　$\frac{8}{3}$　　(3)　$1-\frac{1}{\sqrt{e}}$　　(4)　$|a|$
(5)　$\log_e\sqrt{2}$　　(6)　$\log_e 2$　　(7)　0　　(8)　$\frac{4}{3}$

3.25　$2-x=t$ とおけ．　　　　3.26　(1)　$a=\frac{\pi}{2}$　　(2)　$\frac{\sqrt{2}}{2}\pi\log_e(\sqrt{2}+1)$

3.27　(1)　$S(a)=\frac{1}{2}\int_0^{\theta}dt=\frac{\theta}{2}$　　(2)　$a\to\infty$ のとき $\theta\to\frac{\pi}{2}-0$，$S(a)\to\frac{\pi}{4}$

3.28　(1)　1　　(2)　1　　(3)　$e-2$　　(4)　$\frac{14}{15}$　　(5)　$\frac{e^2+1}{4}$
(6)　$\frac{\pi}{2}-1$　　(7)　1　　(8)　$\frac{\pi}{4}-\log_e\sqrt{2}$　　(9)　$\frac{2\pi}{3}-\frac{\sqrt{3}}{2}$

3.30　(1)　$I_n=\int_0^1\left(\frac{x^{N-n+1}}{N-n+1}\right)'(1-x)^n dx=\frac{n}{N-n+1}I_{n-1}$
(2)　$I_0=\frac{1}{N+1}$ を用いて $\frac{n!(N-n)!}{(N+1)!}$　　(3)　$\frac{1}{(N+1)I_n}=\binom{N}{n}$ より 2^N

3.31　(1)　$T_0=2$，$T_1=\pi-2$　　(2)　T_{n+2} を2回部分積分すると
$T_{n+2}=\frac{\pi^{n+2}}{(n+2)!}-\frac{\pi^{n+1}}{(n+1)!}-T_n$

3.32　(1)　$a=\frac{1}{11-m}$，　$b=\frac{m}{11-m}$
(2)　$I_0(t)=\frac{1}{11}t^{11}(1-t)^0$，　$I_1(t)=\frac{1}{10}t^{10}(1-t)+\frac{1}{110}t^{11}(1-t)^0$
$I_2(t)=\frac{1}{9}t^9(1-t)^2+\frac{1}{45}t^{10}(1-t)+\frac{1}{495}t^{11}(1-t)^0$ と順々に求めて，
$C_0=\frac{1}{8}$，　$C_1=\frac{1}{24}$，　$C_2=\frac{1}{120}$，　$C_3=\frac{1}{1320}$

3.33　(1)　$f(x)=\frac{4}{\pi}x-\tan x$ の符号をきめよ．　　(2)　$0<\tan^n x<\left(\frac{4}{\pi}\right)^n x^n$
(4)　$\sum_{k=0}^{n}(-1)^k\frac{1}{2k+1}=1-I_2+(-1)^n I_{2n+2}\ \to\ 1-I_2$

3.34　(1)　$\omega=\frac{-1+\sqrt{3}i}{2}$ とおくと $\frac{3}{x^3-1}=\frac{1}{x-1}+\frac{\omega}{x-\omega}+\frac{\omega^2}{x-\omega^2}$
(2)　$\frac{4}{3(x+1)}+\frac{8}{3(x-2)}$　　(3)　$\frac{1}{x-1}+\frac{1}{x+1}-\frac{1}{x-i}-\frac{1}{x+i}$

3.36　(1)　$\log_e|x-1|-\frac{1}{2}\log_e(x^2+x+1)-\sqrt{3}\tan^{-1}\frac{2x+1}{\sqrt{3}}+c$

(2) $\frac{4}{3}\log_e|(x+1)(x-2)^2|+c$ (3) $\log_e\left|\frac{x^2-1}{x^2+1}\right|+c$ ($x^2=t$ とおけ)

(4) $2\log_e|x|-\log_e(x^2+1)+c$

(5) $\frac{1}{\sqrt{2}}\log_e\frac{x^2+\sqrt{2}x+1}{x^2-\sqrt{2}x+1}+\sqrt{2}\tan^{-1}\frac{\sqrt{2}x}{1-x^2}+c$

(ここでは $\tan^{-1}\alpha+\tan^{-1}\beta=\tan^{-1}\left(\frac{\alpha+\beta}{1-\alpha\beta}\right)$ であることを用いる)

(6) $\log_e\left|\frac{x^3-1}{x^3+1}\right|+c$ ($x^3=t$ とおいて部分分数分解せよ)

3.37 (1) $-\frac{1}{x}-\tan^{-1}x+c$ (2) $\frac{1}{2}\log_e\left|\frac{x-1}{x+1}\right|+\frac{1}{x}+c$

(3) $-\frac{1}{2(x-1)}-\frac{1}{2}\tan^{-1}x+c$

(4) $\log_e|x|-\frac{1}{2}\log_e(x^2+1)+\frac{1}{2}\tan^{-1}x+\frac{x+1}{2(x^2+1)}+c$

(5) $\log_e\left|\frac{x-1}{x}\right|-\frac{1}{2}\ \frac{1}{(x-1)^2}+c$ (6) $\log_e|x+1|+\frac{2}{x+1}-\frac{1}{(x+1)^2}+c$

3.38 (1) $\frac{1}{10}\sqrt{(2x+1)^5}-\frac{1}{6}\sqrt{(2x+1)^3}+c$

(2) $\frac{2}{135}\sqrt{(3x-2)^5}+\frac{8}{81}\sqrt{(3x-2)^3}+\frac{8}{27}\sqrt{3x-2}+c$ (3) $2\tan^{-1}\sqrt{x-1}-\frac{1}{x}+c$

3.39 (1) $\frac{x}{a^2\sqrt{x^2+a^2}}+c$ (2) $-\frac{x}{\sqrt{1+x^2}}+\log_e|x+\sqrt{x^2+1}|+c$

(3) $-\frac{\sqrt{a^2-x^2}}{x}-\sin^{-1}\frac{x}{a}+c$

3.40 (1) $\frac{1}{9}\sqrt{(x^2+a^2)^9}-\frac{2}{7}a^2\sqrt{(x^2+a^2)^7}+\frac{a^4}{5}\sqrt{(x^2+a^2)^5}+c$

(2) 説明通り変数変換すると $I=-\frac{1}{3}\int\frac{ds}{s\sqrt{s-1}}$ をうる. $\sqrt{s-1}=z$ とおくと積分可能.

$I=-\frac{2}{3}\tan^{-1}\sqrt{\frac{1-x^3}{x^3}}+c$

3.41 (1) $\log_e|\tan\frac{x}{2}|+c$ (2) $\log_e\left|\tan\left(\frac{x}{2}+\frac{\pi}{4}\right)\right|+c$

(3) $\frac{1}{\sqrt{13}}\log_e\left|\tan\frac{x+\alpha}{2}\right|+c$, ただし $\cos\alpha=\frac{3}{\sqrt{13}}$, $\sin\alpha=\frac{2}{\sqrt{13}}$

(4) $\frac{1}{3\sqrt{5}}\tan^{-1}\left(\frac{\sqrt{5}}{3}\tan x+c\right)$ [$t=\tan x$ とおけ]

(5) $\frac{a}{a^2+b^2}x+\frac{b}{a^2+b^2}\log_e|a\cos x+b\sin x|+c$

[被積分関数を $\frac{\cos x}{a\cos x+b\sin x}=A+B\frac{(a\cos x+b\sin x)'}{(a\cos x+b\sin x)}$ として A,B をきめよ]

3.42　$0<a\leqq 1$ のとき 2,　$a>1$ のとき $\dfrac{2}{a}$

3.43　(1)　増加　(2)　$\dfrac{\sqrt{2}}{2}$, $\dfrac{\sqrt{2}}{2}$　(3)　$\dfrac{\pi}{6}$　(4)　2

3.44　(1)　$\dfrac{2}{3}$ [$\log_e x=t$ とおけ]　(2)　$\dfrac{n}{2}$　　3.45　(ウ)　3

3.46　$n\geqq 1$ ならば $\displaystyle\int_a^b \frac{dx}{(x-a)^n}=+\infty$,　$\displaystyle\int_a^b \frac{dx}{(x-b)^n}=-\infty$

$0<n<1$ ならば $\displaystyle\int_a^b \frac{dx}{(x-a)^n}=\frac{(b-a)^{1-n}}{1-n}$,　$\displaystyle\int_a^b \frac{dx}{(x-b)^n}=\frac{(a-b)^{1-n}}{n-1}$

3.47　(1)　$+\infty$　(2)　存在せず [$\lim\limits_{x\to\infty}\cos x=$不定]　(3)　1

(4)　1　(5)　$\dfrac{\pi}{4}$　(6)　$\dfrac{\pi}{2}$　　3.48　(1)　1　(2)　$-\dfrac{h}{2}$

＜第 Ⅳ 部＞

4.1　(1)　1　(2)　-1　(3)　$2x+1$　(4)　$3x^2+3x+1$

(5)　$\dfrac{-1}{x(x+1)}$　(6)　$-\dfrac{2}{x(x+1)(x+2)}$　(7)　2^x　(8)　$-\left(\dfrac{1}{2}\right)^{x+1}$

(9)　$(a-1)a^x$　(10)　$\log_2\dfrac{x+1}{x}$

4.2　(1)　$3x^{(2)}+1$　(2)　$2x$　(3)　1　(4)　$3x^{(2)}$　(5)　$3x^{(2)}-16x+1$

(6)　$2\pi x+4\pi$　(7)　$3x^{(2)}+p$

4.3　(1)　$3x^2-x$　(2)　$3x^2+x$　(3)　$8x^3-27x^2-21x+19$

(4)　$8x^3+12x^2-18x+14$

4.4　(1)　$2(x+3)$　(2)　$5(x-1)^{(4)}$　(3)　$6(2x+1)^{(2)}$　(4)　$15(3x-1)^{(4)}$

4.5　(1)　$-x^{(-2)}$　(2)　$-3x^{(-4)}$　(3)　$-5(x-1)^{(-6)}$

(4)　$3x^{(2)}+2x-x^{(-2)}-3x^{(-4)}$　(5)　$4x+6x^{(-3)}-25x^{(-6)}$　(6)　$-6(2x-1)^{(-4)}$

(7)　$-12(3x+1)^{(-5)}$

4.7　(1)　$\displaystyle\sum_{k=1}^n k$　(2)　$\displaystyle\sum_{k=1}^n k^2$　(3)　$\displaystyle\sum_{k=1}^n k^3$　(4)　$\displaystyle\sum_{k=1}^n k(k+1)$　(5)　$\displaystyle\sum_{k=1}^n \frac{1}{k}$

(6)　$\displaystyle\sum_{k=1}^n ar^{k-1}$

4.8　(1)　$2^3+3^3+\cdots+(n+1)^3$　(2)　$0^2+1^2+2^2+\cdots+n^2$

(3)　$1\cdot2\cdot3+2\cdot3\cdot4+3\cdot4\cdot5+4\cdot5\cdot6+5\cdot6\cdot7$　(4)　$6^2+7^2+8^2$　(5)　0

(6)　$\underbrace{3+3+\cdots+3}_{n\text{個}}$

4.9　(1)　30　(2)　43　(3)　45　(4)　109

4.11　(1)　成立する　(2)　成立しない　(3)　成立しない

4.12 (1) n (2) n^2+3n (3) n^2+4n (4) $\frac{1}{n+1}-1$ (5) $2^{n+1}-2$

(6) $\log_2(n+1)$

4.13 上から順に

$nx^{(n-1)}$, $(x+n)^{(n)}$, $\frac{(x+n)^{(n+1)}}{n+1}$, $n^{(n)}$, 0, $\frac{(x+n)^{(n)}}{n+1}$

4.14 (1) $\frac{3}{2}x^{(2)}+c$ (2) $-\frac{x^{(3)}}{3}-\frac{x^{(2)}}{2}+c$ (3) $\frac{x^{(4)}}{2}+2x^{(3)}+x^{(2)}+c$

(4) $7x+c$ (5) $\frac{2}{3}x^{(3)}+\frac{3}{2}x^{(2)}-5x+c$ (6) $2x^{(2)}-7x+c$

(7) $\frac{5}{3}x^{(3)}-6x+c$ (8) $\frac{x^{(4)}}{4}-2x^{(2)}+2x+c$

(9) $\frac{1}{5}(x+3)^{(5)}+c$ (10) $-\frac{(x-1)^{(-4)}}{4}+c$

4.15 (1) $\frac{1}{8}(2x+3)(2x+1)(2x-1)(2x-3)+c$

(2) $\frac{1}{10}(2x+5)^{(5)}+c$ (3) $\frac{1}{18}(3x-1)^{(6)}+c$

4.16 (1) $\frac{n(n+1)(n+2)(n+3)}{4}$ (2) $\frac{n(n+1)(n+2)(n+3)(n+4)}{5}$

(3) $\frac{n(n+1)(2n+7)}{6}$ (4) $\frac{n(n+1)(2n-5)}{6}$ (5) $\frac{n}{4}(n^3+2n^2-5n+2)$

(6) $n(2n^2+5n+2)$ (7) $\frac{n(n+1)(n+2)}{6}$

4.17 (1) $\frac{1}{2}\left\{\frac{1}{1\cdot 2}-\frac{1}{(n+1)(n+2)}\right\}$ (2) $\frac{1}{3}\left\{\frac{1}{1\cdot 2\cdot 3}-\frac{1}{(n+1)(n+2)(n+3)}\right\}$

4.18 (1) $\frac{n+1}{2}$ (2) $\frac{n^2+3n}{4}$

4.19 (1) $\frac{(2n+3)(2n+1)(2n-1)+3}{6}$ (2) $\frac{(2n+5)(2n+3)(2n+1)(2n-1)+15}{8}$

(3) $\frac{n}{3}(4n^2+9n-1)$

4.20 (1) $\frac{1}{2}\left(1-\frac{1}{2n+1}\right)$

(2) $\frac{1}{3}+\frac{1}{2\cdot 2\cdot 3}+\frac{1}{3\cdot 2\cdot 3}-\frac{1}{n+3}-\frac{1}{2(n+2)(n+3)}-\frac{1}{3(n+1)(n+2)(n+3)}$

(3) $\frac{1}{2\cdot 2\cdot 3}+\frac{2}{3\cdot 2\cdot 3}-\frac{1}{2(n+2)(n+3)}-\frac{2}{3(n+1)(n+2)(n+3)}$

(4) $n-1+\frac{2}{n+2}$ (5) $\frac{1}{2\cdot 3}+\frac{1}{1\cdot 2\cdot 3}-\frac{1}{(n+2)(n+3)}-\frac{1}{(n+1)(n+2)(n+3)}$

(6) $2-\frac{2}{n+1}$ (7) $\frac{n(n+1)}{2}-\frac{1}{n+1}+1$

4.21 (1) $a_n=5n-9$ (2) $a_n=-2n+\frac{5}{2}$

4.22 (1) $S_{10}=205$ (2) $S_n=n(-3n+8)$

(3) $S_n=\frac{n}{5}(51-n)$, $n\geqq 52$ ならば $S_n<0$

4.23 (1) $a_{39}=-5$ (2) $a_{104}=941$ (3) $a_{m+n}=\frac{m\alpha-n\beta}{m-n}$

4.24 $\frac{m(2n-m+1)}{2}$

4.25 (1) 41583 (2) 17892 (3) 5796 (4) 53679

4.26 $\frac{2}{b}=\frac{1}{a}+\frac{1}{c}$

4.27 はじめから順に n^2, $n(n+1)$, $n+1$, $\frac{n}{2}$, 7

4.28 $\frac{1}{24}c^4+\frac{1}{4}c^3+\frac{11}{24}c^2+\frac{1}{4}c$

4.29 $a_1=-17$, $a_n=10n-30$ $(n\geqq 2)$

4.30 (1) $3n+3$ (2) $\frac{3n(n+3)}{2}$ (3) $\frac{3}{2}n(2n^2+9n+13)$

4.31 $a_n=n(3n+4)$, $\frac{1}{k(3k+4)}<\frac{1}{4}\left(\frac{1}{k}-\frac{1}{k+2}\right)$

$$\frac{1}{a_1}<\frac{1}{a_1}+\frac{1}{a_2}<\cdots<\frac{1}{a_1}+\frac{1}{a_2}+\frac{1}{a_3}+\sum_{k=4}^{n}\frac{1}{a_k}$$

$$=\frac{1}{7}+\frac{1}{20}+\frac{1}{39}+\frac{1}{4}\left(\frac{1}{4}+\frac{1}{5}-\frac{1}{n+1}-\frac{1}{n+2}\right)<\frac{1193}{5460}+\frac{1}{4}\left(\frac{1}{4}+\frac{1}{5}\right)<\frac{1}{3}$$

4.32 (1) $a_n=3(-4)^{n-1}$, $S_n=\frac{3}{5}\{1-(-4)^n\}$ (2) $a_n=-\left(\frac{1}{2}\right)^n$, $S_n=\left(\frac{1}{2}\right)^n-1$

(3) $a_{10}=-1$, $S_{10}=0$ (4) $a_{10}=\frac{\sqrt{2}}{8}$, $S_{10}=\frac{31\sqrt{2}(\sqrt{2}+1)}{8}$

(5) $a_n=\frac{x}{(1+x)^{n-1}}$, $S_n=1+x-\frac{1}{(1+x)^{n-1}}$

4.33 (1) $a_{10}=2\times 3^7$, $a_1=\frac{2}{9}$, $r=3$ のとき $S_{10}=3^9-3^{-2}$, $a_1=-\frac{2}{9}$,

$r=-3$ のとき $S_{10}=\frac{1}{18}(3^{10}-1)$ (2) $a_8=-10^7$, $a_n=-10^{n-1}$

(3) $a=\frac{3}{2}$ より $a_8=\frac{3}{2}\left(\frac{2}{\sqrt{3}}\right)^7$

4.34 $N=6$, $n=3$　　4.35 $P^2T^n=S^n$

4.36 $x>1$ のとき $M_q>M_p$, $x=1$ のとき $M_q=M_p$, $0<x<1$ のとき $M_q<M_p$

4.37 2, 6, 18　　4.38 $y^2=xz$

4.39 $n=2^{\frac{m+1}{2}}-1$ $(m=1,3,5,7,\cdots)$

4.41 (1) $a_n=\dfrac{2(10^n-1)}{9}$, $S_n=\dfrac{2(10^{n+1}-10)}{81}-\dfrac{2n}{9}$

(2) $a_n=10^n-1$, $S_n=\dfrac{10^{n+1}-10}{9}-n$

(3) n が偶数のとき $a_n=\dfrac{20(10^n-1)}{99}$, n が奇数のとき $\dfrac{2(10^{n+1}-1)}{99}$,

$2S_n=a_1+(a_1+a_2)+(a_2+a_3)+\cdots+(a_{n-1}+a_n)+a_n=2+22+222+\cdots+\underbrace{22\cdots2}_{n\text{個}}+a_n$

$S_n=1+11+111+\cdots+\underbrace{11\cdots1}_{n\text{個}}+\dfrac{a_n}{2}=\dfrac{10^{n+1}-10}{81}-\dfrac{n}{9}+\dfrac{a_n}{2}$

4.42 $a_{2n}+b_n+1=\left(\dfrac{10^n+2}{3}\right)^2$, $\dfrac{10^n+2}{3}$ が整数であることを数学的帰納法で証明せよ.

4.43 (1) $4x+9$ (2) $4(x+1)(x^2+2x+2)$ (3) $\dfrac{1}{4}(2x+1)3^x+c$

(4) $-(x+1)\left(\dfrac{1}{2}\right)^{x-1}+c$ (5) $-(2x+7)\left(\dfrac{1}{2}\right)^{x-1}+c$ (6) $(3x^2-16x+31)2^x+c$

4.44 (1) $\dfrac{(2n+1)x^{n+1}-x}{x-1}-\dfrac{2x^2(x^n-1)}{(x-1)^2}$ $(x\fallingdotseq 1)$, $n^2(x=1)$

(2) $\dfrac{(n+1)^2x^n-1}{x-1}-\dfrac{(2n+3)x^{n+1}-3x}{(x-1)^2}+\dfrac{2x^2(x^n-1)}{(x-1)^3}$ $(x\fallingdotseq 1)$

4.45 (1) $-\dfrac{2}{15}$ (2) $x=0$ のとき 0, $x\fallingdotseq 0$ のとき 1

4.46 (1) $x=0$ のとき 0, $x\fallingdotseq 0$ のとき 1

(2) $0<a<1$ のとき $\dfrac{1}{1-a^2}$, $a>1$ のとき $\dfrac{1}{a(a^2-1)}$

4.47 (1) $S_n=\dfrac{ab\{1-r^n-nr^n(1-r)\}}{(1-r)^2}$ (2) $nr^n\leqq\dfrac{n}{1+nh+\dfrac{n(n-1)}{2}h^2}\to 0$

(3) $\dfrac{ab}{(1-r)^2}$

4.48 $a_{n+1}+a_{n+2}+\cdots+a_{2n}=S_{2n}-S_n\to 0$

4.49 前問の対偶, $a_{n+1}+a_{n+2}+\cdots+a_{2n}=\dfrac{1}{n+1}+\dfrac{1}{n+2}+\cdots+\dfrac{1}{2n}>\dfrac{1}{2}$

4.50 $a>\dfrac{1}{2}$ のとき収束, 和は $\dfrac{a(1-a)}{2a-1}$

<第 V 部>

5.2 $f(x)=x-q\sin x-a$ は単調増加なることを述べよ.

5.3 (1) $h(x)=x^3+\tan x$ の単調増加性と不連続点に注意, 3 個

(2) $f(x)=x^3\sin x+3x^2\cos x-6x\sin x-7\cos x-3\pi^2\cos x-7$

(3) $g(x)=f(x)+3\pi^2\cos x+17$ とおき, $g'(x)$ の符号に注意せよ. (1) を用いること.

5.4 $\sqrt{2}$ 5.5 2

5.7 (1) $|f(x+h)-f(x)|<|h| \to 0$

(2) $|f'(x)|=\lim_{h\to 0}\left|\frac{f(x+h)-f(x)}{h}\right|\leqq 1$ (3) $f(x)=\begin{cases}0 & (x<0)\\ x & (x\geqq 0)\end{cases}$ など

5.8 $x\fallingdotseq 1$ で $g(x)$ は連続. $\lim_{x\to 1} g(x)=\lim_{x\to 1}\frac{f(x)-f(1)}{x-1}=f'(1)$

5.9 (1) $g(x)=2x^3-9x^2+12x-3$ (2) 背理法によれ

5.10 $f(x)=\left(\int_0^\pi f(t)\cos t\,dt+1\right)\sin x-\left(\int_0^\pi f(t)\sin t\,dt\right)\cos x\equiv A\sin x+B\cos x$

として, A と B を求める. $f(x)=\frac{2}{\pi^2+4}(2\sin x-\pi\cos x)$

5.11 (1) $f''(x)=2(x+1)e^x$ (2) $f(x)=2(x-1)e^x+x+2$

5.12 $f(t)=12t^2-4$

5.13 $5\cos 75x^2-3\cos 27x^2$ 5.14 $f(x)=2x$, $c=0$

5.15 (1) $K_n=\frac{2n-1}{8n}$, $\lim_{n\to\infty}K_n=\frac{1}{4}$ (2) $K_n=\frac{e-1}{e^{\frac{1}{2n}}+1}$, $\lim_{n\to\infty}K_n=\frac{e-1}{2}$

(3) $\frac{\alpha}{2}$

5.17 (2) $\theta=\frac{\sqrt{a}}{\sqrt{a}+\sqrt{b}}$

5.18 (2) $\log_e(x+1)-\log_e x=\frac{1}{x+\theta}$, $0<\theta<1$ を用いよ. 5.19 2

5.20 (1) $3a^2$ (2) $\sqrt{a}$ (3) $\log_e a$ (4) $\frac{1}{2}$ (5) 1

(6) n (7) $\sin a-a\cos a$ (8) $2a\sin a-a^2\cos a$ (9) $m+1$

5.21 (1) $3f'(a)$ (2) $5f'(a)$ 5.22 $-\sin a$

5.23 $R=\sin^2\frac{\alpha}{2}+\frac{\alpha^2}{4\sin^2\frac{\alpha}{2}}$. $\lim_{\alpha\to 0}R=1$ 5.24 $a=1$, $b=-7$

5.25 $p=1$, $q=\frac{1}{2}$, 極限値 $\frac{1}{8}$

5.26 $\frac{1}{2}(x-1)(x-2)(x-3)(6x^2-23x+18)$

5.28 (1) (4) は正しい. (2) 反例 $f(x)=x$, $g(x)=x+a$ $(a\fallingdotseq 0)$

(3) 反例 $f(x)=x$, $f(x)=x^2$

5.29 (1) 2 (2) 0 (3) $e^0=1$ (4) $a+b$

5.30 (1) $f'''(x)=6$ (2) $f'''(x)=k^3e^{kx}$ (3) $f'''(x)=-3\sin x-x\cos x$

(4) $f'''(x)=-\frac{3x}{\sqrt{(1-x^2)^5}}$

5.31 $(1-x^2)f''(x)-xf'(x)=0$ の両辺を n 回微分して

$(1-x^2)f^{(n+2)}(x)-(2n+1)xf^{(n+1)}(x)-n^2f^{(n)}(x)=0$ を求める． $f^{(n+2)}(x)=n^2f^{(n)}(x)$，
$f'(0)=1$，$f''(0)=0$ を用いて，$f^{(2m)}(0)=0$，$f^{(2m+1)}(0)=(2m-1)^2(2m-3)^2\cdots3^2\cdot1^2$

5.32 (1) $f(x)=(x-2)^3+8(x-2)^2+15(x-2)+5=(x+3)^3-7(x+3)^2+10(x+3)+5$

(2) $f(x)=(x-2)^4-(x-2)^3-30(x-2)^2-72(x-2)-48$
$=(x+3)^4-21(x+3)^3+135(x+3)^2-347(x+3)+312$

5.35 $\cos x=1-\dfrac{x^2}{2!}+\dfrac{x^4}{4!}-\cdots+(-1)^n\dfrac{x^{2n}}{(2n)!}+\cdots$

5.37 0.69315　　5.38 0.78539

5.39 $f'(x)=\dfrac{x\cos x-\sin x}{x^2}$，分子$=g(x)=x\cos x-\sin x$ とおくと $g'(x)=-x\sin x$，
$0<x<\pi$ では $g'(x)<0$．$g'(0)=0$，よって $g(x)<0$，$f(x)$ は単調減少する．

5.40

x		$\mu-\sigma$		μ		$\mu+\sigma$	
$f'(x)$	+	+	+	0	−	−	−
$f''(x)$	+	0	−	−	−	0	+
$f(x)$	↗	$\dfrac{1}{\sqrt{2\pi e}\,\sigma}$	↗	$\dfrac{1}{\sqrt{2\pi}\,\sigma}$	↘	$\dfrac{1}{\sqrt{2\pi e}\,\sigma}$	↘

5.41 $a^2+b^2+a^2c>0$ かつ $a^2+b^2-a^2c>0$

5.42 (1) $f''(x)>0$ であるから下方に凸，グラフは接線より上方にある．

(2) $f(3p)-f(p+q+r)\geqq f'(p+q+r)(2p-q-r)$
$f(3q)-f(p+q+r)\geqq f'(p+q+r)(2q-r-p)$
$f(3r)-f(p+q+r)\geqq f'(p+q+r)(2r-p-q)$ の3式を辺に相加えよ．

(3) $f(x)=\log_e(a^x+b^x)$ に対して(2)の不等式を利用せよ．

5.43 $\rho=a$　　5.44 (1) $a=-2$，$b=-1$　(2) $x=-1$ で極小値 -5

5.45 $f(x)=x^3-3x^2-9x+11$，極大値 16，極小値 -16

5.46 $b>-2a-3$，$b>2a-3$，$|a|<3$，$3b<a^2$

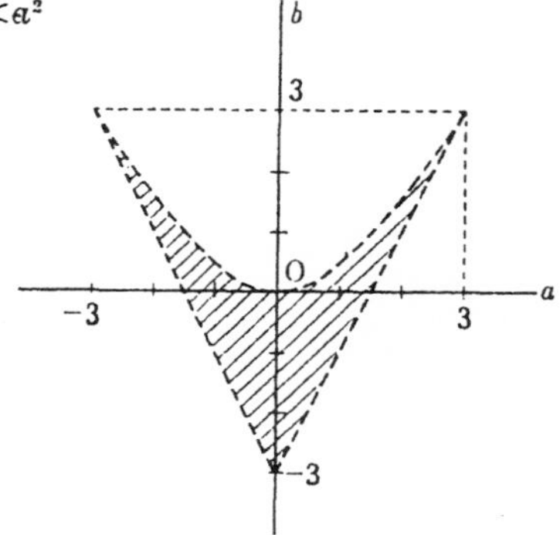

5.47 $a<0$ ならば1個，$a=0$ ならば2個，
$0<a<4$ ならば3個，$a=4$ ならば2個，
$a>4$ ならば1個

5.48 $x=-1$ で極小値 1，
$x=\dfrac{1-\sqrt{17}}{8}$ で極大値 $\dfrac{405+51\sqrt{17}}{512}$
$x=\dfrac{1+\sqrt{17}}{8}$ で極小値 $\dfrac{405-51\sqrt{17}}{512}$

5.49 $M=\{(a,b)\mid 9a^2-32b>0,\ b\neq0\}$

5.50 $|a|>\dfrac{1}{\sqrt{2}}$

5.51 (1) $x=\pm\frac{1}{\sqrt{2}}$ で極大値 $\frac{\sqrt[3]{4}}{3}$, $x=0$ で極小値 0

5.52 (2) $\frac{x^2-2x-(a+1)}{(x-1)^2}$

(3) $a=2$; $x=3$ のとき極小値 7, $x=-1$ のとき極大値 -1

5.53

x	0	1		e		e^2	
$f'(x)$	−	なし	−	0	+	+	+
$f''(x)$	−	なし	+	+	+	0	−
$f(x)$	↘	不連続		e		$\frac{e^2}{2}$	

5.54 $0\leqq a\leqq 1$ または $a\geqq\frac{1+2\sqrt{10}}{3}$ のとき, $x=a$ で最大値 $3a^4-8a^3-6a^2+24a$, $x=0$ で最小値 0. $1<a<\frac{1+2\sqrt{10}}{3}$ のとき, $x=1$ で最大値 13, $x=0$ で最小値 0

5.55 (1) $x=1$ で最大値 7, $x=0$ で最小値 2 (2) $\sqrt{5}\leqq t\leqq 1+\sqrt{3}$

5.56 $\frac{8-\sqrt{41}}{2}$ 5.57 (1) $\frac{15}{2}$cm (2) 4.82 cm² 5.58 $\frac{\sqrt{e}\,ak}{40}l$

5.59 (1) $p<-\frac{1}{2}$ (2) $x=\sqrt{\frac{-1}{1+2p}}$ で最大値 $\sqrt{\frac{-1}{1+2p}}\left(\frac{2p}{1+2p}\right)^p$

5.60 (1) $x=\frac{aq+kp}{ap}$

(2) $k=1$ のとき $k=2$ のとき

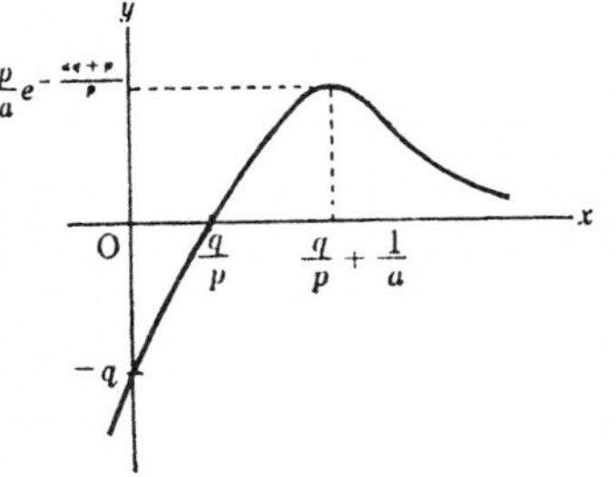

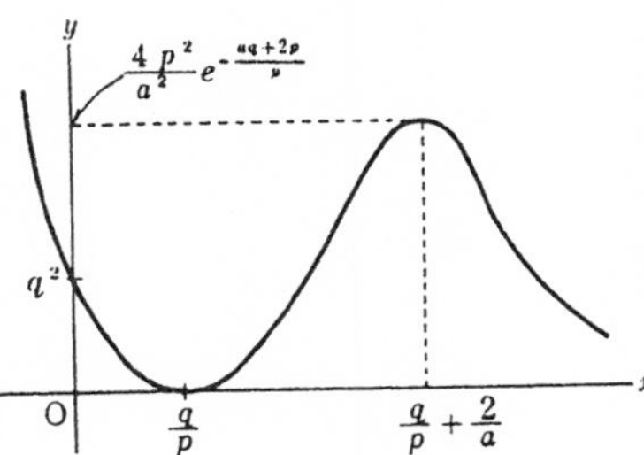

(3) $x=-\dfrac{k}{\log_e r}$ のとき，最大値 $\left(-\dfrac{1}{e\log_e r}\right)^k$

5.61 (1) $x=1$ (2) $a^p=b^q$ [$x=ab^{1-q}$ とおけ]

5.63 $b^2-4ac>0$ のとき，面積をもつ，$\sqrt{(b^2-4ac)^3}/6a^2$

5.64 (1) $b=-\dfrac{a}{2}$ (2) $\dfrac{27}{64}a^4$

5.65 (1) 接線の方程式は $y=bx-a^4+c$ で，$x=-a$ において①と接する．(2) $\dfrac{16}{15}a^5$

5.66 (1) $a=\dfrac{e-e^{-1}}{2}$, $b=\dfrac{e+e^{-1}}{2}$ (3) $\dfrac{2}{e}$ 5.67 (2) $\pi-3$

5.68 (1) $\log_e\dfrac{a_2}{a_1}$ (2) (i) 初項 a_1，公比 $\dfrac{a_2}{a_1}$ の無限等比数列 (ii) $\dfrac{a_2}{a_1(a_2-a_1)}$

5.69 (1) $\displaystyle\int_{(n-1)\pi}^{n\pi}e^{-x}|\sin^n x|\,dx$ (2) $e^{-(n-1)\pi}I_1$ (3) $\dfrac{1-e^{-n\pi}}{1-e^{-\pi}}I_1$ (4) $\dfrac{e^\pi}{e^\pi-1}I_1$

5.70 (1) $\dfrac{4\pi}{3}ab^2$ (2) $a=\dfrac{k}{3}$, $b=\dfrac{2}{3}k$ で最大値 $\dfrac{16}{81}\pi k^3$

5.71 $\dfrac{\pi(a-b)}{3}(3R^2-a^2-ab-b^2)$ 5.72 $\dfrac{\pi}{3}r^2h$

5.73 前から順に $\dfrac{\pi}{30}$, $\dfrac{8}{\pi^2}$, $\dfrac{\pi}{2}$, $-\dfrac{120}{\pi^3}$

5.74 (1) $V=\dfrac{3\pi}{10}\sqrt[3]{a^5b^4}$ (2) $V=\dfrac{3\pi}{10}\sin^5\theta\cos^4\theta\equiv\dfrac{3\pi}{10}t^5(1-t^2)^2$, $t=\dfrac{\sqrt{5}}{3}$ で V は最大となる．

5.75 (1) $V(a)=\dfrac{4}{3}\pi(2a+1)$, $0\leqq a\leqq 7$ (2) $a=7$ のとき，最大値 20π

5.76 11 5.77 (1) $2e^{\sqrt{3}\pi}$ (2) $\dfrac{\pi}{6}$ (3) $\dfrac{2\sqrt{3}}{3}(e^{2\sqrt{3}\pi}-1)$

5.78 $4\pi^2br$

<第 VI 部>

6.1 (1) $f(x)=x^3-6x^2+9x-3$ (2) $x=1$ で極大値 1，$x=3$ で極小値 -3
(3) $0<\alpha<1$ または $1<\alpha<3$ または $3<\alpha<4$ 6.2 $\dfrac{1}{2}$

6.3 (1) $a_n=\dfrac{1}{2}n(n+1)$ (2) $\dfrac{2n}{n+1}$ (3) 2

6.4 (1) $\dfrac{7n^2+11n-18}{12(n+2)(n+3)}$ (2) $\dfrac{7}{12}$

6.5 (1) $a_n=n^2+n-1$ (2) $b_n=\dfrac{1}{4}(n^4+2n^3+3n^2+2n)-1$ (3) $n=14$

6.6 $a_n=2a_1-a_1n$, $\displaystyle\lim_{n\to\infty}\frac{a_n}{n}=-a_1$

6.7 $x_n=\frac{1}{2}\left\{1+\left(\frac{1}{3}\right)^n\right\}x_0+\left\{1-\left(\frac{1}{3}\right)^n\right\}y_0$, $y_n=\frac{1}{2}\left\{1-\left(\frac{1}{3}\right)^n\right\}x_0+\left\{1+\left(\frac{1}{3}\right)^n\right\}y_0$

$\lim_{n\to\infty} x_n=\lim_{n\to\infty} y_n=\frac{x_0+y_0}{2}$

6.8

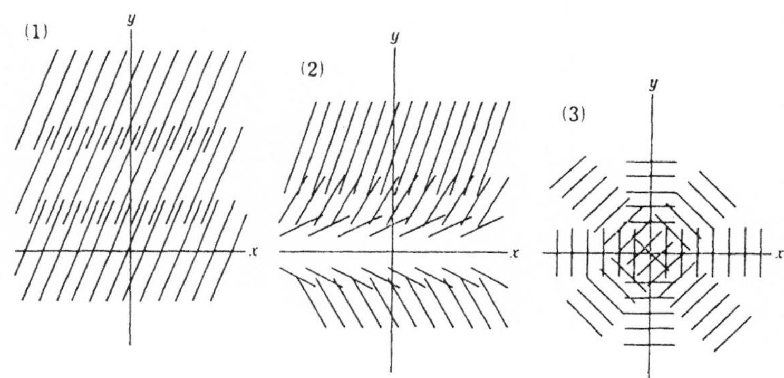

6.9 $y=\frac{\sqrt{1-x}}{\sqrt{x}}$　　6.10 $a=\frac{e^2+1}{e^2-1}$

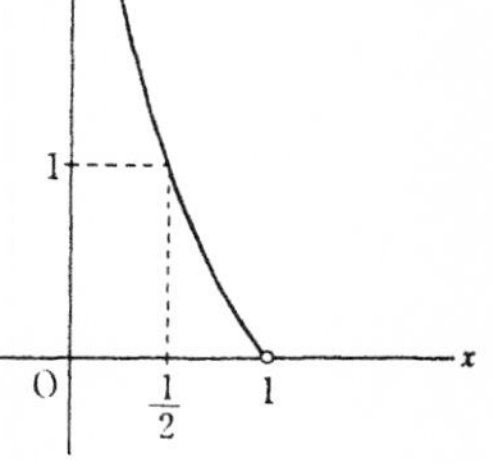

6.11 (1) $y=2e^x-1$　(2) $1-\log_e 2$

6.12 (1) $f(x)=2e^{ax}$　(2) -1　(3) $\frac{2e}{e-1}$

6.13 (1) $N=N_0e^{-kt}$ (k は正の定数)　(2) 1,505年

6.14 t 秒後の体積を $V(t)=\pi\int_0^{h(t)}\{f(y)\}^2dy$,

$\frac{dV}{dt}=\pi f^2(h)\frac{dh}{dt}$　一方, $h=2\sqrt{t}+c$ より $x=\sqrt{\frac{vy}{2\pi}}$

6.15 $f(x)=e^{\frac{1}{2}x^2+x}$

6.16 (1) $f(a)f'(x)=f'(a+x)$　(2) $f(a)=ke^a$ ($k>0$ の定数)　(3) $f(a)=e^a$

6.17 $f(x)=e^{kx}\cos x$

6.18 (1) $y=1$ とおくと $f(1)=0$　(2) $f'(x)=\lim_{h\to0}\frac{f(x+h)-f(x)}{h}$

$=\lim_{h\to0}\frac{f\left(\frac{x+h}{x}\right)-f(1)}{h}=\frac{1}{x}f'(1)$　(3) $f(x)=f'(1)\log_e x$

6.19 (2) $f'(x)=f(x)\lim_{h\to0}\frac{f(h)-f(0)}{h}$　(4) $f(x)=e^{2x}$

6.20 (1) $x=y=0$ とおいて $f(0)=0$, つぎに $y=-x$ とおく.

(2) 両辺を x について微分し, その結果に対して $x=0$ とおく.

6.21 $f(x)=\frac{1}{x^3}$ $(x>0)$

6.22 (1) 0　(2) $f'(x)=\cos 2x\{f(x)+1\}$　(3) $e^{\frac{1}{2}\sin 2x}-1$

6.23 (1) $y=x^2-2x+2+ce^{-x}$　(2) $y=x-1+ce^{-x}$　(3) $y=\dfrac{2}{5}x^2+\dfrac{c}{\sqrt{x}}$

(4) $y=-\dfrac{1}{2}(\sin x+\cos x)+ce^x$　(5) $y=\cos x+c\cos^2 x$

(6) $y=\dfrac{x}{2}\log_e x-\dfrac{x}{4}+\dfrac{c}{x}$

6.24 (1) $m=\dfrac{2}{3}$　(2) $u(x)=e^{\frac{x}{3}}+c$　(3) $y=e^x+9e^{\frac{2}{3}x}$

6.25 $F(x)=\dfrac{1}{x-1}$

6.26 $v(x)=\dfrac{1}{2}x-\dfrac{1}{4}+\dfrac{1}{4}e^{-2x}$

6.27 (1) $a\neq 1$ のとき $x_n=\dfrac{a^n-1}{a^{n-2}(a-1)}$，$a=1$ のとき $x_n=n$

(2) $|a|>1$，$\lim\limits_{n\to\infty} x_n=\dfrac{a^2}{a-1}$

6.28 (1) $a_n=(-1)^n\dfrac{1}{3}+\dfrac{8}{3}\left(\dfrac{1}{2}\right)^n$　(2) $\lim\limits_{n\to\infty}\sum\limits_{k=1}^{2n}\dfrac{8}{3}\left(\dfrac{1}{2}\right)^k=\dfrac{8}{3}$

(3) $\lim\limits_{n\to\infty}\sum\limits_{k=1}^{2n+1}\dfrac{8}{3}\left(\dfrac{1}{2}\right)^k-\dfrac{1}{3}=\dfrac{7}{3}$

6.29 (1) $a_n=3\cdot 2^{n-1}-1$　(2) $\dfrac{1}{\log 2\cdot\log 3}$　　6.30 $a_n=a^{\left(\frac{1}{2}\right)^{n-1}}$

6.31 (1) $y=c_1e^{5x}+c_2e^{-5x}$　(2) $y=(c_1x+c_2)e^{-x}$

(3) $y=e^x(c_1\cos\sqrt{2}x+c_2\sin\sqrt{2}x)$　(4) $y=\dfrac{1}{32}(8x^2+20x+21)+c_1e^{4x}+c_2e^x$

(5) $y=2e^{2x}+(c_1x+c_2)e^x$　(6) $y=\dfrac{1}{8}(2x^2-1)+c_1\sin 2x+c_2\cos 2x$

6.32 (1) $A=0$，$B=1$　(2) $f(x)=\dfrac{x^2}{2}+1$　　6.33 $y=-\dfrac{x^3}{3}+\dfrac{a}{2}x^2+c_1x+c_2$

6.34 (1) 3 次式　(2) $f(x)=-\dfrac{1}{6}x^3+\dfrac{3}{2}x^2-3x+1$

6.35 (1) $u''+2u'=0$　(2) $y=2e^x+e^{-x}-\sin x$

6.36 6 秒

(A) $\begin{cases} x=-\dfrac{t^2}{2}+2t+2 \\ y=-t+2 \end{cases}$

(B) $\begin{cases} x=\dfrac{t^2}{2}-10t+38 \\ y=t-10 \end{cases}$

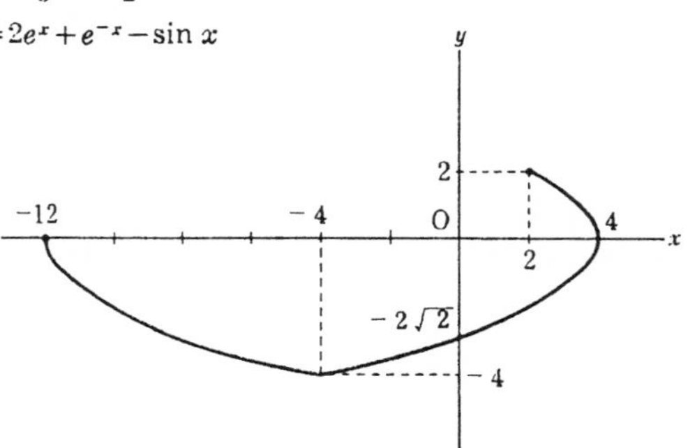

6.37 (1) $a_n=3\left\{1-\left(\dfrac{2}{3}\right)^{n-1}\right\}$

(2) $\lim\limits_{n\to\infty} a_n=3$

6.38　2

6.39　(1)　$p \neq 1$ のとき，$a_n = a + \frac{b-a}{1-p}(1-p^{n-1})$

$p=1$ のとき，$a_n = (b-a)n + 2a - b$

(2)　$a \neq b$ のとき $|p|<1$，$\lim_{n \to \infty} a_n = \frac{b-ap}{1-p}$，$a=b$ のとき p は任意の値をとりうる，$\lim_{n \to \infty} a_n = a$

6.40　(1)　$x_n = \frac{1}{a^2-1}\left\{(b-1)a^n + (a^2-b)\frac{1}{a^{n-2}}\right\}$

(2)　$b=1$，$|a|>1$ または $b=a^2$，$|a|<1$

6.41　$a_n = 4 \times 16^s$ ただし，$s = \left(-\frac{1}{2}\right)^n$

6.42　(1)　$b_n = 3 \cdot 2^{n-1}$　　(2)　$a_n = 2^{n-1} - n + 1$

平 方 根 表 (一)

数	0	1	2	3	4	5	6	7	8	9	1 2 3	4 5 6	7 8 9
1.0	1.000	1.005	1.010	1.015	1.020	1.025	1.030	1.034	1.039	1.044	0 1 1	2 2 3	3 4 4
1.1	1.049	1.054	1.058	1.063	1.068	1.072	1.077	1.082	1.086	1.091	0 1 1	2 2 3	3 4 4
1.2	1.095	1.100	1.105	1.109	1.114	1.118	1.122	1.127	1.131	1.136	0 1 1	2 2 3	3 4 4
1.3	1.140	1.145	1.149	1.153	1.158	1.162	1.166	1.170	1.175	1.179	0 1 1	2 2 3	3 3 4
1.4	1.183	1.187	1.192	1.196	1.200	1.204	1.208	1.212	1.217	1.221	0 1 1	2 2 2	3 3 4
1.5	1.225	1.229	1.233	1.237	1.241	1.245	1.249	1.253	1.257	1.261	0 1 1	2 2 2	3 3 4
1.6	1.265	1.269	1.273	1.277	1.281	1.285	1.288	1.292	1.296	1.300	0 1 1	2 2 2	3 3 4
1.7	1.304	1.308	1.311	1.315	1.319	1.323	1.327	1.330	1.334	1.338	0 1 1	2 2 2	3 3 3
1.8	1.342	1.345	1.349	1.353	1.356	1.360	1.364	1.367	1.371	1.375	0 1 1	1 2 2	3 3 3
1.9	1.378	1.382	1.386	1.389	1.393	1.396	1.400	1.404	1.407	1.411	0 1 1	1 2 2	3 3 3
2.0	1.414	1.418	1.421	1.425	1.428	1.432	1.435	1.439	1.442	1.446	0 1 1	1 2 2	2 3 3
2.1	1.449	1.453	1.456	1.459	1.463	1.466	1.470	1.473	1.476	1.480	0 1 1	1 2 2	2 3 3
2.2	1.483	1.487	1.490	1.493	1.497	1.500	1.503	1.507	1.510	1.513	0 1 1	1 2 2	2 3 3
2.3	1.517	1.520	1.523	1.526	1.530	1.533	1.536	1.539	1.543	1.546	0 1 1	1 2 2	2 3 3
2.4	1.549	1.552	1.556	1.559	1.562	1.565	1.568	1.572	1.575	1.578	0 1 1	1 2 2	2 3 3
2.5	1.581	1.584	1.587	1.591	1.594	1.597	1.600	1.603	1.606	1.609	0 1 1	1 2 2	2 3 3
2.6	1.612	1.616	1.619	1.622	1.625	1.628	1.631	1.634	1.637	1.640	0 1 1	1 2 2	2 2 3
2.7	1.643	1.646	1.649	1.652	1.655	1.658	1.661	1.664	1.667	1.670	0 1 1	1 2 2	2 2 3
2.8	1.673	1.676	1.679	1.682	1.685	1.688	1.691	1.694	1.697	1.700	0 1 1	1 1 2	2 2 3
2.9	1.703	1.706	1.709	1.712	1.715	1.718	1.720	1.723	1.726	1.729	0 1 1	1 1 2	2 2 3
3.0	1.732	1.735	1.738	1.741	1.744	1.746	1.749	1.752	1.755	1.758	0 1 1	1 1 2	2 2 3
3.1	1.761	1.764	1.766	1.769	1.772	1.775	1.778	1.780	1.783	1.786	0 1 1	1 1 2	2 2 3
3.2	1.789	1.792	1.794	1.797	1.800	1.803	1.806	1.808	1.811	1.814	0 1 1	1 1 2	2 2 2
3.3	1.817	1.819	1.822	1.825	1.828	1.830	1.833	1.836	1.838	1.841	0 1 1	1 1 2	2 2 2
3.4	1.844	1.847	1.849	1.852	1.855	1.857	1.860	1.853	1.865	1.868	0 1 1	1 1 2	2 2 2
3.5	1.871	1.873	1.876	1.879	1.881	1.884	1.887	1.889	1.892	1.895	0 1 1	1 1 2	2 2 2
3.6	1.897	1.900	1.903	1.905	1.908	1.910	1.913	1.916	1.918	1.921	0 1 1	1 1 2	2 2 2
3.7	1.924	1.926	1.929	1.931	1.934	1.936	1.939	1.942	1.944	1.947	0 1 1	1 1 2	2 2 2
3.8	1.949	1.952	1.954	1.957	1.960	1.962	1.965	1.967	1.970	1.972	0 1 1	1 1 2	2 2 2
3.9	1.975	1.977	1.980	1.982	1.985	1.987	1.990	1.992	1.995	1.997	0 1 1	1 1 2	2 2 2
4.0	2.000	2.002	2.005	2.007	2.010	2.012	2.015	2.017	2.020	2.022	0 0 1	1 1 1	2 2 2
4.1	2.025	2.027	2.030	2.032	2.035	2.037	2.040	2.042	2.045	2.047	0 0 1	1 1 1	2 2 2
4.2	2.049	2.052	2.054	2.057	2.059	2.062	2.064	2.066	2.069	2.071	0 0 1	1 1 1	2 2 2
4.3	2.074	2.076	2.078	2.081	2.083	2.086	2.088	2.090	2.093	2.095	0 0 1	1 1 1	2 2 2
4.4	2.098	2.100	2.102	2.105	2.107	2.110	2.112	2.114	2.117	2.119	0 0 1	1 1 1	2 2 2
4.5	2.121	2.124	2.126	2.128	2.131	2.133	2.135	2.138	2.140	2.142	0 0 1	1 1 1	2 2 2
4.6	2.145	2.147	2.149	2.152	2.154	2.156	2.159	2.161	2.163	2.166	0 0 1	1 1 1	2 2 2
4.7	2.168	2.170	2.173	2.175	2.177	2.179	2.182	2.184	2.186	2.189	0 0 1	1 1 1	2 2 2
4.8	2.191	2.193	2.195	2.198	2.200	2.202	2.205	2.207	2.209	2.211	0 0 1	1 1 1	2 2 2
4.9	2.214	2.216	2.218	2.220	2.223	2.225	2.227	2.229	2.232	2.234	0 0 1	1 1 1	2 2 2
5.0	2.236	2.238	2.241	2.243	2.245	2.247	2.249	2.252	2.254	2.256	0 0 1	1 1 1	2 2 2
5.1	2.258	2.261	2.263	2.265	2.267	2.269	2.272	2.274	2.276	2.278	0 0 1	1 1 1	2 2 2
5.2	2.280	2.283	2.285	2.287	2.289	2.291	2.293	2.296	2.298	2.300	0 0 1	1 1 1	2 2 2
5.3	2.302	2.304	2.307	2.309	2.311	2.313	2.315	2.317	2.319	2.322	0 0 1	1 1 1	2 2 2
5.4	2.324	2.326	2.328	2.330	2.332	2.335	2.337	2.339	2.341	2.343	0 0 1	1 1 1	1 2 2

平 方 根 表 (二)

数	0	1	2	3	4	5	6	7	8	9	1 2 3	4 5 6	7 8 9
5.5	2.345	2.347	2.349	2.352	2.354	2.356	2.358	2.360	2.362	2.364	0 0 1	1 1 1	1 2 2
5.6	2.366	2.369	2.371	2.373	2.375	2.377	2.379	2.381	2.383	2.385	0 0 1	1 1 1	1 2 2
5.7	2.387	2.390	2.392	2.394	2.396	2.398	2.400	2.402	2.404	2.406	0 0 1	1 1 1	1 2 2
5.8	2.408	2.410	2.412	2.415	2.417	2.419	2.421	2.423	2.425	2.427	0 0 1	1 1 1	1 2 2
5.9	2.429	2.431	2.433	2.435	2.437	2.439	2.441	2.443	2.445	2.447	0 0 1	1 1 1	1 2 2
6.0	2.449	2.452	2.454	2.456	2.458	2.460	2.462	2.464	2.466	2.468	0 0 1	1 1 1	1 2 2
6.1	2.470	2.472	2.474	2.476	2.478	2.480	2.482	2.484	2.486	2.488	0 0 1	1 1 1	1 2 2
6.2	2.490	2.492	2.494	2.496	2.498	2.500	2.502	2.504	2.506	2.508	0 0 1	1 1 1	1 2 2
6.3	2.510	2.512	2.514	2.516	2.518	2.520	2.522	2.524	2.526	2.528	0 0 1	1 1 1	1 2 2
6.4	2.530	2.532	2.534	2.536	2.538	2.540	2.542	2.544	2.546	2.548	0 0 1	1 1 1	1 2 2
6.5	2.550	2.551	2.553	2.555	2.557	2.559	2.561	2.563	2.565	2.567	0 0 1	1 1 1	1 2 2
6.6	2.569	2.571	2.573	2.575	2.577	2.579	2.581	2.583	2.585	2.587	0 0 1	1 1 1	1 2 2
6.7	2.588	2.590	2.592	2.594	2.596	2.598	2.600	2.602	2.504	2.606	0 0 1	1 1 1	1 2 2
6.8	2.608	2.610	2.612	2.613	2.615	2.617	2.619	2.621	2.523	2.625	0 0 1	1 1 1	1 2 2
6.9	2.627	2.629	2.631	2.632	2.634	2.636	2.638	2.640	2.642	2.644	0 0 1	1 1 1	1 2 2
7.0	2.646	2.648	2.650	2.651	2.653	2.655	2.657	2.659	2.661	2.663	0 0 1	1 1 1	1 2 2
7.1	2.665	2.666	2.668	2.670	2.672	2.674	2.676	2.678	2.680	2.681	0 0 1	1 1 1	1 1 2
7.2	2.683	2.685	2.687	2.689	2.691	2.693	2.694	2.696	2.698	2.700	0 0 1	1 1 1	1 1 2
7.3	2.702	2.704	2.706	2.707	2.709	2.711	2.713	2.715	2.717	2.718	0 0 1	1 1 1	1 1 2
7.4	2.720	2.722	2.724	2.726	2.728	2.729	2.731	2.733	2.735	2.737	0 0 1	1 1 1	1 1 2
7.5	2.739	2.740	2.742	2.744	2.746	2.748	2.750	2.753	2.751	2.755	0 0 1	1 1 1	1 1 2
7.6	2.757	2.759	2.760	2.762	2.764	2.766	2.768	2.771	2.769	2.773	0 0 1	1 1 1	1 1 2
7.7	2.775	2.777	2.778	2.780	2.782	2.784	2.786	2.789	2.787	2.791	0 0 1	1 1 1	1 1 2
7.8	2.793	2.795	2.796	2.798	2.800	2.802	2.804	2.807	2.805	2.809	0 0 1	1 1 1	1 1 2
7.9	2.811	2.812	2.814	2.816	2.818	2.820	2.821	2.825	2.823	2.827	0 0 1	1 1 1	1 1 2
8.0	2.828	2.830	2.832	2.834	2.835	2.837	2.839	2.843	2.841	2.844	0 0 1	1 1 1	1 1 2
8.1	2.846	2.848	2.850	2.851	2.853	2.855	2.857	2.860	2.858	2.862	0 0 1	1 1 1	1 1 2
8.2	2.864	2.865	2.867	2.869	2.871	2.872	2.874	2.877	2.876	2.879	0 0 1	1 1 1	1 1 2
8.3	2.881	2.883	2.884	2.886	2.888	2.890	2.891	2.895	2.893	2.897	0 0 1	1 1 1	1 1 2
8.4	2.898	2.900	2.902	2.903	2.905	2.907	2.909	2.912	2.910	2.914	0 0 1	1 1 1	1 1 2
8.5	2.915	2.917	2.919	2.921	2.922	2.924	2.926	2.929	2.927	2.931	0 0 1	1 1 1	1 1 2
8.6	2.933	2.934	2.936	2.938	2.939	2.941	2.943	2.946	2.944	2.948	0 0 1	1 1 1	1 1 2
8.7	2.950	2.951	2.953	2.955	2.956	2.958	2.960	2.963	2.961	2.965	0 0 1	1 1 1	1 1 2
8.8	2.966	2.968	2.970	2.972	2.973	2.975	2.977	2.980	2.978	2.982	0 0 1	1 1 1	1 1 2
8.9	2.983	2.985	2.987	2.988	2.990	2.992	2.993	2.997	2.995	2.998	0 0 1	1 1 1	1 1 2
9.0	3.000	3.002	3.003	3.005	3.007	3.008	3.010	3.013	3.012	3.015	0 0 0	1 1 1	1 1 1
9.1	3.017	3.018	3.020	3.022	3.023	3.025	3.027	3.030	3.028	3.032	0 0 0	1 1 1	1 1 1
9.2	3.033	3.035	3.036	3.038	3.040	3.041	3.043	3.046	3.045	3.048	0 0 0	1 1 1	1 1 1
9.3	3.050	3.051	3.053	3.055	3.056	3.058	3.059	3.063	3.061	3.064	0 0 0	1 1 1	1 1 1
9.4	3.066	3.068	3.069	3.071	3.072	3.074	3.076	3.079	3.077	3.081	0 0 0	1 1 1	1 1 1
9.5	3.082	3.084	3.085	3.087	3.089	3.090	3.092	3.095	3.094	3.097	0 0 0	1 1 1	1 1 1
9.6	3.098	3.100	3.102	3.103	3.105	3.106	3.108	3.111	3.110	3.113	0 0 0	1 1 1	1 1 1
9.7	3.114	3.116	3.118	3.119	3.121	3.122	3.124	3.127	3.126	3.129	0 0 0	1 1 1	1 1 1
9.8	3.130	3.132	3.134	3.135	3.137	3.138	3.140	3.143	3.142	3.145	0 0 0	1 1 1	1 1 1
9.9	3.146	3.148	3.150	3.151	3.153	3.154	3.156	3.159	3.158	3.161	0 0 0	1 1 1	1 1 1

平 方 根 表 ㈢

数	0	1	2	3	4	5	6	7	8	9	1	2	3	4	5	6	7	8	9
10	3.162	3.178	3.194	3.209	3.225	3.240	3.256	3.271	3.286	3.302	2	3	5	6	8	9	11	12	14
11	3.317	3.332	3.347	3.362	3.376	3.391	3.406	3.421	3.435	3.450	1	3	4	6	7	9	10	12	13
12	3.464	3.479	3.493	3.507	3.521	3.536	3.550	3.564	3.578	3.592	1	3	4	6	7	8	10	11	13
13	3.606	3.619	3.633	3.647	3.661	3.674	3.688	3.701	3.715	3.728	1	3	4	5	7	8	10	11	12
14	3.742	3.755	3.768	3.782	3.795	3.808	3.821	3.834	3.847	3.860	1	3	4	5	7	8	9	11	12
15	3.873	3.886	3.899	3.912	3.924	3.937	3.950	3.962	3.975	3.987	1	3	4	5	6	8	9	10	11
16	4.000	4.012	4.025	4.037	4.050	4.062	4.074	4.087	4.099	4.111	1	2	4	5	6	7	9	10	11
17	4.123	4.135	4.147	4.159	4.171	4.183	4.195	4.207	4.219	4.231	1	2	4	5	6	7	8	10	11
18	4.243	4.254	4.266	4.278	4.290	4.301	4.313	4.324	4.336	4.347	1	2	3	5	6	7	8	9	10
19	4.359	4.370	4.382	4.393	4.405	4.416	4.427	4.438	4.450	4.461	1	2	3	5	6	7	8	9	10
20	4.472	4.483	4.494	4.506	4.517	4.528	4.539	4.550	4.561	4.572	1	2	3	4	6	7	8	9	10
21	4.583	4.593	4.604	4.615	4.626	4.637	4.648	4.658	4.669	4.680	1	2	3	4	5	6	8	9	10
22	4.690	4.701	4.712	4.722	4.733	4.743	4.754	4.764	4.775	4.785	1	2	3	4	5	6	7	8	9
23	4.796	4.806	4.817	4.827	4.837	4.848	4.858	4.868	4.879	4.889	1	2	3	4	5	6	7	8	9
24	4.899	4.909	4.919	4.930	4.940	4.950	4.960	4.970	4.980	4.990	1	2	3	4	5	6	7	8	9
25	5.000	5.010	5.020	5.030	5.040	5.050	5.060	5.070	5.079	5.089	1	2	3	4	5	6	7	8	9
26	5.099	5.109	5.119	5.128	5.138	5.148	5.158	5.167	5.177	5.187	1	2	3	4	5	6	7	8	9
27	5.196	5.206	5.215	5.225	5.235	5.244	5.254	5.263	5.273	5.282	1	2	3	4	5	6	7	8	9
28	5.292	5.301	5.310	5.320	5.329	5.339	5.348	5.357	5.367	5.376	1	2	3	4	5	6	7	7	8
29	5.385	5.394	5.404	5.413	5.422	5.431	5.441	5.450	5.459	5.468	1	2	3	4	5	5	6	7	8
30	5.477	5.486	5.495	5.505	5.514	5.523	5.532	5.541	5.550	5.559	1	2	3	4	4	5	6	7	8
31	5.568	5.577	5.586	5.595	5.604	5.612	5.621	5.630	5.639	5.648	1	2	3	3	4	5	6	7	8
32	5.657	5.666	5.675	5.683	5.692	5.701	5.710	5.718	5.727	5.736	1	2	3	3	4	5	6	7	8
33	5.745	5.753	5.762	5.771	5.779	5.788	5.797	5.805	5.814	5.822	1	2	3	3	4	5	6	7	8
34	5.831	5.840	5.848	5.857	5.865	5.874	5.882	5.891	5.899	5.908	1	2	3	3	4	5	6	7	8
35	5.916	5.925	5.933	5.941	5.950	5.958	5.967	5.975	5.983	5.992	1	2	2	3	4	5	6	7	8
36	6.000	6.008	6.017	6.025	6.033	6.042	6.050	6.058	6.066	6.075	1	2	2	3	4	5	6	7	7
37	6.083	6.091	6.099	6.107	6.116	6.124	6.132	6.140	6.148	6.156	1	2	2	3	4	5	6	7	7
38	6.164	6.173	6.181	6.189	6.197	6.205	6.213	6.221	6.229	6.237	1	2	2	3	4	5	6	6	7
39	6.245	6.253	6.261	6.269	6.277	6.285	6.293	6.301	6.309	6.317	1	2	2	3	4	5	6	6	7
40	6.325	6.332	6.340	6.348	6.356	6.364	6.372	6.380	6.387	6.395	1	2	2	3	4	5	6	6	7
41	6.403	6.411	6.419	6.427	6.434	6.442	6.450	6.458	6.465	6.473	1	2	2	3	4	5	5	6	7
42	6.481	6.488	6.496	6.504	6.512	6.519	6.527	6.535	6.542	6.550	1	2	2	3	4	5	5	6	7
43	6.557	6.565	6.573	6.580	6.588	6.595	6.603	6.611	6.618	6.626	1	2	2	3	4	5	5	6	7
44	6.633	6.641	6.648	6.656	6.663	6.671	6.678	6.686	6.693	6.701	1	2	2	3	4	5	5	6	7
45	6.708	6.716	6.723	6.731	6.738	6.745	6.753	6.760	6.768	6.775	1	1	2	3	4	4	5	6	7
46	6.782	6.790	6.797	6.804	6.812	6.819	6.826	6.834	6.841	6.848	1	1	2	3	4	4	5	6	7
47	6.856	6.863	6.870	6.877	6.885	6.892	6.899	6.907	6.914	6.921	1	1	2	3	4	4	5	6	7
48	6.928	6.935	6.943	6.950	6.957	6.964	6.971	6.979	6.986	6.993	1	1	2	3	4	4	5	6	6
49	7.000	7.007	7.014	7.021	7.029	7.036	7.043	7.050	7.057	7.064	1	1	2	3	4	4	5	6	6
50	7.071	7.078	7.085	7.092	7.099	7.106	7.113	7.120	7.127	7.134	1	1	2	3	4	4	5	6	6
51	7.141	7.148	7.155	7.162	7.169	7.176	7.183	7.190	7.197	7.204	1	1	2	3	4	4	5	6	6
52	7.211	7.218	7.225	7.232	7.239	7.246	7.253	7.259	7.266	7.273	1	1	2	3	3	4	5	6	6
53	7.280	7.287	7.294	7.301	7.308	7.314	7.321	7.328	7.335	7.342	1	1	2	3	3	4	5	5	6
54	7.348	7.355	7.362	7.369	7.376	7.382	7.389	7.396	7.403	7.409	1	1	2	3	3	4	5	5	6

平 方 根 表 (四)

数	0	1	2	3	4	5	6	7	8	9	1 2 3	4 5 6	7 8 9
55	7.416	7.423	7.430	7.436	7.443	7.450	7.457	7.463	7.470	7.477	1 1 2	3 3 4	5 5 6
56	7.483	7.490	7.497	7.503	7.510	7.517	7.523	7.530	7.537	7.543	1 1 2	3 3 4	5 5 6
57	7.550	7.556	7.563	7.570	7.576	7.583	7.589	7.596	7.603	7.609	1 1 2	3 3 4	5 5 6
58	7.616	7.622	7.629	7.635	7.642	7.649	7.655	7.662	7.668	7.675	1 1 2	3 3 4	5 5 6
59	7.681	7.688	7.694	7.701	7.707	7.714	7.720	7.727	7.733	7.740	1 1 2	3 3 4	4 5 6
60	7.746	7.752	7.759	7.765	7.772	7.778	7.785	7.791	7.797	7.804	1 1 2	3 3 4	4 5 6
61	7.810	7.817	7.823	7.829	7.836	7.842	7.849	7.855	7.861	7.868	1 1 2	3 3 4	4 5 6
62	7.874	7.880	7.887	7.893	7.899	7.906	7.912	7.918	7.925	7.931	1 1 2	3 3 4	4 5 6
63	7.937	7.944	7.950	7.956	7.962	7.969	7.975	7.981	7.987	7.994	1 1 2	3 3 4	4 5 6
64	8.000	8.006	8.012	8.019	8.025	8.031	8.037	8.044	8.050	8.056	1 1 2	2 3 4	4 5 6
65	8.062	8.068	8.075	8.081	8.087	8.093	8.099	8.106	8.112	8.118	1 1 2	2 3 4	4 5 5
66	8.124	8.130	8.136	8.142	8.149	8.155	8.161	8.167	8.173	8.179	1 1 2	2 3 4	4 5 5
67	8.185	8.191	8.198	8.204	8.210	8.216	8.222	8.228	8.234	8.240	1 1 2	2 3 4	4 5 5
68	8.246	8.252	8.258	8.264	8.270	8.276	8.283	8.289	8.295	8.301	1 1 2	2 3 4	4 5 5
69	8.307	8.313	8.319	8.325	8.331	8.337	8.343	8.349	8.355	8.361	1 1 2	2 3 4	4 5 5
70	8.367	8.373	8.379	8.385	8.390	8.396	8.402	8.408	8.414	8.420	1 1 2	2 3 4	4 5 5
71	8.426	8.432	8.438	8.444	8.450	8.456	8.462	8.468	8.473	8.479	1 1 2	2 3 4	4 5 5
72	8.485	8.491	8.497	8.503	8.509	8.515	8.521	8.526	8.532	8.538	1 1 2	2 3 3	4 5 5
73	8.544	8.550	8.556	8.562	8.567	8.573	8.579	8.585	8.591	8.597	1 1 2	2 3 3	4 5 5
74	8.602	8.608	8.614	8.620	8.626	8.631	8.637	8.643	8.649	8.654	1 1 2	2 3 3	4 5 5
75	8.660	8.666	8.672	8.678	8.683	8.689	8.695	8.701	8.706	8.712	1 1 2	2 3 3	4 5 5
76	8.718	8.724	8.729	8.735	8.741	8.746	8.752	8.758	8.764	8.769	1 1 2	2 3 3	4 5 5
77	8.775	8.781	8.786	8.792	8.798	8.803	8.809	8.815	8.820	8.826	1 1 2	2 3 3	4 4 5
78	8.832	8.837	8.843	8.849	8.854	8.860	8.866	8.871	8.877	8.883	1 1 2	2 3 3	4 4 5
79	8.888	8.894	8.899	8.905	8.911	8.916	8.922	8.927	8.933	8.939	1 1 2	2 3 3	4 4 5
80	8.944	8.950	8.955	8.961	8.967	8.972	8.978	8.983	8.989	8.994	1 1 2	2 3 3	4 4 5
81	9.000	9.006	9.011	9.017	9.022	9.028	9.033	9.039	9.044	9.050	1 1 2	2 3 3	4 4 5
82	9.055	9.061	9.066	9.072	9.077	9.083	9.088	9.094	9.099	9.105	1 1 2	2 3 3	4 4 5
83	9.110	9.116	9.121	9.127	9.132	9.138	9.143	9.149	9.154	9.160	1 1 2	2 3 3	4 4 5
84	9.165	9.171	9.176	9.182	9.187	9.192	9.198	9.203	9.209	9.214	1 1 2	2 3 3	4 4 5
85	9.220	9.225	9.230	9.236	9.241	9.247	9.252	9.257	9.263	9.268	1 1 2	2 3 3	4 4 5
86	9.274	9.279	9.284	9.290	9.295	9.301	9.306	9.311	9.317	9.322	1 1 2	2 3 3	4 4 5
87	9.327	9.333	9.338	9.343	9.349	9.354	9.359	9.365	9.370	9.375	1 1 2	2 3 3	4 4 5
88	9.381	9.386	9.391	9.397	9.402	9.407	9.413	9.418	9.423	9.429	1 1 2	2 3 3	4 4 5
89	9.434	9.439	9.445	9.450	9.455	9.460	9.466	9.471	9.476	9.482	1 1 2	2 3 3	4 4 5
90	9.487	9.492	9.497	9.503	9.508	9.513	9.518	9.524	9.529	9.534	1 1 2	2 3 3	4 4 5
91	9.539	9.545	9.550	9.555	9.560	9.566	9.571	9.576	9.581	9.586	1 1 2	2 3 3	4 4 5
92	9.592	9.597	9.602	9.607	9.612	9.618	9.623	9.628	9.633	9.638	1 1 2	2 3 3	4 4 5
93	9.644	9.649	9.654	9.659	9.664	9.670	9.675	9.680	9.685	9.690	1 1 2	2 3 3	4 4 5
94	9.695	9.701	9.706	9.711	9.716	9.721	9.726	9.731	9.737	9.742	1 1 2	2 3 3	4 4 5
95	9.747	9.752	9.757	9.762	9.767	9.772	9.778	9.783	9.788	9.793	1 1 2	2 3 3	4 4 5
96	9.798	9.803	9.808	9.813	9.818	9.823	9.829	9.834	9.839	9.844	1 1 2	2 3 3	4 4 5
97	9.849	9.854	9.859	9.864	9.869	9.874	9.879	9.884	9.889	9.894	1 1 2	2 3 3	4 4 5
98	9.899	9.905	9.910	9.915	9.920	9.925	9.930	9.935	9.940	9.945	0 1 1	2 2 3	3 4 4
99	9.950	9.955	9.960	9.965	9.970	9.975	9.980	9.985	9.990	9.995	0 1 1	2 2 3	3 4 4

索　　引

（ア　行）

（カ　行）

（サ　行）

(タ　行)

(ナ　行)

(ハ　行)

(マ　行)

(ヤ　行)

(ラ　行)

(ワ　行)

著者紹介：

山野 熙（やまの・ひろし）

1926 年大阪府に生まれる，1947 年東京物理学校数学科卒業.
元大阪府立盲学校教諭，1990 年死去
主著「関数，空間」（遠山啓，銀林浩編）（国土社）

安藤 洋美（あんどう・ひろみ）

1931 年兵庫県生れ. 兵庫県立尼崎中学，広島高等師範学校数学科を経て，1953 年大阪大学理学部数学科を卒業.
桃山学院大学・経済学部教授・大学院経済研究科教授・学院常務理事などを歴任. 現在，桃山学院大学名誉教授
（著書・訳書）
・『統計学けんか物語』，F.N. デヴィット『確率論の歴史：遊びから科学へ』（海鳴社）
・『確率論の生い立ち』，『最小二乗法の歴史』，『多変量解析の歴史』，『高校数学史演習』，『大道を行く数学（統計数学編）』，『確率論史』，『確率論の繁明』（現代数学社）
・『泉州における和算家』（桃山学院大学総合研究所）
・O. オア『カルダノの生涯』（東京図書）
など.

大道を行く数学（解析編）

2023 年 7 月 22 日　初版第 1 刷発行

著　者　安藤洋美・山野　熙
発 行 者　富田　淳
発 行 所　株式会社　現代数学社
〒 606-8425
京都市左京区鹿ヶ谷西寺ノ前町 1
TEL 075 (751) 0727　FAX 075 (744) 0906
https://www.gensu.co.jp/
装　幀　中西真一（株式会社 CANVAS）
印刷・製本　有限会社 ニシダ印刷製本

ISBN978-4-7687-0610-7　2023 Printed in Japan

● 落丁・乱丁は送料小社負担でお取替え致します.